何章鸣 唐扬斌 编著

# 概率统计中的案例与仿真

## ——从直觉走向理性

清华大学出版社

北京

## 内 容 简 介

本书通过典型案例、反例及仿真分析,深入解析概率统计理论与应用。书中以概率统计教学及军事靶场试验为背景,融合线性代数、数据分析等课程知识,在应用中阐述随机事件与概率、随机变量、数理统计方法等核心内容。

本书特色鲜明:一是立足实践,案例均源于真实场景,特别是军事靶场试验,突出理论在国防与工程领域的实际应用;二是注重实操,提供可复现代码,便于读者掌握数据处理与模型构建方法;三是强调逻辑与价值统一,兼顾直觉思维与严谨推理,实现知识传授与价值引领结合。

本书适合作为应用数学、应用统计学等专业本科生教学与科普读物,也可供数据科学爱好者、从事数据处理的研究生及科技工作者参考,助力提升理论水平与实践能力。

**图书在版编目(CIP)数据**

概率统计中的案例与仿真:从直觉走向理性 / 何章鸣,唐扬斌编著. -- 北京:清华大学出版社,2025.5. -- ISBN 978-7-302-69156-3

Ⅰ. O211

中国国家版本馆 CIP 数据核字第 2025NM2425 号

责任编辑:陈凯仁
封面设计:刘艳芝
责任校对:欧　洋
责任印制:刘　菲

出版发行:清华大学出版社
　　　　网　　　址:https://www.tup.com.cn,https://www.wqxuetang.com
　　　　地　　　址:北京清华大学学研大厦 A 座　　　　邮　编:100084
　　　　社 总 机:010-83470000　　　　邮　购:010-62786544
　　　　投稿与读者服务:010-62776969,c-service@tup.tsinghua.edu.cn
　　　　质量反馈:010-62772015,zhiliang@tup.tsinghua.edu.cn
印 装 者:三河市天利华印刷装订有限公司
经　　销:全国新华书店
开　　本:185mm×260mm　　印张:16.75　　插页:3　　字　数:414 千字
版　　次:2025 年 7 月第 1 版　　　　　　　　　　　印　次:2025 年 7 月第 1 次印刷
定　　价:68.00 元

产品编号:106155-01

# ◆ 前 言 ◆

在概率论与数理统计的领域中，直觉、推理与仿真，三者常常构成一种矛盾而又统一的奇妙关系。就好比在统计中，我们常用"均值"与"中位数"这两个统计量来描绘身高水平。通过问卷调查发现，许多人凭借直觉认定中位数的计算更为快捷，毕竟中位数的求解无需进行复杂的实数运算，只要掌握排序和计数的方法就行。然而，从推理的角度来看，均值的计算其实更为高效。这是因为均值的计算复杂度为 $O(n)$，而若用冒泡排序法来求中位数，其计算复杂度却高达 $O(n^2)$。推理得出的结论固然可靠，可推理过程有时却过于抽象，让人难以直观把握。在这种情况下，仿真就成为了验证推理与直觉结论的得力助手。仿真结果清晰地显示：均值的计算速度要远远快于中位数。尤其当 $n$ 达到 $10^{10}$ 之巨时，中位数那庞大的运算量甚至会使普通个人计算机陷入死机状态。这个案例充分说明，直觉带来的结论并非总是可靠，我们需要借助推理来弥补直觉的缺陷，同时利用仿真验证来化解推理的抽象性。

直觉与推理之所以会出现不一致，根源或许在于我们长期习惯了"确定性"与"线性"的思维模式，而真实的客观世界却充满了"不确定性"与"非线性"，这也正是概率统计这门学科独特的魅力所在。在概率论与数理统计的学习、讲授以及讲课比赛筹备过程中，我们不断发现，在生活、生产和各类试验场景里，存在着大量直觉与推理相互矛盾的疑惑、案例和反例。这些意外的不一致性，给我们带来了诸多惊喜。带着这份惊喜，我们按照教科书的结构框架，以"直觉—推理—仿真"的逻辑思路，精心梳理并组织了这些有趣的内容，这便是本书诞生的初衷。

本书有意避开抽象晦涩的证明方式，而是采用答疑解惑、趣味游戏、生动故事、典型研究案例、奇妙悖论反例以及直观仿真曲线等丰富多样的形式，来阐释概率与统计的相关理论。这个阐释过程或许比传统的符号证明更加耗费时间和精力，却也更需要我们发挥发散性与创造性思维。我们衷心希望，通过我们的努力，能让读者在阅读时感到轻松愉悦，进而理解并领略概率统计的独特魅力与趣味。本书尤其适合以下三类读者：

第一，概率统计学习者。当你在面对抽象理论感到疲惫不堪，对某个专业术语困惑不解，甚至在心底渐渐滋生"读书无用论"的念头时，不妨翻开这本书。在这里，你可能会惊喜地发现，验证过程远比枯燥的证明更有趣味，生动的案例故事有时也比抽象的符号推理更加引人入胜。学习就像一场充满挑战的艰苦旅行,我们往往太过急切地渴望抵达终点,却忘记了沿途还有许多美好的故事与风景,甚至忽略了那些沿途的景色或许远比终点更加美丽动人。

第二,概率统计教育工作者。相较于学生,老师们最大的自由在于无需承受考试的压力与恐惧,能够拥有更多时间去慢慢思考。但与此同时,工作和生活的新压力也接踵而至,让大家未必有闲暇去重拾曾经被遗漏的那些教学故事与知识风景。当您在整理相关案例、反例、仿真应用场景时,不妨随手翻翻这本书,说不定它能为您理解相关问题提供一个全新的视角。

第三,讲课比赛筹备科研工作者。本书中的众多科研案例都是不可多得的讲课比赛素材,其中一些大型案例更是源自全国教学能力比赛、湖南省研究生优秀案例、军队院校数学中青年教员教学比赛、国防科技大学教学能手比赛等优秀赛事作品。这些案例从最初起草到最终定稿,历经漫长时间,经过多次修改完善,实属来之不易。

我们推荐读者结合国防科技大学吴翊等主编的《概率论与数理统计》进行阅读,因为本书的章节编排与上述教材恰好相互对应。为了方便读者能够顺利复现书中的试验结果,我们尽可能提供了详尽的 MATLAB 2023a 仿真代码。由于作者自身理论水平与研究经验有限,书中难免存在不足之处与疏漏错误,恳请广大读者不吝批评指正。

本书由何章鸣负责起草与统稿工作,唐扬斌为本书提供了大量素材,并提出诸多宝贵修改建议,还一同攻克了许多颇具难度的思考题,为本书的顺利完成贡献了重要力量。在此,我们衷心感谢杨文强、胡庆军、周海银、王炯琦、侯臣平、段晓君、刘吉英、谢华英、晏良等老师参与的有益讨论;感谢国防科技大学概率论与数理统计课程组的王泽龙、赵振宇、陶红、周萱影、余奇、黄彭奇子、邓娟、刘琰、肖意可、赵城利、海昕、文军、刘春林、徐佳等老师,以及课程组外的戴新宇、罗永等老师,部分精彩案例得益于与大家的热烈讨论和深度交流。

同时,我们诚挚感谢国防科技大学概率论与数理统计课程建设经费,以及"支撑一流工科的统计类数学公共课教学实践研究——以《概率论与数理统计》为例(项目编号:U2023201)"项目的资助。特别要感谢清华大学出版社陈凯仁编辑在本书出版全过程中给予作者的支持。

作　者

2024 年 10 月于长沙

# ◀目 录▶

# 第1章

## 随机事件与概率

## 1.1  随机现象与数据

### 1.1.1  一论飞行器差分求速——奇妙的无穷小

**问题 1.1**  无穷小是无穷大的对立面,在导航任务中,如何通过目标的位置坐标 $x(t)$ 获得目标的速度坐标 $v(t)$ 呢?

结合大学物理和高等数学可知,速度就是位置函数的导数,即

$$v(t) = \frac{\mathrm{d}}{\mathrm{d}t} x(t) = \lim_{\Delta t \to 0} \frac{x(t + \Delta t) - x(t)}{\Delta t} \tag{1.1}$$

**问题 1.2**  应用中无法获得连续的位置函数,只能得到一系列离散时刻对应的位置 $\{x_1, x_2, \cdots, x_k\}$,如何利用位置计算速度 $v_k$ 呢?

假定使用等时采样法,采样间隔为 $h = t_k - t_{k-1}$,只要采样间隔 $h$ 足够小,可以认为速度在区间 $[t_{k-1}, t_k]$ 上是恒定的,故可以采用如下公式计算速度:

$$v_k = \frac{1}{h}(x_k - x_{k-1}) \tag{1.2}$$

**问题 1.3**  采样间隔 $h$ 一定越小越好吗?

从表面看,$h$ 越小,$[t_{k-1}, t_k]$ 内速度的变化就越小,差分求速就越能精确地表示 $t_k$ 时刻的速度。但是,由于存在随机噪声,而且假定定位随机噪声的方差是不变的,导致 $h$ 越小,计算的速度反而越不稳定。例如,在静态试验中,目标静止不动,那么真实的速度为 $v_k = 0$,但是方差的性质(参考第 4 章  随机变量的数字特征)表明差分求速的方差为

$$D(v_k) = \frac{1}{h^2}(D(x_k) + D(x_{k-1})) = \frac{2\sigma^2}{h^2} \tag{1.3}$$

这意味着:采样间隔 $h$ 越小,差分求速反而越不稳定,概率统计的方差视角与高等数学的微

分视角是冲突的,哪个正确呢?实践表明从概率的方差视角描述导航现象更接近现实[1]。在本书6.1.3节和9.2.1节中,我们将会继续讨论这个问题。

---

**评注1.1　从直觉走向理性**

重新审视熟悉的无穷符号,包括无穷大和无穷小,它是从直觉走向理性的一个重要突破点。当我们试图将理论与实践配对时,现实很难复现无穷小,也很难复现无穷大,导致大量理论与现实出现悖论,突然发现"无穷"是"最熟悉的陌生人"。

从直觉走向理性,是我们努力的方向,而仿真实践,通常可以验证理论正确与否。但是不得不承认:理论并非万能,实践也未必可以验证一切真理。受限于有限时空、有限能量和有限理论水平,目前仍然存在大量推理无法自洽、实践无法验证的悖论。我们可能会掉入推理的陷阱,也可能会感受到实践的无力,但是我们仍然相信推理的可靠性,也相信实践终将与推理一致。

---

## 1.1.2　抽球悖论——奇妙的无穷大

**试验1.1**　第1次,把1号球和2号球放入袋中,取走1号球;第2次,把3号球和4号球放入袋中,取出3号球;第3次,把5号球和6号球放入袋中,取出5号球;以此类推,当试验步骤趋于无穷时,袋中有多少球?

**试验1.2**　第1次,把1号球和2号球放入袋中,取走1号球;第2次,把3号球和4号球放入袋中,取出2号球;第3次,把5号球和6号球放入袋中,取出3号球;以此类推,当试验步骤趋于无穷时,袋中有多少球?

**试验1.3**　第1次,把1号球和2号球放入袋中,取走2号球;第2次,把3号球和4号球放入袋中,取出3号球;第3次,把5号球和6号球放入袋中,取出4号球;以此类推,当试验步骤趋于无穷时,袋中有多少球?

**分析**　经推理,对于试验1.1,袋中有无穷多个球;对于试验1.2,袋中有0个球;对于试验1.3,袋中有1个球。

**试验1.1**　袋中有无穷多个球,是因为所有偶数号球都留在袋中,因此剩球数趋于无穷。

**试验1.2**　袋中没有球,是因为无法确认哪个球在袋中。实际上,$n$号球必然会在第$n$次试验中被取出。但是答案却与直觉相冲突,因为每次试验,无论是试验1.1还是试验1.2,第$n$次试验后,袋中都剩下$n$个球。直觉上,两个试验取走的球数是相等的,那么剩球数也应该相等,都应该是无穷。

**试验1.3**　袋中有1个球,是因为除了1号球你无法确认哪个球在袋中。实际上,任意$n$号球必然会在第$n-1$次试验中被取出。

三个推理结果会得出一些悖论。

**悖论1.1**　在试验1.2和试验1.3中,推理答案分别为0和1,但是很多人的直觉答案为无穷,显然"$\infty=0$"和"$\infty=1$"都是矛盾的。三个试验可归结为"$2\infty-\infty$"等于多少的数学问题。只要改变取球方式,答案可以是0,可以是1,也可以是无穷,甚至可以等于任意自然数。类似地,数学家黎曼曾证明,对于如下的交错调和级数:

$$1-\frac{1}{2}+\frac{1}{3}-\frac{1}{4}+\frac{1}{5}-\frac{1}{6}+\frac{1}{7}-\frac{1}{8}+\cdots \tag{1.4}$$

该级数收敛到 ln2,但是调整求和顺序,可以让该级数收敛到任意给定数字。

**悖论 1.2**　我们说"实践是检验真理的唯一标准",当推理与直觉出现矛盾时,不妨用实践来验证。试验 1.2 和试验 1.3 一定可以用实践来验证吗?眼见一定为实吗?答案是不一定。"无论是试验 1.1、试验 1.2 还是试验 1.3,任意 $n$ 次试验后,袋中必然剩 $n$ 个球"。而试验 1.2 和试验 1.3 的推理结果分别是"0"和"1",出现了冲突。根源在于:推理相当于思想试验,思想试验允许"无穷"多次试验,而现实试验只允许"有限"多次试验,实践中的有限无法复现推理中的无穷。

---

**评注 1.2　如何处理直觉与推理的冲突**

在某次演讲中[1][2],杨振宁先生反复强调:在学习的过程中要重视直觉。当直觉与书本上的知识发生冲突时,是最好的学习机会,必须抓住这种时机,因为直觉不断被修正的过程就是自我提升的过程,直觉会带领我们走向新的研究领域。

当有限试验与推理发生冲突时,既不能武断地相信试验是正确的,也不能武断地相信推理是正确的,因为这可能是我们的试验次数不够,也可能是我们的理论水平不够。比如,看似熟悉的无穷($\infty$),有时我们对它的认知其实很肤浅,导致试验与推理不能自洽,我们能做的就是不断发展新的理论,扩展我们的认知,从而使直觉与推理趋于一致。

直觉的效率很高,但是对于科学来说是远远不够的,科学区别于直觉的增量就在于理性。尽管仿真、试验等实践活动的作用也是有限的,但是我们仍然相信眼见为实,这也是我们相信统计、学习统计和利用统计的意义所在。

---

## 1.1.3　从折纸看直觉、实践与推理的差异

**问题 1.4**　A4 纸最多可以对折几次?

(1)直觉上,A4 纸很薄,应该可以对折很多次。

(2)实践中,纯手工对折 A4 纸,最多不超过 6 次,即使借用机械工具,也不会超过 7 次。为了打破吉尼斯世界纪录,美国得克萨斯州圣马克中学的师生将一张长度为 4km 的卷纸集体折了 4 个多小时,完成了 13 次对折,卷纸的层数高达 8192 层[3]。

**分析**　理论上,7 次和 13 次背后是否有确定的规律性呢?实际上,可以近似算得对折次数,遵循的基本原理为:纸张的厚度与宽度相当时,将无法对折。

A0 纸的面积为 1 m²,A0 纸的一半为 A1 纸,A1 纸的一半为 A2 纸,A2 纸的一半为 A3 纸,A3 纸的一半为 A4 纸,所以 A4 纸的面积为 $S_{A4}=2^{-4}$ m² $=0.0625$ m²。经过 $n$ 次对折,A4 纸被等分成 $2^n$ 个矩形,把矩形近似看成正方形,记边长为 $l_n$,则大致满足如下条件:

$$(l_n \times l_n) \times 2^n = S_{A4} \tag{1.5}$$

即

$$l_n = \sqrt{2^{-n} S_{A4}} \tag{1.6}$$

---

① https://www.bilibili.com/video/BV1Zw411x7jx/?vd_source=580b85703a30f51eb956636a9f23e2f2。

② https://www.cas.cn/ys/gzdt/201009/t20100915_2963935.shtml。

③ https://haokan.baidu.com/v? pd=wisenatural&vid=6960139116886468094。

（1）对于 A4 纸而言，若一张纸的厚度为 $0.1\,\text{mm}$（合 $10^{-4}\,\text{m}$），经过 $n$ 次对折，厚度约为

$$h_n = 10^{-4} \times 2^n \tag{1.7}$$

因为纸张的厚度与宽度相当时，将无法对折，所以临界条件为 $h_n \approx l_n$，即

$$10^{-4} \times 2^n = h_n \approx l_n = \sqrt{2^{-n} S_{A4}} \tag{1.8}$$

解得

$$n = \left\lfloor \frac{1}{3} \log_2 \left(10^8 S_{A4}\right) \right\rfloor = 7 \tag{1.9}$$

（2）对于卷纸来说，若卷纸厚度为 $0.1\,\text{mm}$（合 $10^{-4}\,\text{m}$），而 $4\,\text{km}$ 长的卷纸，对折后的长度呈指数下降，满足如下条件：

$$l_n = 4000 \times 2^{-n} \tag{1.10}$$

无法对折的临界条件为

$$10^{-4} \times 2^n = h_n \approx l_n = 4000 \times 2^{-n} \tag{1.11}$$

解得

$$n = \left\lfloor \frac{1}{2} \log_2 \left(4 \times 10^7\right) \right\rfloor = 12 \tag{1.12}$$

实际上对折了 13 次，原因可能是卷纸柔软可压缩。仿真结果见图 1.1。

## 仿真计算 1.1

```
close all,clc,clear,syms n,SA4 = 2^-4;L4000 = 4e3;
% A4 纸折叠次数
nA4 = floor(solve(1e-4 * 2^n-sqrt(2^-n * SA4)))
% 卷纸折叠次数
n4000 = floor(solve(1e-4 * 2^n-L4000 * 2^-n)),n = 1:14;
h = semilogy(n,1e-4 * 2.^(n),'- +','LineWidth',2,'color','r')
grid on,hold on,box on,xlabel('n,折叠次数'),
xticks(n),ylim([1e-4,2e4]),ylabel('h_n/l_n,厚度/长度'),
semilogy(n,sqrt(2.^-n/10),'-o','LineWidth',2,'color','k')
semilogy(n,sqrt(4000 * 2.^-n),'-o','LineWidth',2,'color','b')
legend('厚度 h_n','A4 纸边长 l_n','卷纸边长 l_n'),
set(gca,'fontsize',12),set(gcf,'position',[100,100,300,300])
```

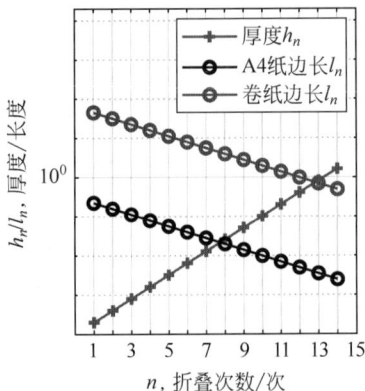

图 1.1　纸张叠后的厚度和长度

## 评注 1.3　指数的威力，一个类似的故事

国王决定奖励国际象棋的发明者，发明者说：“陛下，您赏给我一些麦子吧，第 1 格放 1 颗，第 2 格放 2 颗，第 3 格放 4 颗，第 4 格放 8 颗，以此类推，摆满 64 格就行。”国王大喜，心想：这要求真不过分啊。

实际上，麦子的数量“非常过分”。摆满 64 格需要大约 $2^{65}$ 粒麦子，相当于 2021 年的全球小麦产量的 1500 倍。具体的依据为：$1\,\text{kg}$ 小麦大约有 30000 粒，2021 年全球小麦产量为 7.96 亿 t（吨），利用命令“2^65/30000/7.96e11”可得倍数为 1500。

## 1.1.4　从硬币试验看直觉思维与理性思维

为了适应生存,我们在头脑里保存了大量的直觉规则。这些规则,能快速地、高效地指导我们的行为。比如,生活中很多人常常用玩具蛇恶作剧,当人们突然看到口吐信子、快速蠕动、灰白相间的蛇形物时,往往不会去思考这个物体是否真的是蛇。第一反应或暴跳或暴打,因为本能告诉我们,保命要紧。直觉思维能帮我们做出快速的、高效的判断。然而,我们常忽略直觉规则背后隐藏的逻辑,拘泥于代代相传的、已经固化的思维模式,这可能使我们做出错误的判断。

比如,在投硬币试验中,正面朝上记为 1,背面朝上记为 0,连续投 10 次,问:两个结果"1111111111"和"1011001010",哪个出现的概率更小? 有的人可能会快速回答:"1111111111"出现的概率更小,因为出现连续 10 次正面朝上的现象看起来太巧合了。但是,经过概率计算可知:这两个结果出现的概率其实是相同的,均为 1/1024。

从直觉走向理性,任重道远。学习概率论与数理统计,可以从不确定性视角,帮助我们对传统、权威和惯例保持疑问,当我们学会刨根问底地去追问为什么,不断修正我们固化的思维时,那么直觉思维走向理性思维的里程又增加了一步,我们距离真实的世界也更近了一点。

## 1.1.5　从硬币试验看概率论与数理统计

**问题 1.5**　讨论下面的概率论问题和数理统计问题。

(1)概率论问题:设硬币是均匀的,抛硬币 1000 次,问:正面朝上出现的次数不多于 470 次的概率有多大?

(2)数理统计问题:抛硬币 1000 次,发现正面朝上出现的次数不超过 470 次,问:能否认为该硬币是均匀的?

**分析**　两个问题主要区别如下。

问题(1)的关键信息为模型参数,即正面朝上出现的可能性 $p=0.5$,注意该信息是假设的,并不是观测的。一般地,若推理时的关键信息源于假设的模型参数,则该推理问题可看成"概率论"问题。

问题(2)的关键信息为观测数据,即正面朝上出现的次数 $k_0 \leqslant 470$,注意该信息是观测的,并不是假设的。一般地,若推理时的关键信息源于观测的数据,则该推理问题可看成"数理统计"问题。

**问题(1)的求解思路**　依据第 2 章的二项分布模型 $B(n,p)=B(1000,0.5)$,$q=1-p$,近似解得

$$P\{k_0 \leqslant 470\} = \sum_{k=0}^{470} C_n^k p^k q^{n-k} \approx 0.0310 \tag{1.13}$$

也可以用本书第 5 章的中心极限定理,近似解得

$$P\{k_0 \leqslant 470\} \approx \Phi((470-np)/\sqrt{npq}) = 0.0289 \tag{1.14}$$

**仿真计算 1.2**

```
n = 1000,p = .5,q = 1 - p,P = 0,k0 = 499
for k = 1:k0,P = P + nchoosek(n,k) * p^k * q^(n-k),end %% 二项分布的分布律
P = normcdf((k0-n * p)/sqrt(n * p * q),0,1)%% 中心极限定理
```

**问题（2）的求解思路** 依据假设检验的基本步骤，原假设为"硬币是均匀的"，则 $P\{k_0 \leqslant 470\} = 0.0289 < 5\%$，表明 $\{k_0 \leqslant 470\}$ 是小概率事件，但是小概率事件居然发生了，说明观测结果与原假设有显著矛盾，最好否定硬币是均匀的假设，从而认为硬币是不均匀的。同理，根据表 1.1 可以判断历史记录的硬币试验中，前 4 次试验所用的硬币是显著均匀的，第 5 次试验所用的硬币不是显著均匀的。仿真结果见图 1.2。

**表 1.1 历史记录的硬币试验与检验过程[2-3]**

| 试验者<br>（时间） | 蒲丰<br>（18 世纪） | 德·摩根<br>（19 世纪） | 皮尔逊<br>（19 世纪） | 皮尔逊<br>（19 世纪） | 罗曼诺夫<br>（20 世纪） |
|---|---|---|---|---|---|
| 试验次数/次 | 4048 | 2048 | 12000 | 24000 | 80640 |
| 正面次数/次 | 2048 | 1061 | 6019 | 12012 | 39699 |
| 正面频率 | 0.5069 | 0.5181 | 0.5016 | 0.5005 | 0.4923 |

```
close all,clc,clear,p = 1/2,q = 1-p;
N = [4048 2048 12000 24000 80640]%试验次数
n = [2048 1061 6019 12012 39699]%正面次数
Yn = (n-N. * p)./sqrt(N*p*q);%标准化
P = 1-normcdf(abs(Yn),0,1)%已知点求概率
a = 0.01;semilogy([0,6],[a a],'linewidth',5)
hold on,grid on,bar(P)
h = semilogy([0,6],[a a],'linewidth',5)
set(h,'color',[0 0 1]),xlim([0.5,5.5])
set(gca,'fontsize',15),set(gca,'xtick',[1:5]);
labels = {'蒲丰','德·摩根','皮尔逊','皮尔逊','罗曼诺夫'}
set(gca,'xticklabel',labels),ylabel('P,概率');
```

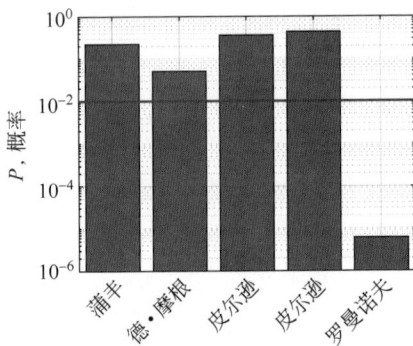

**图 1.2 硬币试验的发生概率**

## 1.1.6 样本均值和中位数的计算复杂度

**问题 1.6** 给定 999 个人的身高 $x_1, x_2, \cdots, x_{999}$，可以用中位数和平均数刻画群体的身高水平。中位数是排序后的第 500 个人的身高，记为 $x_{(500)}$，而平均数是所有人的身高求和，再除以 999，记为 $\bar{x} = \dfrac{1}{999}\sum_{i=1}^{999} x_i$。直觉上哪个统计量计算更快速？

问卷调查结果（见表 1.2）表明[4]：74% 的学员认为中位数的计算速度更快。经过简单的提问发现，多数学员认为中位数不用开展实数运算，只要懂得排序和计数即可。相反，平均数需要计算 998 次加法，还需要计算 1 次除法，学员还担心除法除不尽的情况。

**表 1.2 问卷调查：哪个统计量计算更快速**

| 更快选项 | （A）中位数 | （B）平均数 |
|---|---|---|
| 选择人数/人 | 136 | 48 |
| 选择比例/% | 74 | 26 |

统计量的计算速度一般可以用计算复杂度来刻画，计算复杂度越高，计算速度就越慢。在此，将计算复杂度定义为运算中所涉及的加法、减法、乘法和除法等运算的总次数。

在身高水平的案例中,平均数要计算 998 次加法、1 次除法,共计 999 次运算。而中位数可以通过排序获得,排序需要进行大量的比较大小的运算,$a>b$ 与 $a-b>0$ 是等价的,也就是说一次比较大小相当于一次减法运算。冒泡排序算法的基本过程可以概括为:先找到最大值,再找到次大值,以此类推,直到找到最小值。所以 999 个数字排序的运算量最多相当于 $[(1+998)\times998]/2\approx500000$ 次减法。因为 $500000\gg999$,所以中位数的运算量比平均数的计算量更大,计算速度更慢。一般地,平均数的计算复杂度为 $O(n)$,而利用冒泡排序法求中位数,其计算量为 $O(n^2)$,另外快速排序算法的计算量为 $O(n\log_2 n)$。

总之,推理表明:一般情况下,平均数的计算复杂度比中位数的计算复杂度低得多,这与表 1.2 的对比结论完全相反。

接下来,我们通过仿真来验证推理的真伪:令样本容量 $n$ 分别取值为 $10^2,10^3,\cdots,10^7$,再生成 $n$ 个期望为 170 cm、标准差为 1 cm 的符合正态分布的随机数,最后调用命令 mean 测试计算平均数的耗时情况,调用命令 median 测试计算中位数的耗时情况。仿真结果如图 1.3(单位是 s)所示,图中"━┼━"表示平均数耗时,"━○━"表示中位数耗时。根据仿真结果,可以归纳出下列结论。

(1)中位数比平均数计算耗时长,速度慢;两条耗时曲线呈先下降后上升趋势的大致原因可能是软件刚启动需要额外算力。

(2)随着样本容量 $n$ 变大,相对于平均数的计算,中位数的计算耗时会变得越来越长。特别是当 $n$ 达到 $10^{10}$ 时,中位数的超大运算量会导致普通计算机出现卡死现象。

**仿真计算 1.3**

```
cloes all,for i = 1:7,n = 10^i;for j = 1:10,X = rand(n,1) * 100;
tic,mean(X);time_mean(i,j) = toc;
tic,median(X);time_median(i,j) = toc;end,end
time_mean = mean(time_mean,2);
time_median = mean(time_median,2);
semilogy(time_mean(1:end),'k + -','linewidth',2)
hold on,grid on,box on,xlim([1,7]),ylabel('t,耗时')
semilogy(time_median(1:end),'bo-','linewidth',2)
set(gca,'xtick',[1:2:8],'xticklabel',{'10^1','10^3','10^5',
'10^7',})
legend('平均数耗时','中位数耗时','fontsize',12),
xlabel('n,样本容量');yticks([1e-5,1e-3,1e-1,1]);
set(gca,'fontsize',12),set(gcf,'Position',[100,100,400,200])
```

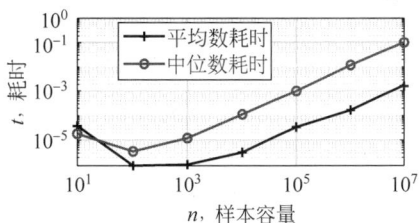

图 1.3　平均数和中位数的计算耗时

## 1.1.7　平均数和中位数的稳健度

**问题 1.7**　设有取值大于 0 的样本 $x_1,x_2,\cdots,x_n$,则算术平均数、几何平均数和调和平均数的定义如下:

$$\bar{x}_1 = \frac{1}{n}\sum_{i=1}^{n}x_i,\quad \bar{x}_2 = \left(\prod_{i=1}^{n}x_i\right)^{1/n},\quad \bar{x}_3 = \left(\frac{1}{n}\sum_{i=1}^{n}x_i^{-1}\right)^{-1} \quad (1.15)$$

将样本 $x_1,x_2,\cdots,x_n$ 依大小次序排列为 $x_{(1)},x_{(2)},\cdots,x_{(n)}$,则中位数的定义为

$$\hat{m} = \begin{cases} x_{(n+1)/2}, & n \text{ 为奇数} \\ [x_{(n/2)} + x_{(n/2+1)}]/2, & n \text{ 为偶数} \end{cases} \tag{1.16}$$

哪种统计量更稳健?

**分析** 可以证明

$$\overline{x}_1 \geqslant \overline{x}_3 \geqslant \overline{x}_2 \tag{1.17}$$

比如

$$\frac{1}{2}(x+y) \geqslant \frac{1}{(x^{-1}+y^{-1})/2} \geqslant \sqrt{xy} \tag{1.18}$$

下面通过仿真计算给出的表 1.3 进行分析,其表明:用中位数代替样本均值,可以抑制离群点对水平估算的影响。

**仿真计算 1.4**

```
clc,close all,clear,X = [80  80  80  80;75  80  80  85
70  80  80  90;65  80  800  95]',mean1 = mean(X)';mean2 = power(X(1,:). * X(2,:). * X(3,:),1/3)',
mean3 = 1./mean(1./X)';mean4 = median(X)'
```

表 1.3 四名同学的课程成绩 单位:分

| 人员 | 英语 | 语文 | 体育 | 数学 | 算术平均数 | 几何平均数 | 调和平均数 | 中位数 |
|---|---|---|---|---|---|---|---|---|
| A | 80 | 80 | 80 | 80 | 80 | 80.0000 | 80.0000 | 80.0000 |
| B | 75 | 80 | 80 | 85 | 80 | 78.2973 | 79.8434 | 80.0000 |
| C | 70 | 80 | 80 | 90 | 80 | 76.5172 | 79.3700 | 80.0000 |
| D | 65 | 80 | 800(离群点) | 95 | 260 | 160.8290 | 100.8549 | 87.5000 |

从表 1.3 可得出以下几点结论。

(1)几何平均数和调和平均数对不均衡数据具有惩罚功能,如 A、B、C 三名同学的平均成绩相同,但是成绩越不均衡,几何平均数与调和平均数越小。

(2)如果统计数据有误,如 D 同学的体育成绩本来是 80 分,统计时变成 800 分,成绩出现严重错误,中位数可以最大限度保证统计结果的合理性。

(3)除了算术平均数、几何平均数和调和平均数,还可以定义大量的平均数:

假定 $y = f(x)$ 是单射函数,其反函数为 $x = f^{-1}(y)$,对应的平均数定义为

$$\overline{x}_f = f^{-1}\left(\frac{1}{n}\sum_{i=1}^{n} f(x_i)\right) \tag{1.19}$$

比如,调和平均数为 $y = x^{-1}$,其反函数为 $x = y^{-1}$。还可以如下定义开方平均数:

$$\overline{x}_f = \left(\frac{1}{n}\sum_{i=1}^{n} \sqrt{x_i}\right)^2 \tag{1.20}$$

开方平均数的作用:与中位数类似,可保证统计结果的合理性。

## 1.1.8 考分是数字还是随机变量

**疑惑** 有同学问"我的课程成绩明明是一个确定的数字,为什么说它是随机变量? 既然我的分数是随机变量,为什么我看了一眼,随机变量就变成确定的数值了? 看一眼哪来的威力?"

**分析**　该疑惑的主要根源是概念混淆,需要拆分后回答。

(1)概念混淆的根源在哪里?根源在样本的二重性,样本天然携带了个体数值信息和总体分布信息。首先它是一个数值,具有确定性,单次试验后,分数是一个确定的数字;其次它是一个随机变量,能反映总体(整个班的课程成绩)的分布信息。

(2)为什么感觉"看"是改变概念的关键?对于样本而言,无论是否"看"它,它都具有样本的二重性。只不过,看之前,我们的目光聚焦在其不确定性上,看之后我们的目光聚焦在其确定性上。它携带的总体分布信息不会因为"看一眼"而丢失,只要样本足够多,大量样本呈现的分布就有可能无限接近真实的总体分布。

(3)"看一眼"的作用实质是什么?在概率空间的视角下,信息的作用实质是使得样本空间变小了,或者说样本点变少了,不确定性变小了。其实在"看"与"不看"之间还有很多其他状态。比如,老师说"你的成绩及格了",显然分数的不确定性从$[0,100]$变为$[60,100]$,但是不确定性还是很大。信息本身没有动力,没有改变物质的属性,只不过信息越多,我们对物质的定量认知就变得更加确定了。也可以从信息泄露视角来理解,信息泄露会把概率问题变成条件概率问题,参考 1.5 节,条件概率样本空间是概率样本空间的子集(注意:不能说条件概率比概率小)。

## 1.2　随机事件

### 1.2.1　样本空间与事件域不是唯一的

(1)样本空间不是唯一的。在不同应用中,样本空间的样本"粒度"可以有差异。

比如,在骰子试验中,样本空间可以是$\{1,2,3,4,5,6\}$,6 个样本点是等可能的;样本空间也可以是$\{$奇数,偶数$\}$,2 个样本点也是等可能的,显然前者的样本粒度更小,是后者的 1/3。

又如,在两次硬币试验中,样本空间既可以是$\{11,00,10,01\}$,4 个样本点是等可能的;样本空间也可以是$\{$同面、异面$\}$,2 个样本点是等可能的;样本空间还可以是$\{0$ 个正面,1 个正面,2 个正面$\}$,但是显然这 3 个样本点不是等可能的。

(2)事件域不是唯一的。记一个样本空间里面的某些子集及其运算(并、交、差、对立)结果构成的集合类为$\mathcal{F}$,只要$\mathcal{F}$满足 3 个条件:包含样本空间($\Omega \in \mathcal{F}$)、可列和封闭(即若$A_i \in \mathcal{F}$,则$\bigcup_i A_i \in \mathcal{F}$)、对立封闭(若$A \in \mathcal{F}$,则对立事件$\bar{A} \in \mathcal{F}$),就把$\mathcal{F}$称为一个事件域。比如,最小的事件域为$\{\varnothing, \Omega\}$。

### 1.2.2　事件的常见假命题

(1)$A-B=C$ 未必 $A=B \bigcup C$,除非 $B$ 是 $A$ 的子事件。

**反例**
$$\Omega=\{11,10,01,00\}, A=\{11,10,01\}, B=\{00\}, C=\{11,10,01\} \tag{1.21}$$

(2)$A=B \bigcup C$ 未必 $A-B=C$,除非 $B$ 与 $C$ 互斥。

**反例**
$$\Omega=\{11,10,01,00\}, A=\{11,00\}, B=\{00,11\}, C=\{11\} \tag{1.22}$$

(3)$A \supset B$, 必有 $P\{A\} \geqslant P\{B\}$, 反之不成立。

**反例**
$$\Omega = \{11, 10, 01, 00\}, \quad A = \{11, 01\}, \quad B = \{00\} \tag{1.23}$$

### 1.2.3 清晰事件和模糊事件

**问题 1.8** 有同学问"掷骰子得到的结果明明只有 6 种, 为什么会有 $2^6$ 种事件"。

**分析** "结果"不是数学术语, 语义上对应了样本空间中的样本点。从集合论视角上看, 样本点实质为元素, 而事件实质是集合, 是样本空间的子集。

(1)"掷骰子得到的结果"中的"结果"是指样本点, 有 6 种可能, 构成的集合样本空间为 $\Omega = \{1, 2, 3, 4, 5, 6\}$;

(2)"$2^6$ 种事件"中的"事件"是指 $\Omega$ 的子集;

(3)事件的语义可以是清晰的, 也可以是模糊的, 还可以是不可能发生的。清晰的事件有基本事件, 如 $\{1\}, \{2\}, \{3\}, \{4\}, \{5\}, \{6\}$, 模糊事件给出大致范围, 如大于 1, 即 $\{2, 3, 4, 5, 6\}$; 不可能事件, 如大于 7, 对应空集。

需注意: 在此并没有给出严格的"清晰"和"模糊"的定义。

总之, 事件的刻画具有一定的自由性, 思维不能仅仅固化在清晰的"基本事件"中。掷骰子得到的结果可以用 6 个清晰的基本事件来描述, 也可以用事件域中 $2^6$ 个事件中某个模糊的事件来描述。

## 1.3 概率的定义与性质

### 1.3.1 一论硬币实验——频率与概率

唯一性是"好定义"的基本要求, 如果用频率定义概率, 就无法保证唯一性, 原因如下:

(1)试验次数不同, 对应的频率就可能不同, 如表 1.1 所示, 在硬币试验中无论进行多少次试验, 都无法保证频率一定等于概率。

(2)有限次试验无法保证频率收敛到概率。如图 1.4 所示, 频率是随机变量, 依概率收敛到概率, 在前 4 次试验中, 频率逐渐靠近概率 0.5, 但是到第 5 次试验(罗曼诺夫斯基试验), 频率反而远离了概率 0.5。

---

**仿真计算 1.5**

```
close all,clc,clear,n = [4048,2048,12000,24000,80640]
PA = [0.5069,0.5181,0.5016,0.5005,0.4923];
semilogx(n,PA,'-o','linewidth',2),hold on,grid on
semilogx(n,0.5 * ones(size(PA)),'--','linewidth',2)
legend('频率','概率','fontsize',12),xticks(sort(n)),
xlim([2048,80640])
xlabel('n,试验次数');yticks([0.492,0.500,0.507,0.518]);
set(gca,'fontsize',12),set(gcf,'Position',[100,100,
300,200])
ylabel('频率/概率')
```

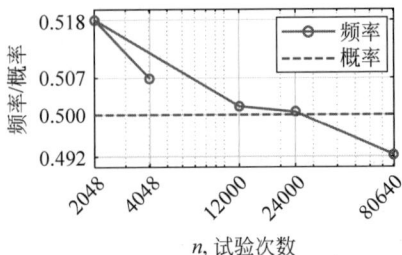

图 1.4 频率与概率

（3）即使试验次数相同，不同试验者看到的频率也可能不同。因为存在幸存者偏差，参考 6.1.1 节。看到的频率可能接近真实的概率，但是被人为筛选的频率往往会偏离真实的概率。正因如此，需要公理化定义，尽管"非负性、规范性和可列可加性"定义比较抽象，但公理化定义仍是一个公认的"好定义"。

## 1.3.2　有限可加与可列可加

可列可加必然满足有限可加，但有限可加却未必可列可加，文献[3]给出了一些反例，本书构造了如下 3 种简单的反例。

**反例 1.1**　具有可列样本点的样本空间为 $\Omega=\{\omega_1,\omega_2,\cdots\}$，事件域为 $\mathcal{F}=\{A\subseteq\Omega:A$ 是有限集合或者 $A^c$ 是有限集合 $\}$，定义在 $\mathcal{F}$ 上的集合函数为

$$P(A)=\begin{cases}0,&A\text{ 为有限集合}\\1,&A^c\text{ 为有限集合}\end{cases} \tag{1.24}$$

显然 $P(A)$ 满足非负性、规范性和有限可加性，却不满足可列可加性，因

$$\sum_{i=1}^{\infty}P(\{\omega_i\})=0\neq1=P(\Omega)=P\left(\sum_{i=1}^{\infty}\{\omega_i\}\right) \tag{1.25}$$

**反例 1.2**　以有理数集合为元素的样本空间为 $\Omega=[0,1]\cap\mathbb{Q}$ 具有可列样本点，记 $\Omega=\{\omega_1,\omega_2,\cdots\}$，对于 $0\leqslant a<b<1$，子集 $A_{a,b}=\{x\in[0,1]\cap[a,b]\cap\mathbb{Q}\}$ 的集合函数为

$$P(A_{a,b})=b-a \tag{1.26}$$

显然 $P(A)$ 满足非负性和规范性，而长度天然具备有限可加性，却不满足可列可加性，因

$$\sum_{i=1}^{\infty}P(\{\omega_i\})=0\neq1=P(\Omega)=P\left(\sum_{i=1}^{\infty}\{\omega_i\}\right) \tag{1.27}$$

**反例 1.3**　样本空间 $\Omega$ 为实数集 $\mathbb{R}$，子集 $A$ 的集合函数为

$$P(A)=\lim_{k\to\infty}\frac{\text{长度}[A\cap(-k,k)]}{2k} \tag{1.28}$$

比如

$$P(\mathbb{R}_{\geqslant0})=\lim_{k\to\infty}\frac{\text{长度}[\mathbb{R}_{\geqslant0}\cap(-k,k)]}{2k}=\lim_{k\to\infty}\frac{\text{长度}(0,k)}{2k}=\frac{1}{2} \tag{1.29}$$

显然 $P(A)$ 满足非负性和规范性，而长度天然具备有限可加性。设 $A_n=[n,n+1)$，$n=1,2,3,\cdots$，显然 $A_n$ 是一系列互斥事件，当 $k$ 足够大时，$A_n\cap(-k,k)$ 的长度等于 1，而且

$$P(A_n)=\lim_{k\to\infty}\frac{\text{长度}[A_n\cap(-k,k)]}{\text{长度}(-k,k)}=\lim_{k\to\infty}\frac{1}{2k}=0 \tag{1.30}$$

但是 $A_n$ 不满足可列可加性，因为

$$\sum_{n=0}^{\infty}P(A_n)=0\neq\frac{1}{2}=P(\mathbb{R}_{\geqslant0})=P\left(\sum_{n=0}^{\infty}A_n\right) \tag{1.31}$$

**评注 1.4　寻找反例的过程**

为了找到容易理解的有限可加性的反例，课程组开展了多次讨论。上述三个反例相对容易理解，因为它们不依赖代数、勒贝格测度、博雷尔（Borel）域等抽象概念。

寻找有限可加的反例不是轻而易举的，因为古典概型的样本点数是有限的，所以在古典概型中无法找到反例，而在可列集合或者无限区域中找反例应该是一个合理的突破口。这

几个反例的本质为：$\infty \times 0$ 的取值是不确定的，其结果可能是 0，可能是 0.5，可能是 1，甚至可能是无穷。

### 1.3.3 贝特朗悖论

> **评注 1.5 贝特朗悖论的根源**
>
> 贝特朗悖论的根源为：提问者和回答者对关键词"任意"的不同理解。"任意"作弦其实有很多种实现方式，比如圆内定中点、圆上定端点和半径定中点，方式不同，样本空间就不同，计算的概率就可能不同。

**问题 1.9** 在半径为 $r$ 的圆内"任意"作弦，试求此弦长大于圆内接等边三角形边长 $\sqrt{3}r$ 的概率 $P$。

**思路 1** 如图 1.5(a)所示，将线段的一个端点 $O$ 固定，在圆内任意投点，考虑弦的中点在圆内的"任意"性，弦长大于 $\sqrt{3}r$，等价于投点落入半径为 $r/2$ 的小圆内，故概率为

$$P = \frac{\pi(r/2)^2}{\pi r^2} = \frac{1}{4} \tag{1.32}$$

**思路 2** 如图 1.5(b)所示，将线段的一个端点 $O$ 固定，在圆上任意投点，另一个端点在圆上"任意"取值，弦长大于 $\sqrt{3}r$，等价于投点落入 $\overparen{AB}$，故概率为

$$P = \frac{\overparen{AB}}{2\pi r} = \frac{1}{3} \tag{1.33}$$

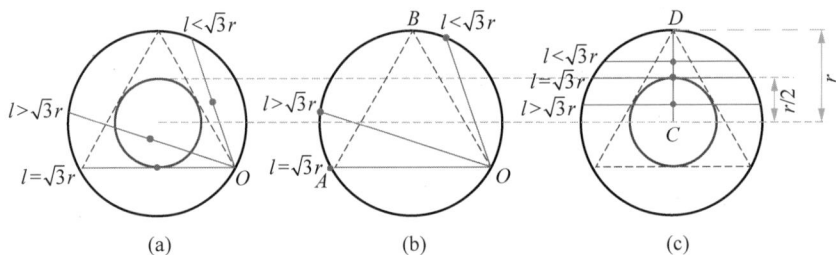

**图 1.5 在半径为 $r$ 的圆内"任意"作弦**
(a)投点落入圆内；(b)投点在圆上；(c)投点在半径上

**思路 3** 如图 1.5(c)所示，将半径 $CD$ 固定，在半径上"任意"投点，弦长大于 $\sqrt{3}r$，等价于投点落入半径为 $r/2$ 的小圆的半径上，故概率为

$$P = \frac{r/2}{r} = \frac{1}{2} \tag{1.34}$$

## 1.4 等可能概型

> **评注 1.6 古典概型的地位**
>
> 数论容易入门，却难以精通；看似简单明了，实则处处陷阱。高斯说："数学是科学的皇后，数论是数学的皇后。"

对应地,等可能概型(古典概型)也容易入门,但是后续案例表明古典概型和几何概型也是处处陷阱。能否说:"等可能概型是概率论皇冠上的明珠?"这是一个有趣的话题。

## 1.4.1　协同轰炸问题——古典概型

**评注 1.7　协同的意义**

(1)协同可以显著提高完成目标的可能性;

(2)在多目标任务中,若战机刚好满足任务需求,则不进行协同而完成任务是小概率事件,且目标数量越多,完成的可能性就越小,如图 1.6 所示;

(3)在多目标任务中,可以通过增加战机冗余的方式提高完成任务的可能性,只要冗余足够多,完成任务的概率就会从小概率变为大概率,如图 1.7 所示。

**案例 1.1**　假设某基地共有 5 架战机,要摧毁敌方 5 个地面目标。如果每架战机随机选择目标进行攻击,且用一枚炸弹就可摧毁目标,计算无协同轰炸时目标全部被摧毁的概率。

**案例 1.2**　假设某基地共有 $m$ 架战机($m>5$),要摧毁敌方 5 个地面目标。如果每架战机随机选择目标进行攻击,且用一枚炸弹就可摧毁目标,计算无协同轰炸时目标全部被摧毁的概率。

**分析　案例 1.1**　计算古典概型的过程可划分 3 个步骤。

第一,确定样本空间: $\Omega=\{\omega_1,\omega_2,\cdots,\omega_n\}$,其中样本容量为 $n$。每架飞机轰炸 5 个目标中的任意目标,依据乘法原理,共有 $5^5$ 个样本点。

第二,确定有利场合: $A=\{\omega_{i_1},\omega_{i_2},\cdots,\omega_{i_k}\}$,其中有利场合数为 $k$,要保证目标全部被摧毁,第 1 架飞机有 5 种选择,第 2 架飞机还剩 4 种选择,以此类推,依据乘法原理,有利场合共有 5! 个样本点。

第三,计算概率: $P(A)=\dfrac{k}{n}$。本案例的概率为

$$P(A)=\frac{5!}{5^5}=0.0384 \tag{1.35}$$

**案例 1.2**　把问题变为"袋中有 5 个不同球, $m$ 个人依次有放回地抽球, $m$ 次抽球结束后,求 5 个球都被抽到过的概率"。记 $P_m$ 表示前 $m$ 次可遍历 5 球的概率,依据"容斥原理"有

$$P_m=\frac{C_5^5 5^m-C_5^4 4^m+C_5^3 3^m-C_5^2 2^m+C_5^1 1^m}{5^m} \tag{1.36}$$

实际上,在 $5^m$ 种排列方式中,存在不能全部被抽到的排列,如 11234 等,需减去 $C_5^4 4^m$;但在 $C_5^4 4^m$ 种排列方式中,有些排列会被重复减去,如 11123 等,需补充 $C_5^3 3^m$;以此类推,需减去 $C_5^2 2^m$,最后补充 $C_5^1 1^m$。仿真结果见图 1.6 和图 1.7。

**仿真计算 1.6**

```
close all,clc,clear,t = 0;P = [];kk = 1:1:10
fork = kk,t = t + 1;P(t) = factorial(k)/k^k;end
```

```
plot(kk,P,'- +','linewidth',2),grid on,
ylabel('P,全部摧毁概率');xlabel('k,战机数量');yticks([0.05:
0.1:1]);
set(gca,'fontsize',12),set(gcf,'Position',[100,100,300,
200])
figure,t = 0;P = [];kk = 5:1:10 + 10

for k = kk,t = t + 1;
P(t) = 5^k - nchoosek(5,4) * 4^k + nchoosek(5,3) * 3^k...
-nchoosek(5,2) * 2^k + nchoosek(5,1) * 1^k;
P(t) = P(t)/5^k;end
plot(kk,P,'- +','linewidth',2),grid on,
ylabel('P,全部摧毁概率');xlabel('k,战机数量');yticks([0.05:
0.1:1]);
set(gca,'fontsize',12),set(gcf,'Position',[100,100,300,
200])
```

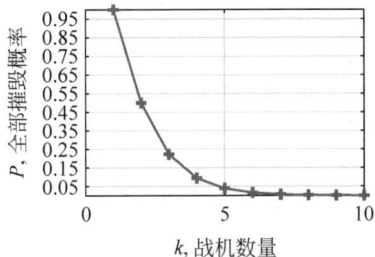

图 1.6  k 架战机摧毁 k 个目标

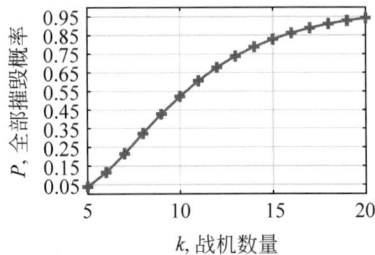

图 1.7  k 架战机摧毁 5 个目标

## 评注 1.8  古典概型易错点

**易错点 1**  样本点不总是等可能的。例如,在抛两枚硬币的试验中,传言达郎贝尔曾给出样本空间为{正正、正反、反反},样本点不是等可能的,"正反"的概率是"正正"的两倍。

**易错点 2**  样本空间(分母)和有利场合(分子)的样本空间不一致,导致计数重复或者计数缺漏。

**易错点 3**  分子和分母的顺序约束不一致。比如,协同轰炸问题的样本点可视为有序的,如(12345)和(21345)被视为两个不同样本点,前者表示1-2-3-4-5 号战机分别轰炸 1-2-3-4-5 号目标,而后者表示1-2-3-4-5 号战机分别轰炸 2-1-3-4-5 号目标。本问题的样本点也可视为无序的,如(12345)和(21345)被视为一样的样本点,都表示1-2-3-4-5 号战机分别轰炸不同目标。此时 $n=\dfrac{5^5}{5!}$,$n_A=1$。为了防止出现错误,建议所有问题的样本点都按有序排列处理。

## 1.4.2  协同过桥问题——几何概型

**问题 1.10**  在某次军事演习中,舟桥连接到命令要赶到某小河的 D 岸为行进中的战斗部队架设浮桥。假设舟桥连将于夜间 0 点到 1 点之间到达河岸,战斗部队将于夜间 1 点至 2 点之间到达河岸。

(1)舟桥连架设浮桥需要 0.5 个小时,问战斗部队到达河岸能立即过河的概率是否满足5%的风险控制要求?

(2)舟桥连连长,作为决策者,面临舟桥连和战斗部队的双向要求:早到意味着本连队有早起压力;迟到意味着拖累战斗部队。如何决策才能满足 5%的风险控制要求?

**分析**  (1)计算几何概型的过程可划分 3 个步骤,如图 1.8(a)所示。

①确定样本空间对应的几何图形,$\Omega=\{(x,y)|0\leqslant x\leqslant 1,1\leqslant y\leqslant 2\}$,求得正方形 $\Omega$ 的面积为 $S_\Omega=1\times 1=1$。

②确定不利场合的几何图形 $\overline{A}=\{(x,y)\,|\,0.5\leqslant x\leqslant 1,1\leqslant y\leqslant x+0.5\}$,求得三角形 $\overline{A}$ 的面积为 $S_{\overline{A}}=0.5\times 0.5/2=0.125$,所以不满足5%的风险控制要求。

③计算概率:

$$P(A)=1-\frac{S_{\overline{A}}}{S_{\Omega}}=\frac{0.875}{1}=0.875 \qquad (1.37)$$

(2)有多种方法可提高及时过河的概率。

**方法一** 提前出发实现提前到达,到达时间由0点到1点变为 $0-t$ 点到 $1-t$ 点,相当于在不提前出发的条件下减少搭桥时间,搭桥时间从0.5点变为 $0.5-t$ 点,如图1.8(b)所示。则

$$\Omega_1=\Omega=\{(x,y)\,|\,0\leqslant x\leqslant 1,1\leqslant y\leqslant 2\}$$
$$\overline{A}_1=\{(x,y)\,|\,0.5+t\leqslant x\leqslant 1,1\leqslant y\leqslant x+0.5-t\}$$

依此得

$$P(\overline{A}_1)=\frac{(0.5-t)^2/2}{1}=0.05\Rightarrow t\approx 0.1838 \qquad (1.38)$$

**方法二** 加快行军速度实现提前到达,到达时间由0点到1点变为0点到 $1-t$ 点,如图1.8(c)所示。则

$$\Omega_2=\{(x,y)\,|\,0\leqslant x\leqslant 1-t,1\leqslant y\leqslant 2\}$$
$$\overline{A}_2=\{(x,y)\,|\,0.5\leqslant x\leqslant 1-t,1\leqslant y\leqslant x+0.5\}$$

依此得

$$P(\overline{A}_2)=\frac{(0.5-t)^2/2}{1-t}=0.05\Rightarrow t\approx 0.2209 \qquad (1.39)$$

**方法三** 既加快行军速度,又提高搭桥速度(等价于提前出发),简单起见,假设两个因素的时间减少量都为 $t$,则到达时间由0点到1点变为0点到 $1-t$ 点,搭桥时间从0.5变为 $0.5-t$ 小时,如图1.8(d)所示。则

$$\Omega_3=\Omega_2=\{(x,y)\,|\,0\leqslant x\leqslant 1-t,1\leqslant y\leqslant 2\}$$
$$\overline{A}_3=\{(x,y)\,|\,0.5+t\leqslant x\leqslant 1-t,1\leqslant y\leqslant x+0.5-t\}$$

依此得

$$P(\overline{A}_3)=\frac{(0.5-t-t)^2/2}{1-t}=0.05\Rightarrow t=0.1 \qquad (1.40)$$

---

**评注1.9 方式不同,性价比就不同**

(1)临时突击,提前出发,需提前0.18个小时,提供了"临阵磨枪,不快也光"的概率解释;

(2)不提前出发,练在平时,减少搭桥时间,也需减少0.18个小时;

(3)不提前出发,练在平时,提高行军速度,需减少0.22个小时,然而,在日常训练中,舟桥连应该把重点放在训练搭桥技能上,而不是行军速度,因为前者更有性价比;

(4)既加快行军速度,又提高搭桥速度,只需减少0.1个小时,任务执行达成率最高,这正是强化日常训练的意义所在;

(5)有同学问:为什么不可以让战斗部队晚点到?这是因为代价太大了,战斗部队晚到可能意味着任务的失败。

> **评注 1.10    协同过桥问题的解决办法随教学年月的增加而不断优化**
>
> (1)2018 年,原始教材只包含第一问;
>
> (2)2019 年,为了简化背景,聚焦理论重点,简化了时间约束;
>
> (3)2021 年,依据教学比赛,结合学情和日常训练,引入了风险决策和动态求解思路,把"死题"变成了"活题";
>
> (4)2024 年,突然发现,可以更全面地应对风险问题,同时考虑搭桥速度和行军速度问题,把"单因素"问题推广为"多因素"问题。

**仿真计算 1.7**

```
close all,clear,clc,set(gcf,'Position',[100,100,800,200])
subplot(1,4,1),plot([0,1,1,0,0],[1,1,2,2,1],'LineWidth',2),title('(a)原始问题')
hold on,plot([0,1.5],[.5,2],'LineWidth',2),xS = [0.5,1,1,0.5];yS = [1,1,1.5,1];
h1 = patch(xS,yS,'k','FaceAlpha',0.5);xlim([0,1.5]),ylim([0,2]),hold on,grid on
set(gca,'XTick',[0,1],'yTick',[0,.5,1,2])
subplot(1,4,2),plot([0,1,1,0,0],[1,1,2,2,1],'LineWidth',2),
hold on,t = 0.1838,plot([0,1.5],[.5,2] - t,'LineWidth',2),title('(b)提前出发')
xS = [0.5 + t,1,1,0.5 + t];yS = [1,1,1.5 - t,1];h1 = patch(xS,yS,'k','FaceAlpha',0.5);
xlim([0,1.5]),ylim([0,2]),hold on,grid on,set(gca,'XTick',[0,0.5 + t,1],'yTick',[0,.5 - t,1,2])
subplot(1,4,3),t = 0.2,plot([0,1 - t,1 - t,0,0],[1,1,2,2,1],'LineWidth',2),
hold on,t = 0.2209,plot([0,1.5],[.5,2],'LineWidth',2),title('(c)提高速度')
xS = [0.5,1 - t,1 - t,0.5];yS = [1,1,1.5 - t,1];h1 = patch(xS,yS,'k','FaceAlpha',0.5);
xlim([0,1.5]),ylim([0,2]),hold on,grid on,set(gca,'XTick',[0,1 - t,1],'yTick',[0,.5,1,2])
syms t,assume(t,'positive'),t1 = solve(((.5 - t)^2)/2 - 0.05),t2 = solve(((.5 - t)^2)/2/(1 - t) - 0.05),
t3 = solve(((.5 - 2 * t)^2)/2/(1 - t) - 0.05)
subplot(1,4,4),t = double(t3(1)),plot([0,1 - t,1 - t,0,0],[1,1,2,2,1],'LineWidth',2),
hold on,plot([0,1.5],[.5 - t,2 - t],'LineWidth',2),title('(d)时速共进')
xS = [0.5 - t,1 - t,1 - t,0.5 + t];yS = [1,1,1.5 - t - t,1];h1 = patch(xS,yS,'k','FaceAlpha',0.5);
xlim([0,1.5]),ylim([0,2]),hold on,grid on,set(gca,'XTick',[0,.9001,1],'yTick',[0,.5 - t,1,2])
```

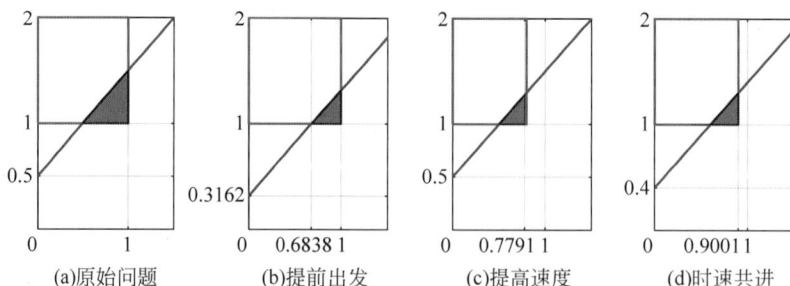

(a)原始问题　　　(b)提前出发　　　(c)提高速度　　　(d)时速共进

**图 1.8    样本空间与有利场合的几何视图**

## 1.4.3    蒙提霍尔悖论——信息泄露

**案例 1.3**    蒙提霍尔悖论也称三门问题是一个经典的概率论问题。问题的设置如下:有三扇关闭的门,其中只有一扇门后有汽车,其余两扇门后都是羊。游戏分三步完成。

第一步：参赛者在三扇门中随机挑选一扇，如 1 号门，剩余两门中必有一羊；

第二步：主持人告知参赛者 2 号门后有羊；

第三步：参赛者有一次改选的机会，则参赛者应该保持 1 号门，还是改选 3 号门？

**评注 1.11　为什么多数初玩者认为没必要换选**

**易错点 1**　游戏步骤非常关键，该问题的步骤可概括为"选择—排除—再选择"，调换第一步和第二步后的问题，与原问题完全不同。

**易错点 2**　不能直接套用条件概率中的乘法公式，因为条件概率公式不适用于分母为不可能事件的情况。

**易错点 3**　不能执拗地认为 1 号门和 3 号门的中奖概率相同。主持人参与了筛选，筛选前各门的中奖是等可能的，筛选后 1 号门和 3 号门的中奖可能性已经发生改变。

**评注 1.12　信息的作用**

信息是决策的制胜法宝，越能高效融合现有信息，意味着越可能做出有利决策。在三门问题中，主持人确实帮选手排除了无用选项，尽管没有 100% 排除。

**方法一　依据等可能概型。**

确定样本空间是关键，1 号门的后面，要么是车，要么是 1 号羊，要么是 2 号羊，所以样本空间为 $\Omega=\{$选中车,选中 1 号羊,选中 2 号羊$\}$，这是一个等可能概型，记"选手不改选而中奖"为事件 $A$。若选手不改选，那么在第一步选中 1 号羊和 2 号羊对他都不利，对他有利的场合数只有 1 个，所以 $A=\{$选中车$\}$。依据等可能概型概率公式：

$$P(A)=\frac{n_A}{n_\Omega}=\frac{1}{3},P(\overline{A})=\frac{n_{\overline{A}}}{n_\Omega}=\frac{2}{3} \tag{1.41}$$

**方法二　依据全概率公式。**

记"选手不改选而中奖"为事件 $A$，有

$$\begin{cases} P(A)=P(A\mid 先选中车)P(先选中车)+P(A\mid 先选中 1 号羊)P(先选中 1 号羊)+\\ \qquad P(A\mid 先选中 2 号羊)P(先选中 2 号羊)=1\times\frac{1}{3}+0\times\frac{1}{3}+0\times\frac{1}{3}=\frac{1}{3}\\ P(\overline{A})=P(\overline{A}\mid 先选中车)P(先选中车)+P(\overline{A}\mid 先选中 1 号羊)P(先选中 1 号羊)+\\ \qquad P(\overline{A}\mid 先选中 2 号羊)P(先选中 2 号羊)=0\times\frac{1}{3}+1\times\frac{1}{3}+1\times\frac{1}{3}=\frac{2}{3} \end{cases}$$

$$\tag{1.42}$$

**方法三　依据极限思维。**

假定有 10 扇关闭的门，仅有一扇门后面有车，如果选手一直坚持选择 1 号门而不换，主持人可以连续排除 8 扇门（比如 2～9 号门），1 号门的中奖概率始终不变为 1/10，而中奖概率 9/10 在不断聚集到 10 号门。

同理，假定有 1 万扇关闭的门，仅有一扇门后面有车，如果选手一直坚持选择 1 号门而不换，主持人可以连续排除 9998 扇门（比如 2～9999 号门），1 号门的中奖概率始终不变为 1/10000，而中奖概率 9999/10000 在不断聚集到 10000 号门。

**方法四 依据反向思维。**

既然选手认为未打开的两扇门中奖概率相同,那换门又何妨。

## 1.4.4 田忌赛马获胜的概率实质

**问题 1.11** 齐王提出要与田忌赛马,齐王的一等、二等、三等马分别比田忌的一等、二等、三等略强,实力排序为:

$$齐王一等马 > 田忌一等马 > 齐王二等马 > 田忌二等马 > 齐王三等马 > 田忌三等马 \tag{1.43}$$

在三局两胜制下,田忌的胜率有多大,如何才能使得胜率变大?

---

**评注 1.13 田忌赛马与团体赛**

---

对于乒乓球、羽毛球等团体赛来说,若无绝对实力,出场顺序会显著影响胜率,信息泄露会极大干扰比赛结果。在竞技体育中,保密至关重要,否则即使占据实力优势,一旦泄密也可能面临惨重代价。

对于劣势方,一旦获得对方信息,可合理运用出场策略,实现转败为胜。

---

**分析** 记 $ij$ 为齐王 $i$ 等马对田忌 $j$ 等马,出场样本空间为 $\Omega$,对田忌有利的场合为 $A$。

**1. 情况 1 无信息泄露。**

田忌不知道齐王战马的出战顺序,随机组合,则样本空间有 6 种组合:

$$\Omega = \{(11,22,33),(11,23,32),(12,23,31),(12,21,33),(13,22,31),(13,21,32)\} \tag{1.44}$$

对田忌有利的组合只有 1 种 $A = \{(13,21,32)\}$,所以田忌的胜率为 $P(A) = 1/6$。

**2. 情况 2 半信息泄露。**

田忌只知道齐王的一等马何时出战,不知道齐王的二等、三等马何时出战。此时田忌安排三等马与齐王的一等马对战,则样本空间有 2 种组合,有利场合只有 1 种组合,则

$$\Omega = \{(13,21,32),(13,22,31)\}, A = \{(13,21,32)\}, P(A) = 1/2 \tag{1.45}$$

同理,田忌只知道齐王的二等马何时出战,不知道齐王的一等、三等马何时出战。此时田忌安排一等马与齐王的二等马对战,则样本空间有 2 种组合,有利场合只有 1 种组合,则

$$\Omega = \{(21,13,32),(21,12,33)\}, A = \{(13,21,32)\}, P(A) = 1/2 \tag{1.46}$$

同理,田忌只知道齐王的三等马何时出战,不知道齐王的一等、二等马何时出战。此时田忌安排二等马与齐王的三等马对战,则样本空间有 2 种组合,有利场合只有 1 种组合,则

$$\Omega = \{(32,21,13),(32,23,11)\}, A = \{(13,21,32)\}, P(A) = 1/2 \tag{1.47}$$

**3. 情况 3 全信息泄露。**

田忌完全知道齐王的战马出战顺序,田忌安排三等、一等、二等马,分别与齐王的一等、二等、三等马对战,则样本空间只有 1 种组合,有利场合只有 1 种组合,则

$$\Omega = \{(13,21,32)\}, A = \{(13,21,32)\}, P(A) = 100\% \tag{1.48}$$

## 1.4.5 巴拿赫火柴盒问题

**案例 1.4** 两盒火柴,每盒都有 $n$ 根火柴,每次用火柴时使用人随机地在两盒中任取一盒并从中抽出一根。求用完一盒时另一盒还有 $r$ 根火柴的概率。

**分析**　该问题也称为巴拿赫火柴盒问题,从盒中取一次火柴视为一次成功的试验,从另一盒中取一次火柴视为一次失败的试验。根据不同的假设,会得到两个不同的答案,设

$$A=\{用完一盒时另一盒还有\ r\ 根火柴\} \tag{1.49}$$

**假设 1**　设使用人"能够"看到火柴盒里的火柴且甲盒为空,则他一共在此盒里取了 $n$ 次火柴,在乙盒里取了 $n-r$ 次火柴,且最后一次取火柴是从甲盒里取出了里面的最后一根。由于取火柴是随机的,所以该问题为 $2n-r$ 次独立重复试验,有 $n$ 次成功,$n-r$ 次失败,且最后一次试验是成功的,对应的二项分布的分布率为

$$p(2n-r,n)=C_{2n-r-1}^{n-1}0.5^{n-1}0.5^{n-r}0.5^{1}=C_{2n-r-1}^{n-1}0.5^{2n-r} \tag{1.50}$$

依据对称性可知

$$P(A)=2p(2n-r,n)=C_{2n-r-1}^{n-1}0.5^{2n-r-1} \tag{1.51}$$

**假设 2**　设使用人"不能"看到火柴盒里的火柴且甲盒为空,则他一共在此盒里取了 $n+1$ 次火柴,在乙盒里取了 $n-r$ 次火柴,且最后一次取火柴是在已空的甲盒里又取了一次才发现已空。与假设 1 的求解方法类似,可得

$$P(A)=2p(2n-r+1,n)=C_{2n-r}^{n}0.5^{2n-r} \tag{1.52}$$

## 1.4.6　生日同天问题

概率接近 0 的事件,如 $P\leqslant0.05$,被称为**小概率事件**。反之,概率接近 1 的事件,如 $P\geqslant1-0.05$,被称为**几乎必然事件**。

当条件改变时,两种事件可以相互转化,个体眼中的**小概率事件**,在总体面前可能是**大概率事件**,甚至是**必然事件**。

**案例 1.5**　一个超过 60 人的班级中,有两个人的生日在同一天,这两人会觉得很有缘分,但是对于具有更大视野的班主任来说,多年的带班经历已让他们深知,有同学生日同天几乎是必然事件。

**分析**　记"$k$ 个人有生日同天"的概率为 $P(k)$,$k$ 个人无生日同天的概率为 $\dfrac{A_{365}^{k}}{365^{k}}$,依据对立事件概率公式有

$$P(k)=1-\frac{A_{365}^{k}}{365^{k}} \tag{1.53}$$

生日同天的概率随人数变化的曲线如图 1.9 所示。

---

**仿真计算 1.8**

```
close all,clc,clear;n = 365;t = 0;kk = 20:10:60
for k = kk,t = t + 1;P(t) = 1-nchoosek(n,k) * factorial(k)/
n^k;end
semilogy(kk,P,'- + ','linewidth',2),grid on,
ylabel('P,有同生日概率');
xlabel('k,班级人员数量');yticks([0.05:0.1:1]);
set(gca,'fontsize',12),set(gcf,'Position',[100,100,
300,200])
```

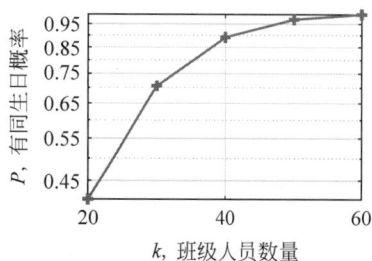

图 1.9　人数与生日同天的概率

---

**评注 1.14　每天有多少人陪你过生日**

全球每天出生多少人？由于数据来源和统计方法的不同，不同机构提供的数据可能有所差异，但大致范围在 36.5 万人至 39.2 万人之间。下面进行简单估算，计算有多少人陪你过生日。

保守假定全球有 80 亿人，人的平均寿命为 80 岁，且人口保持平衡，意味着每年更新 1 亿人，相当 80 年更新 80 亿人，也相当于每年 1 亿人出生，1 亿人去世，每天出生人口为 $10^8/365 \approx 27$ 万人。相当于中国一个小县城的所有人陪你过生日！

---

## 1.4.7　抽签原理的担忧

在理想情况下，无论是有放回抽签还是无放回抽签，每个人中奖的概率都相同，与抽奖先后顺序无关。

实际上，设有 $a$ 个红球，$b$ 个白球，抽中白球意味着中奖。

(1)对于有放回抽签来说，中奖概率为

$$P(\text{A}) = \frac{a}{a+b} \tag{1.54}$$

(2)对于无放回抽签来说，中奖概率为

$$P(\text{A}) = \frac{a(a+b-1)!}{(a+b)!} = \frac{a}{a+b} \tag{1.55}$$

但是，为什么我们仍然希望自己早点抽签，我们潜意识在担忧什么呢？可能的原因是现实中抽签过程与理想假设不一致——很难完全杜绝作弊！比如，先抽签者抽到不利签就放回重抽。

(1)对于不想作弊者，越提前抽签，越能掌握自己的命运，最先抽签至少可以保证自己这一签是公平的，否则越往后自身权益受侵害的可能性越大。

(2)对于希望作弊者，越提前抽签，就越有充分的时间实施作弊，越滞后抽签，留给作弊者的时间越少。

抽签与买彩票有相似之处，为了维护公平，建议抽签过程公开、实时，并且缩短相邻两次抽签的时间。

## 1.4.8　停战谈判的概率实质

梅累骑士问题广泛应用于休战谈判和筹码分配：假定 A、B 两人进行一场"石头剪子布"的游戏，采用五局三胜制，胜者获得全码筹码，筹码为 12 单位金币。当 A 胜 2 局、B 胜 1 局时不得不结束游戏，请问 A、B 如何分配筹码更合理？

(A)12∶0　　　(B)6∶6　　　(C)8∶4　　　(D)9∶3

费马提出：两人至多只要再玩两局便可分出胜负。其实可以想象一下再玩两局会出现的所有可能的情况：每一局中，若 A 赢记为 1，否则记为 0，那么两局的所有可能结果的样本空间为

$$\Omega = \{11,10,01,00\} \tag{1.56}$$

记事件 $V = \{\text{A 最终获胜}\}$，那么对 A 的有利场合为

$$V = \{11, 10, 01\} \tag{1.57}$$

所以 A 的胜率是

$$P(V) = \frac{n_V}{n_\Omega} = \frac{3}{4} = 0.75 \tag{1.58}$$

则 A、B 获得筹码的比值为 3∶1，即 A 获得 9 单位金币的筹码，B 获得 3 单位金币的筹码。

---

**评注 1.15　当游戏变成竞技**

如果 A、B 的胜率比从 0.5∶0.5 变为 $p∶(1-p)$，那么应如何分配筹码呢? 这个问题需要用到第 4 章数值特征——期望。直觉上，筹码分配既依赖实力 $p$，又依赖胜数的现状 2∶1。我们将会在 4.1.11 节继续讨论这个问题。

---

## 1.4.9　最佳恋爱年数

---

**评注 1.16　有人说:"当我们明白我们该走哪条路时，我们常常是已经丧失了走这条路的机会。"那么，是否将就成为每个人的选择题!**

"最佳面试次数"又称为 37% 法则，是指如果假定"一旦错过就不再"，那么有 10 人前来面试，最好在前 3.7 人(不妨取 4 人)只面试不聘用，从第 4 人开始，一旦遇到比前面都好的候选人，则立即聘用。

例如，假设有一群人($n$ 人)都想申请一个岗位。面试官按照随机顺序面试申请人，每次面试一名。他随时可以决定将这份工作交给其中一人(注意:面试官不能回头选择被自己拒绝的人)，面试就此结束。面试官不想将就，怕遇不上好的，又怕错过更好的。他会面试前 $k$ 个人，只打分不接受，从第 $k+1$ 个起，一旦遇到比前面所有人都更好的候选人就接受。如何确定 $k$，使选到最优面试者的概率最大?

---

**问题 1.12**　"最佳面试次数"同样适用于"最佳恋爱年数"问题。适婚年龄总共 $n$ 年，前 $k$ 年只恋爱不结婚，从第 $k+1$ 年起，一旦遇到更合适的人就结婚，如何确定恋爱年数 $k$，使选到最爱的概率最大?

**分析**　记 $P(k)$ 为第 $k$ 年后找到最爱结婚的概率，记 $P(k,i)$ 为第 $k$ 年后结婚且最爱在第 $i(i \geqslant k+1)$ 年的概率，依据全概率公式:

$$P(k) = P(k, k+1) + P(k, k+2) + P(k, k+3) + \cdots + P(k, n) \tag{1.59}$$

若最爱出现在第 $k+1$ 年，则必定能找到最爱，故

$$P(k, k+1) = P(\text{找到} \mid \text{最爱在 } k+1) \times P(\text{最爱在 } k+1) = \frac{k}{k} \times \frac{1}{n} \tag{1.60}$$

若最爱出现在第 $k+2$ 年，找到最爱的条件为:前 $k+1$ 年最好的发生在前 $k$ 年(否则前 $k+1$ 年最好的发生在第 $k+1$ 年，遇到更合适的就结婚，但不是最爱!)，故

$$P(k, k+2) = P(\text{找到} \mid \text{最爱在 } k+2) \times P(\text{最爱在 } k+2) = \frac{k}{k+1} \times \frac{1}{n} \tag{1.61}$$

若最爱出现在第 $k+3$ 年，找到最爱的条件为:前 $k+2$ 年最好的发生在前 $k$ 年(否则前 $k+2$ 年最好的发生在第 $k+1, k+2$ 年，遇到更合适的就结婚，但不是最爱!)，故

$$P(k,k+3)=P(\text{找到}\mid\text{最爱在 }k+3)\times P(\text{最爱在 }k+3)=\frac{k}{k+2}\times\frac{1}{n} \quad (1.62)$$

以此类推,若最爱出现在第 $n$ 年,找到最爱的条件为:前 $n-1$ 年最好的发生在前 $k$ 年,故

$$P(k,n)=P(\text{找到}\mid\text{最爱在 }n)\times P(\text{最爱在 }n)=\frac{k}{n-1}\times\frac{1}{n} \quad (1.63)$$

综上

$$P(k)=\frac{k}{k}\times\frac{1}{n}+\frac{k}{k+1}\times\frac{1}{n}+\frac{k}{k+2}\times\frac{1}{n}+\cdots+\frac{k}{n-1}\times\frac{1}{n} \quad (1.64)$$

(1)若 $n$ 不大,遍历 $k=1,2,\cdots,n$ 就可以找到最佳恋爱年。

(2)若 $n\to\infty$,记 $x=\dfrac{k}{n}$,则

$$P(k)=x\left(\frac{1}{k}+\frac{1}{k+1}+\frac{1}{k+2}+\cdots+\frac{1}{n-1}\right)\approx x\int_k^{n-1}\frac{1}{t}\mathrm{d}t$$

$$=x(\ln(n-1)-\ln(k))\approx x(\ln(n)-\ln(k))=x\left(\ln\frac{1}{x}\right)=-x\ln x \quad (1.65)$$

对 $x$ 求导,令导数等于零,得 $x=\mathrm{e}^{-1}=0.37$(与黄金比例 0.618 之和非常接近 1!),所以最佳年限为 $k=0.37n$,可以得到下列结论。

(1)**历史**:如图 1.10 所示,若假定适婚年龄为 14～24 岁,则 $n=10$,最佳恋爱年数为 4 年,结婚高峰为 18 岁,这或许是 18 岁为法定成年的概率依据!

(2)**当下**:如图 1.11 所示,若假定适婚年龄为 20～30 岁,则 $n=10$,最佳恋爱年数为 4 年;结婚高峰为 24 岁,接近生理最佳年龄!

如图 1.12 所示,若假定适婚年龄为 20～40 岁,则 $n=20$,最佳恋爱年数为 7 年,结婚高峰为 27 岁,是催婚最频繁的年龄!

(3)**未来**:如图 1.13 所示,若假定适婚年龄为 20～50 岁,则 $n=30$,最佳恋爱年数为 11 年,结婚高峰为 31 岁。如图 1.14 所示,未来最佳恋爱年数会越来越大,但是最佳结婚年龄很难跨越 35 岁。

(4)**规律**:适婚年龄的范围变大,并不会显著提高最佳恋爱年数。科技可以显著延长寿命,但是最佳恋爱年数的增长却很有限!比如,适婚年龄从 30 岁延长到 40 岁,年龄范围增加了 10 年,最佳恋爱年数只增加了 3～4 年。实际上,一旦错过最佳恋爱年,找到最爱的可能性会逐年显著降低,不将就则不可能结婚!这也是"想结婚得趁早"的概率解释。

值得注意的是,上述推理对现实问题做了简化,现实问题比假设复杂得多,比如存在以下几点原因。

(1)最爱未必爱我。实际上,我可能被最爱拒绝,因为最爱可能也在"面试"我。

(2)未必找到更爱才结婚。实际上,即使没遇到更爱,也可将就结婚。

## 仿真计算 1.9

```
close all,clc,clear,x = 0.07:0.1:1,syms i,n = 100,p = [],plot(x,-x. * log(x),'--'),hold on,grid on
for k = 1:10:n,p = [p,symsum(k/n/i,i,k,n-1)];end,plot([1:10:n]/n,p,'o','linewidth',2)
legend('积分','遍历','fontsize',12),xticks(x),xlabel('x = k/n,恋爱年比例'),yticks([0.05:0.1:1]);
set(gca,'fontsize',12),set(gcf,'Position',[100,100,300,200]),
```

```
figure,n = 10,k0 = 14,x = [0:n]/n,plot(n * x + k0,-x. * log(x),'- + ','linewidth',2),hold on,grid on
legend('结婚概率','fontsize',12,'location','south'),xlabel('k,结婚年龄');yticks([0.05:0.1:1]);
xticks(n * x + k0),set(gca,'fontsize',12),set(gcf,'Position',[100,100,400,200]),ylabel('P,概率')
```

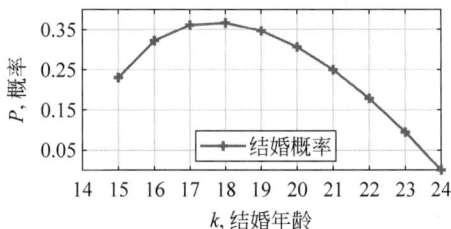

图 1.10　适婚年龄 14～24 岁的结婚概率曲线

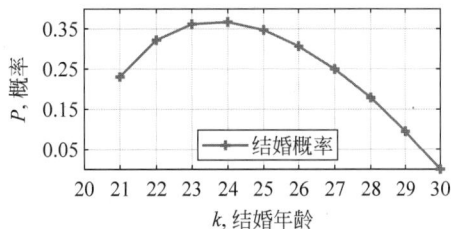

图 1.11　适婚年龄 20～30 岁的结婚概率曲线

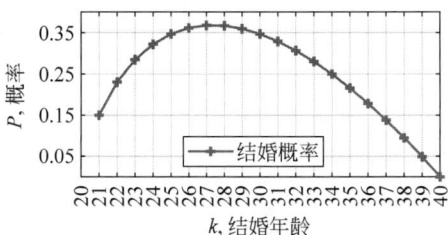

图 1.12　适婚年龄 20～40 岁的结婚概率曲线

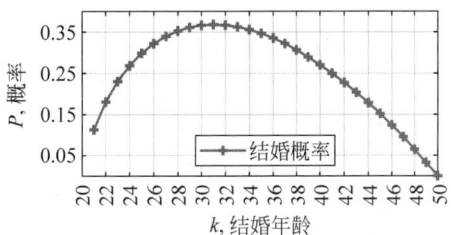

图 1.13　适婚年龄 20～50 岁的结婚概率曲线

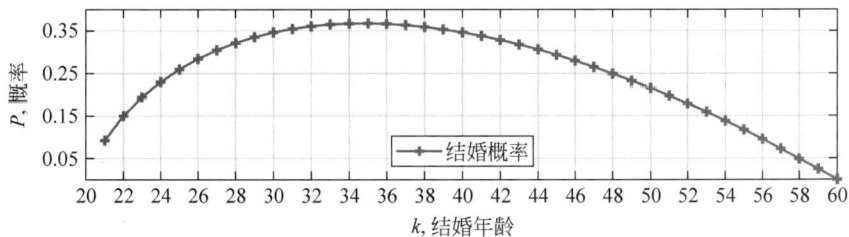

图 1.14　适婚年龄 20～60 岁的结婚概率曲线

# 1.5　条件概率与独立性

## 1.5.1　条件概率和无条件概率

相对于原始的样本空间,条件概率对应的样本空间变小了。受条件事件 $B$ 的限制,样本空间从 $\Omega$ 变为 $B$,但是条件概率 $P(A|B)$ 和无条件概率 $P(A)$ 没有必然的关系。

**反例 1.4**　三张彩票,只有一张可中奖,甲乙分别抽取其中一张,在甲未中奖的条件下,乙中奖的概率从 1/3 变为 1/2,实际上:

$$P\{乙中奖 \mid 甲未中奖\} = \frac{P\{乙中奖,甲未中奖\}}{P\{甲未中奖\}} = \frac{1/3}{2/3} = \frac{1}{2} > \frac{1}{3} = P\{乙中奖\}$$

**反例 1.5**　三张彩票,只有一张可中奖,甲乙分别抽取其中一张,在甲中奖的条件下,乙中奖的概率从 1/3 变为 0,实际上:

$$P\{乙中奖 \mid 甲中奖\} = \frac{P\{乙中奖,甲中奖\}}{P\{甲中奖\}} = \frac{0}{1/3} = 0 < \frac{1}{3} = P\{乙中奖\}$$

彩票问题与三门问题是有差别的。

(1)在三门问题中,有主持人帮忙筛选,是否换选中奖概率不同;

(2)在彩票问题中,没有局外人帮忙筛选,是否换选中奖概率相同。

一般地,包括以下几种情况。

(1)条件概率不小于积事件概率,即 $P(A|B) \geq P(AB)$。实际上,由乘法公式可知:

$$P(A \mid B) \geq P(A \mid B)P(B) = P(AB) \tag{1.66}$$

(2)如果原事件 $A$ 是事件 $B$ 的子集,即 $A \subset B$,则有

$$P(A \mid B) \geq P(A) \tag{1.67}$$

实际上,一方面,由条件概率公式可知:

$$P(A \mid B) = \frac{P(AB)}{P(B)} = \frac{P(A)}{P(B)} \geq P(A) \tag{1.68}$$

另一方面,用上一个结论可知 $P(A|B) \geq P(A|B)P(B) = P(AB) = P(A)$。另外,从语义上来说,因为 $P(A) = \dfrac{n_A}{n_\Omega}$,所以若 $A \subset B$,则条件概率只会减小分母的样本点数,不会改变分子的样本点数,所以条件概率只会变大。

## 1.5.2 事件互斥和事件相互独立

**问题 1.13** 事件互斥和事件相互独立有何关系?

**分析** 事件互斥也称为事件不相容,而事件互斥与事件相互独立是两个不同的概念。事件 $A,B$ 互斥是指事件 $A,B$ 不可能同时发生,等价于 $A,B$ 的交集为空,即

$$A \cap B = \varnothing$$

事件 $A,B$ 相互独立表明两者不存在依赖关系,是指其中一个事件的发生不影响另一个事件发生,等价于积事件的概率等于概率之积,即

$$P(A \cap B) = P(A) \times P(B)$$

事件 $A,B$ 互斥表明两者存在一种很强的依赖关系,若 $P(A) > 0, P(B) > 0$,则 $A,B$ 互斥意味着 $A$ 发生必然 $B$ 不发生,也即 $A$ 的发生对 $B$ 是否发生产生了影响,反之亦然。

在一般情况下,两者之间没有确定的关系。例如,图 1.15 中,在区间 $[0,1]$ 上随机地取一个数,若记 $A = \{$所取数大于 $0.5\}$,$B = \{$所取数小于 $0.4\}$,$C = \{$所取数为 $0.2$ 或 $0.4\}$,$D = \{$所取数为 $0.4$ 或 $0.8\}$,$E = \{$所取数大于 $0.3\}$,可得到如下结论。

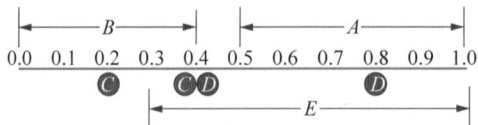

图 1.15 5 个事件的几何视图

(1)互斥事件,可以是独立的,也可以不是独立的。

**反例** 因为 $AB = \varnothing$,$AC = \varnothing$,即事件 $A,B$ 互斥,事件 $A,C$ 也互斥,则

$$P(A \cap B) = 0 < 0.5 \times 0.4 = P(A) \cdot P(B)$$

$$P(A \cap C) = 0 = 0.5 \times 0 = P(A) \cdot P(C)$$

所以事件 $A,B$ 不独立,而事件 $A,C$ 独立。

(2)非互斥事件可以是独立的,也可以不是独立的。

**反例**  因为 $A \cap D \neq \varnothing, A \cap E \neq \varnothing$,即事件 $A,D$ 不是互斥的,事件 $A,E$ 也不是互斥的,但是

$$P(A \cap D) = 0 = 0.5 \times 0 = P(A) \cdot P(D)$$
$$P(A \cap E) = 0.5 > 0.5 \times 0.3 = P(A) \cdot P(B)$$

所以事件 $A,D$ 独立,而事件 $A,E$ 不独立。

**反例**  摸球试验,如图 1.16 所示,样本空间为 $\Omega = \{1\text{-黑},2\text{-红},3\text{-蓝},4\text{-混合}\}$,则 $A = \{1,4\}, B = \{2,4\}$ 独立却不互斥,因为 $P(AB) = 1/4 = P(A)P(B)$ 且 $AB = \{4\}$。

图 1.16  摸球试验(1-黑,2-红,3-蓝,4-混合)(见文后彩图)

(3)两个概率非零的事件,独立必然非互斥,互斥必然非独立。

假设事件 $A,B$ 满足条件:$P(A) > 0, P(B) > 0$。一方面,若两者独立,则 $P(AB) = P(A) \cdot P(B) \neq 0$,从而 $AB \neq \varnothing$,即两者非互斥。另一方面,若两者互斥,则 $AB = \varnothing$,则 $P(AB) = 0 \neq P(A) \cdot P(B)$,从而两者不独立。

下面给出三个常用命题。

①独立的充要条件为:积事件的概率等于概率之积,即

$$P(A \cap B) = P(A) \times P(B) \tag{1.69}$$

②互斥的一个必要非充分条件是:和事件的概率等于概率之和,即

$$P(A \cup B) = P(A) + P(B) \tag{1.70}$$

③对于两个非零概率事件,两者互斥必然不独立,独立必然不互斥,即

$$P(A \cap B) = P(A) \times P(B) \Rightarrow A \cap B \neq \varnothing \tag{1.71}$$
$$A \cap B = \varnothing \Rightarrow P(A \cap B) \neq P(A) \times P(B) \tag{1.72}$$

### 1.5.3  彭尼游戏的概率实质

**评注 1.18  教学能手比赛案例——彭尼游戏**

后发优势是庄家制胜的法宝,其核心在于利用了条件概率的定义。信息泄露导致样本空间变小,最终导致条件概率大于无条件概率。

**问题 1.14**  单次抛均匀硬币,"1"表示正面朝上,"0"表示反面朝上,正面朝上和反面朝上的概率都等于 $1/2$,回答下列问题。

(1)单次抛均匀硬币,出现"1"算你赢,出现"0"算我赢,这个游戏公平吗?

(2)连续 3 次抛硬币,出现"011"和"001"的可能性是一样的吗?

(3)连续多次抛硬币,先出现"011"算你赢,先出现"001"算我赢,这个游戏公平吗?

(4)连续多次抛硬币,先出现"001"算你赢,先出现"100"算我赢,这个游戏公平吗?

**分析** (1)公平,因为

$$P\{1\}=P\{0\}=1/2$$

(2)一样,因为

$$P\{011\}=P\{001\}=\frac{1}{2}\times\frac{1}{2}\times\frac{1}{2}=\frac{1}{8} \tag{1.73}$$

先分析(4),因为(4)更简单,这个游戏不公平,你赢和我赢的比例为 1:3,实际上,在表 1.4 中,最后一行加粗且加下划线的数字代表你赢。如图 1.17 所示,经过 1000 次仿真,你赢和我赢的概率分别为 1/4 和 3/4,公式如下:

$$P\{\text{你赢}\}=P\{\{001\}\bigcup\{0001\}\bigcup\{00001\}\bigcup\cdots\}=\frac{1}{2^3}+\frac{1}{2^4}+\frac{1}{2^5}+\cdots=\frac{1}{4} \tag{1.74}$$

**表 1.4 你选 001 的输赢表**

| 前 1 次 | 前 2 次 | 前 3 次 | 前 4 次 | 前 5 次 | 前 6 次 |
|---|---|---|---|---|---|
| 1 | 11 | 111 | 1111 | 11111,11110 | 111111,111101,111011 |
| | | | 1110 | 11101,11**100** | 111110,111**100**,111010 |
| | | 110 | 1101,1**100** | 11011,11010 | 110111,110101,110110,110**100** |
| | 10 | 101,**100** | 1011 | 10111,10110 | 101111,101101,101011 |
| | | | 1010 | 10101,10**100** | 101110,101**100**,101010 |
| 0 | 01 | 011 | 0111 | 01111,01110 | 011111,011101,011011 |
| | | | 0110 | 01101,01**100** | 011110,011**100**,011010 |
| | | 010 | 0101,0**100** | 01011,01010 | 010111,010101,010110,010**100** |
| | 00 | **001**,000 | **0001**,0000 | **00001**,00000 | 000**001**,000000 |

注:加粗数字代表我赢的场合;加粗且加下划线的数字代表你赢的场合。

最后分析(3),因为(3)最复杂,这个游戏不公平,你赢和我赢的比例为 1:2。实际上,在表 1.5 中,加粗且加下划线的数字为你赢的有利场合,遍历方式很难找到规律,但是大致可以感受到该方式不公平,你赢的场合比我赢的场合少。如图 1.18 所示,经过 1000 次仿真,你赢和我赢的概率分别为 1/3 和 2/3。

**表 1.5 你选 011 的输赢表**

| 前 1 次 | 前 2 次 | 前 3 次 | 前 4 次 | 前 5 次 | 前 6 次 |
|---|---|---|---|---|---|
| 1 | 11 | 111 | 1111 | 11111,11110 | 111111,111101,111**011**,111**001** |
| | | | 1110 | 11101,11100 | 111110,111100,111010,111000 |
| | | 110 | 1101 | 11**011**,11010 | 110101,110100,110**001**,110000 |
| | | | 1100 | 11**001**,11000 | |
| | 10 | 101 | 1**011**,1010 | 10101,10100 | 101**011**,101**001**,101010,101000 |
| | | 100 | 1**001**,1000 | 10**001**,10000 | 100**001**,100000 |
| 0 | 01 | **011**,010 | 0101 | 01**011**,01010 | 010101,010100,010**001**,010000 |
| | | | 0100 | 01**001**,01000 | |
| | 00 | **001**,000 | **0001**,0000 | **00001**,00000 | 000**001**,000000 |

注:加粗数字代表我赢的场合;加粗且加下划线的数字代表你赢的场合。

下面通过分支讨论计算概率：前两次抛硬币的结果可能为 $\{00,10,01,11\}$。

①对于 00 分支：由表 1.5 可知完全对我有利，对你有利和对我有利的概率分别为

$$p_1=0,q_1=\frac{1}{4} \tag{1.75}$$

②对于 01 分支：假设对你有利和对我有利的比例为 $p_2:q_2,p_2+q_2=1/4$；接下来，如表 1.6 所示，若为 011 则完全对你有利，若为 010，则细分为 0101、0100，其中 0100 完全对我有利，0101 细分为 01011 和 01010，01010 细分为 010101、010100，……，以此类推。

**表 1.6　你选 011 的 01 分支输赢表**

| 0 | 01 | **011** | 0101 | **01011** | 010101 | 0101**011** | 01010101 |
|---|----|---------|------|-----------|--------|-------------|----------|
|   |    | 010     | 0100 | 01010     | 010100 | 0101010     | 01010100 |

注：加粗数字表示对你有利的场合；加粗且加下划线的数字表示对我有利的场合。

因此，01 分支对你有利和对我有利的概率分别为

$$p_2=\frac{1}{2}\left(\frac{1}{4}+\frac{1}{4^2}+\frac{1}{4^3}+\cdots\right)=\frac{1}{2}\times\frac{1}{3}=\frac{1}{6},q_2=\frac{1}{4}-\frac{1}{6}=\frac{1}{12} \tag{1.76}$$

③对于 10 分支：细分为 100 和 101。若为 100 完全对我有利，若为 101 对你有利和对我有利的比例为 2∶1，从而 10 分支对你有利和对我有利的概率分别为

$$p_3=\frac{1}{12},q_3=\frac{1}{6} \tag{1.77}$$

④对于 11 分支：细分为 110 和 111。通过③的分析可知若为 110 对你有利和对我有利的比例为 1∶2，若为 111 则待定，接下来将其细分为 1110 和 1111，若为 1110 对你有利和对我有利的比例为 1∶2，若为 1111 则待定，以此类推。最后，11 分支对你有利和对我有利的概率分别为

$$p_4=\frac{1}{12},q_4=\frac{1}{6} \tag{1.78}$$

综上，对你有利和对我有利的概率分别为

$$\begin{cases} p=p_1+p_2+p_3+p_4=0+\dfrac{1}{6}+\dfrac{1}{12}+\dfrac{1}{12}=\dfrac{1}{3} \\[2mm] q=q_1+q_2+q_3+q_4=\dfrac{1}{4}+\dfrac{1}{12}+\dfrac{1}{6}+\dfrac{1}{6}=\dfrac{2}{3} \end{cases} \tag{1.79}$$

**评注 1.19　教学日记**

2020 年，我首次接触该游戏，开始觉得这是一个简单的问题，一度以为所有情况的输赢比都为 1∶3。

2023 年，有老师质疑了该游戏的结果，枚举试验表明：问题（3）的结果肯定不是 1∶3，但是确切的答案还是没有敲定。问题一直搁置到 2024 年五一劳动节，我们通过一万次仿真试验，先获得正确答案，见图 1.17 和图 1.18，答案有 1∶2、1∶3 和 1∶7，其中 1∶7 非常隐蔽。有了正确答案，继而反向推理，终于找到了概率规律。

**仿真计算 1.10**

```
close all, clc, clear, ii = 10;
for i = 1:ii, n = 1e3 * i; rng(2); A = 0; B = 0;
for k = 1:n, x = binornd(1, 0.5, 1, 2);
while(1), x = [x, binornd(1, 0.5, 1, 1)];
if ~x(end-2) && ~x(end-1) && x(end)
A = A + 1; break, end % 011-001-100-110-011
if x(end-2) && ~x(end-1) && ~x(end)
B = B + 1; break, end,ii = 1e3 * [1:ii];
end, end, Pa(i) = A/n, Pb(i) = B/n, end
plot(ii, Pa, '-+',ii, Pb, '-o', 'linewidth', 2)
xlabel('n, 游戏次数'); ylabel('P, 赢的频率');
legend('你赢','我赢'), set(gca, 'fontsize', 12),
set(gcf, 'Position', [100, 100, 600, 200])
set(gca,"YTick", [0.2:0.1:0.8]),grid on
```

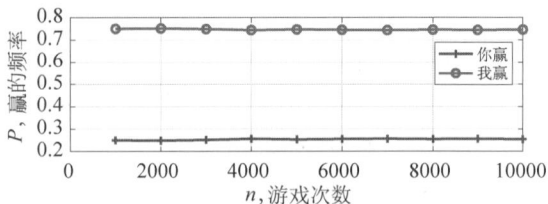

图 1.17　问题(4)中你赢和我赢的概率

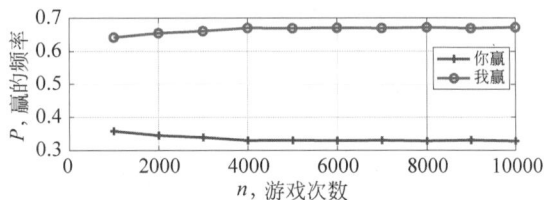

图 1.18　问题(3)中你赢和我赢的概率

**评注 1.20　"彭尼游戏"的必赢秘诀**

组合之间环环相克,如 011-001-100-110-011 形成相克闭环,正因如此,我的胜率是你的胜率的 2 倍以上,具体秘诀如下。

第一步:我将你的组合 011 去掉最后一位,即去掉末位 1,保留 01;

第二步:把保留的组合的第二位的对立面放在首位,01 的第二位是 1,对立面是 0,加到 01 的前面得 001,就可以保证我的胜率为你的 2 倍。

再如,你选择了 001,我去掉末位 1,保留 00,00 的第二位的对立面是 1,把 1 放在 00 前面得 100,就可以保证我的胜率为你的 3 倍。

总之,仿真计算表明,我总可以找到一种组合,使得我的胜率不低于你的 2 倍。

(A)你选"011",我就选"001",胜率比为 1∶2,即问题(3)。

(B)你选"001",我就选"100",胜率比为 1∶3,即问题(4)。

(C)你选"100",我就选"110",胜率比同(A)。

(D)你选"110",我就选"011",胜率比同(B)。

(E)你选"111",我就选"011",胜率比为 1∶7。

(F)你选"000",我就选"100",胜率比同(E)。

(G)你选"101",我就选"110",胜率比为 1∶2。

(H)你选"010",我就选"001",胜率比同(G)。

**评注 1.21　"后发优势"和"以不变应万变"的概率解释**

(1)本例可看作后发优势的一个科学解释,这里的优势就是指后出牌者能获得有利于决策的信息。在讨价还价中,先出价者不占优势。

(2)本例也是以不变应万变的一个科学解释,不变就是先不动声色,不要泄露信息,应万变就是依据对方给我们提供的信息,改选我方的最佳选项。

### 1.5.4 观棋不语的概率实质

**问题 1.15** 甲连续抛完两枚均匀硬币,甲让乙猜"两枚硬币是否同面",回答如下三个问题:

(1)乙应该如何选择?(答案:选是或否皆可。)

(2)丙泄密"我看到了正面",乙应该如何选择?(答案:选否。)

(3)丙泄密"我看到了反面",乙应该如何选择?(答案:选否。)

其中问题(2)和问题(3)的答案不是显而易见的,有多种求解方法,如果同面的概率更大,就回答是,否则回答否。记两枚硬币异面为 $A=\{10,01\}$,两枚硬币同面为 $C=\{00,11\}$。

**方法一** 条件概率,样本空间为 $\Omega=\{00,01,10,11\}$,记没看到正面为 $B$,实际上排除了 $00$,则

$$B=\{10,01,11\},AB=\{10,01\} \tag{1.80}$$

$$P(A)=P(AB)=1/2,P(B)=3/4 \tag{1.81}$$

$$P(A\mid B)=P(AB)/P(B)=2/3>1/2 \tag{1.82}$$

故选否。

**方法二** 等可能概型,对于问题(3),泄密后样本空间为 $\Omega=\{00,01,10\}$,

$$A=\{10,01\},P(A)=2/3>1/2 \tag{1.83}$$

故选否。另外,还可以利用对称性知问题(2)和问题(3)是相同的概率问题,故选否。

---

**评注 1.22 信息泄露和信息融合的科学解释**

本例可作为信息泄露和信息融合的一个科学解释,一个人的信息泄露,则会导致另一个人的后发优势。表面看,出现硬币正反的概率每次均为 $1/2$,但实际上由于后者利用了前者的信息,然后对选项进行筛选,经信息融合实现了更优决策。

在问题(2)中,"有正面"这个信息很不确切,也称作"稀疏信息",反之称作"稠密信息",很多人认为稀疏信息没用,可以忽略,导致随便选一个答案。实际上,稀疏信息不等于没用信息!"有正面"实际上排除了两个反面的情况。如果数据没有人为造假,就蕴含了正确的信息,必然可以用于指导决策。正如"眼观四路耳听八方"的意义在于:尽管每一路,每一方信息量很小,但是累积起来,可能显著提高决策的成功概率。

---

### 1.5.5 星期二男孩的概率实质

**问题 1.16** 一个家庭有两个孩子,且至少有一个男孩。问另一个也是男孩的概率是多少?

**分析** 该问题仍然属于信息泄露问题。把"两个孩子"看作"两个硬币",把"至少有一个男孩"看作"看到了正面",把"另一个也是男孩"看作"硬币都是正面",那么该问题就完全转换成了上一个问题的子问题(2)。所以答案应该是 $1/3$。

实际上,可以按条件概率来计算,样本空间为 $\Omega=\{$男男,男女,女男,女女$\}$,$A=\{$有男孩$\}=\{$男男,男女,女男$\}$,$B=\{$都是男孩$\}=\{$男男$\}$,则

$$P(\text{都是男孩}\mid\text{有男孩})=\frac{P(AB)}{P(B)}=\frac{1/4}{3/4}=\frac{1}{3}<\frac{1}{2} \tag{1.84}$$

**评注 1.23 依据稀疏信息的决策更能凸显决策者的水平**

许多人可能忽略：稀疏信息"至少有一个男孩"使得样本空间变小了。依据稠密信息的决策是平凡的，依据稀疏信息的决策更能凸显决策者的水平。比如，若已知"没有男孩"，则"另一个也是男孩"的概率显然为零，这样的决策平凡无奇。同理"两个孩子性别相同""两个孩子性别不同""至少有一个女孩"，这样的信息是稀疏的，能在一定程度挑战决策者的水平。

将问题进一步扩展如下：一个家庭有两个孩子，有周二出生的男孩。问另一个也是男孩的概率是多少？

**分析** 每个孩子的性别和星期数耦合后有 14 种可能，老大和老二的所有组合情况见表 1.7。事件"有周二出生的男孩"对应表中黑色区域和灰色区域，样本点数为

$$14 \times 2 - 1 = 27 \tag{1.85}$$

事件"另一个也是男孩"，对应表中纯黑区域，样本点数为

$$7 \times 2 - 1 = 13 \tag{1.86}$$

故所求概率为 13/27，略小于我们的直觉 1/2。

**表 1.7 性别和星期数表**

| 老二 | 老大 | | | | | | | |
|------|------|------|-----|--------|--------|--------|-----|--------|
| | 周一男 | 周二男 | ⋯ | 周日男 | 周一女 | 周二女 | ⋯ | 周日女 |
| 周一男 | | ■ | | | | | | |
| 周二男 | ■ | ■ | ■ | ■ | | | | |
| ⋮ | | ■ | | | | | | |
| 周日男 | | ■ | | | | | | |
| 周一女 | | ■ | | | | | | |
| 周二女 | | ■ | | | | | | |
| ⋮ | | | | | | | | |
| 周日女 | | | | | | | | |

还可以按条件概率来计算：设 $A = \{$有周二男孩$\}$，$B = \{$都是男孩$\}$，则

$$P\{\text{都是男孩} \mid \text{有周二男孩}\} = \frac{P(AB)}{P(B)} = \frac{P(A)}{P(B)} = \frac{13/196}{27/196} = \frac{13}{27} < \frac{1}{2} \tag{1.87}$$

之所以答案会略小于 1/2，而不是相差太多，是因为两个孩子都是周二男孩只占一个样本点，故把 14/28 的分子和分母都减 1。如果把问题改为：一个家庭有两个孩子，其中一个是在 1 月 1 日出生的男孩。问另一个也是男孩的概率是多少？答案将更加接近 1/2。

## 1.5.6 两两独立与相互独立

**问题 1.17** 3 个事件两两独立未必可导出 3 个事件相互独立。

**反例 1** 甲乙各抛出一枚硬币，记 $A = \{$甲抛出正面$\}$；$B = \{$乙抛出反面$\}$；$C = \{$两人

抛出不同面},则 3 个事件满足两两独立,但是 $A$、$B$、$C$ 不是独立的,因为

$$P(A)=P(B)=P(C)=\frac{1}{2}, \quad P(AB)=P(BC)=P(CA)=\frac{1}{4} \tag{1.88}$$

$$P(ABC)=\frac{1}{4}\neq\frac{1}{8}=P(A)P(B)P(C) \tag{1.89}$$

**反例 2**　如图 1.16 所示,从"红-黑-蓝-混合"中取球,记 $A=${取到的球染有红色};$B=${取到的球染有蓝色};$C=${取到的球染有黑色},则 3 个事件满足两两独立,但是 $A$、$B$、$C$ 不是独立的,同理可得

$$P(A)=P(B)=P(C)=\frac{1}{2}, \quad P(AB)=P(BC)=P(CA)=\frac{1}{4} \tag{1.90}$$

$$P(ABC)=\frac{1}{4}\neq\frac{1}{8}=P(A)P(B)P(C) \tag{1.91}$$

# 1.6　全概率公式与贝叶斯公式

## 1.6.1　从寓言故事到绕岛军演

**案例 1.6**　从前,有个放羊娃,他觉得十分无聊,就想捉弄大家寻开心。他向田间农夫们大声喊:"狼来了! 狼来了! 救命啊!"农夫们赶到山却发现连狼的影子也没有! 放羊娃大笑:"真有意思,你们上当了!"农夫们生气地离开了。第二天,放羊娃故伎重演,农夫们又冲上来帮他打狼,可还是没有见到狼的影子。放羊娃笑道:"哈哈! 你们又上当了! 哈哈!"过了几天,狼真的来了,一下子闯进了羊群。放羊娃害怕极了,拼命地向农夫们喊:"狼来了! 狼来了! 快救命呀! 狼真的来了!"农夫们听到了他的喊声,却没有人去帮他,结果放羊娃的许多羊都被狼咬死了。

试从条件概率和全概率公式的视角,分析农夫们来救羊的可能性。

**分析**　记 $B=${小孩说谎},$\bar{B}=${小孩不说谎};再记 $A=${村民来救}。如果放羊娃不说谎,村民必然来施救,故 $A\mid\bar{B}$ 是必然事件,即

$$P(A\mid\bar{B})=1 \tag{1.92}$$

以防万一,即使放羊娃说谎,村民也有较小的可能来施救,不妨设为小概率事件,即

$$P(A\mid B)=0.05 \tag{1.93}$$

①放羊娃第一次说谎时,村民对放羊娃的先验信息为

$$P(B)=0.01, \quad P(\bar{B})=0.99 \tag{1.94}$$

所以村民施救为大概率事件,实际上施救概率为

$$P(A)=P(A\mid B)P(B)+P(A\mid\bar{B})P(\bar{B})=0.9905 \tag{1.95}$$

②放羊娃第二次说谎时,村民会调整对放羊娃的先验信息,为

$$P(B)=0.5, \quad P(\bar{B})=0.5 \tag{1.96}$$

所以村民是否施救接近等可能事件,实际上施救概率为

$$P(A)=P(A\mid B)P(B)+P(A\mid\bar{B})P(\bar{B})=0.525 \tag{1.97}$$

③放羊娃多次说谎时,村民进一步调整对放羊娃的先验信息,为

$$P(B)=0.99, \quad P(\bar{B})=0.01 \tag{1.98}$$

所以村民施救为小概率事件,实际上施救概率为

$$P(A) = P(A \mid B)P(B) + P(A \mid \bar{B})P(\bar{B}) = 0.0595 \tag{1.99}$$

---
**仿真计算 1.11**
---

```
clear,close all,clc,Pab(1) = 0.05;Pab(2) = 1;Pb(1) = 0.01;Pb(2) = 1 − Pb(1);Pa2 = dot(Pab,Pb)
Pb(1) = 0.5;Pb(2) = 1 − Pb(1);Pa1 = dot(Pab,Pb),Pb(1) = 0.99;Pb(2) = 1 − Pb(1);Pa3 = dot(Pab,Pb)
```
---

**案例 1.7** 远海训练和军演的成本极高,这常常引发一个自然的疑惑:为何频繁举行军演,却只是演练而不真正投入实战?试从概率的角度分析频繁军演的必要性。

**分析** 如表 1.8 所示,军演和寓言具有高度相似性。

**表 1.8 军演和寓言的对应关系**

| 我军(放羊娃) | 敌军(村民) |
|---|---|
| 军演使诈(放羊娃说谎) | 敌军响应(村民来施救) |
| 连续军演使诈(连续说谎) | 连续军演使诈后不响应(连续说谎后不施救) |
| 在敌军麻痹大意时,我军攻其不备(在村民不信任时,放羊娃损失惨重) | |

记 $B = \{$军演使诈$\}$, $\bar{B} = \{$军演不使诈$\}$;再记 $A = \{$敌军响应$\}$。如果军演不使诈,敌军必然响应,故 $A \mid \bar{B}$ 是必然事件,即

$$P(A \mid \bar{B}) = 1 \tag{1.100}$$

为了以防万一,即使军演使诈,敌军也有较小的可能来响应,不妨设为小概率事件,即

$$P(A \mid B) = 0.05 \tag{1.101}$$

①我军第一次军演使诈时,敌军对我军的先验信息为

$$P(B) = 0.01, \quad P(\bar{B}) = 0.99 \tag{1.102}$$

所以敌军响应为大概率事件,实际上响应概率为

$$P(A) = P(A \mid B)P(B) + P(A \mid \bar{B})P(\bar{B}) = 0.9905 \tag{1.103}$$

②我军第二次军演使诈时,敌军会调整对我军的先验信息,为

$$P(B) = 0.5, \quad P(\bar{B}) = 0.5 \tag{1.104}$$

所以敌军是否响应接近等可能事件,实际上响应概率为

$$P(A) = P(A \mid B)P(B) + P(A \mid \bar{B})P(\bar{B}) = 0.525 \tag{1.105}$$

③我军第多次军演使诈时,敌军会进一步调整对我军的先验信息,为

$$P(B) = 0.99, \quad P(\bar{B}) = 0.01 \tag{1.106}$$

所以敌军响应为小概率事件,实际上响应概率为

$$P(A) = P(A \mid B)P(B) + P(A \mid \bar{B})P(\bar{B}) = 0.0595 \tag{1.107}$$

---
**评注 1.24 诚实守信与兵不厌诈**
---

①对待朋友,诚实守信才能关系和谐、快速发展;

②对待敌人,兵不厌诈才能出其不意、攻其不备;

③多次军演的意义:在敌军麻痹大意时,我军出其不意、攻其不备,以谋大胜。

## 1.6.2　少数派获胜的概率实质

---

**评注 1.25　教学能手比赛案例——少数派获胜**

少数派如何在选举中获胜是一个复杂而引人深思的问题。在案例中我们尝试利用全概率公式，解释选举人制度中由于"分化特区"和"非等可能概型"，导致少数派最终获胜的现象。

我们把单人选票享有的选举人票定义为平均选举权。比如，美国加州有 3903 万人，对应 55 张选举人票，怀俄明州有 58 万人，对应 3 张选举人票，两者平均选举权的比例为[①]

$$(55/3903) : (3/58) \approx 1 : 4 \tag{1.108}$$

隐蔽的种族制度、等级制度、分区制度，事先将选举人划分为不同区块，而且不同区块的平均选举权不一样，在没有绝对优势的条件下，选举人团制度和选票非平权结合，可能导致"多数服从少数，少数统治多数"的现象。

---

**案例 1.8**　所谓普选，是指严格遵守"一人一票，票多者胜"的原则，确保选民的意愿通过直接投票的方式得到体现。需注意：美国的总统选举制不是普选制，而是选举人团制。选举人团制多次导致票少者胜的现象，典型的例子包括 2000 年的布什和 2016 年的特朗普。

（1）2000 年，美国大选投票前夕，民意调查中民主党总统候选人戈尔的支持率为 48%，共和党候选人布什的支持率为 46%，但是最终布什当选。

（2）2016 年，美国大选投票前夕，民意调查中民主党总统候选人希拉里的支持率为 46%，共和党候选人特朗普的支持率为 44%，但是最终特朗普当选。

试从全概率公式、摸球原理和内阶段试验来解释现象背后的必然性。

**分析**　"选票非平权"是"选举人团制"的实质，人口稀疏地区的单张平均选举权高于人口密集地区。下面引用互联网关于"红脖子"和"蓝脖子"的释义来解释这种现象[②]。

（1）红脖子：美国中部共和党的支持者，农场主居多。由于长期在户外劳作，被太阳晒红了脖子，故称为"红脖子"。

（2）蓝脖子：为了方便叙述引入的词，表示城市的精英阶层。

如表 1.9 所示，摸球试验和选举试验存在一一对应关系，它们的仿真计算过程也十分相似。

**表 1.9　摸球试验和选举试验的对应关系**

| 情　形 | 红色球（红脖子） | 蓝色球（蓝脖子） | 备　注 |
|---|---|---|---|
| 5 个红袋子<br>（25 个泛红州） | 3 个<br>（人口稀疏） | 2 个<br>（人口稀疏） | 红袋中红球多<br>（红州更支持特朗普） |
| 1 个杂色袋子<br>（5 个摇摆州） | 3 个<br>（人口密度居中） | 3 个<br>（人口密度居中） | 红蓝相当，势均力敌 |
| 4 个蓝袋子<br>（20 个泛蓝州） | 4 个<br>（人口稠密） | 6 个<br>（人口稠密） | 蓝袋中蓝球多<br>（蓝州更支持希拉里） |
| 共 10 个袋子<br>（共 50 个州） | 共 $3\times5+3\times1+4\times4=$<br>34 个红色球<br>（支持特朗普） | 共 $2\times5+3\times1+6\times4=$<br>37 个蓝色球<br>（支持希拉里） | 蓝球多红球少<br>（民调希拉里胜） |

---

① https://www.163.com/dy/article/FBCTT15F0543A5K5.html。

② https://baike.baidu.com/item/%E7%BA%A2%E8%84%96%E5%AD%90/53160080? fr=ge_ala。

| | |
|---|---|
| %% 袋子数、不同色球数 | %% 州数、不同人群数 |
| bag＝[5 1 4]％红、杂、蓝三种袋子的数量 | bag＝[25 5 20]％红州、摇摆州、蓝州 |
| red＝[3 3 4]％每种袋子红球的数量 | red＝[3 3 4]％各州支持特朗普的人数,单位:百万 |
| blue＝[2 3 6]％每种袋子蓝球的数量 | blue＝[2 3 6]％各州支持希拉里的人数,单位:百万 |
| %% 分袋 | %%（代议制）选举人团制度,不平权 |
| PB＝bag/sum(bag)％先验概率 | PB＝bag/sum(bag)％先验概率 |
| PA_B＝red./(blue+red)％条件概率 | PA_B＝red./(blue+red)％条件概率 |
| PA1＝dot(PB,PA_B)％抽中红球的概率 | PA1＝dot(PB,PA_B)％特朗普获胜的概率 |
| %% 不分袋 | %% 一人一票的普选制,平权 |
| red_all＝dot(bag,red)％红球总数量 | red_all＝dot(bag,red)％红球总数量 |
| blue_all＝dot(bag,blue)％蓝球总数量 | blue_all＝dot(bag,blue)％蓝球总数量 |
| all＝red_all+blue_all％总球数 | all＝red_all+blue_all％总人数 |
| PA2＝red_all/all％抽中红球的概率 | PA2＝red_all/all％特朗普获胜的概率 |

(1)把"摸球"看作"选举";把"先选袋,后摸球"看作"州内选举,赢者通吃的选举人团制度";把"先拆掉所有袋子混合所有球,后摸球"看作"全国统一,一人一票的普选制"。

(2)把"红袋子"看作"泛红州";把"蓝袋子"看作"泛蓝州";把"杂色袋子"看作"摇摆州"。

(3)把"红球"看作"红脖子",中下层居多,支持共和党;把"蓝球"看作"蓝脖子",中上层居多,支持民主党。

(4)简单起见,设有 10 个袋,其中红色袋子 5 个、杂色袋子 1 个、蓝色袋子 4 个,其中:

①每个红色袋子有 3 个红球、2 个蓝球;

②每个杂色袋子有 3 个红球、3 个蓝球;

③每个蓝色袋子有 4 个红球、6 个蓝球。

记 $A=\{取到红球\}$,$B_1=\{取到红色袋\}$,$B_2=\{取到杂色袋\}$,$B_3=\{取到蓝色袋\}$,则

$$P(B_1)=\frac{5}{10},P(B_2)=\frac{1}{10},P(B_3)=\frac{4}{10} \tag{1.109}$$

$$P(A\,|B_1)=\frac{3}{5},P(A\,|B_2)=\frac{3}{6},P(A\,|B_3)=\frac{4}{10} \tag{1.110}$$

(1)如果先拆掉 10 个袋子混合所有球,然后任取一球,更可能取到蓝球,相当于希拉里获胜,实际上由古典概型公式得

$$P(A)=\frac{3\times5+3\times1+4\times4}{(3\times5+3\times1+4\times4)+(2\times5+3\times1+6\times4)}=\frac{34}{34+37}\approx0.4789<0.5$$

(2)如果从 10 个袋中任取一袋,再从袋中任取一球,更可能取到红球,相当于特朗普获胜,实际上由全概率公式得

$$P(A)=P(A\,|B_1)P(B_1)+P(A\,|B_2)P(B_2)+P(A\,|B_3)P(B_3)$$

$$=\frac{3}{5}\times\frac{5}{10}+\frac{3}{6}\times\frac{1}{10}+\frac{4}{10}\times\frac{4}{10}=\frac{13}{25}=0.52>0.5$$

## 1.6.3　再论蒙提霍尔悖论

蒙提霍尔悖论也称三门问题,其具体内容参见案例 1.3。

**评注 1.26 三门问题背后的概率故事[①]**

1975 年，这个问题刚被提出就引起了相当大的争议。问题源自美国电视娱乐节目 *Lets Make a Deal*，内容如前所述。作为吉尼斯世界纪录中智商最高的人，Savant 在 *Parade Magazine* 对这一问题的解答是：换，因为换了之后有 2/3 的概率赢得车，不换的话概率只有 1/3。她的这一解答引来了大量读者信件，认为这个答案太荒唐了。因为直觉告诉人们：换与不换赢得车的概率都只能是 1/2。持有这种观点的大约有 1/10 是来自数学或科学研究机构，有的人甚至拥有博士学位。此外，还有大批报纸专栏作家也加入了声讨 Savant 的行列。在这种情况下，Savant 向全国的读者寻求帮助，有数万名学生进行了模拟试验。一个星期后，实验结果表明：换与不换赢得车的概率分别是 2/3 和 1/3。随后，麻省理工学院的数学家和阿拉莫斯国家实验室的程序员都宣布，他们用计算机进行模拟实验的结果，支持了 Savant 的答案。

**分析** 我们对该问题进行了 10000 次仿真试验，所得的试验结果参考图 1.19，可以发现换与不换的中奖概率大概为 2/3 和 1/3。

**仿真计算 1.12**

```
close all,clc,clear,ii = 10;
fori = 1:ii,n = 1e3 * i;rng(2);A = 0;B = 0;
for k = 1:n,x = unidrnd(3,1,1) + 1; % 车索引
A123 = zeros(3,1);A123(x) = 1; % 放入车和羊
y = unidrnd(3,1,1) + 1; % 选门
if y = = x,A = A + 1; % 不换中奖
else,B = B + 1;end % 换了中奖
end,Pa(i) = A/n,Pb(i) = B/n,end,
plot(1e3 * [1:ii],Pa,'- +','linewidth',2),hold on,grid on
plot(1e3 * [1:ii],Pb,'-o','linewidth',2),hold on,grid on
xlabel('n,游戏次数');ylabel('P,赢的概率');
legend('不换中奖','换后中奖'),set(gca,"YTick",[1/3,2/3])
set(gca,'fontsize',12),set(gcf,'Position',[100,100,400,300])
```

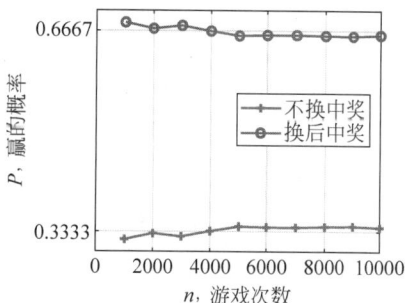

图 1.19 三门问题的中奖概率

下面用贝叶斯公式和全概率公式得出最佳选项[②]。

(1)车位于哪扇门后面是随机的，用三个随机事件 $A_1$、$A_2$、$A_3$ 分别表示车在 1、2、3 号门后，则有

$$P(A_1) = P(A_2) = P(A_3) = \frac{1}{3} \tag{1.111}$$

(2)用随机事件 $D$ 表示主持人打开第 2 号门。若车在 1 号门后，则 2 号门后和 3 号门后都是羊，那么主持人随便打开 2 号门或者 3 号门，故打开 2 号门的可能性为 1/2（等可能事件），即 $P(D|A_1) = 1/2$；若车在 2 号门后，则 1 号门后和 3 号门后都是羊，那么主持人必

---

[①] https://movie.douban.com/review/1381617/。

[②] 最佳选项源于原国防科技大学张增辉老师的教学能手比赛参赛作品。

然打开 3 号门,故主持人不可能(不可能事件)打开 2 号门,即 $P(D|A_2)=0$;若车在 3 号门后,则 1 号门后和 2 号门后都是羊,那么主持人必然(必然事件)打开 2 号门,即 $P(D|A_3)=1$。综上,

$$P(D\mid A_1)=1/2,\ P(D\mid A_2)=0,\ P(D\mid A_3)=1 \tag{1.112}$$

(3)依据全概率公式,计算主持人打开第 2 扇门的概率,可将样本空间划分为车在 1 号门后、车在 2 号门后、车在 3 号门后,故

$$P(D)=P(D\mid A_1)P(A_1)+P(D\mid A_2)P(A_2)+P(D\mid A_3)P(A_3)$$
$$=\frac{1}{2}\times\frac{1}{3}+0\times\frac{1}{3}+1\times\frac{1}{3}=\frac{1}{6}+0+\frac{1}{3}=\frac{1}{2}$$

(4)已知主持人打开第 2 扇门的条件下,推断车在第 3 扇门后的概率(条件概率公式)为

$$P(A_3\mid D)=\frac{P(D\mid A_3)P(A_3)}{P(D)}=\frac{1\times(1/3)}{(1/2)}=\frac{2}{3} \tag{1.113}$$

依据对立公式,推断车在第 1 扇门后的概率为

$$P(A_1\mid D)=\frac{P(D\mid A_1)P(A_1)}{P(D)}=\frac{(1/2)\times(1/3)}{(1/2)}=\frac{1}{3} \tag{1.114}$$

综上,改选 3 号门的中奖概率是不改选的 2 倍。

### 1.6.4 萨达姆被捕的概率推断

**案例 1.9** 2003 年,"伊拉克战争"爆发,首都巴格达沦陷。总统萨达姆面临 3 种可能的选择:国外流亡、国内藏匿、向美军自首。假定这 3 种选择的概率依次为 0.5,0.4,0.1,且在国外流亡、国内藏匿的情况下,萨达姆在当年年底前被美军抓获的概率依次是 0.4,0.55。

(1)问萨达姆当年年底前被美军抓获的概率是多少?

(2)你读到一篇不完整的新闻:萨达姆于 2003 年 12 月前被美军抓获,请估算:在"国外流亡、国内藏匿、向美军自首"3 种情况中,最有可能因为哪种情况被抓获?可能性分别为多大?

**分析** (1)记 $A=\{$被美军抓获$\}$,$B_1,B_2,B_3$ 分别为外逃、藏匿、自首,根据题意有

$$P(B_1)=0.5,P(B_2)=0.4,P(B_3)=0.1 \tag{1.115}$$
$$P(A\mid B_1)=0.4,P(A\mid B_2)=0.55,P(A\mid B_3)=1 \tag{1.116}$$

依据全概率公式,萨达姆当年年底前被美军抓获的概率为

$$P(A)=P(A\mid B_1)P(B_1)+P(A\mid B_2)P(B_2)+P(A\mid B_3)P(B_3)$$
$$=0.4\times0.5+0.55\times0.4+1\times0.1=0.52$$

**仿真计算 1.13**

```
PB=[0.5 0.4 0.1],PAB=[0.4 0.55 1],PA=dot(PB,PAB),PB.*PAB/PA
```

(2)最有可能在国内藏匿被美军抓获。依据贝叶斯公式,外逃、藏匿、自首被美军抓获的可能性分别为

$$P(B_1\mid A)=\frac{P(A\mid B_1)P(B_1)}{P(A\mid B_1)P(B_1)+P(A\mid B_2)P(B_2)+P(A\mid B_3)P(B_3)}=\frac{0.2}{0.52}\approx0.3846$$

$$P(B_2 \mid A) = \frac{P(A \mid B_2)P(B_2)}{P(A \mid B_1)P(B_1) + P(A \mid B_2)P(B_2) + P(A \mid B_3)P(B_3)} = \frac{0.22}{0.52} \approx 0.4231$$

$$P(B_3 \mid A) = \frac{P(A \mid B_3)P(B_3)}{P(A \mid B_1)P(B_1) + P(A \mid B_2)P(B_2) + P(A \mid B_3)P(B_3)} = \frac{0.1}{0.52} \approx 0.1923$$

## 1.6.5　从阳性与患病看贝叶斯思想

**评注 1.27　追加复查的意义**

依据贝叶斯思想,某些疾病的发病率很低,单次检测不能有效断定阳性者即为病患。复查可显著提高确诊概率:例如,1 次检测阳性者患新冠的概率为 4.72%,2 次检测阳性者患新冠的概率为 71.04%,3 次检测阳性者患新冠的概率为 99.18%。复查次数与确诊概率,如图 1.20 所示。

**问题 1.18**　已知感染新冠者有 99% 的概率检测为阳性,未感染者仍有 2% 的概率会检测为阳性;新冠的感染率为 0.1%。现有一名检测为阳性的疑似患者,他是感染新冠者的概率有多大?(　)

(A)5%　　　　　(B)15%　　　　　(C)50%　　　　　(D)95%

**分析**　记 $A = \{$检测阳性$\}$,$B = \{$感染新冠$\}$,则 $P(B) = 0.1\%$,$P(\bar{B}) = 99.9\%$;$P(A \mid B) = 99\%$,$P(A \mid \bar{B}) = 2\%$,由全概率公式有

$$P(A) = P(A \mid B)P(B) + P(A \mid \bar{B})P(\bar{B}) = 0.0210 \tag{1.117}$$

由贝叶斯公式有

$$P(B \mid A) = \frac{P(A \mid B)P(B)}{P(A \mid B)P(B) + P(A \mid \bar{B})P(\bar{B})} = 0.0472 \tag{1.118}$$

**结论**　检测阳性者患新冠的概率为 4.72%,低于 5%;虽然概率非常低,但是已经接近 0.1% 的 50 倍。这一概率之所以低于 5%,主要因素有两个:

①新冠感染率为 0.1%,本来感染新冠的概率就很低;

②虚警率太高,如把虚警率从 2% 降到 1%,则检测阳性者患新冠的概率将变为 9.02%。

**仿真计算 1.14**

```
PB = [0.001 0.999],
PAB = [0.99 0.02],PA = dot(PB,PAB),PB1 = PB. * PAB/PA % 问题 1
PAB = [0.99 0.01],PA = dot(PB,PAB),PB11 = PB. * PAB/PA % 问题 1
PAB = [0.99 0.02].^2,PA = dot(PB,PAB),PB2 = PB. * PAB/PA % 问题 2
PAB = [0.99 0.02].^3,PA = dot(PB,PAB),PB3 = PB. * PAB/PA % 问题 3
close all,plot([1,2,3],[PB1(1),PB2(1),PB3(1)],'o-',
'linewidth',2),grid on
set(gca,'XTick',[1,2,3]),set(gca,'YTick',[PBA1(1),PBA2(1),
PBA3(1)])
xlabel('n,复查次数');ylabel('P,确诊概率');
set(gca,'fontsize',12),set(gcf,'Position',[100,100,400,300])
```

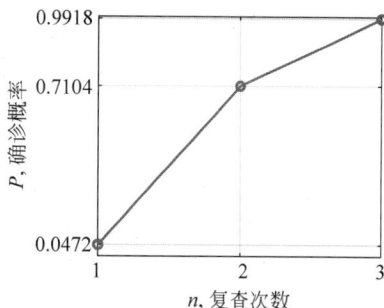

图 1.20　复查次数与确诊概率

**问题 1.19**　检测阳性者复查后仍为阳性,问他是感染新冠者的概率有多大?

**分析**　记 $A=\{$连续两次阳性$\}$，$B=\{$感染新冠$\}$，则 $P(B)=0.1\%$，$P(\overline{B})=99.99\%$；$P(A|B)=99\%\times99\%$，$P(A|\overline{B})=2\%\times2\%$，由全概率公式有 $P(A)=0.14\%$，连续两次检测阳性者患新冠的概率为 $P(B|A)=71.04\%$。

**问题 1.20**　检测阳性者追加两次复查后仍为阳性，问他是感染新冠者的概率有多大？

**分析**　记 $A=\{$连续 3 次阳性$\}$，$B=\{$感染新冠$\}$，则 $P(B)=0.1\%$，$P(\overline{B})=99.99\%$；$P(A|B)=99\%\times99\%\times99\%$，$P(A|\overline{B})=2\%\times2\%\times2\%$，由全概率公式有 $P(A)=0.0978\%$，连续 3 次检测阳性者患新冠的概率为 $P(B|A)=99.18\%$。

### 1.6.6　从犬吠与贼偷看贝叶斯思想

**问题 1.21**　某位老人的房屋在过去一年中共发生过 3 次被盗事件；老人养了一条狗，狗每天晚上都会叫；盗贼入侵时狗叫的概率为 0.9，问：狗叫时发生盗贼入侵的概率是多少？

**分析**　记 $A=\{$狗叫$\}$，$B=\{$盗贼入侵$\}$，则 $P(A)=1$，$P(B)=3/365\approx0.008$，$P(A|B)=0.9$，由全概率公式有 $P(A)=0.0978\%$，

$$P(B\mid A)=\frac{P(A\mid B)P(B)}{P(A)}\approx\frac{0.9\times0.008}{1}=0.0072 \tag{1.119}$$

可以发现，由狗叫推测盗贼入侵的概率极小，如果老人的东西遗失，很难鉴定是自己遗忘了还是被盗了。归根结底是因为所养的狗每天都叫，虚警率过高，警报不可信。

---

**评注 1.28　全概率公式与贝叶斯公式的难点**

相对于全概率公式，贝叶斯公式的形式略显复杂，理解的难点在于逆向思维，这与日常的正向思维不一致，两者的对比参考表 1.10。

表 1.10　全概率公式与贝叶斯公式区别

| 类型 | 形式 | 概率实质 | 思想 | 表达式 |
|---|---|---|---|---|
| 全概率公式 | 加法 | 和事件概率 | 一分为二、化繁为简 | $P(A)=P(A\mid B)P(B)+P(A\mid\overline{B})P(\overline{B})$ |
| 贝叶斯公式 | 除法 | 条件概率 | 由果溯因、逆向思维 | $P(B\mid A)=\dfrac{P(A\mid B)P(B)}{P(A)}$ |

### 1.6.7　一次答疑引起的思考

---

**评注 1.29　概率统计之答疑日记**

陈同学是我的一名概率统计学员，2024 年考研数学满分。2022 年，她曾问我："教员好，我在复习考研，这有一道题特别有意思，您有时间看看吗，张宇老师和王式安老师，他们俩是两个特别有名的考研数学老师，他俩现在互相说对方的思路不对。"当时我没有全面细致地推敲两位老师的参考答案，只是独立地解了一遍，于是回答："我的答案同张宇老师的一致，王式安老师的方法很诡异，他创造了'双重条件事件'这个概念，我不知道如何理解这个概念。"

2024 年的劳动节，我终于抽出时间重新审视这个问题，从理论和仿真双重视角验证了答案。验证结束后，我深有感慨：人的思维不可避免都会出错，水平越高，固定思维的围墙也可能越高，从错误中自我觉醒的难度可能越大，除了第三方鉴定，或许仿真试验（而非思想试验）是一种快捷可靠的自救方式。

5 月 4 日,仿真得出的统计值与两位老师给出的答案都不一样,答案的冲突甚至让我怀疑自己的仿真水平。5 月 5 日,我回到办公室,重新梳理了推理和仿真,发现仿真不一致根源为:仿真次数过少、随机种子固定,导致仿真结果与理想的场景具有一定差异,但是该差异不足以影响结论,于是我终于释怀了。

**问题 1.22** 设两箱内装有同种零件,第一箱装 $n_1$ 件,其中有 $m_1$ 件一等品,第二箱装 $n_2$ 件,其中有 $m_2$ 件一等品,先从两箱中任取一箱,再从此箱中前后不放回地任取两个零件,求:

(1)先取出的零件是一等品的概率 $p$;

(2)在先取出的零件是一等品的条件下,后取出的零件仍是一等品的条件概率 $q$。

**1. 分析 1 该分析源于王式安[5]**

设事件 $A_1=\{$先取出的零件是一等品$\}$,$A_2=\{$后取出的零件是一等品$\}$,$B_1=\{$零件来自第 1 箱$\}$,$B_2=\{$零件来自第 2 箱$\}$,$C=\{$先取出的零件是一等品的条件下,再取出的零件是一等品$\}$。

(1)依据全概率公式可得

$$p=P(A_1)=P(A_1\,|\,B_1)P(B_1)+P(A_1\,|\,B_2)P(B_2)=\frac{m_1}{n_1}\times\frac{1}{2}+\frac{m_2}{n_2}\times\frac{1}{2}$$

(1.120)

(2)设 $P(C\,|\,B_1)$ 表示在取第一箱的条件下 $C$ 发生的概率,因在第一个零件为一等品的前提下,第一箱剩 $n_1-1$ 件,其中一等品剩 $m_1-1$ 件,因此再取一个零件仍为一等品的概率为 $P(C\,|\,B_1)=\frac{m_1-1}{n_1-1}$,同理 $P(C\,|\,B_2)=\frac{m_2-1}{n_2-1}$,所以

$$q=P(C)=P(C\,|\,B_1)P(B_1)+P(C\,|\,B_2)P(B_2)=\frac{m_1-1}{n_1-1}\times\frac{1}{2}+\frac{m_2-1}{n_2-1}\times\frac{1}{2}$$

(1.121)

**2. 分析 2 该分析源于张宇[6]**

(1)答案同上,为

$$p=P(A_1)=P(A_1\,|\,B_1)P(B_1)+P(A_1\,|\,B_2)P(B_2)=\frac{m_1}{n_1}\times\frac{1}{2}+\frac{m_2}{n_2}\times\frac{1}{2}$$

(2)同教育部考试中心的标准答案,因为

$$P(A_1A_2)=P(A_1A_2\,|\,B_1)P(B_1)+P(A_1A_2\,|\,B_2)P(B_2)$$

$$=\frac{m_1}{n_1}\times\frac{m_1-1}{n_1-1}\times\frac{1}{2}+\frac{m_2}{n_2}\times\frac{m_2-1}{n_2-1}\times\frac{1}{2}$$

所以

$$q=P(A_2\,|\,A_1)=\frac{P(A_1A_2)}{P(A_1)}=\frac{\dfrac{m_1}{n_1}\times\dfrac{m_1-1}{n_1-1}+\dfrac{m_2}{n_2}\times\dfrac{m_2-1}{n_2-1}}{\dfrac{m_1}{n_1}+\dfrac{m_2}{n_2}}$$

(1.122)

**3. 分析 3 我们的解决方案**

我们从多视角给出解决方案,包括反例、推理和仿真。

1)反例 1

张宇提供的反例：假设第一个箱子中有 2 个球，且均是一等品；第二个箱子中也有 2 个球，且均不是一等品，显然，从语义上来说，如果第一次取到一等品，表明取到了第一个箱子，那么第二次取到的必然是一等品，从而 $q=1$。但是依据公式(1.121)有 $P(C|B_1)=1$，$P(C|B_2)=0$，得

$$q=P(C)=P(C|B_1)P(B_1)+P(C|B_2)P(B_2)=1\times\frac{1}{2}+0\times\frac{1}{2}=\frac{1}{2}$$

"公式(1.121)的结果"与"语义推理结果"矛盾，所以公式(1.121)有误。

2)反例 2

王式安提供的反例：设两箱内装有同种零件，第一箱装 $n_1$ 件，全都是一等品，第二箱装 $n_2$ 件，其中有 1 件一等品，依据公式(1.121)有 $P(C|B_1)=1$，$P(C|B_2)=0$，得

$$q=P(C)=P(C|B_1)P(B_1)+P(C|B_2)P(B_2)=1\times\frac{1}{2}+0\times\frac{1}{2}=\frac{1}{2}$$

依据公式(1.122)，$\frac{m_1}{n_1}\times\frac{m_1-1}{n_1-1}=1$，$\frac{m_2}{n_2}\times\frac{m_2-1}{n_2-1}=0$，所以

$$q=P(A_1|A_2)=\frac{1+0}{1+\frac{1}{n_2}}=\frac{1}{1+\frac{1}{n_2}}$$

"公式(1.122)的结果"与"公式(1.121)的结果"矛盾，所以公式(1.122)有误。

3)推理

仔细看两位老师最后的推理方式，可以发现：

(1)张宇的论据是"公式(1.121)的结果"与"语义推理结果"矛盾，所以公式(1.121)有误；

(2)王式安的论据是"你的公式(1.122)的结果"与"我的公式(1.121)结果"矛盾，所以公式(1.122)有误。

经对比发现：王式安的推理等价于"只要别人与我不同，别人就是错的"，不合理。

公式(1.121)的易错点很隐蔽，体现在：

(1)创造了"双重条件事件"这个概念，即 $C|B_1=\{$取到第一个箱子的条件下，先取出一等品的条件下，再取出一等品$\}$，相当于 $C|B_1=(A_2|A_1)|B_1$，显然 $C|B_1\neq A_2|(A_1B_1)$。

(2)实际上，王式安反对张宇的例子恰恰说明公式(1.121)是错误的，依据极限思维 $n_2\to\infty$，以及贝叶斯公式，可知第二个箱子取到一等品的概率收敛到 0，而第一个箱子取到一等品的概率收敛到 1。若第一次取到一等品，那么第二次取到一等品的概率收敛到 1，从而 $q=1$，而不是 $q=1/2$。

4)仿真

假定 $n_1=50$，$m_1=10$，$n_2=30$，$m_2=18$，计算如下。

(1)依据公式(1.121)有

$$q=\frac{m_1-1}{n_1-1}\times\frac{1}{2}+\frac{m_2-1}{n_2-1}\times\frac{1}{2}=0.3849 \tag{1.123}$$

（2）依据公式(1.122)有

$$q = \dfrac{\dfrac{m_1}{n_1} \times \dfrac{m_1 - 1}{n_1 - 1} + \dfrac{m_2}{n_2} \times \dfrac{m_2 - 1}{n_2 - 1}}{\dfrac{m_1}{n_1} + \dfrac{m_2}{n_2}} = 0.4856 \tag{1.124}$$

　　（3）仿真图 1.21 表明：连续一等品的概率随次数的增大而变小，条件概率随次数的增大先变大后变小。仿真了 10000 次，统计表明 $q = P(A_2 | A_1) = 0.4998$，显然仿真统计结果与张宇公式的分析结果更接近。

---

### 仿真计算 1.15

```
clc,clear,close all,
n1 = 50;m1 = 10;n2 = 30;m2 = 18;
titles = {'P(i),前 i 次都是一等品的概率','Q(i),前 i-1
次都是一等品的条件下,第 i 次是一等品的概率'}
P(1) = 1/2 * m1/n1 + 1/2 * m2/n2,Q(1) = 0;
for i = 2:min([m1,m2]) %
P(i) = (nchoosek(m1,i)/nchoosek(n1,i) + nchoosek(m2,
i)/nchoosek(n2,i))/2 % 前 i-次都是一等品
Q(i) = P(i)/P(i-1),end
fontsizes = 15,subplot(211),
plot(1:min([m1,m2]),P,'o','linewidth',1),grid on,
xlabel('i')
```

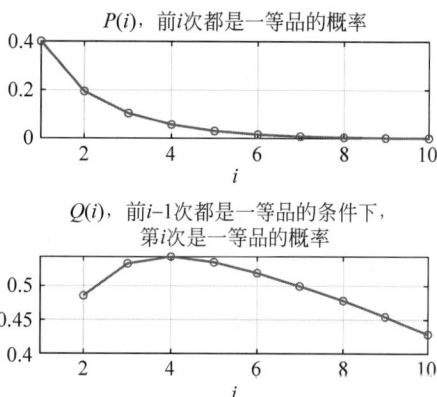

図 1.21　连续一等品的概率和条件概率

---

```
title(titles{1}),set(gca,'fontsize',fontsizes),xlim([1,min([m1,m2])]),
subplot(212),plot(2:min([m1,m2]),Q(2:end),'-o','linewidth',1),grid on,xlabel('i')
title(titles{2}),set(gca,'fontsize',fontsizes),xlim([1,min([m1,m2])])
%% 第一步：随机取一个箱子
N = 1e4;rng(3);X = unidrnd(2,1,N);N1 = 0;N2 = 0;% % 一等品,都是一等品
%% 第二步：从箱子中不放回取两球
for i = 1:N,if X(i) = = 1,Y = unidrnd(n1,1,2);% 第 1 箱
if Y(1)< = m1,N1 = N1 + 1;end % 第 1 个一等品
if all(Y< = m1),N2 = N2 + 1;end % 都是一等品
```

---

```
else,Y = unidrnd(n2,1,2);% 第 2 箱
if Y(1)< = m2,N1 = N1 + 1;end % 第 1 个一等品
if all(Y< = m2),N2 = N2 + 1;end end,end % 都是一等品
%% 第三步：统计首次一等品的概率,连续两次一等品的概率,条件概率
p1 = N1/N,p2 = N2/N,q = p2/p1
%% 理论值：条件概率(王式安),首次一等品的概率,连续两次一等品的概率,条件概率(张宇)
q_wsa = [(m1-1)/(n1-1) + (m2-1)/(n2-1)]/2 % 王式安
p1 = 1/2 * m1/n1 + 1/2 * m2/n2,p2 = (m1 * (m1-1)/n1/(n1-1) + m2 * (m2-1)/n2/(n2-1))/2,q_zy = p2/p1 % 张宇
```

## 1.6.8 举证困难的追责问题

---
**评注 1.30 举证困难的追责问题**

---

在 2023 年军队院校数学教学骨干暑期研修活动中,湖南大学的彭老师尝试用贝叶斯公式解决法学难题。作为听众,我们觉得将数学应用于法学的思路很有新意,于是重述了彭老师的思路。

**案例 1.10** 2008 年,中华人民共和国国家质量监督检验检疫总局对全国婴幼儿奶粉的三聚氰胺含量进行检查。对 109 家产品生产企业的 491 批次婴幼儿奶粉进行了检验,结果显示,其中 22 家企业 69 批次奶粉检出含量不同的三聚氰胺,占抽检企业的 20%,占抽检总批次的 14%。在检出含三聚氰胺的产品中,石家庄三鹿牌婴幼儿奶粉三聚氰胺含量很高,最高的达 2563mg/kg。经临床专家分析,婴幼儿在摄入含有高浓度三聚氰胺污染的奶粉后,可引起泌尿系统疾患,但是发病期为 3~6 个月。婴儿半年之后发病,普通民众难以举证,如何追责?

**分析** 我们尝试利用概率方法进行追责。

**第一步** 成立追责救济基金。记发生三聚氰胺超标事件为 $A$,所有奶粉所属生产企业记为 $B_1, B_2, \cdots, B_n$,责令所有企业缴纳费用,参考"高空抛物无人承认,状告整栋楼业主"胜诉案例[①],共同赔偿相当于全概率公式,发生三聚氰胺超标事件 $A$ 的概率为

$$P(A) = P(AB_1) + \cdots + P(AB_n) \tag{1.125}$$

**第二步** 确定缴纳比例。依据市场份额确定不同生产企业的费用缴纳比例,市场份额可以通过调研和统计获得,相当于先验概率 $P(B_i)$;某生产企业的不合格率相当于条件概率 $P(A|B_i)$;判定缴纳比例 $P(B_i|A)$ 相当于贝叶斯公式——由果溯因,计算公式如下:

$$P(B_i \mid A) = \frac{P(A \mid B_i) P(B_i)}{P(A \mid B_1) P(B_1) + \cdots + P(A \mid B_n) P(B_n)} \tag{1.126}$$

## 1.6.9 输光原理与全概率公式

无论在哪个时代,人们开始关注概率论初步研究的原因,一定都是基于赌博[7]。

**场景 1.1** 赌博。假定赌场游戏非常公平,每一轮胜率都是 50%,赌徒采用定额投注策略(fixed fraction betting),即赢一局得一元,输一局减一元。问题:赌徒的本金为 $n$ 元,赢了 $m$ 元就收手,求赌徒输光(本金)的概率。

**场景 1.2** 对抗。假定 N 和 M 两人相互竞争,每一轮的胜率分别为 $p$ 和 $q(p+q=1)$,赢一局得一元,输一局减一元。问题:N 和 M 的本金分别为 $n$ 和 $m$,求 N 输光概率。

当 $p=q=0.5$ 时,场景 1.2 就退化为场景 1.1,所以,场景 1.2 是场景 1.1 的推广。

---
**评注 1.31 赌博相当于竞争对手本金无穷大的对抗**

---

(1) 对抗本金越少($n \to 0$),输光的可能性越大;

(2) 对抗水平越低($p \to 0$),输光的速度越快;

(3) 一直赌不收手($m \to \infty$),则必然会输光本金。

---

① https://baijiahao.baidu.com/s?id=1776382842774941388&wfr=spider&for=pc。

**1. 公平游戏**

显然输光和收手是两个互斥事件。记本金为 $n$ 时输光的概率是 $P(n)$，当本金变为 $x$ 时，落到 $x+1$ 和 $x-1$ 的概率都是 $50\%$，依据全概率公式，有

$$P(x)=\frac{1}{2}P(x-1)+\frac{1}{2}P(x+1) \tag{1.127}$$

整理可得等差数列：

$$P(x+1)-P(x)=P(x)-P(x-1) \tag{1.128}$$

$x=0$ 表示输光，$x=n+m$ 表示收手，即

$$P(0)=1,P(n+m)=0 \tag{1.129}$$

设公差为 $\Delta a$，则

$$P(n+m)=1+[n+m]\Delta a \tag{1.130}$$

实际上

$$P(n+m)=P(0)+\sum_{i=1}^{n+m}[P(i)-P(i-1)]=1+[n+m]\Delta a$$

注意到 $P(n+m)=0$，得 $\Delta a=-1/(n+m)$，类似地可得

$$P(n)=P(0)+\sum_{i=1}^{n}[P(i)-P(i-1)]=1+n\Delta a \tag{1.131}$$

将 $\Delta a=-1/(n+m)$ 代入式(1.131)得输光概率为

$$P(n)=1-\frac{n}{n+m} \tag{1.132}$$

依据对立公式，赢 $m$ 元的概率为

$$1-P(n)=\frac{n}{n+m} \tag{1.133}$$

该公式表明：

(1)如果要赢一倍本金，即 $m=n$，输光概率为 $P(n)=50\%$。

(2)如果要赢 3 倍本金，即 $m=3n$，输光概率为 $P(n)=75\%$。

(3)如果要赢下整个赌场，即 $m=\infty\times n$，输光概率为 $P(n)=100\%$，所谓"十赌九输"正是赌徒输光原理对应的数学解释，因为

$$P(n)=1-\frac{n}{n+m}\rightarrow 100\%\ (m\rightarrow\infty) \tag{1.134}$$

(4)如果游戏本金雄厚，甚至比小赌场的资金还多，那么庄家和赌徒的角色就互换了。

**2. 不公平游戏**

当本金为 $x$ 时，落到 $x+1$ 和 $x-1$ 的概率分别为 $p$ 和 $q$，且 $p\neq q\neq 0.5$，依据全概率公式，有

$$P(x)=q\cdot P(x-1)+p\cdot P(x+1) \tag{1.135}$$

利用 $(p+q)P(x)=q\cdot P(x-1)+p\cdot P(x+1)$ 得等比数列：

$$P(x+1)-P(x)=\frac{q}{p}\cdot[P(x)-P(x-1)] \tag{1.136}$$

其中，$x=0$ 表示输光，$x=n+m$ 表示收手，即

$$P(0)=1, P(n+m)=0 \tag{1.137}$$

设公比为 $c=q/p$，因为

$$P(n+m)-P(n+m-1)=c \cdot [P(n+m-1)-P(n+m-2)]$$
$$=c^{n+m-1}[P(1)-P(0)]$$

两边累加得 $[P(n+m)-P(0)]=\sum_{i=1}^{n+m} c^{i-1}[P(1)-P(0)]$，故 $P(1)-P(0)$ 的表达式为

$$P(1)-P(0)=\frac{-1}{\sum\limits_{i=1}^{n+m} c^{i-1}} \tag{1.138}$$

同理 $[P(n)-P(0)]=\sum\limits_{i=1}^{n} c^{i-1}[P(1)-P(0)]$，将 $P(1)-P(0)$ 代入并移项得

$$P(n)=1-\frac{\sum\limits_{i=1}^{n} c^{i-1}}{\sum\limits_{i=1}^{n+m} c^{i-1}}=1-\frac{1-c^n}{1-c^{n+m}}=\frac{c^n-c^{n+m}}{1-c^{n+m}}=c^n\frac{1-c^m}{1-c^{n+m}}$$

依据对立公式，赢的概率为

$$\overline{P(n)}=\frac{\sum\limits_{i=1}^{n} c^{i-1}}{\sum\limits_{i=1}^{n+m} c^{i-1}}=\frac{1-c^n}{1-c^{n+m}} \tag{1.139}$$

### 1.6.10 输光原理的仿真验证

#### 1. 投资的收益与风险

游戏公平意味着 $c=q/p=1$，收益变高意味着 $m$ 变大，当 $m \to \infty$ 时，有

$$P(n)=1-\frac{n}{n+m} \to 1(m \to \infty)$$

该式表明收手目标(收益)越高，输光概率(风险)越大，更一般的问题参考图 1.22。

**仿真计算 1.16**

```
close all,clear,clc,
legends = {'n = 1','n = 2','n = 3','n = 4','n = 5','n = 6'}
nn = 5,for a = 1:nn,b = a:100,p = 0.5 + (a-1) * 0
Pa = 1-a. /b;plot(b,Pa,'--','LineWidth',1),grid on,
box on,hold on,
xlabel('m,收手收益'),ylabel(P(n),'输光概率'),
legend(legends,'Location','south' )
set(gcf,'position',[100,100,200,200])
set(gca,'xtick',[0:10:100],'FontSize',10),end
```

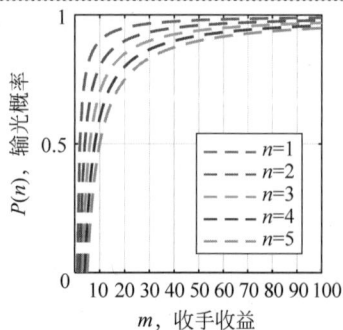

图 1.22 不同本金的输光概率曲线
(见文后彩图)

### 2. 对抗的公平性与输光概率

游戏不公平意味着 $p<0.5, c=q/p>1$，所以

$$P(n)=\frac{c^n-c^{m+n}}{1-c^{m+n}}\to 1(m\to\infty)$$

而且游戏越不公平，输光的速度越快；对于高水平玩家，$p>0.5, c=\dfrac{q}{p}<1$，则

$$P(n)=\frac{c^n-c^{m+n}}{1-c^{m+n}}=c^n\frac{1-c^m}{1-c^{m+n}}\to c^n(m\to\infty)$$

这意味着高水平玩家不一定会输光，且玩家水平越高（$p$ 越大），本金 $n$ 越雄厚，$c^n$ 就越小，即输光的可能性就越小，如即使 $n=1$，当 $p=0.66$ 输光概率可以降至约 $50\%$，更一般的问题参考图 1.23。

---

**仿真计算 1.17**

```
close all,clear,clc,legends = {'p = 0.51','p = 0.56','p = 0.61',
'p = 0.66','p = 0.71'}
nn = 4,for n = 1:nn,a = 1,b = a:100,p = 0.51 + (n-1) * 0.05,
q = 1-p,c = q/p % 高水平玩家
Pn = (c^a-c.^(a + b))./(1-c.^(a + b));plot(b,Pn,'--','LineWidth',1),
grid on,box on,hold on,
xlabel('m,本金 n = 1 时的收手局次'),
ylabel('P(1)输光概率'),legend(legends,'Location','south' )
set(gcf,'position',[100,100,200,200])
set(gca,'ylim',[0,1],'xtick',[0:10:100],'FontSize',10),end
```

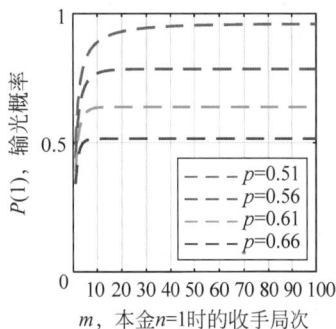

图 1.23 不同水平的输光概率曲线（见文后彩图）

---

### 3. 本金与努力的作用

---

**评注 1.32** 工作就是一场严肃的赌博，成就是本金 $n$ 和努力 $p$ 共同较量的结果——ISW 培训课上的启示

下面针对不同情况进行分析，结果如图 1.24 所示。注意，$P(n)$ 就是输光概率。

(1)本金相同，努力相同，意味着起点相同（$n=m$），公平竞争（$p=q$），则"天下太平"（$P(n)=0.5$）。

(2)本金相同（$n=m$），努力不同，那就只能通过努力改变命运（$p\gg q$），搏一搏，单车变摩托（$P(n)\to 0$）。没有高起点（$n$ 很小），又要与对手一起躺平（$p=q$），还想要比对手成功（$P(n)<0.5$），若不考虑其他因素，是不成立的（即 $P(n)>0.5$）。

(3)本金不同，努力相同，那么本金越少（$n<m$），越难成功（$P(n)>0.5$）。

(4)本金不同，努力不同，在巨大不公平面前（$n\ll m$），即使穷其努力（$p\gg q$），结果也苍白无力（$P(n)\to 1$）。

(5)本金不同，努力不同，即使大富大贵（$n\gg m$），但是接连"摆烂"（$p\ll q$），也会导致富不过三代（$P(n)\to 1$）。

---

**仿真计算 1.18**

```
close all,clear,clc
%% (1)本钱相同,努力相同
a = 5;b = 10-a;p = 0.5;P(1) = gamble(a,b,p)
%% (2)本钱相同,努力不同
a = 5;b = 10-a;p = 0.7;P(2) = gamble(a,b,p)
%% (3)本钱不同,努力相同
a = 4;b = 10-a;p = 0.5;P(3) = gamble(a,b,p)
%% (4)本金不同,努力不同
a = 0.1;b = 10-a;p = 0.99;P(4) = gamble(a,b,p)
a = 9.5;b = 10-a;p = 0.30;P(5) = gamble(a,b,p)
bar([P]),grid on,set(gca,'fontsize',15),yticks([0.1:
0.1:0.9])
xticklabels({'(1)','(2)','(3)','(4)','(5)',}),
xlabel('场景'),ylabel('输光概率'),
functionPa = gamble(a,b,p) %a 赢光 b 的概率
if p = = 0.5,Pa = a/(b + a);else,q = 1-p;r = q/p;
Pa = (1-r^a)/(1-r^(a + b));end,Pa = 1-Pa;end
```

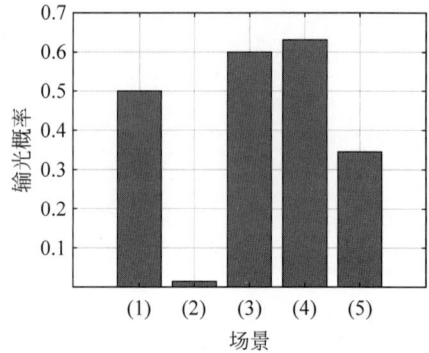

图 1.24　不同场景的输光概率

# 第2章

# 随 机 变 量

## 2.1 随机变量的基本概念

### 2.1.1 随机变量具有随机性吗

随机变量的命名具有一定的迷惑性,语义上,似乎随机变量的映射关系是随机的。实际上,试验的取值具有随机性,但映射关系完全没有随机性,它是一个确定的、将样本点变成数字的函数[9]。

在不同的教材中,随机变量的定义略有差异,有些教材的定义依赖抽象的"博雷尔域""反函数""概率空间"和"事件域",这种定义方式是严谨的,但却也是普及概率统计的最大"拦路虎"。从"高效普及"的意义来说,本书推荐文献[9]和文献[10]的定义,该定义可以概括为"随机变量就是样本空间的数字化"。

**定义 2.1** 设 $\Omega$ 是样本空间,如果对于 $\Omega$ 中的每一个样本点 $\omega$,都有一个实数 $X(\omega)$ 与之对应,则称 $X$ 为随机变量。

---
**评注 2.1 两个相对抽象的定义**

**定义 2.2**[2] 设 $(\Omega, \mathcal{F}, P)$ 是一个概率空间,若映射 $X$ 把 $\Omega$ 上任意一点 $\omega$ 变换为唯一的实数 $X(\omega)$,且对任意数字 $x$,$\{X \leqslant x\} \triangleq \{\omega \mid X(\omega) \leqslant x\} \in \mathcal{F}$,则称 $X$ 为随机变量。

**定义 2.3**[8] 随机变量是一种特殊的可测函数。设 $(\Omega, \mathcal{F}, P)$ 是概率空间,随机变量定义为实数值映射 $X: \Omega \rightarrow \mathbb{R}$,满足 $X^{-1}(A) \in \mathcal{F}$,$\forall A \in B(\mathbb{R})$,其中 $B(\mathbb{R})$ 是实数轴上的博雷尔域。

---

### 2.1.2 随机变量一定是单射吗

从定义看,随机变量未必是单射。若在定义时将随机变量规定为单射,或许可以降低学习难度,提高学习效率,但是因为"随机变量的函数"依旧是随机变量,且函数未必为单射,强制规定其为单射会导致后续的定义混乱。

下面的例子表明:对于相同的随机试验和样本空间,依据不同的应用需求可以定义不同的随机变量,而且随机变量未必是单射。

**案例 2.1** 在实弹射击训练中,对同一目标连续发射 3 发子弹,击中目标记为 1,否则记为 0,则样本空间为

$$\Omega = \{000, 001, 010, 011, 100, 101, 110, 111\}$$

(1)定义单射随机变量 $\Omega$ 依序与 $\{1,2,3,4,5,6,7,8\}$ 对应(实质是二进制数与十进制数的一一映射),则

$$\Omega \xrightarrow{\ X\ } \Omega_X = \{1,2,3,4,5,6,7,8\} \tag{2.1}$$

可写出事件:

$$A = \{X = 2\} = \{001\}, P(A) = 1/8$$
$$B = \{X \leqslant 2\} = \{000, 001\}, P(B) = 1/4$$

(2)定义非单射随机变量 $Y$ 为"击中目标次数",则

$$\Omega \xrightarrow{\ Y\ } \Omega_Y = \{0,1,2,3\} \tag{2.2}$$

可写出事件:

$$A = \{Y = 2\} = \{011, 101, 110\}, P(A) = 3/8$$
$$B = \{Y \leqslant 2\} = \Omega - \{111\}, P(B) = 7/8$$

(3)$Y$ 实际上是 $X$ 的函数,它们的映射关系如表 2.1 所示。

**表 2.1  两个随机变量的映射关系**

| $\omega$ | 000 | 001 | 010 | 011 | 100 | 101 | 110 | 111 |
|---|---|---|---|---|---|---|---|---|
| $X$ | 1 | 2 | 3 | 4 | 5 | 6 | 7 | 8 |
| $Y$ | 0 | 1 | 1 | 2 | 1 | 2 | 2 | 3 |

### 2.1.3  随机变量的抽象意义

将概率空间抽象为随机变量具有重要意义:不同背景下的样本空间可以映射到相同的实数空间,起到"以一敌多"的推广效果。

例如,抛硬币的样本空间为 $\Omega = \{正面, 反面\}$,抽取性别信息的样本空间为 $\Omega = \{男性, 女性\}$。两个具体背景不同的问题,可以抽象为相似的随机变量:

$$\{正面, 反面\} \rightarrow \{1, 0\}, \{男, 女\} \rightarrow \{1, 0\}$$

这意味着:计算多次抛硬币概率的方法,可以用于计算抽取多个档案的概率。

## 2.2  离散型随机变量及其分布律

### 2.2.1  输光分布律和马尔可夫链

**评注 2.2  一个思考题引发的焦虑**

有限筹码游戏源于教材(即文献[2]),早在 2005 年,李兵教授为我们讲授概率论时,我正处于懵懂状态,李老师的激情让我感觉这是一个能让我致富的原理,非常想精通它,却一

直没有付诸实践,更没有仔细推导筹码的分布律和输光分布。2018 年,我第一次执教"概率论与数理统计"课程,仔细研读了教材,发现第二章离散随机变量的二项分布中引入了这个思考题。我以为输光分布就是二项分布,但是进行仿真时发现分布律不满足规范性,说明我的答案错了。静下心来思考,我才发现这不是简单的二项分布问题,大概是太难了也或者是忘了,没有继续细究。2021 年,在参加教学能手比赛的备赛过程中,我第一次接触了凯利公式,阅读了很多网络博文,感觉如果掌握了凯利公式就掌握了财富密码,很想弄明白其中的缘由,但由于各种原因导致这事又搁置了。直到 2024 年 4 月,我开始整理本书,才不得不再次捡起这个思考题。随机游走和马尔可夫链的工具都用上了,依旧没有解决该问题,这让我非常焦虑,执教多年居然无法回答本科二年级教材的问题,焦虑过头甚至导致失眠。我决定这次不再放弃该问题,于是我进行了大量尝试。多次碰壁使我更加笃定弄清楚凯利公式的决心。

最开始想到的是网上搜索,逛知乎、逛 CSDN、搜索图书馆文献,都没有找到满意的答案。于是,又请教了几位同事,发现他们的思路与我不同,但是最终答案的疏漏之处与我相似。我的焦虑开始"随机游走",一方面,这么多老师都没有给出正确答案,让我为我们的共同遭遇窃喜;另一方面,快速获得正确答案的机会变得更加渺茫了。然后,我想到了我的本科生教学班、研究生教学班。我把问题抛给了 112 人的本科班,他们都是本硕博连读的学生,我期望里面的高手给予回复,然而他们并没有给我反馈。然后我又把这个问题抛给了 24 人的研究生班,有硕士也有博士,并且强调是有奖问答,如果能给出正确答案,课程的过程性考核就是满分。空天学院的博士生宋同学积极响应,等我第二天醒来时,看到了微信留言,惊喜!他在凌晨 2 点半就把答案给我了,非常欣赏他的刻苦精神。宋同学的公式庞大新奇,让我看到了希望。我的焦虑第二次"随机游走",如果学生答案正确,我又该怀疑自己了;如果不正确,我想要的答案就更遥远了。经确认,答案没戏!

在我看不到希望的时候,我盯着教材的封面发呆,看到了已经退休的杨老师和胡老师,决定找他们帮忙!杨老师说:"随机游走问题的答案不是显而易见的,一时半会无法给你答案,容我整理两天。"

两天后的周末——5 月 26 日,星期六一大早,杨老师把解决方案发我微信了,并留言"预计解析式很困难,但应该可以随机模拟,得到近似值"。杨老师的方案用到了马尔可夫链的理论,虽然没有给出最终解析表达式,但是为我后续分析带来了极大的方便,向杨老师致敬!胡老师也给我发来解决方案,留言"这题太复杂了!不借助计算机,那矩阵的幂是无法出结果的。为了能理解问题,可考虑将变量具体化"。非常感谢前辈们,尽管他们退休了,但是洞察力依旧犀利,思维依然敏捷!

6 月 17 日,在同学群里,有同学征集答案,题目为阿里巴巴全球数学竞赛初赛第 12 名选手的练习题:证明 $\sum_{k=-\infty}^{+\infty} \dfrac{1}{(\pi k + \omega/2)^2} = \csc^2(\omega/2)(\omega \neq k\pi)$。 有同学用 AI 做题,秒答!(经确认,答案看似完整,实则漏洞百出!),我也尝试把输光问题输入好几款 AI 软件中,没有得到统一的答案,但给出了提示:递归运算。

最终,结合调研的思路以及符号计算工具箱,我得出了递归答案、仿真结果以及定性定量分析。总算找到了一个答案,尽管这个答案非解析、不完美。我相信并不是所有问题的解决方案都可以写出解析表达式,有时候使用递归表达式是无奈的选择,如本题,又比如阶乘公式、幂和公式,等等。

**问题 2.1** 有限筹码游戏的规则如下：该游戏是一种投币电子游戏，投币 1 枚后立即开始玩。若输了，游戏币即被机器吃进，若赢了，则机器会退还 2 枚游戏币，当玩家的游戏币用完则游戏结束，而机器则拥有无穷枚游戏币。设某人有 $n$ 枚游戏币，每次赢的概率为 $p$，每次游戏输赢是独立的，一旦输完就不能再玩了，试回答：①记 $Y$ 是输光所有游戏币对应的游戏次数，求 $Y$ 的分布律；②记 $X$ 是 $m$ 次游戏后玩家手上的游戏币数，求 $X$ 的分布律。

**分析** 记 $m$ 次游戏输的次数为 $k$，要求输的次数 $k \leqslant m$，赢的次数为 $m-k$，持币数为 $X = n+m-2k$，记概率为 $p_{n+m-2k}$，$q = 1-p$，依据二项分布的分布律公式，有

$$p_{n+m-2k} = C_m^k q^{m-k} p^k, \quad k = 0, 1, \cdots, n-1$$

当 $k \geqslant n$ 时已经输光，上述公式不再适用。接下来给出另一个分析，设 $X_k$ 表示第 $k$ 次游戏后该玩家手中的游戏币数量，则有

$$X_0 = n, 0 \leqslant X_k \leqslant m+n \tag{2.3}$$

一步转移概率，实质为条件概率，即

$$p_{ij} \triangleq P\{X_{k+1} = j \mid X_k = i\} = \begin{cases} 1, & i=0, j=0 \\ p, & j=i+1, i=1, \cdots, m+n-1 \\ q, & j=i-1, i=1, \cdots, m+n-1 \\ 1, & i=m+n, j=m+n \end{cases} \tag{2.4}$$

其他情形为 0，从而写出矩阵形式 $\boldsymbol{P} \in \mathbb{R}^{(n+m+1) \times (n+m+1)}$ 为

$$\boldsymbol{P} = \begin{bmatrix} p_{00} & p_{01} & \cdots & p_{0,m+n} \\ p_{10} & p_{11} & \cdots & p_{1,m+n} \\ \vdots & \vdots & & \vdots \\ p_{m+n,0} & p_{m+n,1} & \cdots & p_{m+n,m+n} \end{bmatrix} = \begin{bmatrix} 1 & 0 & & & & \\ q & 0 & p & & & \\ & \ddots & \ddots & \ddots & & \\ & & q & 0 & p & \\ & & & q & 0 & p \\ & & & \cdots & 0 & 1 \end{bmatrix} \tag{2.5}$$

上述矩阵第 $i+1$ 行中的数 $p_{ij}$ 表示的是该玩家手中有 $i$ 个游戏币时，下一次游戏后手中有 $j$ 个游戏币的条件概率。再记

$$p_{ij}^{(2)} \triangleq P\{X_{k+2} = j \mid X_k = i\}$$

则由全概率公式得

$$p_{ij}^{(2)} \triangleq P\{X_{k+2} = j \mid X_k = i\} = \sum_{l=0}^{m+n} P\{X_{k+2} = j \mid X_{k+1} = l\} \cdot P\{X_{k+1} = l \mid X_k = i\}$$

$$= \sum_{l=0}^{m+n} p_{il} p_{lj}$$

写成矩阵形式有

$$\boldsymbol{P}^{(2)} = [p_{ij}^{(2)}] = \boldsymbol{P}^2 \tag{2.6}$$

以此类推得

$$\boldsymbol{P}^{(m)} = [p_{ij}^{(m)}] = \boldsymbol{P}^m \tag{2.7}$$

由此得 $m$ 次游戏后玩家手上的游戏币为 $j$ 的概率为

$$P\{X_m = j\} = P\{X_m = j \mid X_0 = n\} P\{X_0 = n\} = P\{X_m = j \mid X_0 = n\} = p_{nj}^{(m)}$$

此值对应于矩阵 $\boldsymbol{P}^{(m)} = [p_{ij}^{(m)}] = \boldsymbol{P}^m$ 中第 $n+1$ 行的数值，也就是说，矩阵 $\boldsymbol{P}^m$ 的第 $n+1$ 行的数值即为输光问题的分布律，实质是初值为 $n$ 时的条件分布律。矩阵 $\boldsymbol{P}^m$ 涉及方

阵幂的计算,如当 $n=2$ 时,若记 $s=2pq^3+q^2$,$t=5p^2q^4+2pq^3+q^2$,利用符号计算软件可得如下条件分布律:

$$\begin{bmatrix}
X & 0 & 1 & 2 & 3 & 4 & 5 & 6 & 7 & 8 & 9 \\
m=1 & 0 & q^1 & 0 & p^1 & 0 & 0 & 0 & 0 & 0 & 0 \\
m=2 & q^2 & 0 & 2pq & 0 & p^2 & 0 & & & & \\
m=3 & q^2 & 2pq^2 & 0 & 3p^2q & 0 & p^3 & 0 & & & \\
m=4 & s & 0 & 5p^2q^2 & 0 & 4p^3q & 0 & p^4 & 0 & & \\
m=5 & s & 5p^2q^3 & 0 & 9p^3q^2 & 0 & 5p^4q & 0 & p^5 & 0 & \\
m=6 & t & 0 & 14p^3q^3 & 0 & 14p^4q^2 & 0 & 6p^5q & 0 & p^6 & 0 \\
m=7 & t & 14p^3q^4 & 0 & 28p^4q^3 & 0 & 20p^5q^2 & 0 & 7p^6q & 0 & p^7
\end{bmatrix}$$

　　总之,$n$ 枚游戏币,$m$ 次游戏,输 $k$ 次,满足以下规律:

　　(1)若输的次数 $k \leqslant n-1$,则

$$p_{n+m-2k}=\mathrm{C}_m^k q^{m-k} p^k, k=0,1,\cdots,n-1 \tag{2.8}$$

　　(2)若 $k>n-1$,则不能用公式 $\mathrm{C}_m^k p^{m-k}q^k$ 了,如前 $n$ 局净输 $n$ 局,游戏已经结束,不可能再赢回 $m-k$,这意味着 $\mathrm{C}_m^k p^{m-k}q^k$ 算得的概率偏大。此时,需要用递归运算(计算机的优势),第 $m$ 次的分布律 $\boldsymbol{\pi}_m$ 等于第 $m-1$ 次的分布律 $\boldsymbol{\pi}_{m-1}$ 与 $\boldsymbol{P}$ 的乘积,即

$$\boldsymbol{\pi}_m=\boldsymbol{\pi}_{m-1}\boldsymbol{P} \tag{2.9}$$

　　(3)分布律 $\boldsymbol{\pi}_m$ 中的第一个值 $\boldsymbol{\pi}_m(1)$,就是输光分布 $Y$ 的分布函数:

$$P\{Y \leqslant m\}=\boldsymbol{\pi}_m(1) \tag{2.10}$$

其差分就是输光分布的分布律,即

$$p_m=\boldsymbol{\pi}_m(1)-\boldsymbol{\pi}_{m-1}(1) \tag{2.11}$$

　　如图 2.1 所示,(a)图说明单次获胜概率越小,则输光概率越大,赢面越小;(b)图说明,无论单次获胜概率多大,随着游戏次数的变多必然输光,因为庄家筹码无限,而玩家筹码有限为 $n$。

## 仿真计算 2.1

```
clear,clc,close all,rng(0);
syms p q,assume(p,'positive');,assume(q,'positive');% 正数
n = 2,m = 10,nm = n + m + 1;% q=1-p;
P = p * zeros(nm);% 乘以 p 的目的,得到符号矩阵,否则后续幅值出错
P(1,1) = 1;P(nm,nm) = 1;for i = 2:nm-1,P(i,i + 1) = p;P(i,i-1) = q;end
1,PP = P(n + 1,:),for i = 1:m-1,i + 1,PP = PP * P,P0(i) = PP(1),end
%% 游戏的分布律
subplot(211),mm = [1:nm]-1,grid on,hold on,box on
p0 = 0.5,plot(mm,subs(PP,[p,q],[p0,1-p0]),'-o','linewidth',2)
p0 = 0.4,plot(mm,subs(PP,[p,q],[p0,1-p0]),'--','linewidth',2)
legend('X 分布律:m = 10,p = 0.5','X 分布律:m = 10,p = 0.4'),
set(gca,'fontsize',12),set(gcf,'Position',[99,99,350,600]),
xlim([0,nm-1]),xlabel('i,剩余硬币数'),ylabel('p,分布律')
%% 输光的分布律
```

```
subplot(212),mm = [2:m],
p0 = 0.5,p00 = double(subs(P0,[p,q],[p0,1-p0]));
plot(mm,(p00),'-o','linewidth',2),grid on,hold on
p0 = 0.3,p00 = double(subs(P0,[p,q],[p0,1-p0]));
plot(mm,(p00),'--','linewidth',2),xlabel('i,游戏次数'),ylabel('P,输光概率'),
legend('输光分布:p = 0.5','输光分布:p = 0.4'),set(gca,'fontsize',12)
```

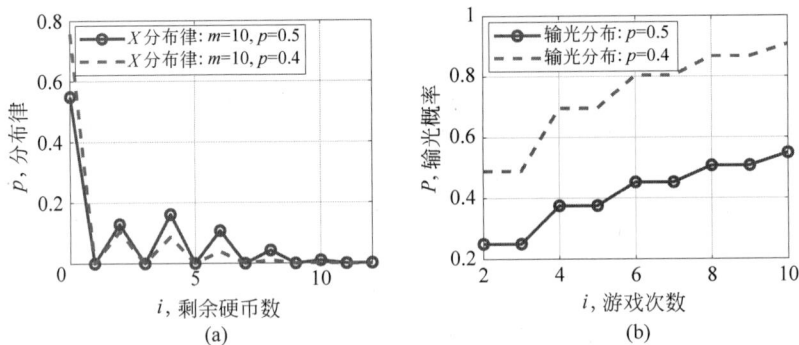

图 2.1　输光分布函数对比

## 2.2.2　雨伞问题

**问题 2.2**[2]　某人每天在家 A 和办公室 B 之间往返,其用伞规则如下:①出门时若是晴天,则不带伞;②出门时正好下雨,身边有伞则带伞;③出门时正好下雨,身边没伞,则不带伞淋雨行行。假设他每次出门时下雨概率为 $p$,问应购置多少把伞,才能使得淋雨的概率小于 0.05?

**分析**　设购置了 $N$ 把雨伞,若他第 $n$ 次出门是从家里出门,则第 $n+1$ 次出门是从办公室出门,反之亦然。若第 $n$ 次出门时身边的雨伞数 $X_n=i(0 \leqslant i \leqslant N)$,则第 $n+1$ 次出门时身边的雨伞数 $X_{n+1}$ 有如下情况:

(1)若第 $n$ 次出门时没有下雨,则第 $n+1$ 次出门时身边有 $N-i(i>0)$ 把雨伞;

(2)若第 $n$ 次出门时正好下雨,则第 $n+1$ 次出门时身边有 $N-i+1(i>0)$ 把雨伞;

(3)若第 $n$ 次出门时身边的雨伞数为 0,则第 $n+1$ 次出门时身边有 $N$ 把雨伞。记 $p_{ij} \triangleq P\{X_{n+1}=j|X_n=i\}(i,j=0,1,2,\cdots,N)$ 且假设下雨的概率为 $p$,则由 $p_{ij}$ 构成的一步转移概率矩阵为

$$\boldsymbol{P} = \begin{bmatrix} 0 & 0 & 0 & \cdots & 0 & 0 & 1 \\ 0 & 0 & 0 & \cdots & 0 & 1-p & p \\ 0 & 0 & 0 & \cdots & 1-p & p & 0 \\ \vdots & \vdots & \vdots & & \vdots & \vdots & \vdots \\ 1-p & p & 0 & \cdots & 0 & 0 & 0 \end{bmatrix} \in \mathbb{R}^{(N+1) \times (N+1)} \qquad (2.12)$$

设 $\pi_i$ 表示身边伞的数量等于 $i$ 的概率,分布律记为 $\boldsymbol{\pi}=(\pi_0,\pi_1,\cdots,\pi_N)$,则当 $n$ 足够大时,新增一次出门不改变分布律,依据全概率公式有

$$\boldsymbol{\pi} = \boldsymbol{\pi}\boldsymbol{P} \qquad (2.13)$$

因为 $\pi$ 恰好是特征值 1 对应的特性向量,所以称之为平稳分布,可求得

$$\pi_0 = \frac{1-p}{1-p+N}, \pi_i = \frac{1}{q}\pi_0, i = 1, 2, \cdots, N \tag{2.14}$$

所以出门时遇到下雨且身边没有雨伞的概率近似为

$$p\pi_0 = p\,\frac{1-p}{1-p+N} \tag{2.15}$$

因为下雨的概率 $p$ 未知,可利用二次函数的极值求被雨淋的概率,

$$p\pi_0 = p\,\frac{1-p}{1-p+N} \leqslant \frac{1}{4(1-p+N)} \leqslant \frac{1}{4N} \leqslant 0.05 \tag{2.16}$$

解得 $N \geqslant 5$,即只要买 5 把雨伞,就能使得被雨淋的概率小于 0.05。

## 2.2.3 二项分布的分布律最大值

**问题 2.3** 二项分布的分布律在何时取最大值?

**分析** 二项分布的分布律是关于取值 $k$ 的函数:

$$p_k = C_n^k p^k q^{n-k}, k = 0, 1, 2, \cdots, n \tag{2.17}$$

利用直接求导方式求得最大值比较困难。下面直接采用不等式求解,若分布律 $p_k$ 在 $k$ 时取最大值,则有 $p_k \geqslant p_{k-1}, p_k \geqslant p_{k+1}$,即

$$C_n^k p^k q^{n-k} \geqslant C_n^{k-1} p^{k-1}(1-p)^{n-k+1}, C_n^k p^k q^{n-k} \geqslant C_n^{k+1} p^{k+1}(1-p)^{n-k-1}$$

把 $C_n^k = \dfrac{n!}{k!\,(n-k)!}$ 代入上式,解得长度为 1 的区间 $[(n+1)p-1, (n+1)p]$,即

$$k \leqslant (n+1)p, k \geqslant (n+1)p - 1 \tag{2.18}$$

(1)如果 $n$ 是偶数,而且 $p = q = 1/2$,则 $k = n/2$;

(2)如果 $n$ 是奇数,而且 $p = q = 1/2$,则 $k = (n-1)/2$ 或者 $k = (n+1)/2$;

(3)当 $(n+1)p$ 不为整数时,$k$ 为这个区间 $[(n+1)p-1, (n+1)p]$ 内唯一的正整数;

(4)当 $(n+1)p$ 为整数时,满足最大值的 $k$ 可能有两个,即 $(n+1)p-1$ 或 $(n+1)p$,仿真结果如图 2.2 所示。

**仿真计算 2.2**

```
clc,clear,close all,fontsizes = 15
for j = 1:2,legends = cell(3,1);
for i = 1:3,p = 0.5 + 0.1 * (i-2);p = 1-p;
n = 10 + j;pk = binopdf(0:n,n,p),
subplot(2,1,j),plot(0:n,pk,'-o','linewidth',1),
hold on,grid on,xlabel('k'),ylabel('p,分布律')
legends{i} = ['p = ' num2str(p)];end
legends = legend(legends),set(gca,'fontsize',
fontsizes)
title(['n = ' num2str(n)]),end
```

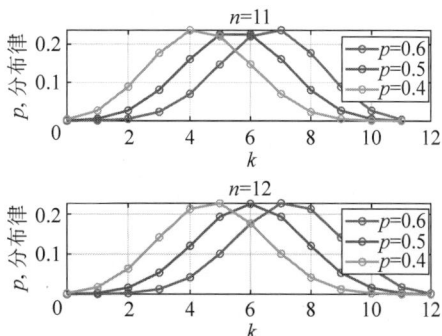

图 2.2 二项分布的分布律
(见文后彩图)

### 2.2.4 泊松分布的分布律最大值

因为泊松分布是二项分布的极限形式,所以两个分布律的最大值有类似的性质。泊松分布的分布律是关于取值 $k$ 的函数:

$$p_k = \frac{e^{-\lambda}\lambda^k}{k!}, k = 0,1,2,\cdots \tag{2.19}$$

若分布律 $p_k$ 在 $k$ 时取最大值,则有 $p_k \geqslant p_{k-1}, p_k \geqslant p_{k+1}$,即

$$\frac{e^{-\lambda}\lambda^k}{k!} \geqslant \frac{e^{-\lambda}\lambda^{k+1}}{(k+1)!}, \frac{e^{-\lambda}\lambda^k}{k!} \geqslant \frac{e^{-\lambda}\lambda^{k-1}}{(k-1)!} \tag{2.20}$$

解得长度为 1 的区间 $[\lambda-1,\lambda]$,即

$$k+1 \geqslant \lambda, \lambda \geqslant k \tag{2.21}$$

(1)当 $\lambda$ 不为整数时,$k$ 为区间 $[\lambda-1,\lambda]$ 内唯一的正整数;

(2)当 $\lambda$ 为整数时,满足最大值的 $k$ 可能有两个,即 $\lambda-1$ 或 $\lambda$,仿真结果如图 2.3 所示。

**仿真计算 2.3**

```
clc,clear,close all,fontsizes = 15
for j = 1:2,legends = cell(3,1);
for i = 1:3,lamb = 1;
n = 10 + j;pk = poisspdf(0:n,lamb + i + j * 3),
subplot(2,1,j),plot(0:n,pk,'-o','linewidth',1),
hold on,grid on,xlabel('k'),ylabel('p,分布律')
legends{i} = ['\lambda = ' num2str(lamb + i + j * 3)];end
legends = legend(legends),set(gca,'fontsize',fontsizes)
end
```

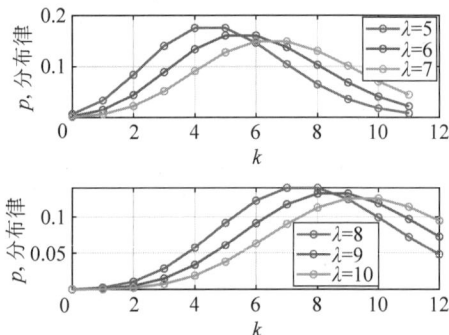

图 2.3 泊松分布的分布律
(见文后彩图)

### 2.2.5 五局三胜还是七局四胜

**问题 2.4** 在体育赛事中,常见的赛制有一局一胜、三局两胜、五局三胜、七局四胜。那么,到底应该采用哪种赛制?

**分析** 先简单试算,两者对局,可用二项分布建模。设强者单次胜利的概率为 $p$,弱者的胜利概率为 $q$,且满足 $p+q=1,p>q$。在 $n=2k+1$ 局 $k+1$ 胜的赛制下,强者最终胜利的概率为 $P_n$,弱者的胜利概率为 $Q_n$,且满足 $P_n+Q_n=1$。设强者胜利的次数为 $X$,则有 $X \sim B(n,p)$,不妨取 $p=0.55$,则

$$Q_n = P\{X \leqslant k\} = \begin{cases} q & ,n=1 \\ C_3^0 p^0 q^3 + C_3^1 p^1 q^2 & ,n=3 \\ C_5^0 p^0 q^5 + C_5^1 p^1 q^4 + C_5^2 p^2 q^3 & ,n=5 \\ C_7^0 p^0 q^7 + C_7^1 p^1 q^6 + C_7^2 p^2 q^5 + C_7^3 p^3 q^4 & ,n=7 \end{cases} \approx \begin{cases} 0.45, n=1 \\ 0.43, n=3 \\ 0.41, n=5 \\ 0.40, n=7 \end{cases}$$

经计算,一局一胜,弱者胜利的概率为 45%;三局两胜,弱者胜利的概率为 43%;五局三胜,弱者胜利的概率为 41%;七局四胜,弱者胜利的概率为 40%。

在不考虑游戏时间和个人精力成本以及体能差异等外部因素的理想情况下,强者在不同赛制下的失败概率如图 2.4 所示,可以发现:

(1)局数越多,对强者越有利,可回避不确定性对强者的不利;

(2)局数越少,对弱者越有利,可充分利用不确定性提高赢得胜利的概率;

(3)在第 5 章,利用中心极限定理,将会发现,当 $n = 2k + 1$ 很大时,强者近似的失败概率收敛到精确的失败概率 $Q_n$,满足

$$Q_n = P\{X \leqslant k\} = \Phi\left(\frac{k - np}{\sqrt{npq}}\right) \tag{2.22}$$

(4)只要局数足够多,那么强者必胜。

一般来说,增加结果的不确定性,可以提高比赛或者游戏的观赏性和参与度。正因如此,如果比赛中有绝对实力超强的队伍(比如中国乒乓球队),国际赛制应该适当减少局数,否则会出现大量蝉联的现象,势必降低弱队的参赛积极性与观众的观赛热情。

---

**仿真计算 2.4**

```
close all,clear,clc,format short,syms p i,p0 = 0.55,q0 = 1-p0,
k0 = 40,for k = 1:k0,n = k * 2 + 1;Q(k) = symsum(nchoosek(n,i) * p^i * (1-p)^(n-i),i,0,k);
Q(k) = subs(Q(k),p,p0);end
Q,linewidth = 1,figure,set(gcf,'position',[100,100,800,200])
plot(2 * [1:k0]-1,Q,'b- +','linewidth',linewidth),box on,hold on,grid on
set(gca,'xtick',[1:2:2 * k0-1]);set(gca,'fontsize',12),xlabel('比赛局数'),ylabel('强者失败概率')
%% 利用中心极限定理
for k = 1:k0,n = k * 2 + 1;Q2(k) = normcdf((k-n * p0)/sqrt(n * p0 * q0));end
plot(2 * [1:k0]-1,Q2,'r-o','linewidth',linewidth),legend('精确失败概率','中心极限定理近似概率')
```

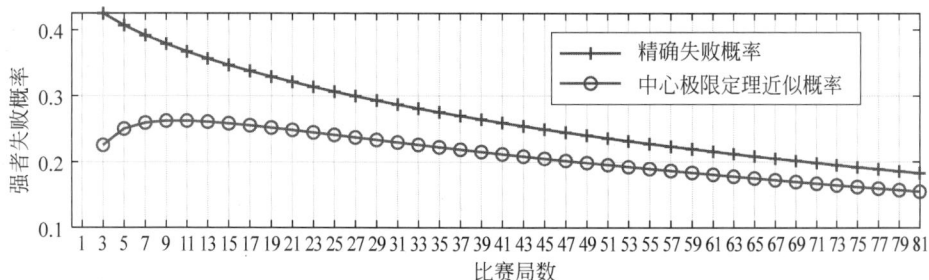

图 2.4 强者在不同赛制下的失败概率

---

## 2.2.6 协同作战与独狼行动

**问题 2.5** 假定车队有 20 辆军车,每辆车的故障率为 0.01,且每辆车出故障时仅由一人进行维修处理。现采用以下两种方式维护军车,试分别求军车出故障而不能及时维修的概率。

(1)由 2 人维护,每人各负责 20 辆;

(2)由 2 人共同维护 40 辆。

**分析** 协同作战比独狼行动的可靠性更强,可概括为"1+1>2"。

(1)独狼行动:记 $A_i=\{$第 $i$ 人维护的 20 辆军车中发生故障不能及时维修$\}$,$i=1,2$。设第 1 人维护的 20 辆军车中出故障的辆数为 $X$,则 $X\sim B(20,0.01)$,故

$$P(A_1\bigcup A_2)=1-P(\overline{A_1}\,\overline{A_2})=1-P(\overline{A_1})^2 \tag{2.23}$$

而

$$P(\overline{A_1})=P\{X\leqslant 1\}=P\{X=0\}+P\{X=1\}$$
$$=0.99^{20}+20\times 0.01\times 0.99^{19}\approx 0.9831$$

故

$$P(A_1\bigcup A_2)\approx 1-0.9831^2\approx 0.04973 \tag{2.24}$$

(2)协同作战:以 $Y$ 表示 40 辆军车中同一时刻发生故障的辆数,则 $Y\sim B(40,0.01)$,故 40 辆军车中发生故障而不能及时维修的概率为

$$P\{Y\geqslant 3\}=1-P\{Y\leqslant 2\}=1-\sum_{k=0}^{2}C_{40}^k\times 0.01^k\times 0.99^{40-k}\approx 0.003123 \tag{2.25}$$

---

**仿真计算 2.5**

```
close all,clear,clc,format long,p = 0.01,n = 20,k = 3;P1 = 1-binocdf(1,n,p)^k,P2 = 1-binocdf(k,n * k,p)
```

---

### 2.2.7　泊松分布与二项分布的优势

**问题 2.6**　若某城市的人口总数约为 11 万,它的年出生率为 1/80,试计算该城市一年超过 137 人出生的概率。

**分析**　泊松分布相对二项分布的优势有:无须计算组合数 $C_n^k$,可避免计算机存储过大数字时出现的风险,且计算量更小,计算的结果更精确。

利用泊松分布计算概率的依据为泊松定理:设 $\lambda>0$ 为常数,$n$ 是充分大的正整数,且 $n\cdot p_n=\lambda$,则对于任一固定的非负整数 $k$,有

$$C_n^k\cdot p_n^k\cdot (1-p_n)^{n-k}\approx \frac{\lambda^k\cdot e^{-\lambda}}{k!} \tag{2.26}$$

**结论**　仿真的结果如图 2.5 所示,从中可以发现:

(1)若用二项分布律公式求解,会导致计算机发出警告:结果可能不精确,甚至出现结果为无穷大(inf)的情况。

(2)若用泊松分布律公式求解,快捷且精确,计算的概率为 0.5057。

(3)当计算 100 万人城市的出生人口概率问题时,无论是二项分布的分布律公式,还是泊松分布的分布律公式,都会失效,需要进一步用到第 5 章的中心极限定理进行近似计算。

---

**评注 2.3　泊松定理的意义**

(1)当定理中的条件 $np_n=\lambda$ 改为 $\lim\limits_{n\to\infty}n\cdot p_n=\lambda$ 时,约等式仍成立;

(2)当 $n$ 很大时,$p_n$ 必然很小,故计算泊松公式时无须计算 $C_n^k$,这比二项分布的分布律公式的计算更稳健。

仿真计算 2.6

```
close all,p = 1/80,q = 1-p,n = 1.1e4,kmax = n * p;lamb = kmax;
for k = 0:kmax % % 二项分布 % % 泊松分布
pp(k + 1) = nchoosek(n,k) * p^k * q^(n-k);
pp2(k + 1) = exp(-lamb) * lamb^k/factorial(k);end
P = cumsum(pp),P2 = cumsum(pp2),
subplot(211),semilogy(50:5:kmax,P(51:5:end),'- +','linewidth',2),grid on,legend('二项分布',
'Location','south'),xlabel('k,出生人数');set(gca,'fontsize',12),ylabel('P,分布函数')
subplot(212),semilogy(50:5:kmax,P2(51:5:end),'-o','linewidth',2),grid on,legend('泊松分布',
'Location','south'),xlabel('k,出生人数');set(gca,'fontsize',12),ylabel('P,分布函数')
set(gcf,'Position',[100,100,300,400])
binocdf(kmax,n,p),poisscdf(kmax,n * p) % % 用分布函数
normcdf((kmax-n * p)/sqrt(n * p * q),0,1) % % 用中心极限定理
```

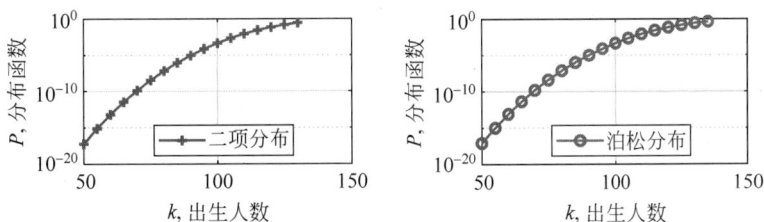

图 2.5　出生人数的概率曲线

# 2.3　连续型随机变量及其密度函数

## 2.3.1　连续型随机变量的密度未必连续

连续型随机变量中的"连续"并非是指密度是连续的,主要是指分布函数是连续的,如在连续型随机变量中,均匀分布和指数分布的密度分别为 $f(x) = \dfrac{1}{b-a}$, $x \in [a,b]$ 和 $f(x) = \lambda e^{-\lambda x}$, $x \geqslant 0$,都不是连续的,如图 2.6 所示。

仿真计算 2.7

```
close all,subplot(211),a = 0;b = 1;x = [a-1:0.01:b + 0.8]; % % 均匀
fx = unifpdf(x,a,b);plot(x,fx,'b-','linewidth',2),hold on
plot([a,b],[1,1],'o','linewidth',1),set(gca,'FontSize',12)
title(['均匀分布密度函数'],'fontsize',12),grid on
subplot(212),a = 1;x = [-1:0.01:b + 1]; % % 指数
fx = exppdf(x,a);plot(x,fx,'b-','linewidth',2),hold on
plot(0,1,'o','linewidth',1),set(gca,'FontSize',12)
title(['指数分布密度函数'],'fontsize',12),grid on
set(gcf,'Position',[100,100,300,300])
```

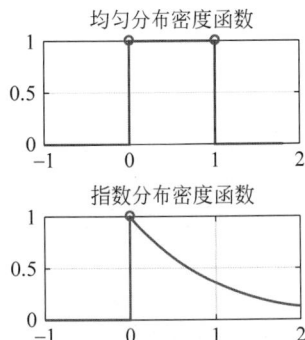

图 2.6　均匀分布和指数分布的密度

## 2.3.2 分布函数连续未必对应连续型

**评注 2.4 分布的分类**

任何分布必然是 4 种分布类型中的一种,而且不能同时归属于两种类型,4 种分布类型包括离散型、连续型、混合型、奇异型。前 3 种分布类型是常规的,第 4 种分布类型的相关例子可参考数学专业的专业课程"实变函数"等[11]。

$$\overbrace{\text{离散型 \quad 连续型 \quad 混合型 \quad 奇异型}}^{\text{分布类型}} \tag{2.27}$$

分布函数连续并不能保证随机变量是连续的。如图 2.7 所示,康托(Cantor)集从 $C_0 = [0,1]$ 开始,$C_n$ 中每个区间分割成 3 段,去掉中段,保留左右两段记为 $C_{n+1}$。

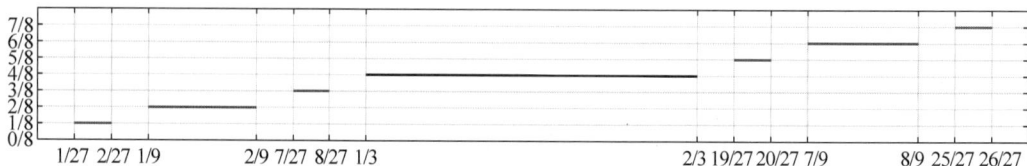

**图 2.7 康托分布的区间示意图**

在康托集 $C_n$ 的补集上定义分布函数 $F(x)$,其实质为分段常值函数,如下:

$$1/2, x \in [1/3,2/3] ; \begin{cases} 1/4, x \in [1/9,2/9] \\ 3/4, x \in [7/9,8/9] \end{cases} ; \begin{cases} 1/8, x \in [1/27,2/27] \\ 3/8, x \in [7/27,8/27] \\ 5/8, x \in [19/27,20/27] \\ 7/8, x \in [25/27,26/27] \end{cases} \tag{2.28}$$

$F(x)$ 对应的分布具有以下性质:

(1)分布函数是一致连续的,令 $x,y \in [0,1]$,因为 $C_n$ 中每个区间的长度是 $1/3^n$,所以对任意 $\varepsilon > 0$,只要 $n$ 足够大就有 $1/2^n < \varepsilon$,取 $\delta = 1/3^n$,$0 < x - y < \delta$,若 $x,y$ 在同一个区间,则 $F(x) - F(y) = 0$,否则只要令 $n$ 足够大,就有 $|F(x) - F(y)| \leqslant 1/2^n < \varepsilon$,所以 $F(x)$ 是一致连续的;

(2)分布函数的导数几乎处处为 0,不满足积分规范性,所以不属于连续型分布;

(3)分布函数在任意点上的概率 $P\{X = x_0\} = 0$,所以不属于离散型分布;

(4)由(2)和(3)可知康托分布也不属于混合型分布,而属于一种新的分布类型,这种新的分布类型称为奇异型。

**仿真计算 2.8**

```
close all,box on,hold on,grid on,axis([0,1,0,1]),plot([1/3,2/3],ones(2,1)/2,'k','linewidth',2),
plot([1/9,2/9],ones(2,1)/4,'b','linewidth',2),plot([7/9,8/9],3 * ones(2,1)/4,'b','linewidth',2),
plot([1/27,2/27],ones(2,1)/8,'r','linewidth',2),plot([7/27,8/27],3 * ones(2,1)/8,'r','linewidth',2),
plot([19/27,20/27],5 * ones(2,1)/8,'r','linewidth',2),plot([25/27,26/27],7 * ones(2,1)/8,'r','linewidth',
2),set(gca,'FontSize',9),set(gcf,'Position',[100,100,1200,300])
yticks(round([0:7]/8,3)),set(gca,'yticklabel',{'0/8','1/8','2/8','3/8','4/8','5/8','6/8','7/8'})
```

```
xticks([1,2,3,6,7,8,9,18,19,20,21,24,25,26]/27)
set(gca,'xticklabel',{'1/27','2/27','1/9','2/9','7/27','8/27','1/3','2/3','19/27','20/27','7/9','8/9','25/27','
26/27'})
```

### 2.3.3　密度与随机变量的对应关系

对于离散型随机变量而言,分布律和随机变量是一一对应的;但是对于连续型随机变量来说,密度与随机变量可以不是一一对应的。

（1）在单个点上改变密度,其分布函数不改变。如果只在若干离散单点上改变密度函数,可以认为改变前后密度函数几乎处处相等。

（2）几乎处处相等和同分布是两个不同的概念,其中两个随机变量 $X,Y$ 几乎处处相等是指 $P\{X(\omega)=Y(\omega)\}=1$,而同分布函数是指 $P\{X(\omega)\leqslant x\}=P\{Y(\omega)\leqslant x\}$,$\forall x\in\mathbb{R}$。几乎处处相等的随机变量具有相同的分布函数。

（3）从根本上讲,密度和分布都是随机变量的某个属性,不同的随机变量可能有相同的属性。

### 2.3.4　关于电子产品寿命的思考

**问题 2.7**　指数分布的特性表明,若假定电子产品的寿命服从指数分布,则寿命无记忆,即任何时候没有坏的旧产品如同新的产品一样,不影响以后的工作寿命值,这种说法可信吗?

**分析**　为什么新电子产品通常质保 1 年,而二手旧电子产品质保 1 个月? 我们的直觉和社会规则提示我们:电子产品寿命是有记忆的。

但是很多文献认为:电子产品的寿命,就像电话的通话时间、机器的修理时间、营业员为顾客提供服务的时间一样,都服从指数分布。接下来用反证思路,导出几个矛盾点:

（1）矛盾点 1:零寿命密度最大。在任意等长时间区间内,电子产品的寿命在零附近的概率最大,这意味着产品越新越容易报废。因为指数分布的密度函数 $f(x)=\lambda e^{-\lambda x}$ 是严格单调递减的,在 0 处密度最大,为 $f(0)=\lambda$。

（2）矛盾点 2:永远年轻。电子产品的寿命无记忆,通俗地说相当于"永远年轻,长生不老",任何时候旧产品如同新产品一样,不影响以后的工作寿命值。因为 $P\{X>n+n\,|\,X>n\}=P\{X>n\}$,即电子产品在正常使用 $n$ 年的条件下,可再使用 $n$ 年的概率与新产品可使用 $n$ 年的概率是一样的。

（3）矛盾点 3:电子产品没坏意味着没有受到冲击。实际上,推导指数分布的基本假设为:电子产品受到冲击才会坏。记时间 $(0,x]$ 内电子产品受到的冲击次数为 $N_x$,则 $N_x$ 服从冲击强度为 $\lambda$ 的泊松分布,记 $X$ 为寿命,推导过程利用基本假设的逆否命题:电子产品没坏意味着没有受到冲击,即 $P\{X>x\}=P\{N_x=0\}$,所以分布函数为

$$F(x)=P\{X\leqslant x\}=1-P\{X>x\}=1-P\{N_x=0\}=1-e^{-\lambda x}\frac{(\lambda x)^0}{0!} \quad (2.29)$$

求导得密度函数为

$$f(x)=\lambda e^{-\lambda x},x>0 \quad (2.30)$$

---

**评注 2.5　探究"永远年轻"的推理根源**

冲击包括：摔落撞击、暴力挤压、高电压电流冲击、低温高温冲击等。在利用泊松分布推导指数分布的过程中，存疑的环节在"$P\{X>x\}=P\{N_x=0\}$"，该等式意味着"电子产品受冲击才会坏，没坏必然未受到冲击"。然而，这一说法存在明显的不合理之处，主要体现在：

**质疑 1**　电子产品闲置长期不用，即使不受冲击也可能会坏。

**质疑 2**　电子产品受到冲击也可能不会坏，因为冲击有强也有弱。

---

面对这么多矛盾点，我们自然会怀疑：电子产品的寿命真的服从指数分布吗？经过深入分析，我们可得到几个结论：

(1)指数分布形式简单，在普及概率知识的任务中，扮演了重要角色，"永远年轻，长生不老"相关的话题确实可以提高科普的趣味性。

(2)指数分布无记忆，不代表电子产品的寿命无记忆！电子产品的真实寿命分布可能与指数分布存在较大差异。工程实践中常用的寿命分布还有正态分布(normal distribution)和韦伯分布(Weibull distribution)，韦伯分布的密度函数为

$$f(x;\lambda,k)=\lambda k(\lambda x)^{k-1}e^{-(\lambda x)^k},x\geqslant 0$$

其中，$\lambda>0$ 是比例参数(scale parameter)；$k>0$ 是形状参数(shape parameter)。当 $k=1$ 时，它是指数分布；当 $k=2$ 时，它是瑞利分布(Rayleigh distribution)。指数分布、正态分布和韦伯分布的密度曲线如图 2.8 所示，瑞利分布的密度曲线如图 2.9 所示。无论是正态分布还是韦伯分布，都可以回避"零寿命密度最大"和"永远年轻"的逻辑误区。

---

**仿真计算 2.9**

指数分布 $f(x)=e^{-x}$　　　正态分布 $f(x)=\dfrac{1}{\sqrt{2\pi}}e^{-\frac{(x-1)^2}{2}}$　　　韦伯分布 $f(x)=2xe^{-x^2}$

```
close all, box on, hold on, grid on
subplot(131), a = 1; b = 1; x = [-1:0.01:b + 2]; fx = exppdf(x, a);% % 指数
plot(x, fx,'b-', 'linewidth', 2), hold on,grid on, plot(1/a, 0, 'o', 'linewidth', 1)
title(['指数分布密度'], 'fontsize', 12),set(gca,'FontSize',12)
subplot(132), a = 1; x = [-1:0.01:b + 2]; fx = normpdf(x, a, 1);% % 正态
plot(x, fx,'b-', 'linewidth', 2), hold on,grid on, plot(a, 0, 'o', 'linewidth', 1)
title(['正态分布密度'], 'fontsize', 12),set(gca,'FontSize',12)
subplot(133), a = 1; k = 2; x = [-1:0.01:b + 2]; fx = wblpdf(x, a, k);% % 韦伯
plot(x, fx,'b-', 'linewidth', 2), hold on,grid on, plot(gamma(1 + 1/k), 0, 'o', 'linewidth', 2)
title(['韦伯分布密度'], 'fontsize', 12),set(gca,'FontSize',12),set(gcf, 'Position', [100, 100, 800, 200])
```

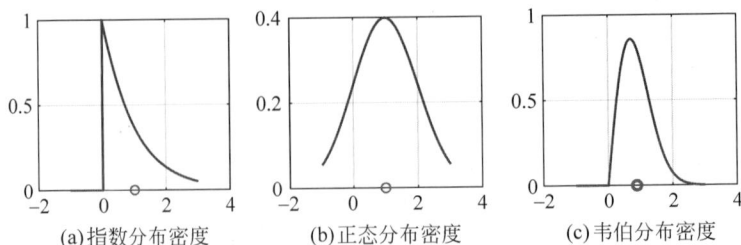

(a)指数分布密度　　　(b)正态分布密度　　　(c)韦伯分布密度

**图 2.8　不同分布的密度曲线**

---

**仿真计算 2.10**

```
clear, clc, closeall, rng(0)
sigma = 5; x = 0:.1:3 * sigma;
y = pdf('rayleigh', x, sigma);
subplot(211), plot(x, y), m = 1;
fori = 1:1000, hold on, grid on
x(i) = random('unif', 0, 3 * sigma);
y(i) = random('unif', 0,.25);
plot(x(i), y(i),'k * ')
if y(i) < = pdf('rayleigh', x(i), sigma);
z(m) = x(i); m = m + 1; plot(x(i), y(i),'r * ')
end, end, title('A:瑞利密度')
subplot(212), hist(z, 20), gridon, title('B:直方图')
```

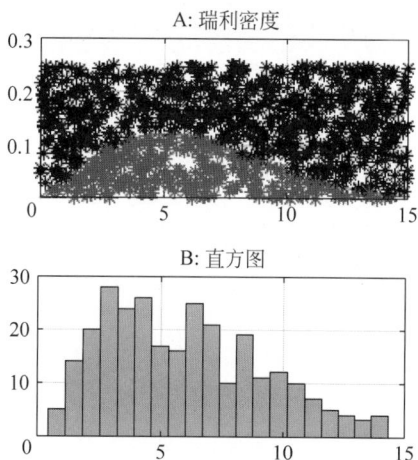

**图 2.9 瑞利分布的密度和直方图**

---

**评注 2.6 "永远年轻,长生不老"引起的反思**

经过多次推敲,某个命题仍无法令人信服,就有必要质疑命题假设的合理性。我当学生时,阅读的大量参考文献都声称电子产品的寿命无记忆,这与我的生活常识格格不入,一度让我怀疑自己的认知:到底是理解有误,还是寿命分布的假设有误? 数理逻辑中的蕴含关系表明:若假设错误,那么任何依赖该假设获得的结论都难以采信,这也是我质疑电子产品"永远年轻,长生不老"和"零寿命密度最大"的逻辑起点。

在前期教学过程中,为了迎合教材的"永远年轻,长生不老"的结论,为了说服学员,更为了安慰自己,我曾列举了大量论据。但是,越论证越心虚,感觉教学效果很差,论证过程也苍白无力。命题无法自洽,内心非常纠结。只有质疑这个结论,努力查找反例,否定"永远年轻"才能自洽。

---

## 2.3.5 零概率事件未必不可能发生

**问题 2.8** 如何证明连续型随机变量在单点集的概率为0?

**分析** 连续型随机变量在任何点上的概率为 0,即 $P\{X=c\}=0$,对于常见的连续型随机变量,如 $[0,1]$ 上的均匀分布,其密度函数为 $f(x)=1, x\in[0,1]$,所以 $\forall c\in[0,1]$,有

$$P\{X=c\}=\lim_{\Delta x\to 0}P\{c\leqslant X\leqslant c+\Delta x\}=\lim_{\Delta x\to 0}\int_c^{c+\Delta x}f(x)\,\mathrm{d}x=\lim_{\Delta x\to 0}\Delta x=0 \quad (2.31)$$

尽管 $\{X=c\}$ 是零概率事件,但不是不可能事件,因为 $\{X=c\}\neq\varnothing$。

对于任意抽象的黎曼(Riemann)可积函数,该结论不是显而易见的,因为可积未必有界,且连续型随机变量的密度可以不连续。严格的证明需用到勒贝格(Lebesgue)积分的绝对连续性。

基本思路如下：闭区间上的黎曼可积函数，必然是勒贝格可积函数，勒贝格可积函数具有绝对连续性，所以黎曼可积函数也具有绝对连续性，因为单点集的测度等于 0，所以单点集的概率为 0。

---

**评注 2.7 "单点集的概率为 0"是否应该成为定义的一部分？**

曾经多次与多位老师交流了这个问题，我们的共同意见如下。

（1）"单点集的概率为 0"的证明不是显而易见的，如果密度不是连续有界的，可能导致论证过程非常繁琐。

（2）从科普视角看，"单点集的概率为 0"可当作连续型随机变量定义的基本条件，这样可有效提高科普的效率。

（3）若要严格论证"单点集的概率为 0"，可参考数学专业课程"实变函数"[11]。该课程对重构逻辑思维有重要的作用，为了便于读者考证该结论的正确性，在此以"可视化"的形式备注了黎曼可积函数、勒贝格可积函数和绝对连续性的定义，如下。

①黎曼可积函数。如图 2.10 所示，曲线与坐标轴所围成的面积 $S$ 被灰色纵向矩形面积 $S_1$ 所覆盖，黑色纵向矩形面积 $S_2$ 又被 $S$ 覆盖，当竖切无限精细时，若 $S_1 = S = S_2$，则称曲线对应的函数是黎曼可积函数。

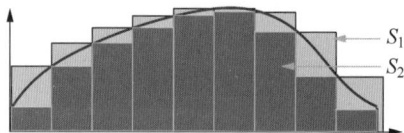

图 2.10　黎曼积分示意图

②勒贝格可积函数。如图 2.11 所示，曲线与坐标轴所围成的面积 $S$ 被灰色横向矩形面积 $S_3$ 所覆盖，黑色横向矩形面积 $S_4$ 又被 $S$ 覆盖，当横切无限精细时，若 $S_3 = S = S_4$，则称曲线对应的函数是勒贝格可积函数。需注意，勒贝格可积函数未必是黎曼可积函数，反例如下：

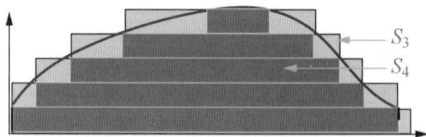

图 2.11　勒贝格积分示意图

**反例**　$f(x) = \begin{cases} 0, x \in \mathbb{Q} \\ 1, x \in [0,1] - \mathbb{Q} \end{cases}$，不是黎曼可积函数，却是勒贝格可积函数。

③绝对连续性。若积分区域足够小，则勒贝格可积函数 $f(x)$ 在这个积分区域上的积分就足够小。这种性质称为绝对连续性，是勒贝格积分的重要特性之一。

---

## 2.3.6　正态分布的仿真

**问题 2.9**　仿真生成 1000 个源于标准正态分布的数据，画出统计直方图。

**分析**　结果参考图 2.12。

**仿真计算 2.11**

```
close all,clear,clc,box on,hold on,grid on,nn = 1:6;
n = 1000,rng(0);X = randn(n,1);
X = sort(X);delta = (X(end)-X(1))/11
result = histogram(X,X(1):delta:X(end))
length = max(result.Values)
[mu,sig] = normfit(X); % fx = ksdensity(XX,x)
fx = normpdf(sort(X),mu,sig) * length * sqrt(2 * pi) * sig
linewidth = 3;plot(sort(X),fx,'b-','linewidth',linewidth)
xlabel('分段'),ylabel('分段频数'),Fontsize = 12;
set(gca,'xtick',(X(1):delta:X(end))),'Fontsize',Fontsize)
set(gca,'FontSize',12),set(gcf,'Position',[100,100,300,300])
```

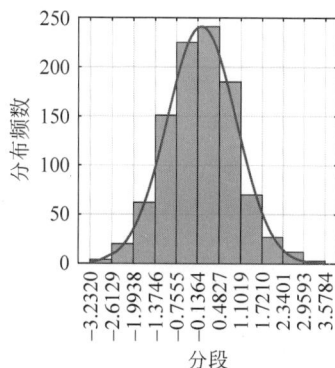

图 2.12　正态分布抽样直方图

## 2.4　分布函数

### 2.4.1　随机变量的分类

如表 2.2 所示,随机变量大致可分为离散型、连续型、混合型和奇异型。

(1)离散型随机变量,其分布函数图形呈阶梯状,常用分布律刻画;

(2)连续型随机变量,其分布函数图形呈连续的"斜坡"曲线,常用密度函数刻画;

(3)混合型随机变量,其分布函数图形既有"阶梯"又有"斜坡",常用分布函数刻画;

(4)除离散型、连续型、混合型以外的随机变量被称为奇异型随机变量,其分布函数一般通过特殊的方法构造而成,如康托分布。

表 2.2　随机变量的分类

| 类型 | 离散型 | 连续型 | 混合型 | 奇异型 |
|---|---|---|---|---|
| 表示 | 分布律 | 密度函数 | 分布函数 | 分布函数 |
| 举例 | 二项分布<br>$C_n^k p^k q^{n-k}$, $n \geqslant k \geqslant 0$ | 标准正态分布<br>$\dfrac{1}{\sqrt{2\pi}}\exp(-x^2/2)$ | 单点分布与 Exp(1)<br>的混合<br>$p+(1-p)(1-e^{-x})$,<br>$x \geqslant 0$ | 康托分布 |
| 分布函数曲线 | | | | |

```
close all,clc,clear
%% 离散型
figure,n = 2,p = .5,x = 0:n;
pk = binopdf(x,n,p),Fx = binocdf(x,n,p),
hold on,grid on,box on,set(gca,'FontSize',15)
Fx_ = Fx-pk;plot(x,Fx_,'ro','linewidth',2)
plot([x(1)-1,x(1)],[0,0],'b-','linewidth',2)
plot([x(1),x(2)],[Fx_(2),Fx_(2)],'b-',
'linewidth',2)
plot([x(2),x(3)],[Fx_(3),Fx_(3)],'b-',
'linewidth',2)
plot([x(3),x(3) + 1],[1,1],'b-','linewidth',2)
set(gca,'xtick',x);set(gca,'ytick',[0 Fx]);
%% 正态
figure,x = [-2:0.01:2];fx = normcdf(x,0,1);
plot(x,fx,'b','linewidth',2),xlim([min(x),max(x)])
hold on,grid on,box on,set(gca,'FontSize',15)
%% 混合型：排队问题
set(gcf,'position',[100 100 200 200]),
figure,x = [0:0.01:5];n = length(x);
fx = [zeros(1,3),x/2,zeros(1,3)]
```

```
lamb = 1;p = 0.5;q = 1-p;
Fx1 = [zeros(1,3) ones(1,n)]
Fx2 = [zeros(1,3) 1-lamb * exp(-lamb * x)]
Fx = p * Fx1 + q * Fx2;x = [-2:1:0,x],n = n + 3;
plot(x(1:3),Fx(1:3),'b-','linewidth',2)
hold on,grid on,box on,set(gca,'FontSize',15)
plot(x(3),Fx(3),'ro','linewidth',2)
plot(x(4:end),Fx(4:end),'b-','linewidth',2)
set(gcf,'position',[100 100 200 200]),
%% 康托分布
box on,hold on,grid on,set(gca,'FontSize',15)
plot([1/3,2/3],ones(2,1)/2,'k','linewidth',2)
plot([1/9,2/9],ones(2,1)/4,'b','linewidth',2),
plot([7/9,8/9],3 * ones(2,1)/4,'b','linewidth',2)
plot([1/27,2/27],ones(2,1)/8,'r','linewidth',2)
plot([7/27,8/27],3 * ones(2,1)/8,'r','linewidth',2)
plot([19/27,20/27],5 * ones(2,1)/8,'r',
'linewidth',2)
plot([25/27,26/27],7 * ones(2,1)/8,'r',
'linewidth',2)
set(gcf,'position',[100 100 200 200])
```

## 2.4.2 几个易混淆的关联概念

分布函数是一个容易被遗忘的概念，缩写为 CDF，全称为 cumulative distribution function，直译为累积分布函数，可发现其容易被遗忘的根源在中文名称中缺失关键字"累积"。对于离散型随机变量而言，累积的意义就是求和，而对于连续型随机变量而言，累积的意义就是积分。

分布函数只是分布的一个侧面，其实质是概率。在概率论中，分布函数(CDF)表示面积大小；密度函数(probability density function，PDF)表示密度强弱；分位数(inverse of cumulative distribution function，ICDF)表示面积对应的右边界点。三者存在"点-线-面"的相互依赖关系，如图 2.13 所示。

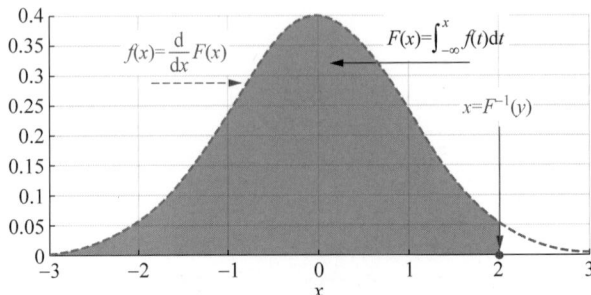

$$f(x)=\frac{\mathrm{d}}{\mathrm{d}x}F(x) \qquad F(x)=\int_{-\infty}^{x}f(t)\mathrm{d}t$$

$$x=F^{-1}(y)$$

图 2.13 正态分布的 ICDF、PDF 和 CDF

（1）点——实心点是分位数（ICDF），分位数是分布函数的反函数，即

$$x = F^{-1}(y)x \tag{2.32}$$

（2）线——虚线是密度函数（PDF），密度函数是分布函数的导数，即

$$f(x) = \mathrm{d}F(x)/\mathrm{d}x \tag{2.33}$$

（3）面——阴影面是分布函数（CDF），分布函数是密度函数的定积分，即

$$F(x) = \int_{-\infty}^{x} f(t)\,\mathrm{d}t \tag{2.34}$$

## 2.4.3　作训后勤线路选择问题

**评注 2.8　教学能手比赛案例——作训后勤线路选择**

车队选择运送后勤补给最优路线的依据是正态分布的分布公式，路途最短路线未必是最优的路线。

---

**问题 2.10**　在野外作训中，车队运送后勤补给时有两条路线可供选择：市区路线 I，路程较短但交通拥堵，用时满足 $X \sim N(50,10^2)$；市郊路线 II，路程较远但交通顺畅，用时满足 $Y \sim N(60,4^2)$。

（1）若有 70 分钟可用，为保证尽可能不超时，应走哪条路线？

（2）若有 65 分钟可用，为保证尽可能不超时，应走哪条路线？

**分析**　当 $z_0 = 70$ 或 65 时，记两条线路的准点概率分别为 $P_I$ 或 $P_{II}$，则

$$P_I = P\{X \leqslant z_0\} = F_X(z_0) = \int_{-\infty}^{z_0} \frac{1}{\sqrt{2\pi}\,10} \mathrm{e}^{-\frac{(z-50)^2}{2 \times 10^2}} \mathrm{d}z \tag{2.35}$$

$$P_{II} = P\{Y \leqslant z_0\} = F_Y(z_0) = \int_{-\infty}^{z_0} \frac{1}{\sqrt{2\pi}\,4} \mathrm{e}^{-\frac{(z-60)^2}{2 \times 4^2}} \mathrm{d}z \tag{2.36}$$

对应任意正态分布，准点概率为

$$F(x) = \int_{-\infty}^{x} \frac{1}{\sqrt{2\pi}\,\sigma} \mathrm{e}^{-\frac{(t-\mu)^2}{2\sigma^2}} \mathrm{d}t = \Phi\left(\frac{x-\mu}{\sigma}\right) \tag{2.37}$$

（1）若有 70 分钟可用，路线 I 的准点概率为

$$P_I = P\{X \leqslant 70\} = \Phi\left(\frac{70-50}{10}\right) = \Phi(2) = 0.9772$$

路线 II 的准点概率为

$$P_{II} = P\{Y \leqslant 70\} = \Phi\left(\frac{70-60}{4}\right) = \Phi(2.5) = 0.9938$$

因此，应走第二条路线。

（2）若有 65 分钟可用，路线 I 的准点概率为

$$P_I = P\{X \leqslant 65\} = \Phi\left(\frac{65-50}{10}\right) = \Phi(1.5) = 0.9332$$

路线 II 的准点概率为

$$P_{II} = P\{Y \leqslant 65\} = \Phi\left(\frac{65-60}{4}\right) = \Phi(1.25) = 0.8944$$

因此，应走第一条路线。

到底是选择路程短但交通拥堵的市区路线,还是选择路程远但交通顺畅的市郊路线,要视具体情况而定。情况不同,选择就可能不同。

(1)常规思路是:如果时间充裕就选择短途拥堵路段(为了节省费用),如果时间紧张就选择长途不拥堵路段(为了节省时间)。

(2)理性分析表明:长途不拥堵路段也可能有拥堵风险,只不过风险更小。如果时间极度紧张,不妨选择短途拥堵路段,因为运气好的时候,距离短的路段也可能不拥堵,反而可能使车队更早到达目的地,实现时间短、费用少的双重目标。

### 2.4.4 协同作战等待时长的分布类型

**问题 2.11** 设战斗部队到达河岸后等待过桥的时间为随机变量 $X$,舟桥连是否搭好桥为随机变量 $Y$。

(1)若舟桥连已搭好桥,战斗部队直接过桥。舟桥连已搭好桥的概率为 $p$,求 $Y$ 的分布律。

(2)若舟桥连未搭好桥,战斗部队等待过桥,等待时间 $X$ 服从参数为 $\lambda$ 的指数分布,写出指数分布的密度函数。

(3)随机变量 $X$ 是否为离散型?是否为连续型?如何从整体上刻画 $X$ 的概率特性?

**分析** 等待时长的分布实质是单点分布与指数分布的混合分布,如图 2.14 所示。

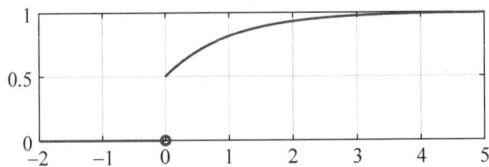

**图 2.14 协同作战的分布函数**

设 $B=\{$已搭好桥$\}$,$\overline{B}=\{$未搭好桥$\}$,$A=\{X\leqslant x\}$。

(1)$Y$ 服从两点分布,分布律为

$$P(B)=p,P(\overline{B})=1-p \tag{2.38}$$

(2)当 $\overline{B}$ 成立时,$X$ 的密度函数为

$$f(x)=\lambda \mathrm{e}^{-\lambda x},x\geqslant 0 \tag{2.39}$$

(3)随机变量 $X$ 既不是离散型也不是连续型,而是混合型,服从单点分布与指数分布的混合分布。

①若 $x<0$,则

$$F(x)=P(A)=0$$

②若 $x=0$,则

$$F(x)=P(A)=P(AB)=P(B)=p$$

③若 $x>0$,由密度函数的定义得

$$P(A\mid\overline{B})=P\{0<X\leqslant x\}=\int_{-\infty}^{x}\lambda \mathrm{e}^{-\lambda t}\mathrm{d}t=1-\mathrm{e}^{-\lambda x}$$

当 $x \geqslant 0$ 时，$A|B$ 是必然事件，$P(A|B)=1$，且 $P(A|\overline{B})=P\{0<X\leqslant x\}$，从而得出

$$F(x)=P(A)=P(A\mid B)P(B)+P(A\mid\overline{B})P(\overline{B})$$
$$=1\times p+(1-\mathrm{e}^{-\lambda x})\times(1-p)$$

综上，可得

$$F(x)=\begin{cases}0, x<0 \\ p+(1-p)(1-\mathrm{e}^{-\lambda x}), x\geqslant 0\end{cases} \tag{2.40}$$

### 2.4.5 混合高斯分布属于混合分布吗

混合高斯分布也称为混合正态分布，但它既不是混合分布，也不是高斯分布。

(1) 随机变量大致可分为离散型、连续型、混合型和奇异型，混合正态分布属于连续型。

(2) 混合正态分布的密度函数是多个高斯分布的密度函数的加权平均，通常有多个峰，不具备高斯分布的单峰特性。

**案例 2.2** 分析两种收信机收到信号的密度函数差异。

(1) 收信机接收到的信号要么是正常信号，要么是干扰信号，两者出现的概率分别为 $p$ 和 $q=1-p$。正常信号满足 $X_1\sim N(\mu_1,\sigma_1^2)$，干扰信号满足 $X_2\sim N(\mu_2,\sigma_2^2)$。试求收信机接收到的信号 $X$ 的概率分布。

(2) 收信机接收到的信号同时包含了正常信号和干扰信号，且正常信号和干扰信号相互独立，强度占比为 $p:q$。正常信号满足 $X_1\sim N(\mu_1,\sigma_1^2)$，干扰信号满足 $X_2\sim N(\mu_2,\sigma_2^2)$。试求收信机接收到的信号 $X$ 的概率分布。

**分析** (1) 设收信机接收到信号 $X$ 的分布函数为 $F(x)$，则由全概率公式有

$$F(x)=P\{X\leqslant x\mid X=X_1\}\cdot P\{X=X_1\}+P\{X\leqslant x\mid X=X_2\}\cdot P\{X=X_2\}$$
$$=p\int_{-\infty}^{x}f_1(t;\mu_1,\sigma_1^2)\mathrm{d}t+q\int_{-\infty}^{x}f_2(t;\mu_2,\sigma_2^2)\mathrm{d}t$$

求导得 $X$ 的密度函数为

$$f(x)=p\cdot f_1(x;\mu_1,\sigma_1^2)+q\cdot f_2(x;\mu_2,\sigma_2^2) \tag{2.41}$$

则有

$$f(x)=p\frac{1}{\sqrt{2\pi}\sigma_1}\mathrm{e}^{\frac{(x-\mu_1)^2}{2\sigma_1^2}}+q\frac{1}{\sqrt{2\pi}\sigma_2}\mathrm{e}^{\frac{(x-\mu_2)^2}{2\sigma_2^2}} \tag{2.42}$$

显然，混合正态分布的密度函数是两个正态密度函数的凸线性组合，其密度曲线一般呈双峰结构（参考表 2.3）。

(2) 设收信机接收到的信号为 $X$，则有

$$X=p\cdot X_1+q\cdot X_2 \tag{2.43}$$

设 $\mu=p\mu_1+q\mu_2$，$\sigma^2=p^2\sigma_1^2+q^2\sigma_2^2$，利用第 3 章中的卷积公式可得 $X$ 的密度函数：

$$f(x)=\frac{1}{\sqrt{2\pi}\sigma}\mathrm{e}^{\frac{(x-\mu)^2}{2\sigma^2}} \tag{2.44}$$

显然，两个独立的正态随机变量的线性组合必然服从正态分布，其密度曲线呈单峰结构。

结论：一般来说混合正态分布的密度曲线比较平缓，为多峰结构；正态分布线性组合的密度曲线比较陡峭，为单峰结构（参考表 2.3）。

表 2.3　混合正态分布与正态分布线性组合

| 类型 | 正态分布 $X_1$ | 正态分布 $X_2$ | 混合正态分布 $X$ | 正态分布线性组合 $X$ |
|---|---|---|---|---|
| 密度 | $\dfrac{1}{\sqrt{2\pi}\sigma_1}e^{\frac{(x-\mu_1)^2}{2\sigma_1^2}}$ | $\dfrac{1}{\sqrt{2\pi}\sigma_2}e^{\frac{(x-\mu_2)^2}{2\sigma_2^2}}$ | $p\cdot f_1(x)+q\cdot f_2(x)$ | $\dfrac{1}{\sqrt{2\pi}\sigma}e^{\frac{(x-\mu)^2}{2\sigma^2}}$ |
| 曲线 | | | | |

## 仿真计算 2.12

```
close all,u1 = -2,s1 = 1,u2 = 2,s2 = 1,p = .5,
q = 1-p;
u = p * u1 + q * u2,s = p^2 * s1 + q^2 * s2,x =
[-8:0.01:8]
figure,f1 = normpdf(x,u1,s1);
plot(x,f1,'b','linewidth',2),ylim([.01,.8])
hold on,grid on,box on,set(gca,'FontSize',12)
figure,f2 = normpdf(x,u2,s2);
plot(x,f2,'b','linewidth',2),ylim([.01,.8])
hold on,grid on,box on,set(gca,'FontSize',12),
set(gcf,'position',[100 100 200 200]),
```

```
u1 = -2,s1 = 1,u2 = 2,s2 = 1,p = .5,q = 1-p;
u = p * u1 + q * u2,s = p^2 * s1 + q^2 * s2,x =
[-8:0.01:8]
figure,f11 = p * f1 + q * f2;
plot(x,f11,'b','linewidth',2),ylim([.01,.8])
hold on,grid on,box on,set(gca,'FontSize',12)
set(gcf,'position',[100 100 200 200]),
figure,f2 = normpdf(x,u,s);
plot(x,f2,'b','linewidth',2),ylim([.01,.8])
hold on,grid on,box on,set(gca,'FontSize',12)
set(gcf,'position',[100 100 200 200])
```

## 评注 2.10　分布函数是否可分解是判断是否为混合正态分布的关键

(1)给定混合正态分布的密度函数 $f(x)$,它可唯一地分解为 $f(x)=p\cdot f_1(x)+q\cdot f_2(x)$。首先 $f(x)$ 可分解为两个指数函数之和,$f(x)=g_1(x)+g_2(x)$;继而依据 $g_1(x)$ 找到 $X_1$ 的参数 $(\mu_1,\sigma_1^2)$,同理依据 $g_2(x)$ 找到 $X_2$ 的参数 $(\mu_2,\sigma_2^2)$;最后结合 $g_1(x)$ 的系数获得参数 $p,q$。

(2)给定正态分布线性组合的密度函数 $f(x)$,它无法分解为唯一的表达形式 $X=p\cdot X_1+q\cdot X_2$。例如,若 $X\sim N(0,0.5)$,则可分解为 $X=0.5\times X_1+0.5\times X_2$,其中 $X_1\sim N(0,1)$,$X_2\sim N(0,1)$,也可分解为 $X=0.25\times X_3+0.75\times X_4$,其中 $X_3\sim N(0,1)$,$X_4\sim N(0,7/9)$。

## 2.4.6　混合分布是连续分布与离散分布的加权平均吗

给定混合分布的分布函数 $F(x)$,它可唯一地分解为
$$F(x)=c_1\cdot F_1(x)+c_2\cdot F_2(x)$$
其中,$F_1(x)$ 为离散型随机变量的分布函数;$F_2(x)$ 为连续型随机变量的分布函数;$c_1$ 和 $c_2$ 是对应的混合系数。分解算法包括 3 个阶段:画图处理—离散处理—连续处理。

**评注 2.11　分解算法包括 3 个阶段,8 个步骤**

| 阶段 1 画图处理 | 步骤 1 | 依据 $F(x)$ 刻画分布函数曲线; |
| --- | --- | --- |
| | 步骤 2 | 找到阶跃点 $x_1,\cdots,x_n$ 和阶跃量 $b_1,\cdots,b_n$。 |
| 阶段 2 离散处理 | 步骤 3 | 计算 $c_1,c_1$ 为最大阶跃点对应的累积阶跃,即 $c_1=b_1+\cdots+b_n$; |
| | 步骤 4 | 计算分布律 $p_k,p_1=b_1/c_1,\cdots,p_n=b_n/c_1$; |
| | 步骤 5 | 计算离散分布函数:$F_1(x)=s(x-x_1)p_1+\cdots+s(x-x_n)p_n$。 |
| 阶段 3 连续处理 | 步骤 6 | 计算 $c_2,c_2=1-c_1$; |
| | 步骤 7 | 计算密度 $f(x)$,若 $x$ 为连续点,则密度 $f(x)=F'(x)/c_2$; |
| | 步骤 8 | 计算连续分布函数 $F_2(x)$:$F_2(x)=\int_{-\infty}^{x} f(t)\mathrm{d}t$。 |

　　**例 2.1**　将协同作战等待时长的分布函数 $F(x)$ 分解为离散型随机变量的分布函数 $F_1(x)$ 与连续型随机变量的分布函数 $F_2(x)$ 的组合,其中 $F(x)$ 表达式为

$$F(x)=\begin{cases}0,x<0\\p+(1-p)(1-\mathrm{e}^{-\lambda x}),x\geqslant 0\end{cases}\tag{2.45}$$

**分析**

| 步骤 1 | 依据 $F(x)$ 刻画分布函数曲线,如图 2.15 所示; |
| --- | --- |
| 步骤 2 | 找到阶跃点 $x_1=0$,阶跃量 $b_1=p$。 |
| 步骤 3 | 计算 $c_1,c_1=b_1=p$; |
| 步骤 4 | 计算分布律 $p_k,p_1=b_1/c_1=1$,对应的分布为单点分布; |
| 步骤 5 | 计算离散分布函数 $F_1(x)$:$F_1(x)=s(x-x_1)p_1=s(x)$。 |
| 步骤 6 | 计算 $c_2,c_2=1-c_1$; |
| 步骤 7 | 计算密度 $f(x)$,$f(x)=F'(x)/c_2=\lambda\mathrm{e}^{-\lambda x},x\geqslant 0$; |
| 步骤 8 | 计算连续分布函数 $F_2(x)$:$F_2(x)=\int_{-\infty}^{x} f(t)\,\mathrm{d}t=1-\mathrm{e}^{-\lambda x},x\geqslant 0$。 |

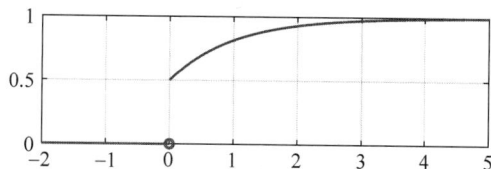

**图 2.15　混合分布的分布函数(例 2.1)**

　　**例 2.2**　将混合分布函数 $F(x)$ 分解为离散型随机变量的分布函数 $F_1(x)$ 与连续型随机变量的分布函数 $F_2(x)$ 的组合,其中 $F(x)$ 表达式为

$$F(x)=\begin{cases}\mathrm{e}^x/5,&x<0\\11/25&0\leqslant x<1\\1-\mathrm{e}^{1-x}/5,&x\geqslant 1\end{cases}\tag{2.46}$$

**分析**

步骤 **1** 依据 $F(x)$ 刻画分布函数曲线,如图 2.16 所示;

步骤 **2** 找到阶跃点 $x_1 = 0, x_2 = 1$,阶跃量 $b_1 = 6/25, b_2 = 9/25$。

步骤 **3** 计算 $c_1$,$c_1 = b_1 + b_2 = 15/25$;

步骤 **4** 计算分布律 $p_k$,$p_1 = b_1/c_1 = 2/5, p_2 = b_2/c_1 = 3/5$,对应两点分布;

步骤 **5** 计算离散分布函数 $F_1(x)$:

$$F_1(x) = s(x - x_1) p_1 + s(x - x_2) p_2 = s(x) \frac{2}{5} + s(x - 1) \frac{3}{5} \tag{2.47}$$

步骤 **6** 计算 $c_2$,$c_2 = 1 - c_1 = 10/25 = 2/5$;

步骤 **7** 计算密度 $f(x)$:

$$f(x) = F'(x)/c_2 = \begin{cases} e^x/2, & x < 0 \\ 0, & 0 \leqslant x < 1 \\ e^{1-x}/2, & x \geqslant 1 \end{cases} \tag{2.48}$$

步骤 **8** 计算连续分布函数 $F_2(x)$:

$$F_2(x) = \int_{-\infty}^{x} f(t)\,\mathrm{d}t = \begin{cases} e^x/2, & x < 0 \\ 1/2, & 0 \leqslant x < 1 \\ 1 - e^{1-x}/2, & x \geqslant 1 \end{cases} \tag{2.49}$$

---

**仿真计算 2.13**

```
close all,clear,clc
X1 = -1:0.01:0;X2 = 0:0.01:1;X3 = 1:0.01:2;
plot(X1,exp(X1)/5,'Linewidth',2)
hold on,grid on,box on,set(gca,'FontSize',12)
plot(X2,ones(size(X2)) * 11/25,'Linewidth',2)
plot(X3,1-exp(1-X3)/5,'Linewidth',2)
plot(X1(end),exp(X1(end))/5,'bo','Linewidth',2)
plot(X2(end),11/25,'bo','Linewidth',2)
set(gcf,'position',[100 100 300 300]), xlabel('x'), ylabel('F(x)')
```

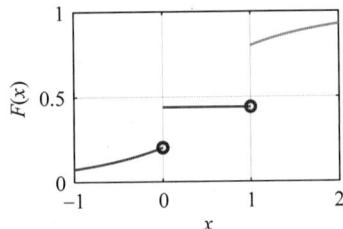

图 2.16 混合分布的分布函数(例 2.2)

# 2.5 随机变量函数的分布

## 2.5.1 连续型随机变量的函数未必是连续型

问题 **2.12** 离散型随机变量的函数还是离散型随机变量,但是连续型随机变量的函数未必是连续型随机变量。如 $X \sim U[0,1]$,则下列随机变量 $Y$ 是离散的:

$$Y = \begin{cases} 0, 0 < X \leqslant 0.25 \\ 1, 0.25 < X \leqslant 0.75 \\ 2, 0.75 < X < 1 \end{cases} \tag{2.50}$$

试求它的分布律。

**分析**　因随机变量 $X \sim U(0,1)$，故 $P\{Y=0\}=P\{0<X \leqslant 0.25\}=0.25$；$P\{Y=1\}=$ $P\{0.25<X \leqslant 0.75\}=0.50$；$P\{Y=2\}=P\{0.75<X<1\}=0.25$。

综上，可得 $Y$ 的分布律为

$$\begin{array}{cccc} Y & 0 & 1 & 2 \\ p_k & 0.25 & 0.5 & 0.25 \end{array} \tag{2.51}$$

## 2.5.2　不同随机变量的函数可能服从相同分布

**问题 2.13**　证明下面两个不同的随机变量 $X_1$、$X_2$ 的函数变成了相同的随机变量 $Y_1$、$Y_2$。

(1)设 $X_1 \sim U(0,1)$，$Y_1 = X_1^2$；

(2)设 $X_2 \sim U(-1,1)$，$Y_2 = X_2^2$；

**分析**　(1)记 $y=x^2$，则

①求 $y=g(x)$ 的值域：

$$[\alpha,\beta]=[0,1] \tag{2.52}$$

②求反函数：

$$x=h(y)=\sqrt{y} \tag{2.53}$$

③求导数：

$$h'(y)=\frac{1}{2\sqrt{y}} \tag{2.54}$$

④写密度函数：

$$f_{Y_1}(y)=\frac{1}{2\sqrt{y}}, \quad 0 \leqslant y < 1 \tag{2.55}$$

(2)记 $y=x^2$，则

①求 $y=g(x)$ 的值域：

$$[\alpha,\beta]=[0,1] \tag{2.56}$$

②求反函数：

$$x=h_1(y)=\sqrt{y}, \quad x=h_2(y)=-\sqrt{y} \tag{2.57}$$

③求导数：

$$h_1'(y)=\frac{1}{2\sqrt{y}}, \quad |h_2'(y)|=\frac{1}{2\sqrt{y}} \tag{2.58}$$

④求密度函数：

$$f_{Y_2}(y)=\frac{1}{2} \times \frac{1}{2\sqrt{y}}+\frac{1}{2} \times \frac{1}{2\sqrt{y}}=\frac{1}{2\sqrt{y}}, \quad 0 \leqslant y < 1 \tag{2.59}$$

综上可知，尽管 $X_1$ 和 $X_2$ 是不同的随机变量，但它们的函数 $Y_1=X_1^2$ 和 $Y_2=X_2^2$ 具有相同的密度函数，是相同的随机变量，这就证明了不同的随机变量的函数可成为相同的随机变量。

# 第3章

# 多维随机变量

## 3.1　二维离散型随机变量

### 3.1.1　二维离散型随机变量的典型案例

**案例 3.1**　在射击游戏中,参加游戏的人先掷一次骰子,若出现点数为 $X$,则射击 $X$ 次。设甲击中目标的概率为 $p$,记击中目标的次数为 $Y$。求 $(X,Y)$ 的分布律。

**分析**　联合分布律综合反映了射手的"射击技术"和"骰子运气"。

**第 1 步**　确定一维随机变量的样本空间。

① $X$ 的取值范围是:$1 \sim 6$;② $Y$ 的取值范围是:$0,1,2,\cdots,X$。

**第 2 步**　计算条件发生的概率和条件概率。

(1)条件发生的概率为

$$P\{X=i\}=1/6, \quad i=1,2,\cdots,6 \tag{3.1}$$

(2)条件概率为

$$P\{Y=j \mid X=i\}=C_i^j p^j (1-p)^{i-j}, \quad q=1-p; j=0,1,2,\cdots,i$$

**第 3 步**　计算联合分布律。

若记 $a=1/6$,则对于 $j \leqslant i, i=1,2,\cdots,6$,有

$$p_{ij}=P\{X=i,Y=j\}=P\{Y=j \mid X=i\}P\{X=i\}=a \cdot C_i^j p^j q^{i-j} \tag{3.2}$$

联合分布律的具体形式如表 3.1 所示。

表 3.1　联合分布律表(射击游戏)

| Y | X | | | | | |
|---|---|---|---|---|---|---|
| | 1 | 2 | 3 | 4 | 5 | 6 |
| 0 | $aC_1^0 p^0 q^1$ | $aC_2^0 p^0 q^2$ | $aC_3^0 p^0 q^3$ | $aC_4^0 p^0 q^4$ | $aC_5^0 p^0 q^5$ | $aC_6^0 p^0 q^6$ |
| 1 | $aC_1^1 p^1 q^0$ | $aC_2^1 p^1 q^1$ | $aC_3^1 p^1 q^2$ | $aC_4^1 p^1 q^3$ | $aC_5^1 p^1 q^4$ | $aC_6^1 p^1 q^5$ |
| 2 | 0 | $aC_2^2 p^2 q^0$ | $aC_3^2 p^2 q^1$ | $aC_4^2 p^2 q^2$ | $aC_5^2 p^2 q^3$ | $aC_6^2 p^2 q^4$ |

| Y | X | | | | | |
|---|---|---|---|---|---|---|
| | 1 | 2 | 3 | 4 | 5 | 6 |
| 3 | 0 | 0 | $a\mathrm{C}_3^3 p^3 q^0$ | $a\mathrm{C}_4^3 p^3 q^1$ | $a\mathrm{C}_5^3 p^3 q^2$ | $a\mathrm{C}_6^3 p^3 q^3$ |
| 4 | 0 | 0 | 0 | $a\mathrm{C}_4^4 p^4 q^0$ | $a\mathrm{C}_5^4 p^4 q^1$ | $a\mathrm{C}_6^4 p^4 q^2$ |
| 5 | 0 | 0 | 0 | 0 | $a\mathrm{C}_5^5 p^5 q^0$ | $a\mathrm{C}_6^5 p^5 q^1$ |
| 6 | 0 | 0 | 0 | 0 | 0 | $a\mathrm{C}_6^6 p^6 q^0$ |

## 3.1.2　二维离散型随机变量的典型分析思路

**问题 3.1**　设随机变量 $X_i \sim \begin{pmatrix} -1 & 0 & 1 \\ 1/4 & 1/2 & 1/4 \end{pmatrix}$ $(i=1,2)$，且满足 $P\{X_1 X_2 = 0\} = 1$，则 $P\{X_1 = X_2\} = (\quad)$。

　　(A)0　　　　(B)1/4　　　　(C)1/2　　　　(D)1

　　**分析**　需注意 $X_1, X_2$ 同分布未必独立。因为 $P\{X_1 X_2 = 0\} = 1$，所以 $P\{X_1 X_2 \neq 0\} = 0$，由此可列出如表 3.2 所示的联合分布律表。

　　(1)在联合分布律表中，表 3.2 中注明"①"的位置概率全为 0，即
$$P\{X_1 = -1, X_2 = -1\} = P\{X_1 = -1, X_2 = 1\} = 0$$
$$P\{X_1 = 1, X_2 = -1\} = P\{X_1 = 1, X_2 = 1\} = 0$$

　　(2)依据全概率公式，表 3.2 中注明"②"的位置概率为
$$P\{X_1 = -1, X_2 = 0\} = P\{X_1 = 0, X_2 = -1\} = 1/4$$
$$P\{X_1 = 1, X_2 = 0\} = P\{X_1 = 0, X_2 = 1\} = 1/4$$

　　(3)依据规范性，表 3.2 中注明"③"的位置概率为
$$P\{X_1 = 0, X_2 = 0\} = 0$$

综上，可得 $P\{X_1 = X_2\} = 0$，故选 A。

**表 3.2　联合分布律表的填表顺序**

| $X_2$ | $X_1$ | | | |
|---|---|---|---|---|
| | $-1$ | 0 | 1 | $p_{\cdot j}$ |
| $-1$ | ① | ② | ① | 1/4 |
| 0 | ② | ③ | ② | 1/2 |
| 1 | ① | ② | ① | 1/4 |
| $p_{i \cdot}$ | 1/4 | 1/2 | 1/4 | — |

# 3.2　二维连续型随机变量

## 3.2.1　二维连续型随机变量的典型案例

　　**问题 3.2**　如图 3.1 所示，设二维连续型随机变量 $(X, Y)$ 服从单位圆域 $G = \{(x, y) \mid x^2 + y^2 \leqslant 1\}$ 上的均匀分布，求其联合密度函数，并计算概率 $P\{X \leqslant Y - 1\}$。

**仿真计算 3.1**

```
close all,left = -1.2;right = 1.2;up = 1.2;down = -1.2;
a_right = 0.05;a_up = a_right * (up-down)/(right-left);
plot([left,right],[0,0],'k-'),grid on,hold on
plot([right-a_right,right,right-a_right],[a_up,0,-a_up],'k-')
plot([0,0],[up,down],'k-')
plot([-a_right,0,a_right],[up-a_up,up,up-a_up],'k-')
theta = 0:0.01:2 * pi;x = cos(theta);y = sin(theta);n =
round(length(y)/4);
plot(x,y,'k-'),plot([-1.5,0.5],[-1.5,0.5] + 1,'k-')
H_pa = patch([x(n:2 * n)],[y(n:2 * n)],[0 0 0]);
set(H_pa,'EdgeColor',[0,0,1],'EdgeAlpha',1,'FaceAlpha',0.7),
set(gcf,'Position',[100 100 330 300]),
syms x,int(sqrt(1 - x^2) - x - 1, -1,0)/pi
```

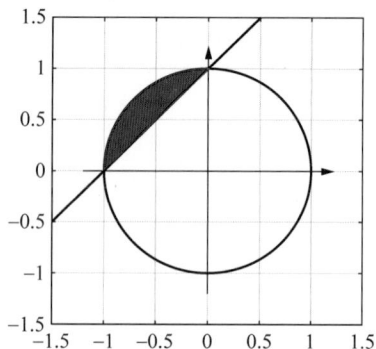

**图 3.1　圆上均匀分布**

**分析**　二维连续型随机变量的典型困难在刻画非零密度的上边界-下边界-左边界-右边界。随机变量 $(X,Y)$ 的联合密度函数为

$$f(x,y) = \frac{1}{\pi}, x^2 + y^2 \leqslant 1 \tag{3.3}$$

**方法一**　利用几何概型。如图 3.1 所示,依据几何概型公式有

$$P\{X \leqslant Y-1\} = \frac{\text{面积(阴影)}}{\text{面积(圆)}} = \frac{1}{\pi}\left(\frac{\pi}{4} - \frac{1}{2}\right) = \frac{\pi-2}{4\pi} \tag{3.4}$$

**方法二**　利用积分公式。如图 3.1 所示,阴影面的上边界为 $\sqrt{1-x^2}$,下边界为 $x+1$,经变换得

$$P\{X \leqslant Y-1\} = \int_{X \leqslant Y-1} f(x,y)\,dx\,dy = \int_{-1}^{0} \int_{x+1}^{\sqrt{1-x^2}} \frac{1}{\pi}dx\,dy$$

$$= \frac{1}{\pi}\int_{-1}^{0} \sqrt{1-x^2} - x - 1\,dx = \frac{1}{\pi}\left(\frac{\pi}{4} - \frac{1}{2}\right) \tag{3.5}$$

### 3.2.2　二维连续型随机变量的典型分析思路

**问题 3.3**　设 $(X,Y)$ 的概率密度为

$$f(x,y) = ke^{-(2x+y)}, x > 0, y > 0 \tag{3.6}$$

试确定常数 $k$,并计算概率 $P\{Y \leqslant X\}$。

**分析**　依据概率密度的规范性可知 $k=2$,实际上有

$$1 = k\int_{0}^{+\infty}\int_{0}^{+\infty} e^{-(2x+y)}\,dx\,dy = k\int_{0}^{+\infty} e^{-2x}\,dx \cdot \int_{0}^{+\infty} e^{-y}\,dy = \frac{k}{2} \tag{3.7}$$

另外,如图 3.2 所示,有

$$P\{Y \leqslant X\} = \iint_{D} f(x,y)\,dx\,dy = \int_{0}^{+\infty}\int_{0}^{x} 2e^{-(2x+y)}\,dy\,dx = \int_{0}^{+\infty} 2e^{-2x}\int_{0}^{x} e^{-y}\,dy\,dx$$

$$= \int_{0}^{+\infty} 2e^{-2x}(1-e^{-x})\,dx = \int_{0}^{+\infty} 2e^{-2x} - 2e^{-3x}\,dx = 1 - \frac{2}{3} = \frac{1}{3}$$

---

仿真计算 3.2

```
close all,hold on,grid on,
H_pa = patch([0,1,1,0],[0,0,1,0],'c')
plot([0,1.2],[0,1.2],'r','LineWidth',2)
text(1.05,1,'y = x','FontSize',20,'Color','r')
text(0.5,0.2,'积分区域','FontSize',20,'Color','k')
set(gca,'XTick',[],'YTick',[]),box off
set(gcf,'Position',[100 100 500 300]),
syms x,int(2 * (exp(-2 * x)-exp(-3 * x)),0,inf)
```

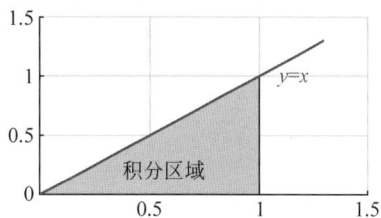

图 3.2　无限区域上的分布

---

## 3.2.3　蒲丰投针及其仿真试验

**案例 3.2**　将一张画有很多等距平行线(间距 $d \geqslant 1$)的白纸平放在地上,再将一根长度为 1 的针投到白纸上面,记事件 $A$ 表示"针与平行线相交"。试求概率 $P(A)$。

**分析**　如图 3.3 所示,记针的中点到最近一条平行线的距离为 $X$,针与平行线的夹角为 $\varphi$,因 $X \sim U(0, d/2)$,$\varphi \sim U(0, \pi)$,则联合分布密度为

$$f(x, \varphi) = \frac{2}{\pi d}, 0 < x < \frac{d}{2}, 0 < \varphi < \pi \tag{3.8}$$

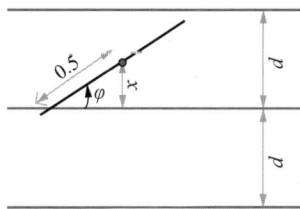

图 3.3　针与平行线相交示意图

针与平行线相交等价于 $X \leqslant \frac{1}{2} \sin\varphi$,故所求概率为

$$P(A) = P\left\{X \leqslant \frac{1}{2} \sin\varphi\right\} = \iint_{x \leqslant \frac{1}{2}\sin\varphi} f(x, \varphi) \, dx \, d\varphi = \frac{2}{\pi d} \int_0^\pi \int_0^{\frac{1}{2}\sin\varphi} dx \, d\varphi = \frac{2}{\pi d} \tag{3.9}$$

如图 3.4 所示,当 $d = 1$ 时,有 $P(A) = \frac{2}{\pi} \approx 0.6369$,仿真统计可验证该结论。

---

仿真计算 3.3

```
close all,clear,clc,box on,hold on,grid on,nn = 1:6;
for i = nn,rng(0),l = 1,d = 1,n = 1e4 * i;
X = unifrnd(0,d/2,n,1);Phi = unifrnd(0,pi,n,1);
Yes = X<sin(Phi) * l/2;m = sum(Yes);Pa(i) = m/n;end
plot(1e4 * nn,ones(size(nn)) * 2 * l/pi/d,'r-','line-
width',2)
set(gca,'ytick',[0.632,2 * l/pi/d,0.638],'FontSize',12)
```

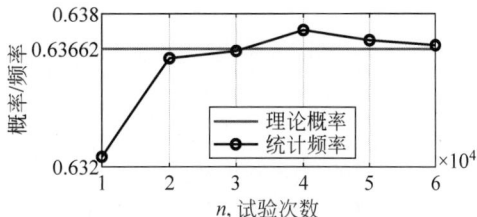

图 3.4　理论概率和统计频率

```
plot(1e4 * nn,Pa,'k-o','linewidth',2),xlabel('n,试验次数')
legend('理论概率','统计频率','location','south')
set(gcf,'Position',[100 100 400 200]),ylabel('概率/频率')
```

### 3.2.4 一论圆概率误差

**案例 3.3** 如图 3.5 所示,圆概率误差(circular error probable,CEP)是衡量导弹弹着点散布的关键指标之一,用于表征射击密集度性能,等于出现概率为 50% 的圆形误差范围的半径。换言之,在弹着平面上,以平均弹着点为中心,多次射击中有 50% 的弹着点到中心的距离小于 CEP。例如,CEP=1 km,表示仅有 50% 的弹着点落入直径 1 km 的圆内。因此,CEP 值越小,表示导弹的命中精度越高;反之,CEP 值越大,说明导弹的命中精度越差。若导弹的落点坐标为 $(X,Y)$,其密度函数为

$$f(x,y)=\frac{1}{2\pi\sigma^2}e^{-\frac{x^2+y^2}{2\sigma^2}}, \quad -\infty<x,y<\infty \tag{3.10}$$

试计算 CEP。

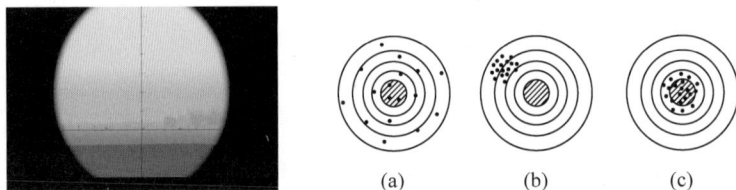

**图 3.5　瞄准镜的稳定性和准确性示意图**

**分析** CEP 对应的概率为

$$P(\text{CEP})=\iint_{x^2+y^2\leqslant \text{CEP}^2}\frac{1}{2\pi\sigma^2}e^{-\frac{x^2+y^2}{2\sigma^2}}\,dx\,dy \tag{3.11}$$

换元得

$$P(\text{CEP})=\int_0^{2\pi}\int_0^{\text{CEP}}\frac{r}{2\pi\sigma^2}e^{-\frac{r^2}{2\sigma^2}}\,dr\,d\theta=\int_0^{\text{CEP}}\frac{r}{\sigma^2}e^{-\frac{r^2}{2\sigma^2}}\,dr$$

$$=\int_0^{\frac{\text{CEP}^2}{2\sigma^2}}e^{-R}\,dR=1-e^{-\frac{\text{CEP}^2}{2\sigma^2}}$$

解得

$$\text{CEP}=\sigma\sqrt{-2\ln(1-P(\text{CEP}))} \tag{3.12}$$

将 $P(\text{CEP})=50\%$ 代入上式得

$$\text{CEP}=\sigma\sqrt{2\ln 2}=1.177\sigma \tag{3.13}$$

如图 3.6 所示,可知:①约 50% 的导弹会落在 CEP 内(1.177$\sigma$);②约 43.7% 的导弹会落在 CEP 外、2CEP 内(2.3548$\sigma$);③约 6.1% 的子弹会落在 2CEP 外、3CEP 内(3.5322$\sigma$)。

---

**仿真计算 3.4**

```
close all,clear,clc,box on,hold on,grid on,
sigma = 1,CEP = sigma * sqrt(2 * log(2))
CEPs = [1:3] * CEP
P = 1-exp(-CEPs.^2/(2 * sigma^2))
semilogy(CEPs/CEP,P,'r-o','linewidth',2)
set(gca,'ytick',P,'FontSize',12),xlabel('n,
CEP 的倍数'),yticklabels({'50 %','93.9 %',
'99.8 %'})
ylabel('P(n),CEP 倍数对应的概率'),
set(gcf,'Position',[100 100 400 400])
```

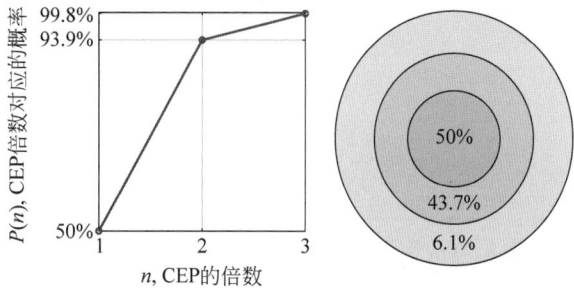

图 3.6 CEP 倍数与对应概率

---

# 3.3 联合分布函数

## 3.3.1 离散型联合分布的典型形态

**问题 3.4** 试求二维离散型随机变量 $(X,Y)$ 的分布函数,其中 $X,Y$ 的联合分布律为

$$
\begin{array}{c|cc}
Y\backslash X & 1 & 2 \\
1 & 0.1 & 0.4 \\
2 & 0.2 & 0.3
\end{array}
\tag{3.14}
$$

**分析** 如图 3.7 所示,若 $X,Y$ 的不同取值分别为 $m,n$,则离散型联合分布的不同取值数量至多为 $mn+1$,每个分布律取值对应一个矩形域,所以有

$$
F(x,y)=\begin{cases}
0, & x<1 \text{ 或 } y<1 \\
0.1, & 1\leqslant x<2,1\leqslant y<2 \\
0.1+0.2, & 1\leqslant x<2,y\geqslant 2 \\
0.1+0.4, & x\geqslant 2,1\leqslant y<2 \\
1, & x\geqslant 2,y\geqslant 2
\end{cases}
\tag{3.15}
$$

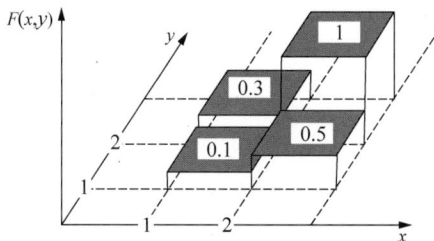

图 3.7 离散型联合分布的典型形态

## 3.3.2 边缘密度无法决定联合密度

利用密度函数计算分布函数的步骤如下。

**78** 概率统计中的案例与仿真——从直觉走向理性

**步骤 1** 确定联合密度函数 $f(x,y)$ 和非零密度区域 $G$；

**步骤 2** 找到 $F(x,y)=0$ 和 $F(x,y)=1$ 对应的区域；

**步骤 3** 计算 $G$ 上的联合分布函数。

---

**评注 3.1 边缘密度无法确定联合密度**

依据联合分布函数 $F(x,y)$ 可以算得 $F_X(x)$ 和 $F_Y(y)$，反之则不行，除非 $X$ 和 $Y$ 之间有独立性约束。换言之，联合密度一旦确定，边缘密度就确定了，反之则不成立。

---

**反例 3.1** 考虑如下两个不同的联合密度函数 $f(x,y)$ 和 $g(x,y)$（见图 3.8）：

$$\begin{cases} f(x,y)=x+y, x\in[0,1], y\in[0,1] \\ g(x,y)=(1/2+x)(1/2+y), x\in[0,1], y\in[0,1] \end{cases} \quad (3.16)$$

它们有相同的边缘密度：

$$f_X(x)=(1/2+x), x\in[0,1], f_Y(y)=(1/2+y), y\in[0,1] \quad (3.17)$$

---

**仿真计算 3.5**

```
clc,close all,clear,x=0:0.02:1;y=x;[x1,y1]=meshgrid(x,y);% 网格化
subplot(121),box on,f=x1+y1;mesh(x,y,f);xlabel('x');ylabel('y');zlabel('f(x,y)');
set(gca,'fontsize',12),view(20,16)
subplot(122),box on,f=(x1+0.5).*(y1+0.5);mesh(x,y,f);xlabel('x');ylabel('y');zlabel('g(x,y)');
set(gca,'fontsize',12),view(20,16),set(gcf,'position',[100,100,700,200])
```

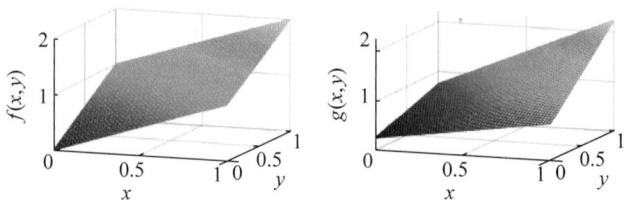

图 3.8 反例 3.1 的密度曲面

---

**反例 3.2** 两个不同的联合正态分布 $N(\mu_1,\mu_2,\sigma_1^2,\sigma_2^2,\rho_1=0.6)$ 和 $N(\mu_1,\mu_2,\sigma_1^2,\sigma_2^2,\rho_2=0)$，（见图 3.9），有相同的边缘分布 $N(\mu_1,\sigma_1^2)$，$N(\mu_2,\sigma_2^2)$。

---

**仿真计算 3.6**

```
clc,close all,clear,mu=[0 0];x=-3:0.1:3;y=x;[x1,y1]=meshgrid(x,y);% 网格化
sig=[0.25 0.3;0.3 1];f=mvnpdf([x1(:) y1(:)],mu,sig);F=reshape(f,numel(y),numel(x));% 矩阵重型
subplot(121),mesh(x,y,F);box on,xlabel('x');ylabel('y');zlabel('f(x,y)');set(gca,'fontsize',12),
sig=[0.25 0;0 1];f=mvnpdf([x1(:) y1(:)],mu,sig);F=reshape(f,numel(y),numel(x));% 矩阵重型
subplot(122),mesh(x,y,F);box on,xlabel('x');ylabel('y');zlabel('g(x,y)');
set(gca,'fontsize',12),set(gcf,'position',[100,100,700,200])
```

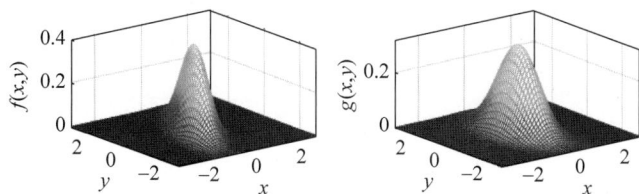

图 3.9 反例 3.2 的密度曲面

**反例 3.3** 联合正态密度 $f(x,y)=\dfrac{1}{\pi}\mathrm{e}^{-(x^2+y^2)}$ 和非正态密度 $g(x,y)=\dfrac{1}{\pi}\mathrm{e}^{-(x^2+y^2)}$ ·

$(1+\sin x \cdot \sin y)$（见图 3.10），有相同的边缘密度：

$$f(x)=\frac{1}{\sqrt{\pi}}\mathrm{e}^{-x^2}, f(y)=\frac{1}{\sqrt{\pi}}\mathrm{e}^{-y^2} \tag{3.18}$$

**仿真计算 3.7**

```
clc,close all,clear,mu = [0 0];x = -3:0.1:3;y = x;[x1,y1] = meshgrid(x,y);
F = exp(-x1.^2-y1.^2)/pi;subplot(121),mesh(x,y,F);box on
xlabel('x');ylabel('y');zlabel('f(x,y)');set(gca,'fontsize',12),view(20,16)
F = (exp(-x1.^2-y1.^2)/pi). * (1 + sin(x1). * sin(y1));
subplot(122),mesh(x,y,F);box on,xlabel('x');ylabel('y');zlabel('g(x,y)');
set(gca,'fontsize',12),view(20,16),set(gcf,'position',[100,100,700,200])
```

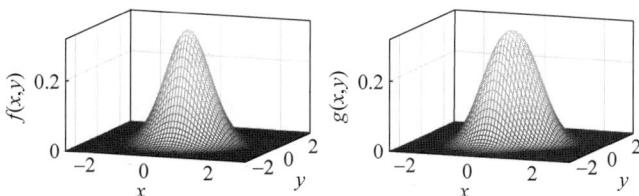

图 3.10 反例 3.3 的两个联合密度曲面

**反例 3.4** 两个独立的正态分布的线性组合服从正态分布，但是不独立的正态分布的线性组合未必服从正态分布。例如，如下的两个联合密度（见图 3.11）：

$$f(x, y) = \frac{1}{\pi}\mathrm{e}^{-(x^2+y^2)} \tag{3.19}$$

$$f(x, y) = \frac{1}{\pi}\mathrm{e}^{-(x^2+y^2)}\left(1 + \frac{\sin x}{|x|} \cdot \frac{\sin y}{|y|}\right) \tag{3.20}$$

后者既不服从联合正态分布，也无法分离（即不独立），但是与前者有相同的边缘密度。

**仿真计算 3.8**

```
clc,close all,clear,mu = [0 0];x = -3:0.1:3;y = x;[x1,y1] = meshgrid(x,y);
F = exp(-x1.^2-y1.^2)/pi;subplot(121),mesh(x,y,F);box on
xlabel('x');ylabel('y');zlabel('f(x,y)');set(gca,'fontsize',12),view(-30,30)
F = (exp(-x1.^2-y1.^2)/pi). * (1 + sin(x1). * sin(y1)./abs(x1)./abs(y1));
```

```
subplot(122),mesh(x,y,F);box on,xlabel('x');ylabel('y');zlabel('g(x,y)');
set(gca,'fontsize',12),view(-30,30),set(gcf,'position',[100,100,700,200])
```

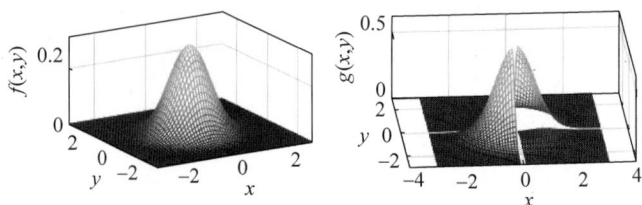

**图 3.11 反例 3.4 的两个联合密度曲面**

### 3.3.3 协同作战中的联合分布

**评注 3.2 教学能手比赛案例——协同作战**

协同作战中的风险意识及最优决策,利用了二维等可能分布:提前出发和加快行军速度是两种不同的决策方式,在相同风险控制条件下,它们的代价不同。

**案例 3.4** 在某次军事演习中,舟桥连收到命令要赶到某小河的 D 岸为行进中的战斗部队架设浮桥。假设舟桥连将于夜间 0 点到 1 点之间到达河岸;战斗部队将于夜间 1 点至 2 点之间到达河岸。

(1)若舟桥连需要 0.5 小时完成架桥,问战斗部队到达河岸能立即过河的概率是否满足 5% 的风险控制要求?

(2)舟桥连连长作为决策者,面临舟桥连和战斗部队的双向要求:早到意味着本连队有早起压力;迟到意味着拖累战斗部队。如何决策才能满足 5% 的风险控制要求?

**分析** 记 $x,y$ 分别为舟桥连与战斗部队到达河岸的时间,则联合密度为

$$f(x,y)=1, 0 \leqslant x \leqslant 1, 1 \leqslant y \leqslant 2 \tag{3.21}$$

(1)记 $A=\{$战斗部队到达河岸时不能立即过河$\}$,对应的积分区域为

$$G_1=\{(x,y) \mid 0.5 \leqslant x \leqslant 1, 1 \leqslant y \leqslant x+0.5\}$$

则战斗部队能立即过河的概率是

$$P(\overline{A})=1-\int_{0.5}^{1}\int_{1}^{x+0.5}1\mathrm{d}u\,\mathrm{d}v=1-0.5^2/2=87.5\% \tag{3.22}$$

(2)**方法一** 提前出发实现提前到达,到达时间由 0 点到 1 点变为 $0-t$ 点到 $1-t$ 点,相当于在不提前出发的条件下减少搭桥时间,搭桥时间从 0.5 点变为 $0.5-t$ 点,如图 1.8(b)所示,战斗部队不能立即过河对应的积分区域为

$$G_2=\{(x,y) \mid 0.5+t \leqslant x \leqslant 1, 1 \leqslant y \leqslant x+0.5-t\}$$

则战斗部队能立即过河的概率为

$$P(\overline{A})=1-\int_{0.5+t}^{1}\int_{1}^{x+0.5-t}1\mathrm{d}y\mathrm{d}x=1-\frac{(0.5-t)^2}{2}=95\% \Rightarrow t \approx 0.1838 \tag{3.23}$$

**方法二** 加快行军速度实现提前到达,到达时间由 0 点到 1 点变为 0 点到 $1-t$ 点,如图 1.8(c)所示,联合密度为

$$f(x,y)=(1-t)^{-1}, 0 \leqslant x \leqslant 1-t, 1 \leqslant y \leqslant 2 \tag{3.24}$$

战斗部队不能立即过河对应的积分区域为
$$G_3 = \{(x,y) \mid 0.5 \leqslant x \leqslant 1-t, 1 \leqslant y \leqslant x+0.5\}$$

则战斗部队能立即过河的概率为

$$P(\overline{A}) = 1 - \int_{0.5+t}^{1} \int_{1}^{x+0.5-t} (1-t)^{-1} \mathrm{d}y\mathrm{d}x = 1 - \frac{\dfrac{(0.5-t)^2}{2}}{(1-t)\times 1} = 95\% \tag{3.25}$$

解得

$$t \approx 0.2209 > 0.1838 \tag{3.26}$$

---

**评注 3.3　方式不同付出的代价也不同**

为了满足 5% 的风险控制要求,提高行军速度所耗费的时间比提前出发所耗费的时间更多,而且在体能上消耗更大。养兵千日,用兵一时,只有通过充分训练才能将行军速度调整到更快。

---

# 3.4　边缘分布

## 3.4.1　非零密度区域的边界表达式

**问题 3.5**　如图 3.12 所示,设平面区域 $D$ 由曲线 $y = \dfrac{1}{x}$ 及直线 $y=0, x-1, x=\mathrm{e}^2$ 所围成,二维随机变量 $(X,Y)$ 在区域 $D$ 上服从均匀分布,求 $(X,Y)$ 关于 $X,Y$ 的边缘概率密度。

---

**仿真计算 3.9**

```
close all,x = 1:0.01:exp(2),y = 1./x;
plot(x,y,'-r','LineWidth',2);hold on,grid on,
plot([1,exp(2)],[0,0],'--k','LineWidth',2);hold on,grid on,
H_pa = patch([1,exp(2),fliplr(x),1],[0,0,fliplr(y),0],'c')
text(2,0.5,'上界:y = 1/x','FontSize',12,'Color','r')
text(1,-0.1,'下界:y = 0','FontSize',12,'Color','k')
text(2,0.25,'积分区域','FontSize',12,'Color','k')
legend('上界:y = 1/x','下界:y = 0','积分区域','location','northeast')
set(gca,'XTick',[0,1],'YTick',[-1,0,1]),box on,ylim([-.2,1])
set(gcf,'Position',[100 100 250 200])
```

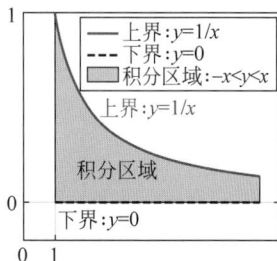

图 3.12　问题 3.5 的非零密度区域

---

**分析**　区域 $D$ 的面积为

$$A = \int_{1}^{\mathrm{e}^2} \frac{1}{x}\mathrm{d}x = \ln\mathrm{e}^2 = 2 \tag{3.27}$$

故区域 $D$ 上的联合密度为

$$f(x,y) = 1/2, (x,y) \in D \tag{3.28}$$

(1)$(X,Y)$关于$X$的边缘概率密度为

$$f_X(x)=\int_0^{1/x}\frac{1}{2}\mathrm{d}y=\frac{1}{2x},1\leqslant x\leqslant \mathrm{e}^2 \tag{3.29}$$

(2)$(X,Y)$关于$Y$的边缘概率密度为

$$f_Y(y)=\begin{cases}\dfrac{1}{2}(\mathrm{e}^2-1),0\leqslant y\leqslant \mathrm{e}^{-2}\\[2mm]\dfrac{1}{2}\left(\dfrac{1}{y}-1\right),\mathrm{e}^{-2}\leqslant y\leqslant 1\end{cases} \tag{3.30}$$

**问题 3.6**  如图 3.13 所示,设随机变量$(X,Y)$的联合密度函数如下:

$$f(x,y)=\frac{3}{2}x,|y|<x<1 \tag{3.31}$$

求关于$X$、$Y$的边缘密度函数。

**仿真计算 3.10**

```
close all,plot([0,1.1],[0,1.1],'-r','LineWidth',2);hold on,
grid on,
plot([0,1.1],[0,-1.1],'--k','LineWidth',2);hold on,grid on,
H_pa = patch([0,1,1,0],[0,-1,1,0],'c')
text(0.3,0.8,'上界:y = x','FontSize',12,'Color','r')
text(0.3,-0.8,'下界:y = -x','FontSize',12,'Color','k')
text(0.5,0.2,'积分区域','FontSize',12,'Color','k')
legend('上界:y = x','下界:y = -x','积分区域','location','north')
set(gca,'XTick',[0,1],'YTick',[-1,0,1],'FontSize', 12) box on,
ylim([-1,2])
set(gcf,'Position',[100 100 250 200])
```

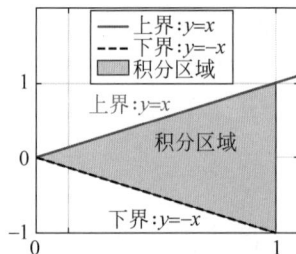

图 3.13  问题 3.6 的非零密度区域

**分析**  由$f_X(x)=\int_{-\infty}^{+\infty}f(x,y)\mathrm{d}y,f_Y(y)=\int_{-\infty}^{+\infty}f(x,y)\mathrm{d}x$,可得

$$f_X(x)=\int_{-x}^{x}\frac{3}{2}x\,\mathrm{d}y=\frac{3}{2}x\int_{-x}^{x}\mathrm{d}y=3x^2,0<x<1 \tag{3.32}$$

$$f_Y(y)=\int_{|y|}^{1}\frac{3}{2}x\,\mathrm{d}x=\frac{3}{4}(1-y^2),|y|<1 \tag{3.33}$$

**评注 3.4  可以唯一表示的边界折线**

如图 3.13 所示,尽管非零密度区域的左边界是折线,但是可以用$x=|y|$唯一表示。

**问题 3.7**  如图 3.14 所示,设随机变量$(X,Y)$的联合密度函数如下:

$$f(x,y)=ax,0<x<1,-2x<y<x \tag{3.34}$$

求$a$以及关于$X$、$Y$的边缘密度函数。

**仿真计算 3.11**

```
close all,clc,syms x y,grid on,hold on,box on
h = ezplot(-2 * x),set(h,'linewidth',2,'color','k','linestyle','--')
h = ezplot(x),set(h,'linewidth',2,'color','b','linestyle','-.')
h = plot([1,1],[-2.1,1.1],'linewidth',2,'color','k','linestyle','-')
xlim([0,1.1]),xlabel([]),ylim([-2.1,1.1]),ylabel([]),title([])
set(gca,'fontsize',20),set(gcf,'position',[100,100,300,300])
syms x,int((1-x^2)/2,x,0,1) + int((1-x^2/4)/2,x,-2,0)
```

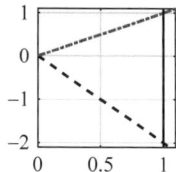

图 3.14　问题 3.7 的非零密度区域

　　**分析**　（1）由概率密度的规范性，有

$$1 = \int_0^1 ax \left[ \int_{-2x}^x \mathrm{d}y \right] \mathrm{d}x = \int_0^1 3ax^2 \mathrm{d}x = a \tag{3.35}$$

　　（2）关于 $X$、$Y$ 的边缘密度函数分别为

$$f_X(x) = \int_{-\infty}^{+\infty} f(x,y) \,\mathrm{d}y = \int_{-2x}^x x \,\mathrm{d}y = 3x^2, \; x \in [0,1] \tag{3.36}$$

$$f_Y(y) = \int_{-\infty}^{+\infty} f(x,y) \,\mathrm{d}x = \begin{cases} \displaystyle\int_y^1 x \,\mathrm{d}x = \frac{1}{2}(1-y^2), \; y \in [0,1] \\[2mm] \displaystyle\int_{-y/2}^1 x \,\mathrm{d}x = \frac{1}{2}(1-y^2/4), \; y \in [-2,0] \end{cases} \tag{3.37}$$

## 3.4.2　联合正态分布的边缘分布和条件分布

**评注 3.5　正态分布的边缘分布和条件分布**

　　（1）联合正态分布的边缘分布和条件分布都是正态分布，具体证明见后文。

　　（2）边缘分布为正态分布的二维分布未必为联合正态分布，如非联合正态分布的密度函数为 $f(x,y) = \dfrac{1}{\pi} \mathrm{e}^{-(x^2+y^2)}(1 + \sin x \cdot \sin y)$，其边缘分布为正态分布。

　　二元联合正态分布，也称为二元正态分布，其密度函数为

$$f(x_1,x_2) = \frac{1}{(\sqrt{2\pi})^2 \det(\boldsymbol{C})^{1/2}} \exp\left\{ -\frac{1}{2}(\boldsymbol{x}-\boldsymbol{\mu})^{\mathrm{T}} \boldsymbol{C}^{-1}(\boldsymbol{x}-\boldsymbol{\mu}) \right\} \tag{3.38}$$

其中

$$\boldsymbol{\mu} = (\mu_1,\mu_2)^{\mathrm{T}}, \; \boldsymbol{C} = \begin{pmatrix} \sigma_1^2 & \rho\sigma_1\sigma_2 \\ \rho\sigma_1\sigma_2 & \sigma_2^2 \end{pmatrix} \tag{3.39}$$

注意到

$$\det(\boldsymbol{C}) = \sigma_1^2\sigma_2^2 - \rho^2\sigma_1^2\sigma_2^2 = \sigma_1^2\sigma_2^2(1-\rho^2)$$

$$\boldsymbol{C}^{-1} = \frac{\boldsymbol{C}^*}{\det(\boldsymbol{C})} = \frac{1}{\sigma_1^2\sigma_2^2(1-\rho^2)} \begin{pmatrix} \sigma_2^2 & -\rho\sigma_1\sigma_2 \\ -\rho\sigma_1\sigma_2 & \sigma_1^2 \end{pmatrix} \tag{3.40}$$

若记 $y_1 = x_1 - \mu_1$，$y_2 = x_2 - \mu_2$，$r = \sqrt{1-\rho^2}$，$r^2 = 1-\rho^2$，则

$$(\boldsymbol{x}-\boldsymbol{\mu})^{\mathrm{T}}\boldsymbol{C}^{-1}(\boldsymbol{x}-\boldsymbol{\mu})=(y_1,y_2)\frac{1}{\sigma_1^2\sigma_2^2(1-\rho^2)}\begin{pmatrix}\sigma_2^2 & -\rho\sigma_1\sigma_2 \\ -\rho\sigma_1\sigma_2 & \sigma_1^2\end{pmatrix}(y_1,y_2)^{\mathrm{T}}$$

$$=\frac{1}{\sigma_1^2\sigma_2^2r^2}\left[\sigma_2^2(y_1)^2+\sigma_1^2(y_2)^2-2\rho\sigma_1\sigma_2y_1y_2\right]$$

$$=\frac{1}{r^2}\left[\frac{(y_1)^2}{\sigma_1^2}-2\rho\frac{y_1y_2}{\sigma_1\sigma_2}+\frac{(y_2)^2}{\sigma_2^2}\right]$$

所以

$$f(x_1,x_2)=\frac{1}{(\sqrt{2\pi})^2\det(\boldsymbol{C})^{1/2}}\exp\left\{-\frac{1}{2}(\boldsymbol{x}-\boldsymbol{\mu})^{\mathrm{T}}\boldsymbol{C}^{-1}(\boldsymbol{x}-\boldsymbol{\mu})\right\}$$

$$=\frac{1}{2\pi\sigma_1\sigma_2r}\exp\left\{-\frac{1}{2r^2}\left[\frac{(y_1)^2}{\sigma_1^2}-2\rho\frac{y_1y_2}{\sigma_1\sigma_2}+\frac{(y_2)^2}{\sigma_2^2}\right]\right\}$$

$$=\frac{1}{\sqrt{2\pi}\sigma_1}\exp\left\{-\frac{1}{2}\left[\frac{(y_1)^2}{\sigma_1^2}\right]\right\}\cdot\frac{1}{\sqrt{2\pi}\sigma_2r}\exp\left\{-\frac{1}{2\sigma_2^2r^2}\left(x_2-\left[\mu_2+\rho\frac{\sigma_2}{\sigma_1}(y_1)\right]\right)^2\right\}$$

所以边缘密度为

$$f_{X_1}(x_1)=\frac{1}{\sqrt{2\pi}\sigma_1}\exp\left\{-\frac{1}{2}\left[\frac{(y_1)^2}{\sigma_1^2}\right]\right\} \tag{3.41}$$

记 $\mu_3=\mu_2+\rho\dfrac{\sigma_2}{\sigma_1}(y_1)$，则条件密度为正态分布的密度，即为

$$f_{X_2|X_1}(x_2\mid x_1)=\frac{1}{\sqrt{2\pi}\sigma_2r}\exp\left\{-\frac{1}{2\sigma_2^2r^2}(x_2-\mu_3)^2\right\}\sim N(\mu_3,\sigma_2^2r^2)$$

### 3.4.3　均匀分布的边缘分布未必是均匀分布

**评注 3.6　均匀分布的边缘分布和条件分布**

(1)均匀分布的边缘分布未必是均匀分布，见如下反例 3.5 和反例 3.6。

(2)均匀分布的条件分布必然是均匀分布，见如下反例 3.5 和反例 3.7。

**反例 3.5**　如图 3.15 所示，设 $(X,Y)$ 服从区域 $G=\{(x,y)\mid x^2+y^2\leqslant1\}$ 上的均匀分布，求边缘密度函数 $f_X(x),f_Y(y)$。

**仿真计算 3.12**

```
close all,clc,syms x y,grid on,hold on,box on
h = ezplot(x^2 + y^2 = = 1),set(h,'linewidth',2,'linestyle','-.')
xlim([-1,1]),xlabel([]),ylim([-1,1]),ylabel([]),title([])
set(gca,'fontsize',15),set(gcf,'position',[100,100,300,200])
```

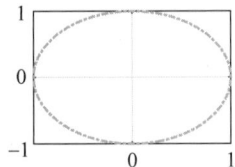

图 3.15　反例 3.5 的非零密度区域

**分析**　$(X,Y)$ 关于 $X$、$Y$ 的边缘密度函数分别为

$$f_X(x)=\int_{-\sqrt{1-x^2}}^{\sqrt{1-x^2}}\frac{1}{\pi}\mathrm{d}y=\frac{2\sqrt{1-x^2}}{\pi},x\in[-1,1] \tag{3.42}$$

$$f_Y(y)=\int_{-\sqrt{1-y^2}}^{\sqrt{1-y^2}}\frac{1}{\pi}\mathrm{d}x=\frac{2\sqrt{1-y^2}}{\pi},y\in[-1,1] \tag{3.43}$$

因此,条件密度函数为

$$f_{X|Y}(x\mid y)=\frac{f(x,y)}{f_Y(y)}=\frac{1}{2\sqrt{1-y^2}},x^2+y^2\leqslant1 \tag{3.44}$$

**反例 3.6**　如图 3.16 所示,设$(X,Y)$服从区域$G=\{(x,y)\mid x^2\leqslant y\leqslant x,-\infty<x<+\infty\}$上的均匀分布,求边缘密度函数$f_X(x),f_Y(y)$。

**仿真计算 3.13**

```
close all,clc,syms x,grid on,hold on,box on
% h = ezplot(x^2 + y^2 == 1),set(h,'linewidth',2,'linestyle','-.')
h = ezplot(x^2),set(h,'linewidth',2,'color','k','linestyle','--')
h = ezplot(x),set(h,'linewidth',2,'color','b','linestyle','-.')
xlim([0,1.1]),xlabel([]),ylim([0,1.1]),ylabel([]),title([])
set(gca,'fontsize',15),set(gcf,'position',[100,100,300,200])
```

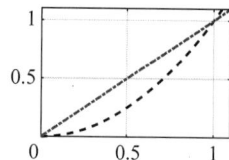

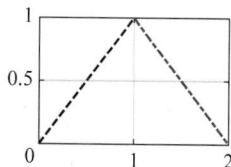

图 3.16　反例 3.6 的非零密度区域

**分析**　先求区域$G$的面积

$$|G|=\iint_G\mathrm{d}x\mathrm{d}y=\int_0^1\mathrm{d}x\int_{x^2}^x\mathrm{d}y=\frac{1}{6} \tag{3.45}$$

从而求得$(X,Y)$的密度函数为

$$f(x,y)=6,x^2\leqslant y\leqslant x \tag{3.46}$$

所以$(X,Y)$关于$X$的边缘密度函数为

$$f_X(x)=\int_{-\infty}^{+\infty}f(x,y)\mathrm{d}y=\int_{x^2}^x6\mathrm{d}y=6x(1-x),0\leqslant x\leqslant1 \tag{3.47}$$

$(X,Y)$关于$Y$的边缘密度函数为

$$f_Y(y)=\int_{-\infty}^{+\infty}f(x,y)\mathrm{d}x=\int_y^{\sqrt{y}}6\mathrm{d}x=6(\sqrt{y}-y),0\leqslant y\leqslant1 \tag{3.48}$$

**反例 3.7**　如图 3.17 所示,设二维随机变量$(X,Y)$在区域$G$上服从均匀分布,其中$G$由$x-y=0,x+y=2$与$y=0$围成。(1)求边缘密度$f_X(x)$;(2)求条件密度$f_{X|Y}(x|y)$。

**仿真计算 3.14**

```
close all,clc,syms x y,grid on,hold on,box on
h = ezplot(x),set(h,'linewidth',2,'color','k','linestyle','--')
h = ezplot(2-x),set(h,'linewidth',2,'color','b','linestyle','-.')
h = plot([0,2],[0,0],'linewidth',2,'color','k','linestyle','-')
xlim([0,2]),xlabel([]),ylim([0,1]),ylabel([]),title([])
set(gca,'fontsize',15),set(gcf,'position',[100,100,300,200])
```

图 3.17　反例 3.7 的非零密度区域

**分析**　(1)如图 3.17 所示,可知$(X,Y)$的联合概率密度为

$$f(x,y)=1,(x,y)\in D \tag{3.49}$$

由 $f_X(x) = \int_{-\infty}^{+\infty} f(x,y)\mathrm{d}y$，有

$$f_X(x) = \begin{cases} x, & 0 < x \leqslant 1 \\ 2-x, & 1 < x \leqslant 2 \end{cases} \tag{3.50}$$

(2)$(X,Y)$关于 $Y$ 的边缘密度函数为

$$f_Y(y) = \int_{-\infty}^{+\infty} f(x,y)\,\mathrm{d}x = \int_y^{2-y} 1\mathrm{d}x = 2-2y, 0 < y < 1 \tag{3.51}$$

则当 $0 < y < 1$ 时，有

$$f_{X|Y}(x \mid y) = \frac{f(x,y)}{f_Y(y)} = \frac{1}{2(1-y)}, y < x < 2-y \tag{3.52}$$

### 3.4.4 非均匀分布的条件分布可能是均匀分布

**反例 3.8** 如图 3.18 所示，设二维随机变量 $(X,Y)$ 的概率密度为

$$f(x,y) = \mathrm{e}^{-x}, 0 < y < x \tag{3.53}$$

求条件概率密度 $f_{Y|X}(y|x)$，并判断 $f_{Y|X}(y|x)$ 是否为均匀分布的密度。

**仿真计算 3.15**

```
close all,clc,syms x,grid on,hold on,box on
h = ezplot(x),set(h,'linewidth',2,'color','b','linestyle','-.')
xlim([0,1.1]),xlabel([]),ylim([0,1.1]),ylabel([]),title([])
patch([0,1.1,1.1],[0,1.1,0],'c')
set(gca,'fontsize',15),set(gcf,'position',[100,100,300,200])
```

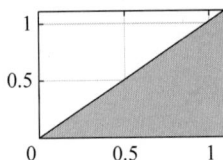

图 3.18 非零密度区域的上界

**分析** 记区域 $D = \{(x,y) | 0 < y < x < +\infty\}$，则

$$f(x,y) = \mathrm{e}^{-x}, (x,y) \in D \tag{3.54}$$

于是，有

$$f_X(x) = \int_{-\infty}^{+\infty} f(x,y)\,\mathrm{d}y = \int_0^x \mathrm{e}^{-x}\mathrm{d}y = x \cdot \mathrm{e}^{-x}, x > 0 \tag{3.55}$$

$$f_Y(y) = \int_{-\infty}^{+\infty} f(x,y)\,\mathrm{d}x = \int_y^{+\infty} \mathrm{e}^{-x}\mathrm{d}x = \mathrm{e}^{-y}, y > 0 \tag{3.56}$$

则当 $x > 0$ 时，有

$$f_{X|Y}(x \mid y) = \frac{f(x,y)}{f_Y(y)} = \frac{\mathrm{e}^{-x}}{\mathrm{e}^{-y}}, f_{Y|X}(y \mid x) = \frac{f(x,y)}{f_X(y)} = \frac{1}{x}, 0 < y < x \tag{3.57}$$

所以 $f_{Y|X}(y|x)$ 是均匀分布的密度。

## 3.5 条件分布与独立性

### 3.5.1 随机变量独立的条件

判断随机变量 $(X,Y)$ 是否独立有两个要点。

(1)可分离条件：密度/分布律/分布函数的形式可分离，即表达式可写成如下某种形式：

$$f(x,y) = f_X(x)f_Y(y), p_{ij} = p_i \cdot p_{\cdot j}, F(x,y) = F_X(x)F_Y(y) \tag{3.58}$$

(2)无约束条件：非零密度区域无相互约束，否则，分布的形式显然是不能分离的，如非

零密度区域不允许出现如下类似于 $x \leqslant y$ 的约束,对应的密度函数为

$$F(x,y) = F(x,y) \times 1_{(x \leqslant y)} \qquad (3.59)$$

**问题 3.8**  设二维连续型随机变量 $(X,Y)$ 的密度函数如下,判断 $(X,Y)$ 是否独立?

(A) $f(x,y) = \dfrac{x\,\mathrm{e}^{-x}}{(1+y)^2}, x \geqslant 0, y \geqslant 0$         (B) $f(x,y) = 8xy, 0 \leqslant x \leqslant y \leqslant 1$

(C) $f(x,y) = \dfrac{6-x-y}{8}, 0 < x < 2 < y < 4$      (D) $f(x,y) = 1, x^2 + y^2 < 1$

**分析**  (A)独立,满足可分离条件,也满足无约束条件;(B)不独立,满足可分离条件,不满足无约束条件;(C)不独立,不满足可分离条件,满足无约束条件;(D)不独立,满足可分离条件,不满足无约束条件。

---

**评注 3.7   区别常值函数和示性函数**

常值函数和示性函数的区别如下:

(1)常值函数用 1 或者 $1(x)$ 表示,示性函数用 $1_S$ 表示,其中 $S$ 表示非零区域。

(2)示性函数是常值函数的特例,常值函数的非零区域 $S$ 是整个定义域。

可以发现问题 3.8(B)和(D)中 $f(x,y)$ 不满足可分离条件。因为(B)的密度可写成 $f(x,y) = 8xy \times 1_{(0 \leqslant x \leqslant y \leqslant 1)}$,而(D)的密度可写成 $f(x,y) = 1_{(x^2+y^2<1)}$。

---

## 3.5.2   随机变量两两独立未必独立

**问题 3.9**  设三维随机变量 $(X,Y,Z)$ 的概率密度如下,判断 $(X,Y,Z)$ 是否独立。

$$f(x,y,z) = \frac{1}{8\pi^3}(1 - \sin x \cdot \sin y \cdot \sin z), 0 \leqslant x,y,z \leqslant 2\pi \qquad (3.60)$$

---

**仿真计算 3.16**

```
syms x y z pi3,fxyz = (1-sin(x) * sin(y) * sin(z))/8/pi3,
fxy = int(fxyz,z,0,2 * pi),fx = int(fxy,y,0,2 * pi)
```

---

**分析**  利用 $\sin x \cdot \sin y \cdot \sin z$ 的对称性可知

$$f_{XY}(x,y) = \int_0^{2\pi} f(x,y,z)\,\mathrm{d}z = \frac{1}{4\pi^2} \qquad (3.61)$$

$$f_X(x) = \int_0^{2\pi}\int_0^{2\pi} f(x,y,z)\,\mathrm{d}y\,\mathrm{d}z = \frac{1}{2\pi} \qquad (3.62)$$

同理,可得

$$f_X(x) = f_Y(y) = f_Z(z) = \frac{1}{2\pi} \qquad (3.63)$$

$$f_{XY}(x,y) = f_{YZ}(y,z) = f_{ZX}(z,x) = \frac{1}{4\pi^2} \qquad (3.64)$$

故三维随机变量 $X,Y,Z$ 两两独立,但是显然 $f(x,y,z) \neq f_X(x)f_Y(y)f_Z(z)$,故 $X,Y,Z$ 不独立。

### 3.5.3 正态分布之和未必服从正态分布

(1)若 $X$ 和 $Y$ 独立或者 $X$ 和 $Y$ 的联合分布为正态分布,则 $X+Y$ 服从正态分布。

(2)两个随机变量 $X$ 和 $Y$ 都服从正态分布,但它们的和不一定服从正态分布,即 $X+Y$ 不一定服从正态分布,因为 $X$ 和 $Y$ 可能不是独立的。比如,$Y=-X$ 时,$X+Y=0$,再如以下反例。

**反例 3.9** 某二维随机变量的联合密度为

$$f(x,y)=\frac{1}{\pi}e^{-(x^2+y^2)}(1+\sin x \cdot \sin y) \tag{3.65}$$

该函数满足正定性和规范性,所以是某随机变量的密度,但是边缘密度为

$$f_X(x)=\frac{1}{\sqrt{\pi}}e^{-x^2}, f_Y(y)=\frac{1}{\sqrt{\pi}}e^{-y^2} \tag{3.66}$$

尽管这两个边缘分布都是正态分布,但是联合密度既不是正态的,也无法分离,且 $X+Y$ 的密度不是正态分布随机变量对应的密度。实际上,经计算 $Z=X+Y$ 的密度含有三角函数项,$\sin x$ 和 $\cos y$,不可能是正态分布的密度。

### 3.5.4 木棒截断悖论

考虑下面 3 种似是而非的木棒游戏。其中,情况 1 和情况 2 很难区分,对 3 种情况的仿真统计值如图 3.19 所示。经过 1000 万次随机试验,统计表明 3 种情况的答案分布为:0.1931、0.25 和 0.125。

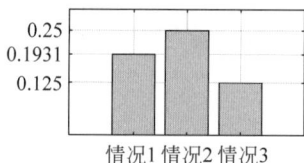

**图 3.19 仿真统计值**

**情况 1** 任意把长度为 1 的木棒截去一段,再将余下的木棒任意截为两段,求这 3 段木棒能构成三角形的概率。

**情况 2** 任意把长度为 1 的木棒折成 3 段,求它们能构成一个三角形的概率。

**情况 3** 任意取两根长度小于 1 的木棒作为两边,求它们能与第三边组成周长为 1 的三角形的概率。

**分析 情况 1** 设第 1,2 次截断后余下木棒的长度分别为 $X,Y$,则 $X \sim U(0,1)$,其密度函数为

$$f_X(x)=1, 0<x<1 \tag{3.67}$$

对于任意的 $0<x<1$,当 $X=x$ 时,有 $Y \sim U(0,x)$。即当 $0<x<1$ 时,有

$$f_{Y|X}(y \mid x)=\frac{1}{x}, 0<y<x \tag{3.68}$$

故 $X,Y$ 的联合密度函数为

$$f(x,y)=f_{Y\mid X}(y\mid x)f_X(x)=\frac{1}{x},0<x<1,0<y<x \qquad (3.69)$$

如图 3.20 所示,3 段木棒的长度 $X-Y,1-X,Y$,能构成三角形的充要条件是"两边之和大于第三边",即

$$\begin{cases}(X-Y)+(1-X)>Y\\(X-Y)+Y>1-X\\Y+(1-X)>X-Y\end{cases} \qquad (3.70)$$

整理后得积分区域为

$$G=\left\{(x,y)\mid Y<\frac{1}{2},X>\frac{1}{2},X-Y<\frac{1}{2}\right\} \qquad (3.71)$$

如图 3.21 所示。所以 3 段木棒能构成三角形的概率为

$$P\{G\}=\int_{0.5}^{1}\int_{x-0.5}^{0.5}x^{-1}\mathrm{d}y\mathrm{d}x=\ln2-0.5\approx0.1931 \qquad (3.72)$$

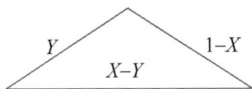

**图 3.20　三角形的构成示意图**

**情况 2**　设第一段的长度为 $X$,第二段的长度为 $Y$,则 $(X,Y)$ 在三角形 $\{(x,y)\mid 0<x<1,0<y<1,x+y<1\}$ 上服从均匀分布,得所求概率为 1/4。实际上,3 段木棒的长度 $X,Y,1-X-Y$,能构成三角形的充要条件是"两边之和大于第三边",即

$$\begin{cases}X+Y>1-X-Y\\(1-X-Y)+Y>X\\(1-X-Y)+X>Y\end{cases} \qquad (3.73)$$

整理后得积分区域为

$$G=\left\{(x,y)\mid Y<\frac{1}{2},X<\frac{1}{2},X+Y>\frac{1}{2}\right\} \qquad (3.74)$$

如图 3.22 所示。所以 3 段木棒能构成三角形的概率约为 0.25。

**情况 3**　设第一段的长度为 $X$,第二段的长度为 $Y$,则 $(X,Y)$ 在三角形 $\{(x,y)\mid 0<x<1,0<y<1\}$ 上服从均匀分布,得所求概率为 1/8。实际上,3 段木棒的长度 $X,Y,1-X-Y$,能构成三角形的充要条件是"两边之和大于第三边",即

$$\begin{cases}X+Y>1-X-Y\\(1-X-Y)+Y>X\\(1-X-Y)+X>Y\end{cases} \qquad (3.75)$$

整理后得积分区域为

$$G=\left\{(x,y)\mid Y<\frac{1}{2},X<\frac{1}{2},X+Y>\frac{1}{2}\right\} \qquad (3.76)$$

如图 3.23 所示。所以 3 段木棒能构成三角形的概率约为 0.125。

**仿真计算 3.17**

```
close all,clc,syms x y,grid on,hold on,box on
patch([1,1,0,1],[0,1,0,0],'c'),grid on,hold on,box on
plot([0.5,1,0.5,0.5],[0,0.5,0.5,0],'r--','linewidth',2)
set(gca,'fontsize',15),set(gcf,'position',[100,100,300,200])
fx = 1/x * (.5-(x-.5)),int(fx,x,.5,1)
legend('非零密度区域','积分区域','Location','northwest')
figure,patch([0,1,0,0],[0,0,1,0],'c'),grid on,hold on,box on
plot([0.5,0.5,0,0.5],[0,0.5,0.5,0],'r--','linewidth',2)
set(gca,'fontsize',15),set(gcf,'position',[100,100,300,200])
legend('非零密度区域','积分区域','Location','northeast')
figure,patch([0,1,1,0,0],[0,0,1,1,0],'c'),grid on,hold on,box on
plot([0.5,0.5,0,0.5],[0,0.5,0.5,0],'r--','linewidth',2)
set(gca,'fontsize',15),set(gcf,'position',[100,100,300,200])
legend('非零密度区域','积分区域','Location','northeast')
num = 1e7;rng(1);x = rand(num,1);y = rand(num,1). * x;
prob1 = sum((x-y<0.5)&(y<0.5)&(x>0.5))/num % 情况 1:HE
num = 1e7;rng(1);x = rand(num,1);y = rand(num,1);
prob2 = sum((x<0.5)&(y<0.5)&(x + y>0.5))/sum(x + y<1)
% 情况 2:LIU
prob3 = sum((x<0.5)&(y<0.5)&(x + y>0.5))/num % 情况 3:YAN
figure,bar([prob1,prob2,prob3])
set(gca,'XTick',[1,2,3],'YTick',[1/8,log(2)-.5,1/4]),grid on
set(gca,'fontsize',10),set(gcf,'position',[100,100,300,150])
```

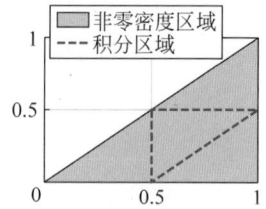

图 3.21　情况 1 积分区域

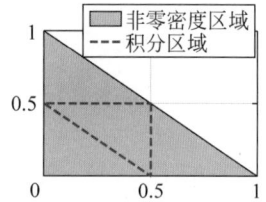

图 3.22　情况 2 积分区域

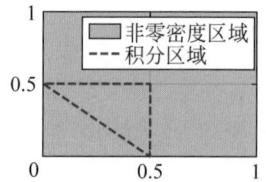

图 3.23　情况 3 积分区域

**评注 3.8　三种木棒截断的区别**

(1)"任意"的含义不确切:本例与贝特朗悖论的相似点在于,对"任意"的理解不同导致样本空间不同,情况 1 对应条件样本空间,情况 2 对应带约束的二维样本空间,情况 3 对应无约束的二维样本空间。

(2)可操作性不同:一根木棒一把刀,一般都是按情况 1 的操作步骤进行试验的,所以很容易错误地把情况 2 看作情况 1。

# 3.6　二维随机变量的变换及函数的分布

## 3.6.1　独立随机向量的变换可能不独立

**反例 3.10**　设二维随机向量 $(X,Y)$ 相互独立,且同标准正态分布,即

$$(X,Y) \sim N(\mu_1,\mu_2,\sigma_1^2,\sigma_2^2,\rho) = N(0,0,1,1,0) \tag{3.77}$$

令变换

$$\begin{bmatrix} U \\ V \end{bmatrix} = \begin{bmatrix} 1 & 1 \\ 0 & 1 \end{bmatrix} \begin{bmatrix} X \\ Y \end{bmatrix} \tag{3.78}$$

则 $[U,V]^{\mathrm{T}}$ 的协方差矩阵 $C$ 为

$$C = \begin{bmatrix} 1 & 1 \\ 0 & 1 \end{bmatrix} \begin{bmatrix} 1 & 0 \\ 0 & 1 \end{bmatrix} \begin{bmatrix} 1 & 0 \\ 1 & 1 \end{bmatrix} = \begin{bmatrix} 2 & 1 \\ 1 & 1 \end{bmatrix} = \begin{bmatrix} (\sqrt{2})^2 & \sqrt{2} \times 1 \times (\sqrt{2})^{-1} \\ \sqrt{2} \times 1 \times (\sqrt{2})^{-1} & 1 \end{bmatrix} \quad (3.79)$$

即 $(U,V) \sim N(0,0,2,1,1/\sqrt{2})$，这意味着 $(U,V)$ 的相关系数为 $1/\sqrt{2}$，从而 $(U,V)$ 不独立。

## 3.6.2　不独立随机向量的变换可能独立

**反例 3.11**　设不独立随机向量 $(U,V) \sim N(0,0,2,1,1/\sqrt{2})$，令变换

$$\begin{bmatrix} X \\ Y \end{bmatrix} = \begin{bmatrix} 1 & -1 \\ 0 & 1 \end{bmatrix} \begin{bmatrix} U \\ V \end{bmatrix} \quad (3.80)$$

则 $(X,Y) \sim N(0,0,1,1,0)$，即 $(X,Y)$ 独立。

对于正态分布，若变换满足如下两个条件中的任何一个可以保持独立性。

（1）若 $(X,Y)$ 独立，且在变换 $\begin{bmatrix} U \\ V \end{bmatrix} = \begin{bmatrix} t_{11} & t_{12} \\ t_{21} & t_{22} \end{bmatrix} \begin{bmatrix} X \\ Y \end{bmatrix}$ 中变换矩阵是对角矩阵，即 $t_{12}=0$，$t_{21}=0$，则 $(U,V)$ 独立。

实际上，因为 $(X,Y)$ 的协方差矩阵为 $\begin{bmatrix} \sigma_1^2 & 0 \\ 0 & \sigma_2^2 \end{bmatrix}$，变换矩阵为 $\begin{bmatrix} t_{11} & 0 \\ 0 & t_{22} \end{bmatrix}$，所以 $(U,V)$ 的协方差矩阵为 $\begin{bmatrix} \sigma_1^2 t_{11}^2 & 0 \\ 0 & \sigma_2^2 t_{22}^2 \end{bmatrix}$，所以相关系数为 $0$，即 $(U,V)$ 独立。

（2）倘若随机变量 $X$ 和随机变量 $Y$ 相互独立，可微且可逆变换为 $U=g_1(X)$，$V=g_2(Y)$，则随机变量 $U$ 和随机变量 $V$ 独立。

实际上，$X,Y$ 的联合密度为 $f_{XY}(x,y)$，变换后的密度为 $f_{UV}(u,v)$，则利用独立密度的可分离性以及逆变换 $X=h_1(U)$，$Y=h_2(V)$ 可知 $U,V$ 也可以分离，如下：

$$\begin{aligned}
f_{UV}(u,v) &= f_{XY}(h_1(u),h_2(v)) \cdot \left| \det\left( \frac{\partial(x,y)}{\partial(u,v)} \right) \right| \\
&= f_X(h_1(u)) \cdot f_Y(h_2(v)) \cdot \left| \det\left( \frac{\partial}{\partial u} h_1(u) \right) \right| \cdot \left| \det\left( \frac{\partial}{\partial v} h_2(v) \right) \right| \\
&= \left[ f_X(h_1(u)) \left| \det\left( \frac{\partial}{\partial u} h_1(u) \right) \right| \right] \cdot \left[ f_Y(h_2(v)) \cdot \left| \det\left( \frac{\partial}{\partial v} h_2(v) \right) \right| \right]
\end{aligned}$$

**评注 3.9　充分条件（2）的应用**

可利用结论（2）在第 6 章证明 $\overline{X}, S^2$ 独立。需注意：若 $U,V$ 的维数比 $X,Y$ 低，则需要通过扩维的方式证明。

## 3.6.3　变换可改变分布的类型

**问题 3.10**　设导弹的落点坐标 $(X,Y)$ 服从二维正态分布，其密度函数为

$$f(x,y) = \frac{1}{2\pi\sigma^2} \mathrm{e}^{-\frac{x^2+y^2}{2\sigma^2}}, \quad -\infty < x, y < +\infty \quad (3.81)$$

将 $(X,Y)$ 变换为极坐标，即令 $x=\rho\cos\varphi$，$y=\rho\sin\varphi$，试求 $(\rho,\varphi)$ 的概率密度函数。

**分析** 记极坐标变换为

$$\begin{cases} x = h_1(\rho, \varphi) = \rho\cos\varphi \\ y = h_2(\rho, \varphi) = \rho\sin\varphi \end{cases}, \rho \geq 0, 0 < \varphi \leq 2\pi \qquad (3.82)$$

其变换的雅可比矩阵的行列式为 $J = \rho$，故 $(\rho, \varphi)$ 的密度函数为

$$f_{\rho\varphi}(\rho, \varphi) = f(h_1(\rho, \varphi), h_2(\rho, \varphi)) \cdot |J| = \frac{\rho}{2\pi\sigma^2}e^{-\frac{\rho^2}{2\sigma^2}}, \rho \geq 0, 0 < \varphi \leq 2\pi \qquad (3.83)$$

(1)变换可改变分布的类型，变换前 $(X, Y)$ 服从二维正态分布，变换后 $\rho$ 服从瑞利 (Rayleigh)分布，$\varphi$ 服从均匀分布。

(2)需注意变换 $\rho = \sqrt{x^2 + y^2}$，$\varphi = \arctan\frac{y}{x}$ 不是单射，应该变更为

$$\rho = \sqrt{x^2 + y^2}, \varphi = \begin{cases} \arctan\frac{y}{x}, x > 0, y > 0 \\ 2\pi + \arctan\frac{y}{x}, x > 0, y < 0 \\ \pi + \arctan\frac{y}{x}, x < 0, y < 0 \\ \pi + \arctan\frac{y}{x}, x < 0, y > 0 \end{cases} \qquad (3.84)$$

### 3.6.4 正态分布之和未必是正态分布

(1)若两个正态分布 $X$ 和 $Y$ 独立，或者它们的联合分布为正态分布，则 $X + Y$ 服从正态分布。实际上，若 $X$ 和 $Y$ 的密度函数分别为 $f_X(x) = \frac{1}{\sigma_1\sqrt{2\pi}}e^{-\frac{(x-\mu_1)^2}{2\sigma_1^2}}$，$f_Y(y) = \frac{1}{\sigma_2\sqrt{2\pi}}e^{-\frac{(y-\mu_2)^2}{2\sigma_2^2}}$，因为相互独立，所以联合密度为 $f_{XY}(x, y) = f_X(x)f_Y(y) = \frac{1}{2\sigma_1\sigma_2}e^{-\frac{(x-\mu_1)^2}{2\sigma_1^2} \cdot \frac{(y-\mu_2)^2}{2\sigma_2^2}}$，利用卷积公式可以验证 $(X, Y)$ 服从联合正态分布，那么 $X + Y \sim N(\mu_1 + \mu_2, \sigma_1^2 + \sigma_2^2)$。

(2)若 $X$ 和 $Y$ 不独立，且 $X$ 和 $Y$ 的联合分布不是正态分布，则 $X + Y$ 未必服从正态分布。

**反例 3.12** 显然，$f_X(x) = \frac{1}{\sqrt{\pi}}e^{-x^2}$，$f_Y(y) = \frac{1}{\sqrt{\pi}}e^{-y^2}$ 都是正态分布的密度函数，若联合密度为 $f(x, y) = \frac{1}{\pi}e^{-(x^2+y^2)}(1 + \sin x \cdot \sin y)$，则 $f(x, y)$ 无法分离，故 $(X, Y)$ 既不满足独立性条件，也不服从联合正态分布。经计算 $Z = X + Y$ 的密度含有三角函数项，所以不可能是正态分布的密度。

### 3.6.5 后勤联运的可靠性——极小值的分布

**问题 3.11** 设部队要在 1 小时内将关键武器送达对岸，由于交战期间渡口随时有被轰炸的危险，因此部队同时派遣了 $n$ 支小分队在 $n$ 个不同渡口渡河，各分队都携带关键武器。

渡口等船的时间服从参数为 $\lambda=0.6$ 的指数分布,忽略登船和渡河时间。

(1)关键武器在 1 小时内可送达对岸的概率是多少?

(2)为满足 10% 的风险控制要求,至少需要多少个渡口?

**分析**　指数分布的密度函数为 $f(x)=\lambda\mathrm{e}^{-\lambda x},x>0$,分布函数为

$$F(x)=1-\mathrm{e}^{-\lambda x},\quad x>0 \tag{3.85}$$

在 $x$ 小时内,所有 $n$ 个分队中,只要有一个分队成功运送武器,即登船前未被轰炸,就视为任务成功,其概率为

$$F_n(x)=1-[1-F(x)]^n=1-\mathrm{e}^{-\lambda nx},\quad x>0$$

(1)关键武器 1 小时内可送达对岸的概率为

$$F_n(1)=1-\mathrm{e}^{-\lambda n}=1-\mathrm{e}^{-0.6n} \tag{3.86}$$

(2)为满足 10% 的风险控制要求,至少需要

$$F_n(1)=1-\mathrm{e}^{-\lambda n}>0.9 \tag{3.87}$$

即

$$\mathrm{e}^{-\lambda n}<0.1\Rightarrow n>\frac{1}{\lambda}\ln(0.1)\approx 4 \tag{3.88}$$

仿真计算结果如图 3.24 所示。

---

**仿真计算 3.18**

```
close all,clc,lamb = .6,n = 1:10,grid on,hold on,box on
plot(n,1-exp(-lamb * n),'k- + ','linewidth',2)
plot(n,0.9 * ones(size(n)),'r--','linewidth',2)
plot(n,0.95 * ones(size(n)),'r--','linewidth',2)
xlim([1,max(n)]),xlabel([]),ylim([.6,1]),ylabel([]),title([])
set(gca,'ytick',[0.8,0.9,0.95,0.99]),set(gca,'xtick',1:2:10)
set(gca,'fontsize',15),set(gcf,'position',[100,100,400,300])
xlabel('n,渡口数'),ylabel('F_n,可靠度')
```

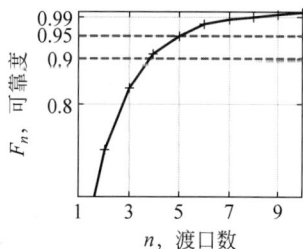

图 3.24　不同渡口数量的可靠度

---

**评注 3.10　从直觉思维到风险思维、近似思维和逻辑思维**

(1)从图 3.24 可以看出,单个小分队 1 小时内成功渡河的概率为 0.4512,在线性直觉下,以为仅用 2 个分队就够了,因为 $2\times0.4512>90\%$。但实际上需要 4 个分队,因为 $F_2(1)=1-\mathrm{e}^{-0.6\times2}=0.6988<0.9$,且 $F_4(1)=1-\mathrm{e}^{-0.6\times4}=0.9093>0.9$。

(2)风险控制要求 10%,未达到通用的风控水平 5%。若要实现风控 5%,则需 5 个分队,因为 $F_5(1)=1-\mathrm{e}^{-0.6\times5}=0.9502$。

## 3.6.6　卷积公式和 $z$-$x$ 图

**问题 3.12**　求随机变量 $X+Y$ 的密度函数,其中 $X,Y$ 独立同分布,且密度函数为

(1)$f(x)=1,0<x<1$;

(2)$f(x)=\dfrac{10-x}{50},0<x<10$。

**分析** 卷积计算的关键是在 $z$-$x$ 图中确定被积分变量 $x$ 的上界和下界,如图 3.25 所示,用 $x$-$y$ 图很难确定积分的上界和下界,卷积公式的实质类似于求解边缘分布,即 $z$ 自由变化,$x$ 受 $z$ 的限制。

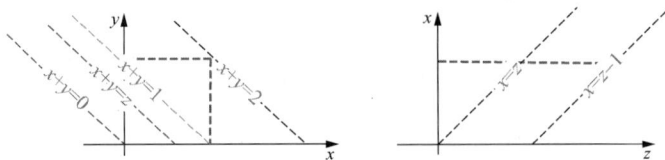

图 3.25 问题 3.12 对应的 $x$-$y$ 图和 $z$-$x$ 图

---

**评注 3.11 卷积公式的困难**

(1)卷积计算的关键是在 $z$-$x$ 图中确定被积分变量 $x$ 的上界和下界。求卷积公式类似于求解边缘密度。它们的区别在于:求解边缘密度时,$y$ 自由变化,$x$ 受 $y$ 的约束;而在求卷积公式时,$z$ 自由变化,$x$ 受 $z$ 的约束。

(2)放下思维包袱,回归卷积的积分实质。在某次课上,我在板书计算卷积的过程中,由于失误导致我把 $z$-$x$ 图画成了 $x$-$y$ 图,思维瞬间卡顿,一时算不出结果。这时,有位学员提醒我:"老师,其实确定上下界不难,可以不作图,因为确定积分上下界的实质是判断密度何时取非零。"我恍然大悟,从教 5 年,我还是没有放下思维包袱,拘泥于作图技巧,而忘了卷积的本质就是在非零域上积分。

---

(1)对于 $f(x)=1,0<x<1$,其对应的 $z$-$x$ 如图 3.26 所示,则有

$$f_X(x)f_Y(z-x) \text{非零} \Leftrightarrow \{0<x<1,0<z-x<1\}$$
$$\Leftrightarrow \{0<x<1,z-1<x<z\} \tag{3.89}$$

所以,重点考虑两个不等式是否有交集。

①若 $z \leqslant 0$ 或者 $z \geqslant 2$,则没有交集,得
$$f_{X+Y}(z)=0$$

②若 $0<z<1$,则交集为 $\{0<x<z\}$,得
$$f_{X+Y}(z)=\int_0^z f_X(x)f_Y(z-x)\,\mathrm{d}x=z \tag{3.90}$$

③若 $1<z<2$,则交集为 $\{z-1<x<1\}$,得
$$f_{X+Y}(z)=\int_{z-1}^1 f_X(x)f_Y(z-x)\,\mathrm{d}x=2-z \tag{3.91}$$

综上,可得

$$f_{X+Y}(z)=\begin{cases} z, & 0 \leqslant z < 1 \\ 2-z, & 1 \leqslant z < 2 \end{cases} \tag{3.92}$$

(2)对于 $f(x)=\dfrac{10-x}{50},0<x<10$,因为

$$f_X(x)f_Y(z-x) \text{非零} \Leftrightarrow \{0<x<10,0<z-x<10\}$$
$$\Leftrightarrow \{0<x<10,z-10<x<z\} \tag{3.93}$$

所以,重点考虑两个不等式是否有交集

①若 $z\leqslant 0$ 或者 $z\geqslant 20$,则没有交集,得

$$f_{X+Y}(z)=0$$

②若 $0<z<10$,则交集为 $\{0<x<z\}$,得

$$f_{X+Y}(z)=\int_0^z f_X(x)f_Y(z-x)\mathrm{d}x=\int_0^z \frac{10-x}{50}\times\frac{10-(z-x)}{50}\mathrm{d}x=\frac{z^3}{15000}-\frac{z(z-10)}{250}$$

③若 $10<z<20$,则交集为 $\{z-10<x<10\}$,得

$$f_{X+Y}(z)=\int_{z-10}^{10} f_X(x)f_Y(z-x)\mathrm{d}x=\frac{(20-z)^3}{15000} \tag{3.94}$$

综上,可得

$$f_{X+Y}(z)=\begin{cases}\dfrac{z^3}{15000}-\dfrac{z(z-10)}{250}, & 0\leqslant z<10 \\[3mm] \dfrac{(20-z)^3}{15000}, & 10\leqslant z<20\end{cases} \tag{3.95}$$

**仿真计算 3.19**

```
close all,clc,syms z x,grid on,hold on,box on
h = ezplot(z),set(h,'linewidth',2,'linestyle','--')
h = ezplot(z-1),set(h,'linewidth',2,'linestyle','-.')
xlim([0,2]),xlabel('z'),ylim([0,1]),ylabel('x'),title([])
set(gca,'fontsize',15),set(gcf,'position',[100,100,300,200])
syms x z,int((10-x)/50 * (10-(z-x))/50,x,0,z),
int((10-x)/50 * (10-(z-x))/50,x,z-10,10)
```

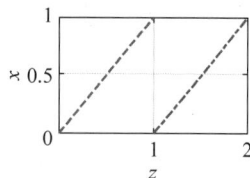

图 3.26　问题 3.12 对应的 z-x 图

## 3.6.7　函数与变换的区别

一般来说,若某一过程把二维随机变量映射为一维随机变量,则称该过程为函数;若某一过程把二维随机变量映射为另一个二维随机变量,则称该过程为变换。

**问题 3.13**　设 $X,Y$ 独立,且 $X,Y\sim\mathrm{Exp}(1)$,求 $Z=X+Y$ 的密度函数 $f_Z(z)$。

**分析**　因为 $X,Y$ 独立,所以 $X,Y$ 的联合密度为

$$f(x,y)=\begin{cases}\lambda^2\mathrm{e}^{-(x+y)}, & x>0,y>0 \\ 0, & \text{其他}\end{cases} \tag{3.96}$$

当 $z>0$ 时,$Z=X+Y$ 的分布函数为

$$F_Z(z)=P\{X+Y\leqslant z\}=\int_0^z \mathrm{e}^{-x}\left[\int_0^{z-x}\mathrm{e}^{-y}\mathrm{d}y\right]\mathrm{d}x$$

$$=\int_0^z \mathrm{e}^{-x}\left[1-\mathrm{e}^{-(z-x)}\right]\mathrm{d}x=\int_0^z\left[\mathrm{e}^{-x}-\mathrm{e}^{-z}\right]\mathrm{d}x=\int_0^z \mathrm{e}^{-x}\mathrm{d}x-z\mathrm{e}^{-z} \tag{3.97}$$

故 $Z=X+Y$ 的密度函数为

$$f_Z(z)=F_Z(z)'=\mathrm{e}^{-z}-\mathrm{e}^{-z}+z\mathrm{e}^{-z}=z\mathrm{e}^{-z},z>0 \tag{3.98}$$

**问题 3.14**　设导弹的落点坐标为 $(X,Y)$,其密度函数为

$$f(x,y)=\frac{1}{2\pi\sigma^2}\mathrm{e}^{-\frac{x^2+y^2}{2\sigma^2}}, -\infty<x,y<+\infty \tag{3.99}$$

将$(X,Y)$变换为极坐标,即令$x=\rho\cos\varphi,y=\rho\sin\varphi$,试求$(\rho,\varphi)$的概率密度函数。

**分析**　由极坐标变换的特性,解得唯一逆映射为

$$\begin{cases}x=h_1(\rho,\varphi)=\rho\cos\varphi\\y=h_2(\rho,\varphi)=\rho\sin\varphi\end{cases},\quad\rho\geqslant0,0<\varphi\leqslant2\pi \tag{3.100}$$

其变换的雅可比矩阵的行列式$J=\rho$,故$(\rho,\varphi)$的概率密度函数为

$$f_{\rho\varphi}(\rho,\varphi)=f(h_1(\rho,\varphi),h_2(\rho,\varphi))\cdot|J|=\begin{cases}\dfrac{\rho}{2\pi\sigma^2}e^{-\frac{\rho^2}{2\sigma^2}},&\rho\geqslant0,0<\varphi\leqslant2\pi\\0,&\text{其他}\end{cases} \tag{3.101}$$

需注意:$\rho$与$\varphi$独立,$\rho$的边缘密度函数称为瑞利分布。

## 3.6.8　分布的可加不变性

(1)两个随机变量独立,且服从正态分布,则它们的和仍服从正态分布。实际上,$X_1$,$X_2$独立,且$X_1\sim N(\mu_1,\sigma_1^2),X_2\sim N(\mu_2,\sigma_2^2)$,则$X_1+X_2\sim N(\mu_1+\mu_2,\sigma_1^2+\sigma_2^2)$。简单起见,设$X_1\sim N(0,1),X_2\sim N(0,1)$,由卷积公式可求得$X+Y$的密度函数为

$$f_{X+Y}(u)=\int_{-\infty}^{+\infty}\varphi(u-y)\varphi(y)\mathrm{d}y=\int_{-\infty}^{+\infty}\frac{1}{\sqrt{2\pi}}e^{-\frac{(u-y)^2}{2}}\frac{1}{\sqrt{2\pi}}e^{-\frac{y^2}{2}}\mathrm{d}y$$

$$=\frac{1}{\sqrt{2\pi}\sqrt2}e^{-\frac{u^2}{2(\sqrt2)^2}}\int_{-\infty}^{+\infty}\frac{1}{\sqrt{2\pi}}e^{-\frac{\left(\sqrt2 y-\frac{u}{\sqrt2}\right)^2}{2}}\mathrm{d}y=\frac{1}{2\sqrt\pi}e^{-\frac{u^2}{4}}$$

(2)两个随机变量独立,且服从二项分布,但是成功概率都为$p$,则它们的和仍服从二项分布。实际上,$X_1$,$X_2$独立,且$X_1\sim B(n_1,p),X_2\sim B(n_2,p)$,则$X_1+X_2\sim B(n_1+n_2,p)$。由离散卷积公式,对于$k=0,1,2,\cdots,n_1+n_2$,有

$$P\{Z=k\}=\sum_{j=0}^k P\{X=k-j\}\cdot P\{Y=j\}$$

$$=\sum_{j=0}^k \mathrm{C}_{n_1}^{k-j}p^{n_1-(k-j)}(1-p)^{k-j}\mathrm{C}_{n_2}^j p^{n_2-j}(1-p)^j$$

$$=p^{n_1+n_2-k}(1-p)^k\sum_{j=0}^k\mathrm{C}_{n_1}^{k-j}\mathrm{C}_{n_2}^j=\mathrm{C}_{n_1+n_2}^k p^{n_1+n_2-k}(1-p)^k$$

(3)两个随机变量独立,且服从泊松分布,则它们的和仍服从泊松分布。实际上,$X_1$,$X_2$独立,且$X_1\sim P(\lambda_1),X_2\sim P(\lambda_2)$,则$X_1+X_2\sim P(\lambda_1+\lambda_2)$。由离散卷积公式有

$$P\{Z=k\}=\sum_{j=0}^k P\{X=k-j\}\cdot P\{Y=j\}=\sum_{j=0}^k\frac{\lambda_1^{k-j}}{(k-j)!}e^{-\lambda_1}\cdot\frac{\lambda_2^j}{j!}e^{-\lambda_2}$$

$$=\frac{1}{k!}e^{-(\lambda_1+\lambda_2)}\sum_{j=0}^k\frac{k!}{j!(k-j)!}\lambda_1^{k-j}\lambda_2^j \tag{3.102}$$

$$=\frac{(\lambda_1+\lambda_2)^k}{k!}e^{-(\lambda_1+\lambda_2)}\quad(k=0,1,2,\cdots)$$

# 第 4 章

# 随机变量的数字特征

章节内容 4

1. 数学期望。
2. 方差。
3. 协方差、相关系数、矩与协方差阵。

## 4.1 数学期望

### 4.1.1 再论协同轰炸问题

**案例 4.1** 假设某基地共有 $m > 5$ 架战机,要摧毁敌方 5 个地面目标。如果每架战机随机选择目标进行攻击,且一枚炸弹就可摧毁目标,计算若无协同轰炸时目标全部被摧毁的概率大于 $95\%$,需要多少架战机?若要全部摧毁 5 个目标,平均需要多少架战机?

**分析** (1)把该案例等价地转化为"袋中有 5 个不同的球,$m$ 个人依次有放回地抽球,求 $m$ 次抽球结束后,5 个球都被抽到过的概率"。记 $P_m$ 表示前 $m$ 次可遍历 5 球的概率,依据"容斥原理"得出

$$P_m = \frac{C_5^5 5^m - C_5^4 4^m + C_5^3 3^m - C_5^2 2^m + C_5^1 1^m}{5^m} \tag{4.1}$$

如图 4.1 所示,若要目标全部被摧毁的概率大于 $95\%$,可算得 $m \geqslant 21$。

(2)记 $p_m$ 表示第 $m$ 次恰好遍历 5 球的概率,若前 $m-1$ 次抽到了 4 种球,第 $m$ 次恰好抽到第 5 种球,则

$$p_m = P_m - P_{m-1}, \quad m > 5 \tag{4.2}$$

同样可以利用容斥原理计算 $p_m$,如图 4.2 所示。

$$p_m = \frac{C_5^4 4^{m-1} - C_5^3 3^{m-1} C_2^1 + C_5^2 2^{m-1} C_3^1 - C_5^1 1^{m-1} C_4^1}{5^m} \tag{4.3}$$

实际上,$C_5^4 4^{m-1}$ 表示在 5 个球里选 4 个球;但这样又多了选项 11123 等,需减去 $C_5^3 3^{m-1} C_2^1$;同理又会少了选项 11112 等,需补充 $C_5^2 2^{m-1} C_3^1$;同理又多了 11111 等,需减去 $C_5^1 1^{m-1} C_4^1$。用错位相减法,得

$$E(X) = \sum_{m=5}^{\infty} m \cdot p_m = \frac{137}{12} \approx 11.42 \tag{4.4}$$

即平均需要 12 架战机。

**仿真计算 4.1**

```
close all,clc,clear,t = 0;P = [ ];kk = 5:1:10 + 20
for k = kk,t = t + 1;
P(t) = 5^k-nchoosek(5,4) * 4^k + nchoosek(5,3) * 3^k...
-nchoosek(5,2) * 2^k + nchoosek(5,1) * 1^k;
P(t) = P(t) /5^k;end,diffP = diff(P)
plot(kk,P,'- + ','linewidth',2),grid on,
ylabel('P_m,全部摧毁概率');
xlabel('m,战机数量');yticks([0.05:0.1:1]);
set(gca,'fontsize',15),set(gcf,'Position',[100,100,300,200])
figure,t = 0;P = [ ];for k = kk,t = t + 1;k = k-1;
P(t) = nchoosek(5,4) * 4^k * 1-nchoosek(5,3) * 3^k * 2...
+ nchoosek(5,2) * 2^k * 3-nchoosek(5,1) * 1^k * 4;
P(t) = P(t) /5^(k + 1);end,Ex = dot(P,kk)
plot(kk,P,'- + ','linewidth',2),grid on,
ylabel('p_m,全部摧毁概率');xlabel('m,战机数量');
yticks([0.01:0.01:1]);
set(gca,'fontsize',15),set(gcf,'Position',[100,100,300,200])
```

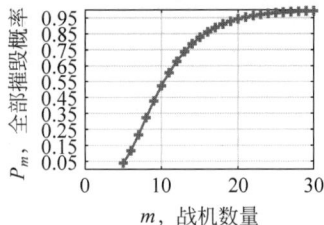

图 4.1    前 $m$ 次可全部摧毁概率

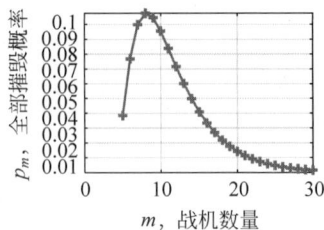

图 4.2    第 $m$ 次恰好全部摧毁概率

**评注 4.1    协同的意义**

(1)协同可以显著提高完成目标任务的概率;

(2)在多目标任务中,不协同而完成任务是小概率事件,完成任务的可能性接近零;

(3)在多目标任务中,可以通过增加冗余的方式提高完成任务的概率,只要冗余足够多,完成任务会从小概率事件变为大概率事件。

## 4.1.2    如何区分均值和期望

均值也称为样本均值(sample mean),对于离散随机变量,其定义为 $\overline{X} = \dfrac{1}{n}\sum\limits_{i=1}^{n} X_i$;期望刻画了总体水平高低,对于离散随机变量,其定义为 $E(X) = \sum\limits_{k=1}^{\infty} k \cdot p_k$,其中 $\{p_k\}$ 是分布律。 均值与期望的区别如下。

(1)均值大概率不等于期望。因为均值是统计量,本质是随机变量,试验的不确定性决定了结果的不确定性,而期望是随机变量的数值特征,本质是一个确定数值。

(2)均值体现了期望,大数定律表明均值依概率收敛到期望。均值是一种特殊的平均数,称为算术平均数。而体现期望的不只有算术平均数,还有中位数、众数、几何平均数、调和平均数等。

(3)期望是总体假设下推理的结果,而均值是试验的统计结果。所以在实际应用中均值较容易理解,而期望常依托均值进行理解。

## 4.1.3    哪个射手的水平更高

**案例 4.2(相同射击次数)**    甲、乙两射手进行打靶训练,统计了两人的 100 次射击成绩见表 4.1,问哪个射手的水平更高?

表 4.1　射击训练成绩(相同射击次数)

| 环数 | 6 | 7 | 8 | 9 | 10 |
|---|---|---|---|---|---|
| 甲中靶数 | 7 | 10 | 28 | 45 | 10 |
| 乙中靶数 | 4 | 25 | 21 | 41 | 9 |

**分析**　因为甲的总环数大于乙的总环数,所以甲射手的水平更高。

$$甲的总环数 = 6 \times 7 + 7 \times 10 + 8 \times 28 + 9 \times 45 + 10 \times 10 = 841$$
$$乙的总环数 = 6 \times 4 + 7 \times 25 + 8 \times 21 + 9 \times 41 + 10 \times 9 = 826$$

**仿真计算 4.2**

A = dot([6,7,8,9,10],[7,10,28,45,10]),B = dot([6,7,8,9,10],[4,25,21,41,9])

一个自然的问题:比较总环数,合理吗? 本例中,因为甲乙都射击了 100 次,所以比较总环数是合理的,但是如果甲射击 100 次,乙射击了 80 次,比较总环数就不公平了。

**案例 4.3(不同射击次数)**　甲、乙两射手进行打靶训练,统计了甲 100 次、乙 80 次的射击成绩见表 4.2,问哪个射手的水平更高?

表 4.2　射击训练成绩(不同射击次数)

| 环数 | 6 | 7 | 8 | 9 | 10 |
|---|---|---|---|---|---|
| 甲中靶数 | 7 | 10 | 28 | 45 | 10 |
| 乙中靶数 | 6 | 18 | 16 | 32 | 8 |

**分析**　因为甲的平均环数大于乙的平均环数,所以甲射手的水平更高。

$$甲的平均环数 = 6 \times \frac{7}{100} + 7 \times \frac{10}{100} + 8 \times \frac{28}{100} + 9 \times \frac{45}{100} + 10 \times \frac{10}{100} = 8.41$$

$$乙的平均环数 = 6 \times \frac{6}{80} + 7 \times \frac{18}{80} + 8 \times \frac{16}{80} + 9 \times \frac{32}{80} + 10 \times \frac{8}{80} = 8.23$$

**仿真计算 4.3**

A = dot([6,7,8,9,10],[7,10,28,45,10])/100,B = dot([6,7,8,9,10],[6,18,16,32,8])/80

## 4.1.4　期望的绝对收敛约束

**定义 4.1**　设离散型随机变量 $X$ 的分布律为 $P\{X = x_k\} = p_k, k = 1, 2, \cdots$,若级数 $\sum_{k=1}^{\infty} |x_k| \cdot p_k < \infty$,则称

$$E(X) = \sum_{k=1}^{\infty} x_k p_k$$

为数学期望,简称期望。定义 4.1 的几个要点如下:

(1)期望是样本点的加权平均,权就是分布律;

（2）符号∞经常是形式化的,在实际应用中经常是有限的数字 $n$;

（3）一个好的定义必须要求唯一性,然而若随机变量的分布不满足绝对收敛的约束条件,那么调换分布律的样本点的顺序,就可能得到不唯一的期望。

**反例 4.1** 证明下列数列是某个离散型随机变量 $X$ 的分布律,它的加权平均收敛,但是期望不存在。

$$P\{X=(-1)^{k-1}k\}=p_k=\frac{6}{\pi^2}\frac{1}{k^2},k=1,2,\cdots \tag{4.5}$$

**分析** 因 $\sum_{k=1}^{\infty}\frac{1}{k^2}=\frac{\pi^2}{6}$,故 $\sum_{k=1}^{\infty}p_k=1$,所以 $p_k$ 确实是分布律。注意到尽管有 $\sum_{k=1}^{\infty}x_k\cdot p_k=\frac{6}{\pi^2}\ln2$,但是 $\sum_{k=1}^{\infty}|x_k|\cdot p_k=\infty$,即不满足绝对收敛。实际上,加权之和为

$$\sum_{k=1}^{\infty}x_k\cdot p_k=\sum_{k=1}^{\infty}(-1)^{k-1}k\cdot\frac{6}{\pi^2}\frac{1}{k^2}=\frac{6}{\pi^2}\sum_{k=1}^{\infty}\frac{(-1)^{k-1}}{k}=\frac{6}{\pi^2}\ln2 \tag{4.6}$$

绝对加权之和为

$$\sum_{k=1}^{\infty}|x_k|\cdot p_k=\sum_{k=1}^{\infty}k\cdot\frac{6}{\pi^2}\frac{1}{k^2}=\frac{6}{\pi^2}\sum_{k=1}^{\infty}\frac{1}{k}=\infty \tag{4.7}$$

所以,按照定义 4.1,该随机变量不满足期望的基本条件。

**仿真计算 4.4**

```
syms k,symsum((-1)^(k-1)/k,1,inf),symsum(1/k^2,1,inf),symsum(1/k,1,inf),log(2)*6/pi^2
```

（4）不满足绝对收敛的收敛序列称为条件收敛序列,调整序列顺序后其收敛结果就不同。19 世纪德国著名数学家黎曼提出了黎曼级数定理,该定理表明:如果一个实数项的无穷级数是条件收敛的,那么它的项在经过重新排列后,重新排列后的级数的和可能会收敛到任何一个给定的值,甚至可能发散。

**反例 4.2** 交错调和级数如下,在不同排序下其结果可以不同。

$$1-\frac{1}{2}+\frac{1}{3}-\frac{1}{4}+\frac{1}{5}-\frac{1}{6}+\frac{1}{7}-\frac{1}{8}+\cdots \tag{4.8}$$

**分析** 实际上,该级数是条件收敛级数,且在"一正一负"顺序下,级数收敛,收敛到 $\ln2$。现在,我们按照"一正二负"重新排列各项的顺序,得一新的级数:

$$1-\frac{1}{2}-\frac{1}{4}+\frac{1}{3}-\frac{1}{6}-\frac{1}{8}+\frac{1}{5}-\frac{1}{10}-\frac{1}{12}+\cdots$$

$$=\left(1-\frac{1}{2}\right)-\frac{1}{4}+\left(\frac{1}{3}-\frac{1}{6}\right)-\frac{1}{8}+\left(\frac{1}{5}-\frac{1}{10}\right)-\frac{1}{12}+\cdots$$

$$=\frac{1}{2}-\frac{1}{4}+\frac{1}{6}-\frac{1}{8}+\frac{1}{10}-\frac{1}{12}+\cdots=\frac{1}{2}\left(1-\frac{1}{2}+\frac{1}{3}-\frac{1}{4}+\frac{1}{5}-\frac{1}{6}+\cdots\right)=\frac{1}{2}\ln2$$

这意味着:重新排序后,序列求和结果减少了一半!实验表明:若将交错调和级数的负项提前,就可以使级数减小;同理,将正项提前,就可以使级数增大。具体的规律如下。

①按"一正一负"排列,级数之和为 $\ln2$,即

$$\left(1-\frac{1}{2}\right)+\left(\frac{1}{3}-\frac{1}{4}\right)+\left(\frac{1}{5}-\frac{1}{6}\right)+\left(\frac{1}{7}-\frac{1}{8}\right)+\cdots$$

$$=\sum_{n=1}^{\infty}\left(\frac{1}{2n-1}-\frac{1}{2n}\right)=\sum_{n=1}^{\infty}\frac{1}{2n(2n-1)}=\ln 2\approx 0.6931$$

---

**仿真计算 4.5**

```
syms n,symsum(1/(2*n-1)-1/(2*n),1,inf)
```

---

②按"一正二负"排列,级数之和减小到原来的一半,为$\frac{1}{2}\ln 2$,即

$$\left(1-\frac{1}{2}-\frac{1}{4}\right)+\left(\frac{1}{3}-\frac{1}{6}-\frac{1}{8}\right)+\left(\frac{1}{5}-\frac{1}{10}-\frac{1}{12}\right)+\cdots$$

$$=\sum_{n=1}^{\infty}\left(\frac{1}{2n-1}-\frac{1}{4n-2}-\frac{1}{4n}\right)=\sum_{n=1}^{\infty}\frac{1}{8n^2-4n}=\frac{1}{2}\ln(2)\approx 0.3466$$

---

**仿真计算 4.6**

```
syms n,collect(1/(2*n-1)-1/(4*n-2)-1/(4*n)),symsum(1/(2*n-1)-1/(4*n-2)-1/(4*n),1,inf)
```

---

③按"一正三负"排列,级数之和进一步减小,为 $\ln(2)-\ln(3)/2$,即

$$\left(1-\frac{1}{2}-\frac{1}{4}-\frac{1}{6}\right)+\left(\frac{1}{3}-\frac{1}{8}-\frac{1}{10}-\frac{1}{12}\right)+\left(\frac{1}{5}-\frac{1}{14}-\frac{1}{16}-\frac{1}{18}\right)+\cdots$$

$$=\sum_{n=1}^{\infty}\left(\frac{1}{2n-1}-\frac{1}{6n-4}-\frac{1}{6n-2}-\frac{1}{6n}\right)\approx -0.1115$$

$$=\sum_{n=1}^{\infty}\frac{9n^2-10n+2}{108n^4-162n^3+78n^2-12n}=\ln(2)-\ln(3)/2\approx 0.1438$$

---

**仿真计算 4.7**

```
syms n,collect(1/(2*n-)-1/(6*n-4)-1/(6*n-2)-1/(6*n))
symsum(1/(2*n-1)-1/(6*n-4)-1/(6*n-2)-1/(6*n),1,inf)
```

---

④按"一正五负"排列,级数之和为负值,即

$$\left(1-\frac{1}{2}-\frac{1}{4}-\frac{1}{6}-\frac{1}{8}-\frac{1}{10}\right)+\left(\frac{1}{3}-\frac{1}{12}-\frac{1}{14}-\frac{1}{16}-\frac{1}{18}-\frac{1}{20}\right)+\cdots$$

$$=\sum_{n=1}^{\infty}\left(\frac{1}{2n-1}-\frac{1}{10n-8}-\frac{1}{10n-6}-\frac{1}{10n-4}-\frac{1}{10n-2}-\frac{1}{10n}\right)\approx -0.1115$$

---

**仿真计算 4.8**

```
syms n,collect(1/(2*n-1)-1/(10*n-8)-1/(10*n-6)-1/(10*n-4)-1/(10*n-2)-1/(10*n-0))
symsum(collect(1/(2*n-1)-1/(10*n-8)-1/(10*n-6)-1/(10*n-4)-1/(10*n-2)-1/(10*n-0)),1,inf)
```

⑤ 按"一正 $m$ 负"排列,可以发现,随着 $m$ 的增大,级数之和不断减小,甚至达到 $-\infty$,即

$$\sum_{n=1}^{\infty}\left(\frac{1}{2n-1}-\frac{1}{2mn-0}-\frac{1}{2mn-2}-\frac{1}{2mn-4}-\cdots\right)$$

$$=\sum_{n=1}^{\infty}\left(\frac{1}{2n-1}-\sum_{k=0}^{m-1}\frac{1}{2mn-2k}\right)$$

**仿真计算 4.9**

```
syms n m k,an = 1/(2*n-1)-symsum(1/(2*m*n-2*k),k,0,m-1),symsum(an,m,1,inf)
```

⑥ 按"$m$ 正一负"排列,可以发现,随着 $m$ 的增大,级数之和不断变大,甚至达到 $\infty$,即

$$\sum_{n=1}^{\infty}\left(-\frac{1}{2n}+\frac{1}{2mn-1}+\frac{1}{2mn-3}+\frac{1}{2mn-5}+\cdots\right)$$

$$=\sum_{n=1}^{\infty}\left(-\frac{1}{2n}+\sum_{k=0}^{m-1}\frac{1}{2mn-(2k+1)}\right)$$

**仿真计算 4.10**

```
syms n m k,an = 1/(-2*n) + symsum(1/(2*m*n-2*k-1),k,0,m-1),symsum(an,m,1,inf)
```

## 4.1.5 协同穿越问题

**评注 4.2 高等数学与概率统计是强关联的**

有人问:在信息处理中,线性代数的矩阵工具为数据存储与变换提供了载体,而概率统计为智能评估与决策提供了不确定度量工具,那么高等数学的应用价值体现在哪里? 一个有趣的回答:如果吃三个馒头能填饱肚子,那么不能只肯定第三个馒头,而否定第一个和第二个馒头的功劳。计算机擅长处理离散、随机问题,所以感觉线性代数与概率统计更具有工程应用价值,但是计算与决策背后的论证却离不开高等数学。比如,穿越沙漠问题和单拱架桥问题表明:不满足绝对收敛也有重要的应用价值。

**问题 4.1** 重型卡车要穿越 800 km 的沙漠,卡车满载油量可跑 600 km,单辆卡车无法通过沙漠,为了通过沙漠,可通过两辆卡车(记为 A 车和 B 车)协同来完成:

(1)当汽车行驶到 200km 时,A、B 两车的油量分别为(2/3,2/3);

(2)B 车将 1/3 油给 A 车,A、B 两车的油量分别为(3/3,1/3),B 车可以安全返回原点,A 车可以继续跑 600km。因此,两车协同可以完成不协同无法完成的任务。

记 A 车和 B 车最佳协同距离耗油为 $x$,B 车给 A 车的油量为 $y$,则 A 车的最远行驶距离对应的耗油为 $f(x)=1+y$。因为 $2x+y\leqslant1$ 可保证 B 车能返回起点,而 $y\leqslant x$ 可保证 A 车油箱不超载,所以超远沙漠协同穿越问题的数学实质为以下优化问题:

$$\max f(x)=1+y, \text{ s.t.}\begin{cases}2x+y\leqslant1\\y\leqslant x\\x\leqslant1,y\leqslant1\end{cases} \tag{4.9}$$

如图 4.3 所示, $f(x)$ 在 $y=x=1/3$ 时达到最优值, 即在协同条件下, A 车的最远行驶距离对应的油耗为

$$S_2 = 1 + \frac{1}{3}$$

---

**仿真计算 4.11**

```
close all,clc,syms x y
patch([0,1/3,0,0],[0,1/3,1,0],'c'),grid on,hold on,box on
plot([0,1],[0,1],'r--','linewidth',2)
plot([0,1],[1,-1],'k--','linewidth',2)
plot([0,1/3],[1,4/3],'b-','linewidth',2)
set(gca,'fontsize',12),set(gcf,'position',[100,100,300,200])
set(gca,'YTick',[-1,0,1/3,1,4/3]),ylim([-0.5,1.5])
legend('可行域','边界1','边界2','目标函数','Location','southwest')
```

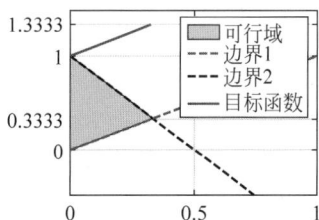

图 4.3 可行域与目标函数

---

**问题 4.2** 重型卡车要穿越 920 km 的沙漠, 卡车满载油量可跑 600 km, 显然两车协同无法通过沙漠, 因此司机希望通过三车(记为 A 车、B 车和 C 车)协同来完成:

(1)当汽车行驶到 120km 时, A、B、C 三车油量分别为(4/5,4/5,4/5);

(2)C 车将 1/5 油给 A 车, 1/5 油给 B 车, 则 A、B、C 三车油量分别为(1,1,2/5), A 车和 B 车继续前行, C 车等待;

(3)依据问题 4.1, A 车可以再跑 800 km, 达到穿越沙漠的目的, 而 B 车可以协同 A 车跑 200 km 后返回 C 车等待点, 然后 C 车将 1/5 油给 B 车, 最后 B、C 两车共同回到原点。总之 A 车的最远行驶距离对应的油耗为

$$S_3 = 1 + \frac{1}{3} + \frac{1}{5}$$

**问题 4.3** 重型卡车要穿越无限宽度的沙漠, 卡车满载油量可跑 600 km, 理论上只要协同车辆足够多, A 车就可以穿越该沙漠, 因为 A 车的最远行驶距离对应的油耗类似于调和级数:

$$S_n = 1 + 1/3 + 1/5 + \cdots + 1/n \rightarrow \infty (n \rightarrow \infty)$$

调和级数是不收敛的, 实际上, 因为

(1) $1 + 1/2 > 1/2 + 1/2 = 2/2$;

(2) $1 + 1/2 + (1/3 + 1/4) > 2/2 + (1/4 + 1/4) = 3/2$;

(3) $1 + 1/2 + (1/3 + 1/4) + (1/5 + 1/6 + 1/7 + 1/8) >$
$$3/2 + (1/8 + 1/8 + 1/8 + 1/8) = 4/2;$$

(4)以上不等式可以扩展为任何正整数 $k$ 的一般不等式:

$$1 + 1/2 + (1/3 + 1/4) + \cdots + 1/2^k > (k+1)/2$$

所以, 只需项数足够多, 调和级数的和可以大于任意有限量。

## 4.1.6 单拱架桥问题

---

**评注 4.3 理论可行不代表实际可行**

理论上, 纸牌可以叠到无穷远! 但是理论可行不代表实际可行, 因为纸牌有厚度, 实践

中无法获得足够多的纸牌(比如当单拱长度达到 100 时,所需的纸牌数将达到 $e^{100}$,已经超过了地球可获得纸牌的总和)。另外,堆累过程中还可能存在误差,一不小心拱桥就可能提前倒下。

调和级数单项收敛到零,但是级数之和不收敛,而且不收敛性解释了"单拱架桥问题"的理论可行性:将均质的相同尺寸的纸牌一张张叠放于平台上,只要纸牌数量足够多,纸牌就能叠到无穷远。实际上,如图 4.4~图 4.6 所示,从上至下对纸牌编号,以第 1 张纸牌的左端点为原点建立坐标系,设前 $k$ 张纸牌的重心为 $C_k$,$k=1,2,\cdots,n$,前 $k$ 张纸牌单拱不倒的临界条件是:前 $k$ 张纸牌伸出平台的长度为 $C_k$。

**图 4.4　第 1 张纸牌单拱不倒的临界条件**

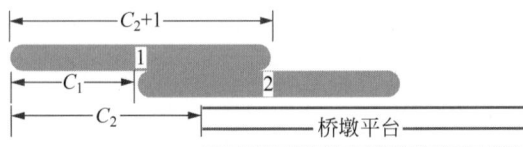

**图 4.5　第 2 张纸牌单拱不倒的临界条件**

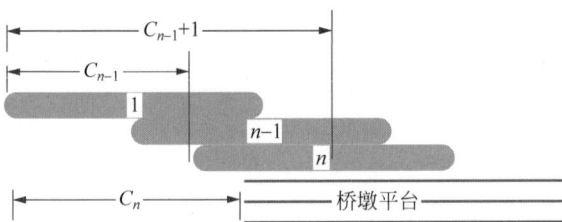

**图 4.6　第 $n$ 张纸牌单拱不倒的临界条件**

假定单张纸牌长度为 2,重力为 $F=mg$,则有:

(1)第 1 张纸牌单拱不倒的临界条件是纸牌重心 $C_1$ 刚好在桥墩边缘点,即 $C_1=1$;

(2)第 2 张纸牌单拱不倒的临界条件是两张纸牌的合成重心 $C_2$ 刚好在桥墩台边缘点,利用"重心坐标×重力＝重力矩"可知 $C_2 \cdot 2F = C_1 \cdot F+(C_1+1)F$,其中 $C_1 \cdot F$ 是第 1 张纸牌的重力矩,$(C_1+1)F$ 是第 2 张纸牌的重力矩,解得 $C_2=1+1/2$;

(3)第 $n$ 张纸牌单拱不倒的临界条件是所有 $n$ 张纸牌的合成重心 $C_n$ 刚好在桥墩边缘点,利用"重心坐标×重力＝重力矩"可知 $C_n \cdot nF = C_{n-1} \cdot (n-1)F+(C_{n-1}+1)F$,其中 $C_{n-1} \cdot (n-1)F$ 是前 $n-1$ 张纸牌的重力矩,$(C_{n-1}+1)F$ 是第 $n$ 张纸牌的重力矩。

依据归纳法得

$$C_n \cdot n = nC_{n-1}+1 \Rightarrow C_n = C_{n-1}+\frac{1}{n} = 1+\frac{1}{2}+\cdots+\frac{1}{n-1}+\frac{1}{n} \tag{4.10}$$

且

$$C_n = 1+\frac{1}{2}+\cdots+\frac{1}{n-1}+\frac{1}{n} \to \infty(n \to \infty) \tag{4.11}$$

## 4.1.7　可加性的简易证明方法

　　期望的可加性的证明常借助随机变量函数的期望性质,而后者本身不是显而易见的,所以我们回避了后者,尝试直接用定义加以证明。另外文献[2]只给出了连续型随机变量的证明过程,我们希望给出相应的离散型随机变量的证明过程。在证明过程中,需注意:

　　(1)在证明过程中,把二维离散型随机变量看成一种特殊的一维离散型随机变量,因为二维离散型随机变量的可能取值也是至多可列的;

　　(2)在证明过程中,用到了边缘分布律,还用到了两个连加符的交换律。

　　**命题 4.1**　假设随机变量 $X,Y$ 的数学期望都存在,则有

$$E(X+Y)=E(X)+E(Y) \tag{4.12}$$

　　**分析**　假设 $X,Y$ 的联合分布律为 $P\{X=x_i,Y=y_j\}=p_{ij},i,j=1,2,\cdots$,则

$$E(X+Y)=\sum_{i=1}^{\infty}\sum_{j=1}^{\infty}(x_i+y_j)p_{ij}$$

$$=\sum_{i=1}^{\infty}\sum_{j=1}^{\infty}(x_ip_{ij}+y_jp_{ij})=\sum_{i=1}^{\infty}x_i\sum_{j=1}^{\infty}p_{ij}+\sum_{j=1}^{\infty}y_j\sum_{i=1}^{\infty}p_{ij}$$

$$=\sum_{i=1}^{\infty}x_i\cdot p_{i\cdot}+\sum_{j=1}^{\infty}y_j\cdot p_{\cdot j}=E(X)+E(Y)$$

## 4.1.8　不存在期望的离散型随机变量

　　**反例 4.3**　如下随机变量的期望不存在:

$$x_k=k,\ p_k=\frac{6}{\pi^2}\frac{1}{k^2},\ k=1,2,\cdots \tag{4.13}$$

　　**分析**　依据 $\ln(1+x)=\sum_{k=1}^{\infty}\frac{(-1)^{k-1}x^k}{k}$,可得

$$\sum_{k=1}^{\infty}x_k\cdot p_k=\frac{6}{\pi^2}\sum_{k=1}^{\infty}\frac{(-1)^{k-1}}{k}=\frac{6}{\pi^2}\ln 2$$

但是,由于

$$\sum_{k=1}^{\infty}|x_k|\cdot p_k=\frac{6}{\pi^2}\sum_{k=1}^{\infty}\frac{1}{k}=\infty$$

所以期望不存在。

　　**反例 4.4**　如下随机变量的期望不存在:

$$P\left\{X=\frac{3^k}{k}\right\}=\frac{2}{3^k}(k=1,2,\cdots) \tag{4.14}$$

　　**分析**　因为

$$\sum_{k=1}^{\infty}|x_k|\cdot p_k=\sum_{k=1}^{\infty}\frac{3^k}{k}\cdot\frac{2}{3^k}=\sum_{k=1}^{\infty}\frac{2}{k}=\infty$$

所以期望不存在。

### 4.1.9　不存在期望的连续型随机变量

**反例 4.5**　柯西(Cauthy)分布的期望不存在,其中柯西分布密度函数为

$$f(x) = \frac{1}{\pi}\frac{1}{1+x^2}, \quad -\infty < x < \infty$$

**分析**　因为

$$\int_{-\infty}^{+\infty} |x| f(x) \mathrm{d}x = \frac{2}{\pi}\int_0^{+\infty}\frac{x\mathrm{d}x}{1+x^2} = \frac{1}{\pi}\ln(1+x^2)\Big|_0^{+\infty} = \infty$$

所以期望不存在。

**反例 4.6**　随机变量的期望存在,其函数的期望未必存在,如$[0,\pi]$上的均匀分布的期望为$\pi/2$,但是它的正切函数为柯西分布,所以其正切函数不存在期望。

**反例 4.7**　自由度等于 1 的 $t$ 分布,期望和方差都不存在;自由度等于 2 的 $t$ 分布,期望存在,方差不存在,其中 $t$ 分布的密度函数为

$$f_{t(n)}(x) = \frac{\Gamma\left(\frac{n+1}{2}\right)}{\sqrt{n\pi}\,\Gamma\left(\frac{n}{2}\right)}\left(1+\frac{x^2}{n}\right)^{-\frac{n+1}{2}} \tag{4.15}$$

**分析**　(1)当 $n=1$ 时,$t$ 分布退化为柯西分布,所以 $X$ 的数学期望不存在,方差也不存在。

(2)当 $n=2$ 时,$\sqrt{2\pi}\,\frac{\Gamma(2/2)}{\Gamma((2+1)/2)}\int_{-\infty}^{+\infty} x\left(1+\frac{x^2}{2}\right)^{-\frac{3}{2}}\mathrm{d}x = 0$,即 $X$ 的期望存在,为 0;

$\sqrt{2\pi}\,\frac{\Gamma(2/2)}{\Gamma((2+1)/2)}\int_{-\infty}^{+\infty} x^2\left(1+\frac{x^2}{2}\right)^{-\frac{3}{2}}\mathrm{d}x = \infty$,即 $X^2$ 的期望不存在,故 $X$ 的方差不存在。

### 4.1.10　电梯问题

**案例 4.4**　某栋楼高 11 层,电梯在首层载有 12 位乘客 。若到达某楼层没有乘客下电梯,则电梯在该层不停。以 $X$ 表示电梯停的次数,求 $E(X)$(假设每个乘客在任一层下电梯是等可能的,且各乘客是否下电梯独立),直觉上电梯平均会停多少次?

**分析**　设

$$X_i = \begin{cases} 1, & \text{电梯在第 } i+1 \text{ 层停} \\ 0, & \text{其他} \end{cases}, \quad i = 1, 2, \cdots, 10 \tag{4.16}$$

因为 $X_i = 0$ 等价于 12 位乘客在第 $i+1$ 层都不下电梯,故 $X_i$ 的分布律为

$$P\{X_i = 0\} = \left(\frac{9}{10}\right)^{12}, \quad P\{X_i = 1\} = 1 - \left(\frac{9}{10}\right)^{12} \tag{4.17}$$

其中 $P\{X_i = 0\}$ 的依据是概率的乘法公式;而 $P\{X_i = 1\}$ 用到了概率的对立公式。又因

$$X = X_1 + X_2 + \cdots + X_{10} \tag{4.18}$$

故

$$E(X) = E(X_1) + \cdots + E(X_{10}) = 10 \cdot E(X_1) = 10 \times \left[1 - \left(\frac{9}{10}\right)^{12}\right] \approx 7.1757$$

即电梯平均停 7~8 次。

**案例 4.5**　显然建筑层数 $n$ 越多,电梯停靠的次数越多,但是在平均意义下超高层建筑会显著增加电梯的停靠次数吗?

**分析**　依据国家标准《城市居住区规划设计规范》(GB 50180—93)(2016 年版)[12]，现有城市的建筑的临界层数大致为：6 层、11 层、18 层和 30 层，如图 4.7 所示，不同楼层的要求如下。

(1)多层建筑(1~6 层)，6 层为临界点，因为无电梯住宅不应超过 6 层。

(2)小高层住宅(7~11 层)，11 层为临界点，因为 12 层及以上的住宅，每栋楼设置电梯不应少于 2 台，其中应设置 1 台可容纳担架的电梯。

(3)高层建筑(12~18 层)，18 层为临界点，因为 19 层及以上的住宅建筑，每层住宅单元的安全出口不应少于 2 个。

(4)超高层建筑(19~32 层)，32 层为临界点，很多城市都有住宅建筑限高的要求，如80 米，对应 $80/3\approx26$ 层；100 米的超高层建筑需要执行更高要求的审批程序，对应 $100/3\approx$ 33 层。通常 26 层以上会设置 3 台电梯，32 层以上会设避难层和停机坪。

平均停靠次数 $f(n)$ 与楼层 $n$ 之间的关系为

$$f(n)=(n-1)\times\left[1-\left(\frac{n-2}{n-1}\right)^{12}\right]\quad(n=6,11,18,26,32)\tag{4.19}$$

**仿真计算 4.12**

```
close all,clear,clc
n=[6,11,18,26,32]+1,p=((n-2)./(n-1)),P=n.*(1-p.^12)
fontsize=12,
plot(n,P,'-o','linewidth',2),grid on,hold on,grid on
xlabel('n,楼层'),ylabel('f(n),停电梯次数')
Lext(n,P-0.5,{'1电梯','2电梯','2安全口','3电梯','避难层'},
'fontsize',12),set(gca,'fontsize',12);
set(gcf,'position',[50,50,300,200]),
set(gca,'xtick',n,'ytick',6:12),ylim([5,11]),xlim([6,40])
```

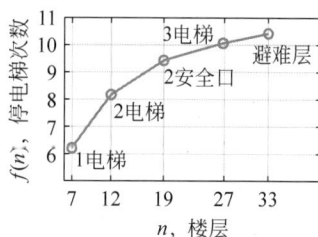

图 4.7　楼层与停电梯的次数

**评注 4.5　电梯问题需注意几个问题**

(1)在理想情况下，楼层的增加并不会显著增加电梯的停靠次数，如在平均意义下，32层楼只会比 18 层楼多停靠 1 次；若考虑到楼层的电梯数量更多，如 7 层楼只有 1 台电梯，而11 层楼有 2 台电梯，实际用梯体验可能是：楼层越高，电梯停靠次数越少。当然，还存在客观条件等原因，导致已建成高层建筑可能未严格执行《城市居住区规划设计规范》，造成电梯不足，就可能会导致停靠次数随楼层变高而显著增加。

(2)在上述分析中，假定电梯只考虑下梯人数，而没有考虑上梯人数。这会导致理论分析结果可能与实际用梯体验不同。

(3)有同学认为 $P\{X_i=0\}=\left(\frac{9}{10}\right)^{12}=0.28$ 不合理。因为如果前面 $i$ 层已经有人下梯，那么 $i+1$ 层 $P\{X_i=0\}=\left(\frac{9}{10}\right)^{12}$ 就不正确了。经分析，是因为混淆了两个概念：概率和条件概率。

实际上，每层楼不停靠的可能性是一样的！比如，第 2 层可能有 $k=0,1,2,\cdots,12$ 人下电梯，此时剩余 $12-k$ 人，在该条件下，在第 3 层都不下电梯的概率为 $\left(\frac{8}{9}\right)^{12-k}$，依据全概率公式，所有情况下第 3 层不停靠的概率为

$$P\{X_2=0\}=\sum_{k=0}^{12}P\{X_2=0\mid Y=k\}\cdot P\{Y=k\}$$

$$=\sum_{k=0}^{12}\left(\frac{8}{9}\right)^{12-k}\cdot C_{12}^{k}\left(\frac{1}{10}\right)^{k}\left(\frac{9}{10}\right)^{12-k}$$

$$=\sum_{k=0}^{12}C_{12}^{k}\left(\frac{1}{10}\right)^{k}\left(\frac{8}{10}\right)^{12-k}=\left(\frac{1}{10}+\frac{8}{10}\right)^{12}=\left(\frac{9}{10}\right)^{12}$$

## 4.1.11 停战谈判问题再讨论

**评注 4.6 教学能手比赛案例——停战谈判**

停战协定中的利益分配问题，充分利用了数学期望的思想：战争游戏、赢者通吃和利益分配都呈现典型的马太效应——即接近胜利者，其所获得的收入比例远高于胜数比例。更确切地说，无论是七局四胜、五局三胜，还是三局两胜，利益分配的比例不由胜数比决定，而由未完成的两局游戏的有利场合比决定。

**案例 4.6** A、B 两人进行"剪刀石头布"的游戏，规则是"三局两胜，胜者通吃"，筹码为 12 朵红花。当只玩了一局且 A 胜时不得不结束游戏，问 A、B 两人应如何合理分配红花?（　）

(A)12∶0　　　　(B)6∶6　　　　(C)8∶4　　　　(D)9∶3

**案例 4.7** 假定战争是"五局三胜，赢者通吃"的游戏。比如，两大强国 A、B 准备瓜分第三国 C，由于 A、B 两国实力相当，假定单次打仗胜率都是 1/2，不得已签订"互不侵犯条约"，停战时胜数比为 2∶1，问 A、B 两国瓜分 C 国的期望比例是多少?（　）

(A)1∶0　　　　(B)1∶1　　　　(C)2∶1　　　　(D)3∶1

**分析** "三局两胜"的游戏、"五局三胜"的战争问题，与历史上的"九局五胜，赢者通吃"的梅累骑士问题[7,14]的数学本质上是相同的。

1654 年，法国贵族梅累骑士在一次名流聚会活动中向数学家帕斯卡提出了一个问题：A、B 两个赌徒，约定谁先赢满 5 局，谁就获得全部筹码。但是，当 A 赢了 4 局，B 赢了 3 局时，突然有消息说警察马上就要来了，两人便拿着筹码逃离了现场。到达安全地点后，两人开始商量如何分配筹码。B 赢了 3 局，认为："游戏中止，协议无效。B 提议，要么按 1∶1 的方式返还筹码，要么按照局数之比为 4∶3 返还筹码。"这时赢了 4 局的 A 提出了异议："按照游戏规则，我只要再赢一局就可以赢得全部筹码，而你需要再连续赢两局才能赢得全部筹码，显然我能获得全部筹码的可能性更大，按照 4∶3 的比例来分配筹码肯定对我不公平!"

梅累骑士问："帕斯卡先生，在这种情况下，要如何分配筹码才合理呢?"

帕斯卡当时没有合理的分配头绪，不过他向梅累骑士承诺："我一定会想出这个问题的答案。"这样的概率计算还是有史以来的首次，帕斯卡似乎也无法确认自己的计算是否正确。于是，帕斯卡写信给好友费马。

**方案一** 帕斯卡在信中提出的解决方案，假设两位赌徒继续玩下去，再进行一局。若 A 胜，则得全部筹码。若 B 胜，则大家各胜 4 局，在这种情况下筹码就应该对半平分。综上所述，如表 4.3 所示，分配方案如下。A 可获得的筹码为

$$1\times0.5+0.5\times0.5=75\%$$

B 可获得的筹码为

$$0 \times 0.5 + 0.5 \times 0.5 = 25\%$$

筹码比值为 3：1。

**表 4.3  停战谈判解决方案 1**

| 结果 | A 赢<br>A、B 胜数比 5：3 | A 输<br>A、B 胜数比 4：4 |
| --- | --- | --- |
| A 获得筹码量 $X$ | 1 | 0.5 |
| 分布律 $p_i$（等可能） | 0.5 | 0.5 |

**方案二**  费马则提出了另一种解法：两人至多再玩两局便可分出胜负，在每一局中，若 A 赢记为 1，否则记为 0，那么两局的所有可能结果的样本空间为

$$\Omega = \{11, 10, 01, 00\}$$

记事件 $V$ 为 A 最终赢，那么对 A 的有利场合为

$$V = \{11, 10, 01\}$$

所以 A 的胜率是

$$P(V) = \frac{n_V}{n_\Omega} = \frac{3}{4} = 0.75 \tag{4.20}$$

故 A、B 两人获得筹码比值为 3：1。

**方案三**  还可以提出第三种解决方案，这种方案更加贴近实际。因为在 A 再赢一局的条件下，不可能再比第二局：假设两位赌徒继续玩下去，若 A 胜则可得全部筹码；若 B 胜，则继续玩下去，若第二局 A 胜则 A 可得全部筹码，否则 B 可得全部筹码。综上所述，如表 4.4 所示，分配方案如下。A 可获得的筹码为

$$1 \times 0.5 + 1 \times 0.5 \times 0.5 + 0 \times 0.5 \times 0.5 = 75\%$$

B 可获得的筹码为

$$0 \times 0.5 + 0 \times 0.5 \times 0.5 + 1 \times 0.5 \times 0.5 = 25\%$$

最终筹码比值为 3：1。

**表 4.4  停战谈判解决方案 3**

| 结果 | A 首战赢<br>A、B 胜数比 5：3 | A 先输后赢<br>A、B 胜数比 5：4 | A 连输<br>A、B 胜数比 4：5 |
| --- | --- | --- | --- |
| A 获得筹码量 $X$ | 1 | 1 | 0 |
| 分布律 $p_i$（非等可能） | 0.5 | $0.5^2$ | $0.5^2$ |

---

**评注 4.7  思想试验和实际试验**

帕斯卡和费马采用不同方法得到了相同的答案。但是两人都用了思想试验的概念，而思想试验并不容易理解，如若 A 再赢一局游戏就结束了，不可能再多玩第二局。

我们提出第三种解决方案，并把单次试验的胜率从 0.5：0.5 推广到 $p：q$，从而得到第四种解决方案，这就是实力不同时的休战分配问题。

**方案四**  假定战争是"九局五胜，赢者通吃"的游戏。由于 A、B 两国单次打仗胜率比为 $p:q$，休战时胜数比为 $4:3$，问 A、B 分配战利品的期望比例是多少？

如表 4.5 所示，A 可获得的筹码为

$$1 \times p + 1 \times pq + 0 \times q^2 = 2p - p^2 = p(2-p) = 1 - q^2$$

B 可获得的筹码为

$$0 \times p + 0 \times pq + 1 \times q^2 = q^2$$

筹码比值为

$$(1 - q^2) : q^2 \tag{4.21}$$

不同 $p$ 下的筹码分配比例，如图 4.8 所示。

**表 4.5  停战谈判解决方案 4**

| 结果 | A 首战赢<br>A、B 胜数比 5:3 | A 先输后赢<br>A、B 胜数比 5:4 | A 连输<br>A、B 胜数比 4:5 |
|---|---|---|---|
| A 获得筹码量 X | 1 | 1 | 0 |
| 分布律 $p_i$（非等可能） | $p$ | $pq$ | $p^2$ |

**仿真计算 4.13**

```
close all,clear,clc,p = 0:0.1:1
plot(p,p.*(2-p),'-o','linewidth',2),hold on,grid on,box on
plot(p,(1-p).^2,'-+','linewidth',2)
xlabel('A 单次获胜概率'),ylabel('获得筹码的期望')
set(gca,'fontsize',12);legend('A','B')
set(gcf,'position',[50,50,300,200])
```

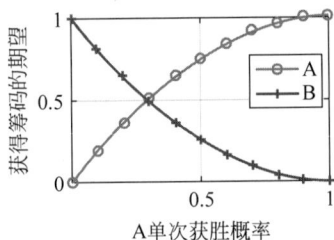

图 4.8  不同 $p$ 下的筹码分配比例

**评注 4.8  谈判桌与战场的关系**

在赢者通吃的游戏中，谈判的期望由现状（胜数比）和实力（单次获胜概率）共同决定。只看现状不看实力，或者只看实力不看现状都可能导致谈判难以进行下去。

（1）在同等实力下，现状占优者可以获得比胜数更多的利益，或者说谈判可以比打仗获得更多利益，所以通过谈判停战，落袋为安，不失为一种好的策略。

（2）无论胜数现状如何，提高实力才能在谈判桌获得更高的筹码期望。边打边谈的目的就是通过战场上的胜数赢得更多的谈判筹码。

（3）实际问题可能比理论复杂得多，可能出现强者让利行为——通过让利协议缓和与弱者的矛盾。例如，幸福的白羊和不幸的黑羊相向过独木桥，若不让路则双方都要掉入悬崖，问题是谁应该让路？俗话说"光脚的不怕穿鞋的"，不幸的黑羊更趋向于拼命。此时，谁更幸福谁就应该让路，否则同归于尽时，幸福的白羊损失更多。

（4）历史和当下，出现过很多强国 A、B 在弱国 C 争夺"蛋糕"的情况，如日俄战争，苏德瓜分波兰，等等。

---

**评注 4.9　梅累骑士问题的现实意义**

概率论是一门研究随机现象数量规律的数学分支学科,也是一门研究事件发生可能性的学问。其起源与欧洲文艺复兴时期的赌博活动密切相关。本案例的难点在于试验没有完成,只能通过假设再比一局或者再比两局进行推演,而这种"思想试验"的概念较为抽象,较难理解。

现实的案例中,选项 A、B、C、D 似乎都有道理,而且现实中都有可能出现:选项 A 对应了霸权主义和马太效应;选项 B 对应了离婚平分原则;选项 C 对应了感性决策;选项 D 对应了理性谈判。

选项 A、B、C 都有其局限性,其中选项 A 对强者有利,毕竟强者还没有赢,选项 B 对弱者有利,毕竟弱者的赢面更小,选项 C 具有较强迷惑性,实质对弱者有利,胜数不代表胜率。

---

## 4.1.12　秩序的重要性

**问题 4.4**　某班有 $N$ 个士兵,每人各有一支枪,这些枪外形完全一样,在一次夜间紧急集合中,若每人随机地取走一支枪,(1)计算至少有一个人拿到自己的枪的概率;(2)计算拿到自己的枪的人数期望。

**分析**　(1)设 $A_i=\{$第 $i$ 个士兵拿到自己的枪$\}$,$i=1,2,\cdots,N$,因

$$P(A_i)=\frac{(N-1)!\times 1}{N!}=\frac{1}{N},i=1,2,\cdots,N \tag{4.22}$$

$$P(A_iA_j)=\frac{(N-2)!\times 1\times 1}{N!}=\frac{1}{N(N-1)},i\neq j \tag{4.23}$$

$$\vdots$$

$$P(A_1A_2\cdots A_N)=\frac{1}{N!} \tag{4.24}$$

由挖补公式(容斥原理)得

$$P\left(\bigcup_{i=1}^{N}A_i\right)=\sum_{i=1}^{N}P(A_i)-\sum_{i<j}P(A_iA_j)+\sum_{i<j<k}P(A_iA_jA_k)+\cdots+(-1)^{N-1}P(A_1A_2\cdots A_N)$$

$$=C_N^1\frac{1}{N}-C_N^2\frac{1}{N(N-1)}+C_N^3\frac{1}{N(N-1)(N-2)}+\cdots+(-1)^{N-1}C_N^N\frac{1}{N!}$$

$$=1-\frac{1}{2!}+\frac{1}{3!}-\cdots+(-1)^{N-1}\frac{1}{N!}=1-\sum_{k=0}^{N}\frac{(-1)^k}{k!}\to 1-e^{-1}$$

(2)定义随机变量为

$$X_i=\begin{cases}1,&\text{第 }i\text{ 个战士拿到自己的枪}\\0,&\text{否则}\end{cases},i=1,2,\cdots,N \tag{4.25}$$

则拿对枪的人数为 $X=X_1+X_2+\cdots+X_N$。由于

$$P\{X_i=1\}=\frac{1}{N},P\{X_i=0\}=1-\frac{1}{N},i=1,2,\cdots,N \tag{4.26}$$

故拿对枪的平均人数为

$$E(X)=E(X_1)+E(X_2)+\cdots+E(X_N)=N\cdot E(X_1)=N\cdot\frac{1}{N}=1$$

---

**评注 4.10   秩序的意义**

"$N$ 人 $N$ 枪"的例子表明：无序导致低效，秩序可以显著提高效率。

---

## 4.1.13   独立随机变量的期望

**问题 4.5**   设随机变量 $X,Y$ 独立，且 $E(X)$ 与 $E(Y)$ 都存在，记 $U=\max\{X,Y\}$，$V=\min\{X,Y\}$，则 $E(UV)=(\quad)$。

(A)$E(U)\cdot E(V)$     (B)$E(X)\cdot E(Y)$     (C)$E(U)\cdot E(Y)$     (D)$E(X)\cdot E(V)$

**分析**   因为 $UV=XY$，结合 $X,Y$ 独立，得

$$E(UV)=E(XY)=E(X)\cdot E(Y) \tag{4.27}$$

所以选 B，其中 A、C、D 的反例如下。

| Y | X | | |
|---|---|---|---|
| | 1 | 0 | $p_{\cdot j}$ |
| 0 | 1/4 | 1/4 | 1/2 |
| 1 | 1/4 | 1/4 | 1/2 |
| $p_{i\cdot}$ | 1/2 | 1/2 | |

则有

$$E(U)=3\times 1/4=3/4,E(V)=1/4,E(X)=E(Y)=1/2,E(UV)=1/4$$

(1)因为 $E(U)\cdot E(V)=3/4\times 1/4=3/16\neq 1/4=E(UV)$，所以 A 错误；

(2)因为 $E(U)\cdot E(Y)=3/4\times 1/2=3/8\neq 1/4=E(UV)$，所以 C 错误；

(3)因为 $E(X)\cdot E(V)=1/2\times 1/4=1/8\neq 1/4=E(UV)$，所以 D 错误。

## 4.1.14   函数的期望未必等于期望函数

期望的基本性质为线性，具体包括齐次性和可加性，概括如下：

(1)齐次性，即 $E(cX)=cE(X)$，即数乘的期望等于期望的数乘；

(2)可加性，即 $E(X+Y)=E(X)+E(Y)$，即和的期望等于期望之和。

但是这两个性质不能推广为：函数的期望等于期望的函数。比如，常有

$$E(X^2)\neq [E(X)]^2 \tag{4.28}$$

**反例 4.8**   因为 $E(X^2)=D(X)+[E(X)]^2$，所以除非 $D(X)=0$，必有

$$E(X^2)=D(X)+[E(X)]^2>\lambda^2=[E(X)]^2$$

**分析**   对于 $X\sim P(\lambda)$，除非 $\lambda=0$，必有

$$E(X^2)=D(X)+[E(X)]^2=\lambda+\lambda^2>\lambda^2=[E(X)]^2$$

## 4.1.15   协同作战等待时长

**案例 4.8**   对于协同作战问题，战斗部队到达河岸后的等待过桥时间 $X$ 是随机变量，舟桥连是否搭好桥为随机变量 $Y$。

(1)若舟桥连已搭好桥，战斗部队直接过桥，已搭好桥的概率为 $p$，写出 $Y$ 的分布律。

(2)若舟桥连未搭好桥,战斗部队等待过桥,等待时间 $X$ 服从参数为 $\lambda$ 的指数分布,写出指数分布的密度。

(3)$X$ 是离散型吗? $X$ 是连续型吗? 如何从整体上刻画 $X$ 的概率特性?

(4)平均等待过桥时间是多少?

**分析**　设 $B=\{$已搭好桥$\}$,$\bar{B}=\{$未搭好桥$\}$,$A=\{X\leqslant x,x>0\}$;$A\mid B$ 是必然事件,即 $P(A\mid B)=1$,而 $P(A\mid\bar{B})=P\{0<X\leqslant x\}$。

(1)$Y$ 的分布律: $P(B)=p$,$P(\bar{B})=1-p$;

(2)$\bar{B}$ 成立时,$X$ 的密度函数为 $f(x)=\lambda\mathrm{e}^{-\lambda x}$;

(3)分布函数为

$$F(x)=P\{X\leqslant x\}=p\cdot s(x)+(1-p)(1-\mathrm{e}^{-\lambda x}) \tag{4.29}$$

其中 $s(x)$ 是阶跃函数,具体地有

$$F(x)=\begin{cases}0, & x<0\\ p+(1-p)(1-\mathrm{e}^{-\lambda x}), & x\geqslant 0\end{cases}$$

(4)$s(x-x_0)$ 的导数为 $\delta(x-x_0)$,因为

$$\int_{-\infty}^{+\infty}\delta(x-x_0)\,\mathrm{d}x=1,\int_{-\infty}^{+\infty}f(x)\delta(x-x_0)\,\mathrm{d}x=f(x_0)$$

所以

$$E(X)=\int_0^{+\infty}x\,\mathrm{d}F(x)=\int_0^{+\infty}x(p\cdot\delta(x)+(1-p)\cdot\lambda\mathrm{e}^{-\lambda x})\,\mathrm{d}x=\frac{1-p}{\lambda} \tag{4.30}$$

## 4.1.16　一论凯利公式——投注策略

### 1. 凯利公式之赌徒悖论

赌徒悖论主要体现在以下几个方面。

(1)以为如果输了第一把,则下一把的赢面就会更大。实际上,赌局是没有记忆的,上一把和下一把之间并没有任何关联。大数定律表明:当随机事件发生的次数足够多时,发生的频率便趋近于预期的概率。但人们常常错误地理解为:随机意味着均匀。如果过去一段时间内事件发生的不均匀,大家就会以为如果输了第一把,那下一把的赢面就会更大,"风水轮流转"和"下一把就可以赢回来"都是强烈错觉,曾经输了多次不会因此留给赌徒更多的胜出机会。

(2)以为庄家也是赌徒,实则庄家旱涝保收,庄家会抽水提成(如 2%),即使没有抽水提成,后面的分析表明:基于凯利公式的最优加注比例 $f=(bp-q)/b$,机构可利用主场优势使得自己的赢面略大,即 $p$ 略微大于 0.5,从而防止输光出局。

(3)以为"大数定律"赢面公平,实际上是"小数出局"。伯努利大数定律表明:即使赌局是公平的(赌徒和庄家的成功概率都是 50%),在远未达到"足够多"次试验时,单个赌徒就已经输光出局,赌资清零,彻底结束。

### 2. 凯利公式之输光概率

凯利公式有多个版本。

**版本 1**　凯利公式是由凯利在 1956 年提出的。当时,他在贝尔实验室工作,试图找到

一种有效的通信线路噪声管理策略,如下:

$$f = (p - q)/b \tag{4.31}$$

**版本 2** 凯利发现,他的理论可以应用于赌博和投资领域,帮助人们确定每次下注的最佳金额,如下:

$$f = (bp - q)/b \tag{4.32}$$

其中,$f$ 是应该下注的资金的比例;$p$ 是成功的概率;$q$ 是失去赌注的概率,也就是 $1-p$;$b$ 是每次赌注的净收益率,即赔率减一。例如,硬币抛出正反面的概率都是 $50\%$,所以 $p$、$q$ 成功失败的概率都为 $0.5$,输则赌注归零,赢则赌注变为原来的 $3$ 倍,赔率就是 $3$,净收益率是 $2$,得

$$f = (bp - q)/b = (2 \times 50\% - 50\%) \div 2 = 25\%$$

**版本 3** 凯利公式还有个稍微复杂的变体,如下:

$$f = (pr_{\text{w}} - qr_{\text{L}})/(r_{\text{L}}r_{\text{w}}) \tag{4.33}$$

与版本 2 一样,$f$ 为最优下注比例;$p$ 为赢的概率,$1-p$ 是输的概率;$r_{\text{w}}$ 是赢时净收益率;$r_{\text{L}}$ 是亏损时净损失率。若 $r_{\text{w}}$ 为 $b$、$r_{\text{L}}$ 为 $1$,则版本 2 和版本 3 是一样的,而当赢的概率为 $p = 50\%$ 时,则 $f = 0.5/1 - (1-0.5)/1 = 0$,这意味着即使赌局公平也别赌!

---

**评注 4.11 凯利公式(Kelly formula)**

很多赌徒迷信的是不确定的运气,但是赌场盈利的背后是确定的数学原理。论理性,鲜有赌徒比庄家更理性;论数学,鲜有赌徒比赌场设计者更精通数学;论赌本,鲜有赌徒比赌场的本钱更雄厚。

庄家必赢现象的背后是伯努利、高斯、凯利、纳什等数学家构建的数学体系。

---

### 3. 凯利公式之最优加注比例

"满仓投注"和"最优投注"的差别,如何来刻画?在本节我们从仿真和理论上进行分析。

(1)从仿真视角直观地验证了"满仓投注"和"最优投注"的差别。仿真试算快捷明了,无须严密的证明,就可以发现"满仓投注"和"最优投注"都是"固定比例投注"的特例。

(2)从理论分析视角,基于期望和方差刻画了"满仓投注"和"最优投注"的差异。结果表明:"满仓投注"的期望收益更高。但是,为什么大家没有选择满仓呢?直觉告诉我们:担心赌注清零,清零意味着出局。出局对应的概率数值特征是什么呢?直觉告诉我们是标准差!所以构建可以融合期望和标准差的指标非常必要。这个概念类似于变异系数,我们建议用变异系数的倒数定义该指数,并称之为接受指数:

$$K = \frac{E(X)}{\text{STD}(X)} \tag{4.34}$$

其中,$E(X)$ 是期望;$\text{STD}(X)$ 是标准差。$K$ 越大,表明用户越愿意接受,因为这意味着收益越高,或者风险越低。

1)满仓投注策略

设 $X_n$ 为第 $n$ 次投注后的筹码总量,单次赢的概率为 $p$,输的概率为 $q$。站在庄家的视角,假定庄家胜率更大,即 $p-q>0$,满仓投注也就是"all in",就是要最大化 $E[X_n]$。以

$X_0$ 为起点,如果庄家赢了则 $X_1 = 2X_0$,以此类推。这个游戏的期望收益虽然为正,但庄家每局赢的概率 $p$ 毕竟不等于 1,而是小于 1。也许庄家能连赢几次,但一旦在某一次对局中输了,由于押注了全部资金庄家将会输掉所有。由于 $p < 1$,随着赌局数 $n$ 的增加,"输掉全部"这种结果一定会出现。所以,以最大化 $E[X_n]$ 为目标的下注策略容易导致出局。

在 4.2 节,方差分析表明:满仓投注的方差很大,最大化期望不是综合最优的策略。

---

**评注 4.12　满仓的代价**

满仓投注的期望很高,但是其标准差也很大,而且投注比例越高标准差越大。期望大,说明收益高;标准差大,说明风险大。俗话说"留得青山在,不怕没柴烧",但是满仓投注会导致"青山"化为乌有的局面。

---

2)定比投注策略

定比投注也就是"fixed fraction betting",即以固定比例投注。假设每一局中,庄家下注现有资金量的一个固定比例 $f$,得

$$B_i = f \cdot X_{i-1}, 0 < f < 1$$

用 $S$ 和 $F$ 分别表示在 $n$ 局中胜利和失败的次数,$S + F = n$。$n$ 局后庄家的资金 $X_n$ 为

$$X_n = X_0 (1+f)^S (1-f)^F \tag{4.35}$$

由于 $0 < f < 1$,因此庄家永远不会输光。但是 $X_n$ 显然和 $f$ 的取值有关。应该如何决定最优的 $f$ 呢?这就是凯利研究的问题。由于

$$\frac{1}{n} \ln \frac{X_n}{X_0} = \frac{1}{n} \sum_{i=1}^{n} \ln \frac{X_i}{X_{i-1}} \tag{4.36}$$

可知 $\frac{1}{n} \ln \frac{X_n}{X_0}$ 就是平均单局对数收益率,其满足

$$\frac{1}{n} \ln \left[ \frac{X_n}{X_0} \right] = \frac{S}{n} \ln(1+f) + \frac{F}{n} \ln(1-f) \tag{4.37}$$

依大数定律,得

$$\lim_{n \to \infty} E \left\{ \frac{1}{n} \ln \left[ \frac{X_n}{X_0} \right] \right\} = p \ln(1+f) + q \ln(1-f) \triangleq g(f) \tag{4.38}$$

3)最优投注策略

我们把最优投注称为"best fraction betting",实质为最大化 $E[\ln X_n]$。令 $g(f)$ 的一阶导数等于 0,即

$$\frac{\partial}{\partial f} g(f) = \frac{p}{1+f} - \frac{q}{1-f} = 0 \Rightarrow p(1-f) - q(1+f) = 0 \tag{4.39}$$

可以求出最优值为

$$f^* = 2p - 1 \tag{4.40}$$

此外 $g(f)$ 在 $(0,1)$ 区间内的二阶导数为

$$\frac{p-1}{(f-1)^2} - \frac{p}{(f+1)^2} < 0 \tag{4.41}$$

因此 $g(f)$ 在 $f = f^*$ 时有最大值。

**仿真计算 4.14**

```
syms Fp b,q = 1-p,g_f = p * log(1 + b * f) + q * log(1-f),solve(diff(g_f,f),f),diff(diff(g_f,f),f)
b = 1,g_f = p * log(1 + b * f) + q * log(1-f),solve(diff(g_f,f),f),diff(diff(g_f,f),f)
```

更一般地,如果用 $b$ 表示每局的净赔率,则凯利公式的一般形式就是上一节版本 2 的表达式:

$$f^* = \frac{bp - q}{b} = \frac{(b+1)p - 1}{b} \tag{4.42}$$

按照固定比例 $f^*$ 而非其他比例下注,有如下优势。

(1)固定局数,收益最大:随着局数 $n$ 的增大,按照凯利公式 $f^*$ 下注的期望资金 $X_n(f^*)$ 将超过按照任何其他固定比例 $f$ 下注的期望资金 $X_n(f)$;

(2)固定收益,局数最少:对于任何给定的目标资金额 $C$,以凯利公式 $f^*$ 下注的策略超过 $C$ 所需要的期望局数最少。

一个自然问题:为什么要最大化 $E[\ln(X_n)]$?这么做如何保证最优性?我们将在 4.2 节方差中加以回答。

### 4.1.17 圣彼得堡悖论——期望不存在

**案例 4.9** 1738 年,尼古拉·伯努利(Nicolaus Bernoulli),即数学家丹尼尔·伯努利(Daniel Bernoulli)的堂兄,提出了一个概率期望值悖论——圣彼得堡悖论。

该悖论涉及一种掷币游戏,即圣彼得堡游戏,游戏规则为:掷出正面视为成功,游戏者如果第一次投掷成功,得奖金 2 元,游戏结束;第一次若不成功,继续投掷,第二次成功得奖金 4 元,游戏结束;以此类推,如果投掷不成功就反复继续投掷,直到成功,游戏结束。如果第 $n$ 次投掷成功,得奖金 $2^n$ 元,游戏结束。奖金所满足的分布实质是 $p = \frac{1}{2}$ 的几何概型的函数,分布律如表 4.6 所示。

**表 4.6 圣彼得堡悖论的分布律**

| 首次成功时局数 $X$ | 1 | 2 | $\cdots$ | $n$ | $\cdots$ |
|---|---|---|---|---|---|
| 获得奖金 | $2^1$ | $2^2$ | $\cdots$ | $2^n$ | $\cdots$ |
| 发生概率 $p^k$ | $p^1$ | $p^2$ | $\cdots$ | $p^n$ | $\cdots$ |

圣彼得堡悖论的实质为期望不存在问题。实际上,计算的期望值为

$$E(X) = \sum_{n=1}^{\infty} \frac{1}{2^n} 2^n = \sum_{n=1}^{\infty} 1 = \infty \tag{4.43}$$

按照大数定律,多次试验的结果将会接近于其数学期望。然而,实际的投掷结果表明,其平均值最多也就是几十元到几百元。这与计算的期望值(无穷大)存在显著矛盾,问题的关键在哪里?现有文献多从心理学解释,鲜有文献从推理和仿真进行解释,下面进行尝试。

(1)大数定律要求期望存在,但是圣彼得堡悖论中的奖金期望不存在,不满足大数定律的基本条件。有限试验的奖金均值必然是有限的,实际上,"无穷"是从"增长趋势"看出来的,而不是真的在试验中可以得到"无穷大"。另外,由于人和计算机都只能进行有限次试验,不可能获取到"无穷大"收益。

（2）仿真图如图 4.9 所示，试验局数从 10 局增长到 1000 万局，因为局数过多，故通过计算机模拟，有限试验不能完全验证无限期望问题。但是，平均奖金有上升趋势，可以预计随着局数的进一步增加，奖金收益也会进一步放大。期望无穷大，导致方差无法计算，但是从仿真可以感受到"收益的不稳定性"也是无穷大。可以预计随着局数的进一步增加，奖金收益的幅度范围也会越来越大。

**仿真计算 4.15**

```
tic,close all,clear,clc,ii = 7,p = 0.5,a = 10,rng = 1;% 随机种子
for i = 1:ii,num_X(i) = a^i;% 第 i 轮游戏局数
for n = 1:a^i,k = 1;
while(binornd(1,p,1,1)<1),k = k + 1;end % 直到成功
X(n) = 2^k;end % 获得奖金数
mean_X(i) = mean(X);end % 平均奖金
semilogx(num_X,mean_X,'o-','LineWidth',2),
gridon,box on,xlabel('参与局数'),ylabel('平均奖金'),
set(gcf,'position',[100,100,200,200])
set(gca,'XTick',[10.^[1:ii]],'FontSize',8),toc
```

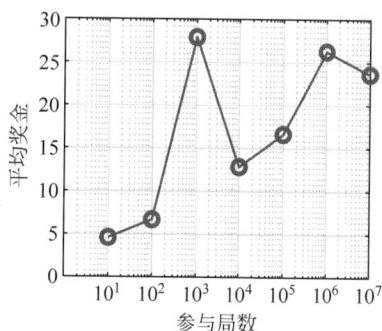

图 4.9　参与局数与获得奖金数

## 4.2　方差

### 4.2.1　一定要选拔高水平选手吗

**问题 4.6**　甲、乙两射手进行打靶训练，统计了两人的射击成绩，如表 4.7 所示，问选谁参赛？选择问题背后的数学实质是什么？

表 4.7　射击训练成绩

| 环数 | 7 | 8 | 9 | 10 |
|---|---|---|---|---|
| 甲中靶数 | 17 | 28 | 45 | 10 |
| 乙中靶数 | 25 | 27 | 23 | 25 |

**分析**　射击水平可用多次射击的平均环数来表示，射击的稳定性可用多次射击的样本标准差来表示，所以可以得到下述结论：

（1）一般认为，谁的水平显著更高，就选谁；但实际上甲、乙的平均水平相当，单从水平无法判断选谁参赛，即

$$E(X) = \sum_{x=7}^{10} x \cdot p_x = 8.48, E(Y) = \sum_{y=7}^{10} y \cdot p_y = 8.48 \tag{4.44}$$

（2）若甲、乙水平相同，且共同竞争对手更弱，如对手水平为 8.45，谁更稳定选谁，稳定更容易拿金牌；因为甲、乙的稳定性不同，且甲更加稳定，所以选甲，即

$$D(X) = \sum_{x=1}^{10}(x-8.48)^2 \cdot p_x = 0.79, D(Y) = \sum_{y=1}^{10}(y-8.48)^2 \cdot p_y = 1.19 \tag{4.45}$$

（3）甲、乙水平相同，且共同竞争对手更强，如对手水平为 8.5，则谁更不稳定选谁，不稳

定更有可能冲击金牌,因为乙更不稳定,所以选乙。

(4)假定甲的水平 $\mu_1 = 8.48$,而乙的水平 $\mu_2$ 在 8.471 至 8.480 之间变化,且各自方差不变,共同竞争对手更强,水平稳定在 $\mu = 8.5$,我方派出选手的命中环数为 $X_i$,满足 $X_i \sim N(\mu_i, \sigma_i^2)$,$N(\mu_1, \sigma_1^2) = N(\mu_1, 0.79)$,$N(\mu_2, \sigma_2^2) = N(\mu_2, 1.19)$,则甲($i=1$)、乙($i=2$)的获胜概率为

$$p_i = P\{X_i > \mu\} = P\left\{\frac{X_i - \mu_i}{\sigma_i} > \frac{\mu - \mu_i}{\sigma_i}\right\} = 1 - \Phi\left(\frac{\mu - \mu_i}{\sigma_i}\right) (i=1,2) \qquad (4.46)$$

选派准则:谁获胜的概率越大就派谁。若 $p_1 > p_2$,则派选手甲,否则派选手乙。

对应问题(2),甲、乙水平相同,且共同竞争对手更弱,水平为 8.45,因为 $p_1 = 0.5135 > 0.5107 = p_2$,所以派稳定的甲参赛。

对应问题(3),甲、乙水平相同,且共同竞争对手更强,水平为 8.5,因为 $p_1 = 0.4910 < 0.4929 = p_2$,所以派不稳定的乙参赛。

对应问题(4),乙($i=2$)的获胜概率如图 4.10(a)所示,随着乙的水平变化,其获胜概率也在变化,当水平低于 8.475 时选甲,否则选乙。

(5)假定甲的水平 $\mu_1 = 8.48$,而乙的水平 $\mu_2$ 在 8.471 至 8.480 之间变化,且各自方差不变,但是共同竞争对手的射击成绩不是固定值,而是一个随机变量 $Y \sim N(\mu, \sigma^2) = N(8.5, 0.1^2)$,记 $\mu_{2i} = \mu_i - \mu$,$\sigma_{2i}^2 = \sigma_i^2 + \sigma^2$,甲($i=1$)、乙($i=2$)的获胜概率为

$$p_i = P\{X_i > Y\} = P\left\{\frac{(X_i - Y) - \mu_{2i}}{\sigma_{2i}} > \frac{-\mu_{2i}}{\sigma_{2i}}\right\} = 1 - \Phi\left(\frac{\mu_{2i}}{\sigma_{2i}}\right)$$

若 $p_1 > p_2$,则派选手甲,否则派选手乙。乙($i=2$)的获胜概率如图 4.10(b)所示,随着乙的水平变化,其获胜概率也在变化,当水平低于 8.476 时选甲,否则选乙。

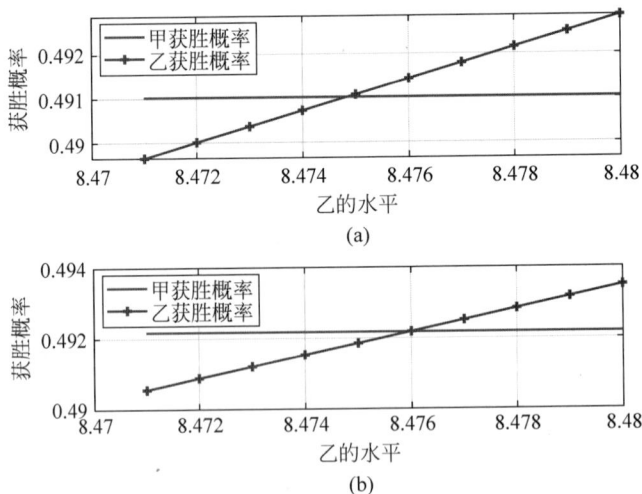

图 4.10 确定(a)与不确定(b)的获胜概率

**评注 4.13**

问题(4)和问题(5)与 2.4.3 节的"作训后勤线路选择问题"问题相似。另外,为了理解正态分布假设的内涵,需借助 5.2 节"中心极限定理"。

**仿真计算 4.16**

```
close all,clear,clc,X = [7 8 9 10];Y = X;px = [.17.28.45.10],py = [.25.27.23.25],
Ex = dot(X,px),Ey = dot(Y,py),Dx = dot((X-Ex).^2,px),Dy = dot((Y-Ey).^2,py)
mu = 8.45,p1 = 1-normcdf((mu-Ex)/sqrt(Dx)),p2 = 1-normcdf((mu-Ey)/sqrt(Dy)) % 问题(2)
mu = 8.5,p1 = 1-normcdf((mu-Ex)/sqrt(Dx)),p2 = 1-normcdf((mu-Ey)/sqrt(Dy)) % 问题(3)
n = 10,for i = 1:n,E(i) = Ey-0.001 * (i-1),p2(i) = 1-normcdf((mu-E(i))/sqrt(Dy)),end % 问题(4)
linewidth = 2,figure,set(gcf,'position',[100,100,600,400]),subplot(211)
plot(E,p1 * ones(n,1),'r-','linewidth',linewidth),box on,hold on,grid on
plot(E,p2,'b + -','linewidth',linewidth)
set(gca,'fontsize',12),xlabel('乙的水平'),ylabel('成功概率'),legend('甲成功概率','乙成功概率')
%% 竞争对手的水平是随机变量
subplot(212),D = 0.5^2;p1 = 1-normcdf((mu-Ex)/sqrt(Dx + D)) % 问题(5)
for i = 1:n,E(i) = Ey-0.001 * (i-1),p2(i) = 1-normcdf((mu-E(i))/sqrt(Dy + D)),end % 问题(5)
plot(E,p1 * ones(n,1),'r-','linewidth',linewidth),box on,hold on,grid on,
plot(E,p2,'b + -','linewidth',linewidth)
set(gca,'fontsize',12),xlabel('乙的水平'),ylabel('成功概率'),legend('甲成功概率','乙成功概率')
```

## 4.2.2　百发百中与一发一中

**问题 4.7**　在某次射击试验中,甲一发一中,乙百发百中,问:为什么我们更确信乙的命中率为 100%?更确信的数字实质是什么?

**分析**　(1)对于甲,假定其单发命中率为 $p$,一次独立重复试验的成功次数记为 $X_1$,一发一中的命中率的表达式为

$$\hat{p}_1 = \frac{X_1}{1} = 100\% \tag{4.47}$$

$\hat{p}_1$ 的方差为

$$D(\hat{p}_1) = D\left(\frac{X_1}{1}\right) = p(1-p) \tag{4.48}$$

(2)对于乙,100 次独立重复试验的成功次数记为 $X_{100}$,依据矩估计原理,百发百中命中率的表达式为

$$\hat{p}_{100} = \frac{X_{100}}{100} = 100\% \tag{4.49}$$

$\hat{p}_{100}$ 的方差为

$$D(\hat{p}_{100}) = D\left(\frac{X_{100}}{100}\right) = \frac{100p(1-p)}{100^2} = \frac{p(1-p)}{100} \tag{4.50}$$

(3)对于甲乙,无论是多少次射击,命中率的估计都是无偏估计,但是百发百中的方差小得多,实际上

$$E(\hat{p}_1) = E(\hat{p}_{100}) = p,\ D(\hat{p}_{100}) \ll D(\hat{p}_1) \tag{4.51}$$

**评注 4.14　百发百中与一发一中的差异**

严格说来,甲、乙的水平是一样的,只是我们对两位选手的信心不一样而已。更确信的数学实质是方差更小。我们之所以更相信百发百中,不是偏差问题,而是方差问题。多次试验估计的方差比单次试验估计的方差小得多,在直觉上认为百发百中更可靠,运气的成分更小。

估计 $\hat{p}_1$ 和 $\hat{p}_{100}$ 实质都是矩估计,也是极大似然估计,为了更充分理解其内涵,需借助 7.1 节(点估计)。

### 4.2.3 信息融合和"位高权重"的关系

在统计学和测量学中,方差的倒数被称为精度,方差越小,精度越高。这种定义方式有两种理解方式,后者更适合用来刻画精度。

1)确定性思维方式

木桶原理由美国管理学家彼得提出,其核心内容为:一只水桶盛水的多少,并不取决于桶壁上最高的那块木板,而恰恰取决于桶壁上最短的那块。这是典型的确定性思维方式,受该思维方式的影响,很多人认为高精度设备(高板)与低精度设备(短板)融合处理的结果一定比高精度设备单独处理的结果的精度更低。

2)不确定性思维方式

概率和方差工具体现了不确定性思维方式,在靶场弹道数据处理任务中,融合处理方法认为:高精度设备与低精度设备融合处理的结果一定比高精度设备单独处理的结果的精度更高。以弹道数据处理为例,如果用两种方法都可以获得弹道,分别记为 $x_1, x_2$,两种方法获得的弹道方差分别为 $\sigma_1^2, \sigma_2^2$,不妨假设第 1 条弹道的精度更高,则

$$\sigma_1^2 = \min\{\sigma_1^2, \sigma_2^2\} \tag{4.52}$$

融合弹道的表达式实质是加权平均,权系数为 $\dfrac{\sigma_2^2}{\sigma_2^2+\sigma_1^2}, \dfrac{\sigma_1^2}{\sigma_2^2+\sigma_1^2}$,因此融合弹道为

$$x = \frac{\sigma_2^2}{\sigma_2^2+\sigma_1^2}x_1 + \frac{\sigma_1^2}{\sigma_2^2+\sigma_1^2}x_2 \tag{4.53}$$

则融合弹道的精度为

$$D(x) = \left[\frac{\sigma_2^2}{\sigma_2^2+\sigma_1^2}\right]^2 D(x_1) + \left[\frac{\sigma_1^2}{\sigma_2^2+\sigma_1^2}\right]^2 D(x_2) = \frac{\sigma_2^2\sigma_1^2}{\sigma_2^2+\sigma_1^2} \leqslant \sigma_1^2 = \min\{\sigma_1^2, \sigma_2^2\}$$

---

**评注 4.15 "信息融合"和"位高权重"的关系**

用"位高权重"可以很好地概括"信息融合"的思想。①"位高"对应高精度、高品位、高水平设备;②"权重"对应更大的权系数。例如,如果 $\sigma_1^2 = \min\{\sigma_1^2, \sigma_2^2\}$,第一套设备的"位更高",对应的"权更重",为 $\dfrac{\sigma_2^2}{\sigma_2^2+\sigma_1^2}$;第二台设备的"位更低",对应的"权更轻",为 $\dfrac{\sigma_1^2}{\sigma_2^2+\sigma_1^2}$。融合后比融合前的"位更高",为 $\dfrac{\sigma_2^2\sigma_1^2}{\sigma_2^2+\sigma_1^2}$。

---

### 4.2.4 切比雪夫不等式的意义

**问题 4.8** 如图 4.11 所示,随机变量的取值大概率集中在期望附近,决策意义在于:若取值集中程度越高($\sigma$ 越小),则随机变量偏离期望越远($\varepsilon$ 越大)的可能性越小,表达式为

$$P\{|X-\mu| \geqslant \varepsilon\} \leqslant \frac{\sigma^2}{\varepsilon^2} \tag{4.54}$$

上式称为切比雪夫不等式。

在使用切比雪夫不等式时，要注意以下几个易错点：

(1)不等式的方向，大括号内是大于等于，大括号外和小于号容易混淆；

(2)分式中的分子为 $\sigma^2$、分母为 $\varepsilon^2$，字母所在的位置容易混淆。

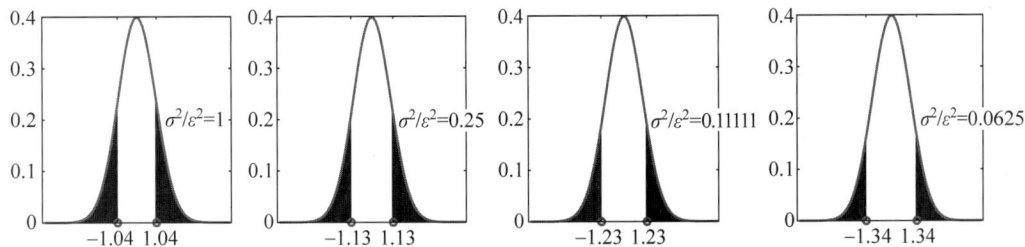

**图 4.11　不同距离对应的概率**

**仿真计算 4.17**

```
close all,clear,clc,dx = 0.1;time_delay = 1;Nmax = 10;delta_n = 1;
M = moviein(Nmax);rng = 1;alphas = 0.15:-0.02:0.01;x1 = 5;
for n = 1:delta_n:length(alphas)
x0 = round(norminv(alphas(n),0,1),2);x = [-x1:dx:x0,-x0:dx:x1];fx = normpdf(x,0,1);
bar(x,fx),box on,hold on,y = normpdf(-x1:dx:x1,0,1);plot(-x1:dx:x1,y,'linewidth',3)
text(1.5,0.2,['\sigma^2/\epsilon^2 = \color[rgb]{','1',' ','0',' ','0','}{' num2str(1/n^2) '}'])
plot([x0,-x0],[0,0],'ro','linewidth',2),set(gca,'xtick',[x0,-x0],'FontSize',12);
set(gcf,'position',[200,100,300,300]),figure,end
```

## 4.2.5　密度平均和样本平均的方差

**问题 4.9**　密度平均和样本平均，谁的方差更大？设连续型随机变量 $X_1$ 与 $X_2$ 独立，且方差均不为 0，概率密度分别为 $f_1(x)$ 与 $f_2(x)$，随机变量 $Y_1$ 的概率密度为 $f_{Y_1}(y) = \frac{1}{2}[f_1(y) + f_2(y)]$，随机变量 $Y_2 = \frac{1}{2}(X_1 + X_2)$，则有（　　）。

(A)$E(Y_1) > E(Y_2)$，$D(Y_1) > D(Y_2)$　　　　(B)$E(Y_1) = E(Y_2)$，$D(Y_1) = D(Y_2)$

(C)$E(Y_1) = E(Y_2)$，$D(Y_1) < D(Y_2)$　　　　(D)$E(Y_1) = E(Y_2)$，$D(Y_1) > D(Y_2)$

**分析**　期望具有线性，即

$$E(Y_1) = \int_{-\infty}^{+\infty} y \cdot f_{Y_1}(y)\mathrm{d}y = \frac{1}{2}\left[\int_{-\infty}^{+\infty} y \cdot f_1(y)\mathrm{d}y + \int_{-\infty}^{+\infty} y \cdot f_2(y)\mathrm{d}y\right]$$

$$= \frac{1}{2}[E(X_1) + E(X_2)] = E\left[\frac{1}{2}(X_1 + X_2)\right] = E(Y_2)$$

方差具有积分最小性和平方性，所以

$$D(Y_1) = \frac{1}{2}\int_{-\infty}^{+\infty}(y - E(Y_1))^2 \cdot f_{Y_1}(y)\mathrm{d}y + \frac{1}{2}\int_{-\infty}^{+\infty}(y - E(Y_2))^2 \cdot f_{Y_2}(y)\mathrm{d}y$$

$$\geqslant \frac{1}{2}D(X_1) + \frac{1}{2}D(X_2) \geqslant \frac{1}{4}D(X_1) + \frac{1}{4}D(X_2) = D(Y_2)$$

所以选 D。

若 $X_1$ 与 $X_2$ 独立且都是正态分布,则密度平均对应混合高斯分布,样本平均对应正态分布,两者同期望,不同方差,前者的方差更大。

## 4.2.6 差的方差不等于方差之差

**问题 4.10** 两个独立随机变量之和的方差等于方差之和,为什么它们之差的方差却不是方差之差?

**分析** 利用方差的定义和性质可知:

$$D(X \pm Y) = E(X \pm Y - E(X \pm Y))^2 = E([X - E(X)] \pm [Y - E(Y)])^2$$
$$= E([X - E(X)]^2) + E([Y - E(Y)]^2) + 2\mathrm{Cov}(X, \pm Y) = D(X) + D(Y)$$

上式意味着:随机变量之和的方差等于方差之和,随机变量之差的方差也等于方差之和。

## 4.2.7 再论凯利公式——方差特性

### 1. 随机变量对数的数值特征

**问题 4.11** 满仓的收益期望最高,为什么我们不愿意满仓,其意愿背后的数学实质是什么?

**分析** 如图 4.12 所示,不是我们不愿意获得高收益,而是要控制风险,这里的风险就是方差。设 $X_n$ 为第 $n$ 次投注后的筹码总量,单次赢的概率为 $p$,输的概率为 $q$,假定 $p - q > 0$。

如果是满仓,且净赔率 $b = 1$,以 $X_0 = 1$ 为起点,赢则 $X_1 = 2X_0$,输则 $X_1 = 0$,以此类推。

如果不是满仓,且净赔率为 $b$,在最佳下注比例 $f = [(b+1)p - 1]/b$ 的条件下,用 $S$ 和 $F$ 分别表示在 $n$ 局中成功和失败的次数,$S + F = n$。$n$ 局后的资金 $X_n$ 为

$$X_n = (1+f)^S (1-f)^F \tag{4.55}$$

依据大数定律有 $S/n \xrightarrow{P} p$,$F/n \xrightarrow{P} q$,所以

$$\frac{1}{n} \ln X_n \xrightarrow{P} \ln[(1+f)^p (1-f)^q] \tag{4.56}$$

从而

$$X_n^{\frac{1}{n}} \xrightarrow{P} a \triangleq \exp\left[\left(\frac{1+f}{1-f}\right)^p (1-f)\right] > 1 \tag{4.57}$$

且 $X_n \xrightarrow{P} a^n$,即资产将随期数 $n$ 指数增长。由于

$$X_n = (1+f)^S (1-f)^F = (1+f)^S (1-f)^{n-S}$$

从而

$$\ln X_n = S \cdot \ln\left(\frac{1+f}{1-f}\right) + n\ln(1-f)$$

如图 4.12 所示,期望和方差分别为

$$\begin{cases} E(\ln X_n) = np \cdot \ln\left(\frac{1+f}{1-f}\right) + n\ln(1-f) \\ D(\ln X_n) = npq \cdot \left[\ln\left(\frac{1+f}{1-f}\right)\right]^2 \end{cases} \tag{4.58}$$

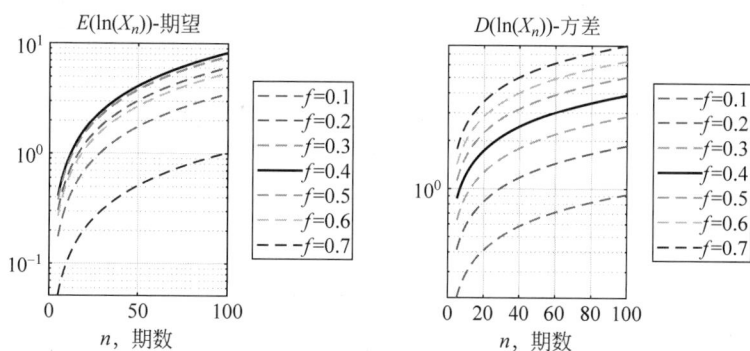

图 4.12　当 $p=0.7$ 时 $\ln(X_n)$ 的期望和方差(见文后彩图)

## 评注 4.17　当 $p=0.7$ 时,$\ln(X_n)$ 的期望和方差

　　如图 4.12 所示,当 $p=0.7,b=1$ 时,最佳下注比例 $f=\dfrac{(b+1)p-1}{b}=0.4$,最佳下注比例对应的收益对数的期望最高,而收益对数的方差居中。

## 仿真计算 4.18

```
close all,clear,clc,N = 1e2,dx = 0.1;time_delay = 0.5;rng 1;% 随机种子
Nmax = 7;delta_n = 1;x = -3:dx:3;indexes = [];width = 2;
for n = 1:delta_n:Nmax * delta_n
p = 0.7,q = 1-p,b = 1,f = n * 0.1,f0 = ((b+1) * p-1)/b,a = 1-f;c = (1+f)/(1-f);n0 = 5;% 最佳下注比例
%% ln(Xn)图 4-12 当 p = 0.7 \ln\funcapply\left(X_n\right)时的期望和方差
En = p * log(c) * (n0:N) + log(a) * (n0:N);STDn = sqrt(p * q * log(c)^2 * (n0:N));
titles = {'E(ln(X_n))-期望','D(ln(X_n))-方差'}
%% % Xn 图 4-13 当 p = 0.7 时 X_n 的期望和方差
% En = a.^(n0:N). * (q+c * p).^(n0:N);STDn = a.^(n0:N). * sqrt((q+c^2 * p).^(n0:N) - (q+c * p).^((n0:N) * 2));
% titles = {'E(X_n)-期望','D(X_n)-方差'}
%%
legends = {'f = 0.1','f = 0.2','f = 0.3','f = 0.4','f = 0.5','f = 0.6','f = 0.7','f = 0.8','f = 0.9'}
box on,hold on,grid on,subplot(121),title(titles{1}),xlabel('n,期数')
h = semilogy(n0:N,En,'--','linewidth',1), % ylim([.5,2]) %% 期望
if abs(f-f0)<1e-2,set(h,'linewidth',width,'color','k','LineStyle','-'),end
legend(legends,'fontsize',12,'Location','Eastoutside');
box on,hold on,grid on,subplot(122),title(titles{2}),xlabel('n,期数')
h = semilogy(n0:N,STDn,'--','linewidth',1) % 方差
if abs(f-f0)<1e-2,set(h,'linewidth',width,'color','k','LineStyle','-'),end
legend(legends,'fontsize',12,'Location','Eastoutside'); % yticks([1e5,1e10,1e12])
set(gca,'xtick',[0:20:100]),set(gcf,'position',[100,100,800,300]),end
```

## 2. 随机变量的数值特征

如图 4.13 所示,随机变量 $X_n$ 的数值特征表明:下注比例越大期望最大,同时标准差显著变大,当达到 $p=0.7,n=100$ 时,标准差比期望大 5 个数量级,这种巨大的差异表明系统处于极端不稳定状态,这就是不稳定风险。实际上,

$$X_n = (1+f)^S (1-f)^F = (1-f)^n \left(\frac{1+f}{1-f}\right)^S \triangleq a^n c^{S_n}$$

其中 $0 < a = 1-f < 1, c = \dfrac{1+f}{1-f} > 1, S_n \sim B(n,p)$。因此,有

$$E(X_n) = a^n E(c^{S_n}) \tag{4.59}$$

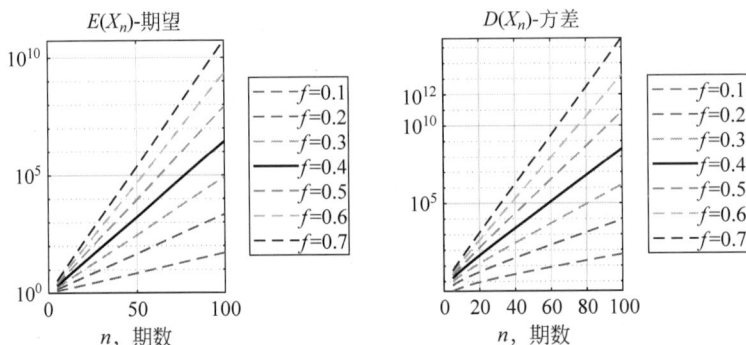

图 4.13　当 $p=0.7$ 时 $X_n$ 的期望和方差(见文后彩图)

注意到,独立随机变量之积的期望等于期望之积,即若 $X,Y$ 独立,则 $E(XY) = E(X) \cdot E(Y)$。若记 $H_i = \begin{cases} 1, & \text{赢} \\ 0, & \text{输} \end{cases}$,利用该命题,则得 $X_n$ 的一阶矩为

$$E(X_n) = a^n E(c^{S_n}) = a^n \prod_{i=1}^n E(c^{H_i}) = a^n \prod_{i=1}^n (1q + cp) = a^n (q + cp)^n$$

同理,可得 $X_n$ 的二阶矩为

$$E(X_n^2) = a^{2n} E(c^{2S_n}) = a^{2n} \prod_{i=1}^n E(c^{2H_i}) = a^{2n} \prod_{i=1}^n (1q + c^2 p) = a^{2n} (q + c^2 p)^n$$

所以

$$D(X_n^2) = E(X_n^2) - [E(X_n)]^2 = a^{2n} \left[ (q + c^2 p)^n - (q + cp)^{2n} \right] \tag{4.60}$$

---

**评注 4.18　为什么要推导随机变量的数值特征**

在 4.1.16 节,讨论了随机变量对数 $\ln X_n$ 的数值特征,为什么还要推导随机变量 $X_n$ 的数值特征?主要是因为对 $\ln X_n$ 进行分析时,总是感觉像隔靴搔痒,这个"靴"就是对数,我们始终感觉,无论是数值还是图像,$X_n$ 都比 $\ln X_n$ 更直接。从 2024 年 4 月 20 日开始,作者们着手论证 $E(X_n), D(X_n)$,最开始掉入了理解误区,以为"函数的期望等于期望的函数"。后来,我们与课题组的多位老师进行了交流,在 4 月 24 日有了突破,唐扬斌老师利用独立期望等式 $E(XY) = E(X)E(Y)$,完成了对 $E(X_n), D(X_n)$ 的论证。

## 4.2.8 常用分布的期望和方差

表 4.8 给出了常用离散型随机变量的期望和方差,表 4.9 给出了常用连续型随机变量的期望和方差。

**表 4.8 离散型随机变量的期望和方差**

| 分布类型 | 二项分布 $B(n,p)$ | 泊松分布 $P(\lambda)$ | 几何分布 $G(p)$ |
|---|---|---|---|
| 分布律 | $C_n^k p^k q^{n-k}$, $k=0,1,2,3,\cdots,n$ | $\mathrm{e}^{-\lambda}\lambda^k/k!$, $k=0,1,2,3,\cdots$ | $pq^{k-1}$, $k=1,2,3,\cdots$ |
| 期望 | $np$ | $\lambda$ | $1/p$ |
| 方差 | $npq$ | $\lambda$ | $q/p^2$ |

**表 4.9 连续型随机变量的期望和方差**

| 分布类型 | 均匀分布 $U(a,b)$ | 指数分布 $\mathrm{Exp}(\lambda)$ | 正态分布 $N(\mu,\sigma^2)$ |
|---|---|---|---|
| 密度 | $(b-a)^{-1}, x\in[a,b]$ | $\lambda\mathrm{e}^{-\lambda x}, x\geqslant 0$ | $(\sigma\sqrt{2\pi})^{-1}\mathrm{e}^{-\frac{(x-\mu)^2}{2\sigma^2}}$ |
| 分布 | $\dfrac{x-a}{b-a}, x\in[a,b]$ | $1-\mathrm{e}^{\lambda x}, x\geqslant 0$ | $\Phi(x)$ |
| 期望 | $(b+a)/2$ | $1/\lambda$ | $\mu$ |
| 方差 | $(b-a)^2/12$ | $1/\lambda^2$ | $\sigma^2$ |

# 4.3 协方差、相关系数、矩与协方差阵

## 4.3.1 似是而非的相关

**问题 4.12** 如何区别线性无关、线性相关、复共线、统计相关、正相关、负相关、强相关、弱相关和不相关?

**分析** (1)线性无关和线性相关源于线性代数,统计相关、正相关、负相关、强相关、弱相关和不相关源于概率论与数理统计;

(2)两个向量线性相关是指它们的坐标对应成比例;两个向量统计相关是指相关系数等于 1 或者 -1;

(3)若两个向量对应的随机变量都服从离散均匀分布,那么统计相关就是线性相关;

(4)强相关是指相关系数的绝对值接近 1,相关是强相关的特例,若两个向量对应的随机变量都服从离散均匀分布,那么强相关就是指复共线;

(5)弱相关是指相关系数的绝对值接近 0,不相关是弱相关的特例,若两个向量对应的随机变量都服从离散均匀分布,那么弱相关就是指线性无关。

**评注 4.19 日常对话中的相关**

在日常对话中,容易把强相关和弱相关称为相关。例如,我们相信父子的身高是有关联的,而且是强相关的。但是在线性空间意义下,二者的身高却是线性无关的,这就出现语义与定义冲突。

**例 4.1** 在客观世界中广泛存在继承律和回归律现象。一方面,继承律决定了:高个子的父辈的下一代往往也不矮。另一方面,回归律决定了:个子特高的父母,子女一般比父母矮;个子特矮的父母,子女一般比父母高。英国生物统计学家弗朗西斯·高尔顿(F. Galton)和卡尔·皮尔逊(Karl Pearson)对上千个家庭的数据进行了收集与分析,发现子代身高 $y$ 与父代身高 $x$ 存在线性关系:

$$y = 0.8567 + 0.516x$$

其中,$0.516 > 0$ 表明子代与父代存在正相关性,体现了继承律;$0.516 < 1$ 表明子代与父代存在弱相关性,弱相关性和常值 $0.8567$ 共同体现了回归律。

### 4.3.2 独立性与不相关性

**问题 4.13** 有了协方差为什么还要计算相关系数,独立性与不相关性的关系如何刻画?

**分析** (1)由于协方差带量纲,而量纲不同对应的协方差就不同,为了去除量纲的影响,常用相关系数刻画随机变量的相关性。

(2)独立性与不相关性都是描述随机变量之间关系的概念,独立性与不相关性的关系可概括为:随机变量独立必然不相关,反之不成立。

**评注 4.20 独立性与不相关性的关系**

两个随机变量独立的直观含义是:两个随机变量的取值之间无"任何"关系,当然也无线性关系,因而两个随机变量独立必定互不相关。两个随机变量不相关仅表明它们之间不存在线性关系,但可能存在非线性关系。

**反例 4.9** 存在平方关系的两个不相关随机变量:设 $X \sim N(0,1)$,令 $Y = X^2$,证明 $X$ 与 $Y$ 不独立也不相关。

**分析** (1)由于 $E(XY) = E(X^3) = 0$,$E(X)E(Y) = 0$,所以 $\mathrm{Cov}(X,Y) = 0$,故 $X$ 与 $Y$ 不相关,即 $Y$ 与 $X$ 不存在线性关系。

(2)直观看 $Y$ 与 $X$ 不存在线性关系,但是存在平方关系。实际上,由于事件 $\{|X| \leqslant 1\} \subset \{X \leqslant 1\}$,且 $0 < P\{X \leqslant 1\} < 1$,则联合分布满足

$$F(1,1) = P\{X \leqslant 1, |X| \leqslant 1\} = P\{|X| \leqslant 1\}$$
$$\neq P\{X \leqslant 1\} \cdot P\{|X| \leqslant 1\} = F_X(1) \cdot F_{|x|}(1)$$

联合分布不满足独立的充分必要条件:

$$F(x,y) = F_X(x) \cdot F_{|x|}(y)$$

故 $X$ 与 $|X|$ 不独立。需注意的是:尽管 $X$ 服从正态分布,但是 $Y$ 不服从正态分布,$X$ 与 $Y$ 也不服从联合正态分布,这正是本例中 $X$ 与 $Y$ 不相关也不独立的根源。

### 4.3.3 不相关的两个正态随机变量未必独立

**问题 4.14** 不相关的两个正态随机变量一定独立吗?

**分析** 未必独立。但是对于联合正态分布,不相关等价于独立。

**反例 4.10** 显然,$f_X(x) = \dfrac{1}{\sqrt{\pi}} e^{-x^2}$,$f_Y(y) = \dfrac{1}{\sqrt{\pi}} e^{-y^2}$ 都是正态分布的密度,如下联合密度无法分离:

$$f(x,y)=\frac{1}{\pi}e^{-(x^2+y^2)}(1+\sin x\sin y)\qquad(4.61)$$

$X,Y$ 既不相关,也不满足独立性条件,也不服从联合正态分布。

### 4.3.4　不相关的两个随机变量未必独立

**反例 4.11**　设随机变量 $X$ 的密度函数为

$$f(x)=\frac{1}{2}\cdot e^{-|x|},\quad -\infty<x<+\infty\qquad(4.62)$$

(1)求 $E(X)$ 和 $D(X)$。

(2)求 $X$ 与 $|X|$ 的协方差,并问 $X$ 与 $|X|$ 是否不相关?

(3)问 $X$ 与 $|X|$ 是否独立? 为什么?

**分析**　(1)$E(X)=\int_{-\infty}^{+\infty}x\cdot f(x)\mathrm{d}x=\int_{-\infty}^{+\infty}x\cdot\frac{1}{2}\cdot e^{-|x|}\,\mathrm{d}x=0$

$$E(X^2)=\int_{-\infty}^{+\infty}x^2\cdot f(x)\mathrm{d}x=\int_{-\infty}^{+\infty}x^2\cdot\frac{1}{2}\cdot e^{-|x|}\,\mathrm{d}x=\int_{0}^{+\infty}x^2 e^{-x}\,\mathrm{d}x=2$$

则

$$D(X)=E(X^2)-[E(X)]^2=2$$

(2)因

$$\mathrm{Cov}(X,|X|)=E(X\cdot|X|)-E(X)\cdot E(|X|)$$
$$=E(X\cdot|X|)=\int_{-\infty}^{+\infty}x\cdot|x|\cdot f(x)\mathrm{d}x=\int_{\infty}^{+\infty}x\cdot|x|\cdot\frac{1}{2}e^{-|x|}\,\mathrm{d}x=0$$

故 $X$ 与 $|X|$ 不相关。

(3)由于事件 $\{|X|\leqslant1\}\subset\{X\leqslant1\}$,且 $P\{|X|\leqslant1\}>0$,$P\{X\leqslant1\}<1$,所以

$$P\{X\leqslant1,|X|\leqslant1\}=P\{|X|\leqslant1\}\neq P\{X\leqslant1\}\cdot P\{|X|\leqslant1\}\qquad(4.63)$$

不满足独立的充分必要条件 $F(x,y)=F_X(x)\cdot F_{|X|}(y)$,故 $X$ 与 $|X|$ 不独立。

**反例 4.12**　设 $(X,Y)$ 服从三角域 $G=\{(x,y)\mid|y|<x,0<x<1\}$ 上的均匀分布,证明 $X$ 与 $Y$ 不独立也不相关。

**分析**　$X,Y$ 的边缘密度函数分别为

$$f_X(x)=2x,0<x<1\qquad(4.64)$$
$$f_Y(y)=1-|y|,|y|<1\qquad(4.65)$$

当 $(x,y)\in G$ 时,$X$ 与 $Y$ 的联合密度函数为 $f(x,y)=1$,由于

$$f(x,y)\neq f_X(x)\cdot f_Y(y),(x,y)\in G$$

故 $X$ 与 $Y$ 不独立。又计算得

$$E(X)=2/3,E(Y)=0,E(XY)=0$$

于是 $\mathrm{Cov}(X,Y)=0$,故 $X$ 与 $Y$ 不相关。

**反例 4.13**　设 $(X,Y)$ 服从单位圆域 $G=\{(x,y)\mid x^2+y^2\leqslant1\}$ 上的均匀分布,证明 $X$ 与 $Y$ 不独立也不相关。

**分析**　因为 $X,Y$ 的边缘密度函数分别为

$$f_X(x)=\begin{cases}\dfrac{2}{\pi}\sqrt{1-x^2}, & |x|<1,\\[2mm]0, & |x|\geqslant1,\end{cases}\qquad f_Y(y)=\begin{cases}\dfrac{2}{\pi}\sqrt{1-y^2}, & |y|<1,\\[2mm]0, & |y|\geqslant1\end{cases}\qquad(4.66)$$

当 $(x,y)\in G$ 时，$X$ 与 $Y$ 的联合密度函数为 $f(x,y)=\dfrac{1}{\pi}$，由于

$$f(x,y)\neq f_X(x)\cdot f_Y(y),\ (x,y)\in G$$

故 $X$ 与 $Y$ 不独立。又计算得

$$E(X)=\frac{2}{\pi}\int_{-1}^{1}x\sqrt{1-x^2}\,\mathrm{d}x=0,\ E(Y)=\frac{2}{\pi}\int_{-1}^{1}y\sqrt{1-y^2}\,\mathrm{d}y=0$$

$$E(XY)=\frac{1}{\pi}\iint_{x^2+y^2\leqslant 1}xy\,\mathrm{d}x\,\mathrm{d}y=\frac{1}{\pi}\int_{-1}^{1}y\,\mathrm{d}y\int_{-\sqrt{1-y^2}}^{\sqrt{1-y^2}}x\,\mathrm{d}x=0$$

于是 $\mathrm{Cov}(X,Y)=0$，故 $X$ 与 $Y$ 不相关。

### 4.3.5　低阶距存在未必高阶矩存在

**问题 4.15**　高阶矩存在意味着低阶矩必然存在，反之成立吗？

**分析**　(1)因 $|X|^k\leqslant 1+|X|^{k+1}$，由两边积分可知，右边加权积分收敛必然导致左边加权积分收敛，即高阶矩存在，那么低阶矩必然存在。

(2)反之不成立，如期望存在方差未必存在。

**反例 4.14**　设连续型随机变量 $X$ 的概率密度是 $f(x)=2/x^3$，$x>1$，$X$ 的期望存在，但是 $X^2$ 的期望不存在，故 $X$ 的方差不存在，实际上有

$$E(X)=\int_1^{+\infty}x\frac{2}{x^3}\mathrm{d}x=2,\quad E(X^2)=\int_1^{+\infty}x^2\frac{2}{x^3}\mathrm{d}x=\infty \tag{4.67}$$

**反例 4.15**　自由度等于 $t$ 分布，期望存在，方差不存在，实际上，$t$ 分布的密度函数为

$$f_{t(n)}(x)=\frac{\Gamma\left(\frac{n+1}{2}\right)}{\sqrt{n\pi}\,\Gamma\left(\frac{n}{2}\right)}\left(1+\frac{x^2}{n}\right)^{-\frac{n+1}{2}}\ (-\infty<x<+\infty) \tag{4.68}$$

当 $n=2$ 时，$X$ 的期望存在，但 $X^2$ 的期望不存在，故 $X$ 的方差不存在，实际上有

$$E(X)=\int_{-\infty}^{+\infty}xf_X(x)\mathrm{d}x=\int_{-\infty}^{+\infty}\frac{x}{\sqrt{2\pi}}\frac{\Gamma\left(\frac{2+1}{2}\right)}{\Gamma\left(\frac{2}{2}\right)}\left(1+\frac{x^2}{2}\right)^{-\frac{2+1}{2}}\mathrm{d}x=0$$

$$E(X^2)=\int_{-\infty}^{+\infty}x^2f_X(x)\mathrm{d}x=\frac{1}{\sqrt{2\pi}}\frac{\Gamma\left(\frac{2+1}{2}\right)}{\Gamma\left(\frac{2}{2}\right)}\int_{-\infty}^{+\infty}x^2\left(1+\frac{x^2}{2}\right)^{-\frac{2+1}{2}}\mathrm{d}x=\infty$$

**仿真计算 4.19**

```
syms x,fx = 2/x^3,int(fx,x,1,inf),int(fx * x,x,1,inf),int(fx * x^2,x,1,inf)
n = 2,fx = gamma((n+1)/2)/sqrt(n * pi)/gamma((n)/2) * (1 + x^2/n)^(-(n+1)/2),int(fx * x * x,-inf,inf)
```

### 4.3.6　啤酒和尿布的故事是真的吗

经典的啤酒和尿布的案例，不仅是大数据类图书的"常客"，还常"流连"于数据挖掘之类

的书籍中,特别是用来解释"关联规则"的概念,启示大家多研究"相关性",少研究因果关系! 这个案例的起源可追溯到 1996 年的《伦敦金融时报》[15]。2002 年,天睿公司的主管 Mike Grote 终于讲出了故事的真相:1992 年,他们在帮助客户分析 120 万笔销售数据时确实发现 了啤酒和尿布的相关关系! 不过他们的客户并没有根据这一发现把啤酒和尿布放在临近的 位置来进行销售,也就没有后来的啤酒和尿布销量都显著增加的故事。

---

**评注 4.21 啤酒和尿布的关联意义**

一般来说,实践是检验真理的唯一标准,在超市里面观察一下,就会发现,难以找到啤酒 和尿布相邻摆放的情况。这个故事对数据挖掘的普及具有重要意义,仅从教育意义上看,仍 不失为一个好故事。虽然今天我们依然可以通过讲啤酒和尿布的故事,来说明大数据的分 析工具确实可以帮助我们发现以前没有发现的规律,但是统计从业者同时需要知道啤酒和 尿布案例的真相,在讲述案例的时候尊重事实,不添油加醋,否则很容易导致反作用,甚至影 响到统计的公信力。

---

## 4.3.7 独立随机变量的正交变换未必独立

**问题 4.16** 独立随机变量的正交变换是否独立?

**分析** (1)若两个独立随机变量的方差相同,则正交变换后的两个随机变量还是独 立的;

(2)若两个独立随机变量的方差不同,则正交变换后的两个随机变量未必独立。

**反例 4.16** 若两个独立正态分布 $X \sim N(0,1)$,$Y \sim N(0,2)$,设正交变换如下:

$$\begin{bmatrix} \xi \\ \eta \end{bmatrix} = \frac{1}{\sqrt{2}} \begin{bmatrix} 1 & -1 \\ 1 & 1 \end{bmatrix} \begin{bmatrix} X \\ Y \end{bmatrix} \sim N\left( \begin{bmatrix} 0 \\ 0 \end{bmatrix}, \frac{1}{\sqrt{2}} \begin{bmatrix} 1 & -1 \\ 1 & 1 \end{bmatrix} \begin{bmatrix} 1 & 0 \\ 0 & 2 \end{bmatrix} \frac{1}{\sqrt{2}} \begin{bmatrix} 1 & -1 \\ 1 & 1 \end{bmatrix}^{\mathrm{T}} \right) \quad (4.69)$$

协方差变为

$$\frac{1}{\sqrt{2}} \begin{bmatrix} 1 & -1 \\ 1 & 1 \end{bmatrix} \begin{bmatrix} 1 & 0 \\ 0 & 2 \end{bmatrix} \frac{1}{\sqrt{2}} \begin{bmatrix} 1 & -1 \\ 1 & 1 \end{bmatrix}^{\mathrm{T}} = \begin{bmatrix} 1.5 & -0.5 \\ -0.5 & 1.5 \end{bmatrix} \quad (4.70)$$

故变换后的协方差矩阵不是对角矩阵,所以 $\xi,\eta$ 不独立。

# 第 5 章

## 大数定律与中心极限定理

---

**章节内容 5**

1. 大数定律。
2. 中心极限定理。

---

## 5.1 大数定律

### 5.1.1 定律与定理

为什么不把"大数定律"称为"大数定理"? 在英文中,大数定律对应"the law of large numbers",中心极限定理对应"the central limit theorem",其中,定律对应"law",而定理对应"theorem"。在大学物理中,定律和定理有显著区别。

(1)我们"相信"定律(law)是正确的,关键词是"相信"。在特定的历史背景下,某些定律是无法用数学语言严格证明的,但是用实验进行验证则相对容易。定律一般源于经验,是推理的源头。比如,牛顿运动学三大定律、万有引力定律、电磁感应定律、热力学定律等。我们无法用数学符号严格证明惯性定律、加速度定律和作用力反作用力定律,但是其正确性可以通过大量的实验进行验证。

(2)我们"证明"定理(theorem)是正确的,关键词是"证明"。定理由定义和定律推得,其正确性可以通过数学语言得到严格证明。比如,动能定理——合外力所做的功等于物体动能的变化。我们基于牛顿第二定律(加速度定律)和功的定义,借用数学符号,可以证明动能定理。

实际上,由牛顿第二定律可知 $F=ma=m\dfrac{\Delta v}{\Delta t}$,由功的定义可知 $W=Fs$,所以

$$\frac{1}{2}m(v+\Delta v)^2-\frac{1}{2}mv^2=m\frac{\Delta v}{\Delta t}\left(\frac{1}{2}\Delta t(2v+\Delta v)\right)=mas=Fs=W \qquad (5.1)$$

---

**评注 5.1　可能的命名原因**

(1)查阅概率统计的发展历史,发现尽管伯努利大数定律、切比雪夫大数定律、辛钦大数定律、柯尔莫戈洛夫大数定律均可在基本前提下得到严格证明,但是一直沿袭历史称谓——大数定律。没有称作大数定理有其历史原因,或许是因为经历了"先猜想后证明"的发展过程。大约在文艺复兴时期,人们用大数定律描述大量重复试验所表现出来的收敛规律,但是当时的理论水平不足以证明规律的普适性;1713 年,伯努利证明了伯努利大数定律;1900年,李雅普诺夫创立了特征函数法,进一步推广了前人的结论。

（2）尽管中心极限定理也经历过"先猜想后证明"过程，然而如果随机序列的密度曲线是非对称的，比如指数分布时，那么中心极限定理的结论并不符合多数人的直觉，或许从被猜想到被证明所跨越的时间相对较短，导致该结论常被称作"定理"。

## 5.1.2　服从大数定律的内涵

服从大数定律和满足大数定律，二者的含义相同，后文主要用"满足大数定律"。大数定律的内涵有哪些？

（1）一般来说，"服从"用于刻画随机变量所满足的分布特性，如 $X$ 服从二项分布，记为 $X \sim B(n,p)$；$X$ 服从正态分布，记为 $X \sim N(\mu,\sigma^2)$。而随机变量列 $X_1,X_2,\cdots$ 满足大数定律是指"样本均值依概率收敛到期望均值"，记为

$$\frac{1}{n}\sum_{i=1}^{n}X_i \xrightarrow{P} \frac{1}{n}\sum_{i=1}^{n}E(X_i) \tag{5.2}$$

（2）如果 $X_1,X_2,\cdots$ 独立，且与 $X$ 同分布，则上式变成

$$\frac{1}{n}\sum_{i=1}^{n}X_i \xrightarrow{P} E(X) \tag{5.3}$$

可以概括为"样本均值依概率收敛到期望"，或者称作"均值收敛到期望"。

（3）如果 $X_1,X_2,\cdots$ 独立，且与 $X$ 同分布，而且 $X$ 服从 $0 \sim 1$ 分布，即 $X \sim B(1,p)$，记 $n_A$ 为 $X_1,X_2,\cdots$ 取 1 的个数，则把 $\frac{1}{n}\sum_{i=1}^{n}X_i \xrightarrow{P} E(X)$ 变成 $\frac{n_A}{n} \xrightarrow{P} p$，称作"频率收敛到概率"。

## 5.1.3　依概率收敛的内涵

依概率收敛的内涵有哪些？随机序列 $X_1,X_2,\cdots$ 依概率收敛到 $X$，记为 $X_n \xrightarrow{P} X$，语义上是指"$X_n-X$ 大概率收敛到 0"，常用的表述有：

（1）任取 $\varepsilon>0$，有 $\lim\limits_{n\to\infty}P\{|X_n-X|>\varepsilon\}=0$；

（2）任取 $\varepsilon>0$，有 $\lim\limits_{n\to\infty}P\{|X_n-X|\leqslant\varepsilon\}=1$；

（3）任取 $\varepsilon>0,\delta>0$，存在 $N\in\mathbb{Z}$，使得只要 $n>N$，就有 $P\{|X_n-X|>\varepsilon\}<\delta$；

（4）任取 $\varepsilon>0,\delta>0$，存在 $N\in\mathbb{Z}$，使得只要 $n>N$，就有 $P\{|X_n-X|\leqslant\varepsilon\}>1-\delta$。

## 5.1.4　数列收敛与依概率收敛

（1）数列收敛：$a_1,a_2,\cdots$ 是一个数列，对任意 $\varepsilon>0$，存在 $N\in\mathbb{Z}$，使得只要 $n>N$，就有 $|a_n-a|<\varepsilon$，则称数列 $\{a_i\}$ 收敛到 $a$。例如，调和数列 $\frac{1}{1},\frac{1}{2},\frac{1}{3},\cdots,\frac{1}{n},\cdots$ 收敛到 0，但是它的和数列不收敛，如下：

$$\frac{1}{1},\frac{1}{1}+\frac{1}{2},\frac{1}{1}+\frac{1}{2}+\frac{1}{3},\cdots,\sum_{i=1}^{n}\frac{1}{i},\cdots \tag{5.4}$$

（2）取定某个数字 $\varepsilon_0>0$，记 $a_n=P\{|X_n-X|\leqslant\varepsilon_0\}$，则 $a_1,a_2,\cdots$ 是一个数列。因 $X_n \xrightarrow{P} X$，故对任意 $\delta>0$，存在 $N\in\mathbb{Z}$，使得只要 $n>N$，就有 $|a_n-1|<\delta$，所以数列 $\{a_i\}$ 收敛到 1。综上，依概率收敛实质就是指对任何取定的 $\varepsilon_0>0$，有数列 $a_i=P\{|X_i-X|\leqslant\varepsilon_0\}$ 收敛到 1。

### 5.1.5 依概率收敛未必几乎处处收敛

(1)几乎处处收敛的定义。

若 $P\{\omega\in\mathbb{R}:\lim\limits_{n\to\infty}X_n(\omega)=X(\omega)\}=1$,则称随机序列 $X_1,X_2,\cdots$ 几乎处处收敛到 $X$,记为 $X_n\overset{\text{a.e.}}{\to}X$。几乎处处收敛可以概括为"收敛点集的概率等于1"。

收敛符号 a.e. 和 a.s. 的含义:"a.e."是 almost everywhere 的缩写,译为几乎处处;"a.s."是 almost sure 的缩写,译为几乎肯定,一般认为这两个记号的含义相同。

(2)几乎处处收敛必然依概率收敛。

若 $X_n\overset{\text{a.e.}}{\to}X$,则 $X_n\overset{P}{\to}X$。实际上,对于收敛点 $\omega$,有 $\lim\limits_{n\to\infty}X_n(\omega)=X(\omega)$,则 $\forall\varepsilon>0$,$|X_n(\omega)-X(\omega)|\geqslant\varepsilon$ 不能对无穷多 $n$ 成立,令 $A_n=\bigcup\limits_{k=n}^{\infty}(|X_k(\omega)-X(\omega)|\geqslant\varepsilon)$,$A_n$ 是降序的 $(A_n\supset A_{n+1})$,由连续性定理可知 $\lim\limits_{n\to\infty}P\{A_n\}=P\{\bigcap\limits_{n=1}^{\infty}A_n\}$,又因为 $\bigcap\limits_{n=1}^{\infty}A_n$ 是不收敛点集的子集,由 $X_n\overset{\text{a.e.}}{\to}X$ 可知 $\lim\limits_{n\to\infty}P\{|X_n-X|\geqslant\varepsilon\}\leqslant\lim\limits_{n\to\infty}P\{A_n\}=P\{\bigcap\limits_{n=1}^{\infty}A_n\}=0$,由此即得 $X_n\overset{P}{\to}X$。

(3)依概率收敛未必几乎处处收敛。

构造的反例如图 5.1 所示。在非连续点未必收敛的反例中,令

(1) $X_{11}(\omega)=1,\omega\in(0,1]$;

(2) $X_{21}(\omega)=\begin{cases}1,\omega\in\left(0,\dfrac{1}{2}\right]\\0,\text{其他}\end{cases}$,$X_{22}(\omega)=\begin{cases}1,\omega\in\left(\dfrac{1}{2},1\right]\\0,\text{其他}\end{cases}$;

(3) $X_{31}(\omega)=\begin{cases}1,\omega\in\left(0,\dfrac{1}{3}\right]\\0,\text{其他}\end{cases}$,$X_{32}(\omega)=\begin{cases}1,\omega\in\left(\dfrac{1}{3},\dfrac{2}{3}\right]\\0,\text{其他}\end{cases}$,$X_{32}(\omega)=\begin{cases}1,\omega\in\left(\dfrac{2}{3},1\right]\\0,\text{其他}\end{cases}$。

一般地,将 $(0,1]$ 分成 $k$ 个等长的区间,而令

$$X_{ki}(\omega)=\begin{cases}1,\omega\in\left(\dfrac{i-1}{k},\dfrac{i}{k}\right]\\0,\text{其他}\end{cases}\quad(i=1,2,\cdots,k;k=1,2,\cdots) \tag{5.5}$$

最后,定义如下离散型随机变量序列:

$$\begin{matrix}X_1(\omega)&X_2(\omega)&X_3(\omega)&X_4(\omega)&X_5(\omega)&\cdots\\\updownarrow&\updownarrow&\updownarrow&\updownarrow&\updownarrow&\updownarrow\\X_{11}(\omega)&X_{21}(\omega)&X_{22}(\omega)&X_{31}(\omega)&X_{32}(\omega)&\cdots\end{matrix} \tag{5.6}$$

在反例中,对任意 $\varepsilon>0$,由于 $P\{|X_{ki}(\omega)|\geqslant\varepsilon\}\leqslant\dfrac{1}{k}$,故 $P\{|X_{ki}(\omega)|\geqslant\varepsilon\}\to0(k\to\infty)$,即 $X_n\overset{P}{\to}0$;然而,对任意固定 $\omega\in[0,1]$,任意正整数 $k$,恰有一 $i$,使 $X_{ki}(\omega)=1,k=1,2,3,\cdots$,于是 $\{X_n(\omega)\}$ 不收敛到 0,从而 $X_n\overset{\text{a.e.}}{\to}0$ 不成立。

**仿真计算 5.1**

```
close all,clear,clc;x = -0.1:0.001:1.1;linewidth = 3;figure,% % 清理
set(gcf,'position',[100,100,900,400])%三行%多列% % 反例作图
for k = 1:3 for i = 1:k,subplot(3,3,i + 3 * (k-1)),fx = uni1(x,1/k * (i-1),1/k * i);
plot(x,fx,'r-','linewidth',linewidth),box on,hold on,grid on
set(gca,'fontsize',12),title(['X_',num2str(k),'_',num2str(i),'(\omega)'])
xticks = [0:round(1/k * 100)/100:1];set(gca,'xtick',xticks),end,end
function y = uni1(x,a,b),n = length(x);y = zeros(n,1);% % 单位函数
for i = 1:n,if x(i)>a && x(i)<b,y(i) = 1;end,end,end
```

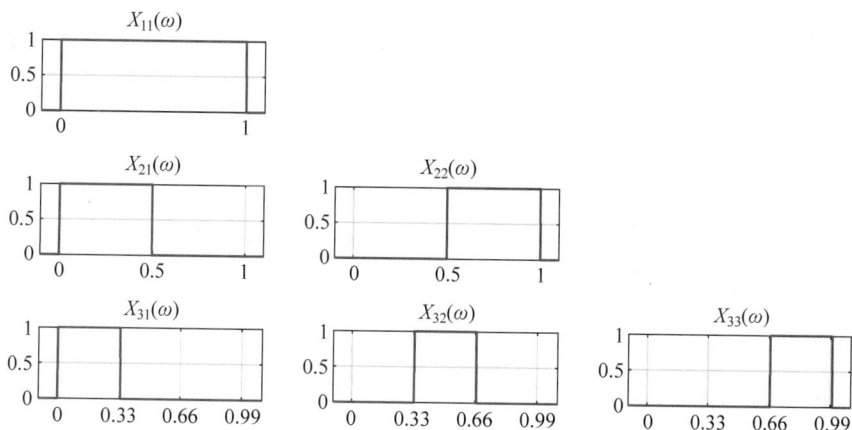

**图 5.1　不满足几乎处处收敛的反例示意图**

## 5.1.6　依概率收敛必然依分布收敛

**评注 5.2　几种收敛的关系满足**

$$X_n \xrightarrow{\text{a.e.}} X \Rightarrow X_n \xrightarrow{P} X \Rightarrow X_n \xrightarrow{L} X \tag{5.7}$$

（1）依分布收敛的定义。

设 $F_1(x),F_2(x),\cdots$ 为 $X_1,X_2,\cdots$ 的分布函数，$F(x)$ 为 $X$ 的分布函数。如果有 $\lim\limits_{n\to\infty}F_n(x)=F(x)$，其中 $x$ 为 $F(x)$ 的连续点，则称随机变量列 $X_1,X_2,\cdots$ 依分布收敛到随机变量 $X$，记为 $X_n \xrightarrow{L} X$，或者 $X_n \xrightarrow{D} X$，或者 $X_n \xrightarrow{W} X$。

**评注 5.3　收敛符号的含义**

L 是 law 的缩写，译为律；D 是 distribution 的缩写，译为分布；W 是 weak 的缩写，译为弱，表示比依概率收敛条件弱。尽管这 3 个记号不同，但是数学本质相同。

分布函数在连续点收敛，未必在任意点上收敛。

**反例 5.1**　任意取一常数列 $\{c_n\}$，使 $c_1>c_2>\cdots$，$\lim\limits_{n\to\infty}c_n=c(n\to-\infty)$。令 $X_n(\omega)=c_n$，$X(\omega)=c$。显然，对每一个 $\omega$ 有 $\lim\limits_{n\to\infty}X_n(\omega)=X(\omega)$。其次，$X_n(\omega)$ 与 $X(\omega)$ 的分布函数分

别为

$$F_n(x) = \begin{cases} 0, x < c_n \\ 1, x \geqslant c_n \end{cases} \quad F(x) = \begin{cases} 0, x < c \\ 1, x \geqslant c \end{cases} \tag{5.8}$$

从而 $\lim_{n \to \infty} F_n(x) = F(x)$；但在 $F(x)$ 的不连续点 $c$ 上，$F_n(c) = 0, F(c) = 1$。故 $\lim_{n \to \infty} F_n(c) \neq F(c)$。

（2）依概率收敛必然依分布收敛。

若 $X_n \xrightarrow{P} X$，则 $X_n \xrightarrow{L} X$。实际上，对任意 $x \in \mathbb{R}$，有

$$\{X \leqslant y\} = \{X_n \leqslant x, X \leqslant y\} \bigcup \{X_n > x, X \leqslant y\} \subset \{X_n \leqslant x\} \bigcup \{X_n > x, X \leqslant y\}$$

所以

$$F(y) \leqslant F_n(x) + P\{X_n > x, X \leqslant y\} \tag{5.9}$$

又由于 $X_n \xrightarrow{P} X$，故对 $y < x$ 得

$$P\{X_n > x, X \leqslant y\} \leqslant P(|X_n - X| \geqslant x - y) \to 0, (n \to \infty) \tag{5.10}$$

综上

$$F(y) \leqslant \varliminf_{n \to \infty} F_n(x) \tag{5.11}$$

类似可证：对 $x < z$，有 $\varlimsup_{n \to \infty} F_n(x) \leqslant F(z)$，于是对 $y < x < z$，有

$$F(y) \leqslant \varliminf_{n \to \infty} F_n(x) \leqslant \varlimsup_{n \to \infty} F_n(x) \leqslant F(z)$$

如果 $x$ 是 $F(x)$ 的连续点，令 $y \to x, z \to x$，得 $F(x) = \lim_{n \to \infty} F_n(x)$。

（3）依分布收敛未必依概率收敛。

**反例 5.2** 令

$$X(\omega) = \begin{cases} 1, \omega = \omega_1 \\ -1, \omega = \omega_2 \end{cases}, P(\omega_1) = P(\omega_2) = \frac{1}{2} \tag{5.12}$$

则 $X(\omega)$ 是一个随机变量，其分布函数为

$$F(x) = \begin{cases} 0, x < -1 \\ \dfrac{1}{2}, -1 \leqslant x < 1 \\ 1, x \geqslant 1 \end{cases} \tag{5.13}$$

再令 $X_n = -X$，$X_n$ 的分布函数记作 $F_n(x)$。因为 $F_n(x) = F(x)$，所以 $X_n \xrightarrow{L} X$ 成立，而对任意的 $0 < \varepsilon < 2$，恒有 $P\{|X_n - X| > \varepsilon\} = P\{|-X - X| > \varepsilon\} = 1$，即不可能有 $X_n \xrightarrow{P} X$。

---

**评注 5.4　分布函数相等未必随机变量相等**

在上述例子中，随机变量 $X_n$ 与 $X$ 在每次试验中取相反的两个数值，可是它们却有完全一样的分布函数。

---

## 5.1.7　几个大数定律的关联

设 $X_1, X_2, \cdots$ 为随机变量序列，它们都有有限的数学期望 $E(X_n)$。若

$$\frac{1}{n} \sum_{k=1}^{n} [X_k - E(X_k)] \xrightarrow{P} 0$$

则称 $\{X_n\}$ 满足大数定律。若不区分独立与不相关，大数定律的关联可用表 5.1 概括。

**表 5.1 大数定律关联表**

| 大数定律 | 语义 | 条件 | 关联 |
|---|---|---|---|
| 马尔可夫 | 均值收敛到期望 | 均值的方差收敛到 0 | |
| 切比雪夫 | 均值收敛到期望 | 独立同方差上界 | 马尔可夫的特例 |
| 辛钦 | 均值收敛到期望 | 独立同分布 | |
| 伯努利 | 频率收敛到概率 | 独立同 0-1 分布 | 辛钦的特例 |

下面列举几种常见的大数定律。

(1)马尔可夫大数定律：设 $X_1, X_2, \cdots$ 是方差有限的随机变量序列，如果有 $\dfrac{1}{n^2} D\left(\sum\limits_{k=1}^{n} X_k\right) \to 0$，则 $X_1, X_2, \cdots$ 满足大数定律。

(2)切比雪夫大数定律：若序列 $X_1, X_2, \cdots$ 两两不相关且方差有共同上界，即 $D(X_n) \leqslant C(n \geqslant 1)$，则 $X_1, X_2, \cdots$ 满足大数定律。

(3)伯努利大数定律：设 $n_A$ 为 $n$ 重伯努利试验中事件 $A$ 出现的次数，又事件 $A$ 在每次试验中出现的概率为 $p(0 < p < 1)$，则对任意的 $\varepsilon > 0$，有 $\lim\limits_{n \to \infty} P\left(\left|\dfrac{n_A}{n} - p\right| < \varepsilon\right) = 1$。

(4)辛钦大数定律：设 $X_1, X_2, \cdots$ 是一列独立同分布的随机变量，且数学期望存在，则 $X_1, X_2, \cdots$ 满足大数定律。

## 5.1.8 再论硬币试验

**问题 5.1** 随着抛硬币次数的增多，正面朝上和反面朝上的频数是否趋于相同？

**分析** 否，正确的命题应该是：随着抛硬币次数的增多，正面朝上和反面朝上的"频率"趋于相同。

频数和频率是有区别的：假定试验总次数为 $n$，事件 $A$ 发生的次数称作频数，记为 $n_A$，把 $\dfrac{n_A}{n}$ 称作事件 $A$ 发生的频率。单次试验 $A$ 发生的概率记为 $P(A)$，则伯努利大数定律表明 $\dfrac{n_A}{n} \xrightarrow{P} P(A)$，即频率收敛到概率。

在抛硬币试验中，记事件 $A$ 为"正面朝上"，记事件 $B$ 为"反面朝上"，则 $P(A) = P(B) = \dfrac{1}{2}$，所以 $\dfrac{n_A}{n} - \dfrac{n_B}{n} \xrightarrow{P} P(A) - P(B) = 0$，即随着抛硬币次数的增多，正面朝上的和反面朝上的"频率"趋于相同，为 $\dfrac{1}{2}$。

但是，$n_A - n_B \xrightarrow{P} 0$ 是假命题。实际上，由于 $n_A \sim B(n, 1/2)$，频数差的期望和方差分别为

$$\begin{cases} E(n_A - n_B) = E(2n_A - n) = 2E(n_A) - n = 0 \\ D(n_A - n_B) = D(2n_A - n) = 4D(n_A) = n \end{cases} \tag{5.14}$$

方差越来越大意味着：随着抛硬币次数的增多，正面朝上的和反面朝上的频数趋于不相同，可以用下列命题刻画。

**问题 5.2** 对任意给定的自然数 $k_0$,随着试验重复次数的增多,有

$$P\{|n_A - n_B| \geqslant k_0\} \to 1 \tag{5.15}$$

**评注 5.5 频数差的等价命题**

正因为"发生概率无限接近 1",上述命题又可以简述为"随着试验重复次数的增多,正面朝上与反面朝上的频数差必然大于任意给定的常数"。

**分析** 实际上,记第 $i$ 次抛硬币的结果表达式为 $X_i = \begin{cases} 1, & \text{正面朝上} \\ -1, & \text{反面朝上} \end{cases}$,"正面朝上比反面朝上少 $k_0$ 次及以上"等价于 $n_A - n_B = \sum_{i=1}^{n} X_i \leqslant -k_0$,则得

$$P\left\{\sum_{i=1}^{n} X_i \leqslant -k_0\right\} = P\left\{\frac{\sum_{i=1}^{n} X_i - E\left(\sum_{i=1}^{n} X_i\right)}{\sqrt{D\left(\sum_{i=1}^{n} X_i\right)}} \leqslant \frac{-k_0}{\sqrt{n}}\right\} \approx \Phi\left(\frac{-k_0}{\sqrt{n}}\right) \to \Phi(0) = \frac{1}{2}$$

$$\tag{5.16}$$

同理

$$P\left\{\sum_{i=1}^{n} X_i \geqslant k_0\right\} \to \frac{1}{2} \tag{5.17}$$

总之

$$P\{|n_A - n_B| \geqslant k_0\} = P\{n_A - n_B \leqslant -k_0\} + P\{n_A - n_B \geqslant k_0\} \to 1$$

**问题 5.3** 随着抛硬币次数的增多,是否必然发生正面朝上比反面朝上至少多一次?

**分析** 否,记第 $i$ 次抛硬币的结果表达式 $X_i = \begin{cases} 1, & \text{正面朝上} \\ -1, & \text{反面朝上} \end{cases}$,"正面朝上比反面朝上至少多一次"记为 $\sum_{i=1}^{n} X_i \geqslant 1$,但是实际上 $P\left\{\sum_{i=1}^{n} X_i \geqslant 1\right\} \to \frac{1}{2}$,所以随着抛硬币次数的增多时,"正面朝上比反面朝上至少多一次"不是必然发生的事件。

## 5.1.9 三论硬币试验

**问题 5.4** 随着试验次数的增多,正面朝上比反面朝上的次数多必然会发生?

先看一个错误推理:因为"随着试验次数的增多任何非零概率事件必然会发生",而"抛硬币试验中正面朝上比反面朝上的次数多(含相等)不是零概率事件",所以"随着试验次数的增多,正面朝上比反面朝上的次数多必然会发生"。

但是这个推理过程是错误的,需要逐句分析以上推理。

(1) 命题 1"随着试验次数的增多任何非零概率事件必然会发生":正确。

假定 $A$ 为单次试验事件发生,$P(A) \neq 0$,$n$ 次试验 $A$ 都不发生的概率为 $[1-P(A)]^n \to 0$($n \to \infty$),所以 $A$ 至少发生一次的概率为

$$1 - [1-P(A)]^n \to 1 (n \to \infty)$$

所以,随着试验次数的增多任何非零概率事件必然会发生。

（2）命题 2"抛硬币试验中正面朝上比反面朝上的次数多不是零概率事件"：正确。

（3）命题 3"随着试验次数的增多，正面朝上比反面朝上的次数多必然会发生"：错误。

**评注 5.6　错误推理的根源**

混淆了概念，命题 1 中非零概率事件是单次事件；而命题 2 和命题 3 中非零概率事件是和事件。

合理的推理如下：记第 $i$ 次投硬币的结果表达式为 $X_i = \begin{cases} 1, & 正面朝上 \\ 0, & 反面朝上 \end{cases}$，$B_n = \sum_{i=1}^{n} X_i > 0$，所以出现正面朝上的概率为

$$P\{B_n > 0\} = P\left\{\sum_{i=1}^{n} X_i > 0\right\} \to 1(n \to \infty) \tag{5.18}$$

命题 2 和命题 3 中单次试验的表达式为 $X_i = \begin{cases} 1, & 正面朝上 \\ -1, & 反面朝上 \end{cases}$，和事件发生的表达式为 $A_n = \sum_{i=1}^{n} X_i > 0$，所以正面朝上比反面朝上的次数多的概率为

$$P\{A_n > 0\} = P\left\{\sum_{i=1}^{n} X_i > 0\right\} \to \frac{1}{2}(n \to \infty) \tag{5.19}$$

**问题 5.5**　随着抛硬币次数的增多，正面朝上比反面朝上多有限次的概率为 0？

**分析**　先看一个推理：记第 $i$ 次抛硬币的结果表达式为 $X_i = \begin{cases} 1, & 正面朝上 \\ -1, & 反面朝上 \end{cases}$，随着试验次数的增多，正面朝上比反面朝上多 1 次及以下的可能性收敛 0.5；多 2 次及以下的可能性收敛 0.5；多 3 次及以下的可能性收敛 0.5；以此类推，多 $k_0$ 次及以下的可能性收敛 0.5；从而

$$P\left\{\sum_{i=1}^{n} X_i = k_0\right\} = P\left\{\sum_{i=1}^{n} X_i \leqslant k_0\right\} - P\left\{\sum_{i=1}^{n} X_i \leqslant k_0 - 1\right\} = \frac{1}{2} - \frac{1}{2} = 0(n \to \infty)$$

所以出现了"1＝0"的悖论，即

$$1 = \sum_{k_0 = -n}^{n} P\left\{\sum_{i=1}^{n} X_i = k_0\right\} = \sum_{k_0 = -n}^{n} 0 = 0(n \to \infty) \tag{5.20}$$

但是这个推理过程是错误的，错误推理的根源：混淆了"收敛"和"相等"的内涵。尽管 $P\left\{\sum_{i=1}^{n} X_i = k_0\right\} = 0(n \to \infty)$，但是 $P\left\{\sum_{i=1}^{n} X_i = k_0\right\} \neq 0$。

## 5.1.10　用数值试验和直方图验证大数定律

**问题 5.6**　辛钦大数定律表明，若 $X_1, X_2, \cdots$ 为独立同分布的随机变量列，且数学期望存在，则

$$\frac{1}{n}\sum_{i=1}^{n} X_i \xrightarrow{P} E(X) \tag{5.21}$$

证明辛钦大数定律需要用到特征函数,能否用数值试验和直方图验证大数定律?

**分析** 下面通过 $n=2,4,12,48,240,1440$ 次采样验证:当 $X$ 服从两点分布、二项分布、泊松分布、几何分布、均匀分布、指数分布或正态分布时,辛钦大数定律必然成立。具体过程如下:

首先,生成一个 $n\times10000$ 随机矩阵,如 N = 10000,XX = binornd(1,p,n,N);

其次,取均值得到 10000 维均值向量,如 X = mean(XX);

最后,用直方图函数统计均值向量,如 [nx,xout] = hist(X,xout),频数除以 10000,如 fx = $\dfrac{\text{nx}}{\text{N}}$,得到频率,画出均值的归一化频率分布图。

(1)若 $X\sim B(m,p)$,其中 $p=0.5$,则 $E(X)=p=0.5$,两点分布是特殊的二项分布,当 $n$ 取不同值时,样本均值的归一化直方图参考图 5.2、图 5.3,该图说明:对于两点分布和二项分布,辛钦大数定律成立。

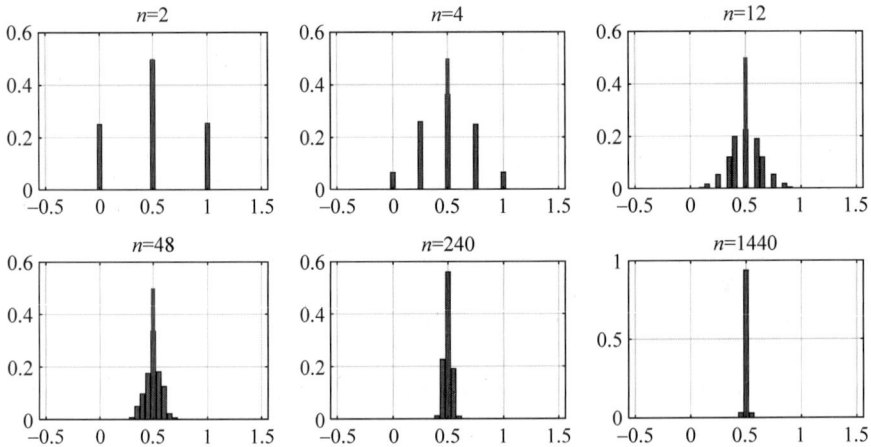

图 5.2 两点分布条件下的大数定律(见文后彩图)

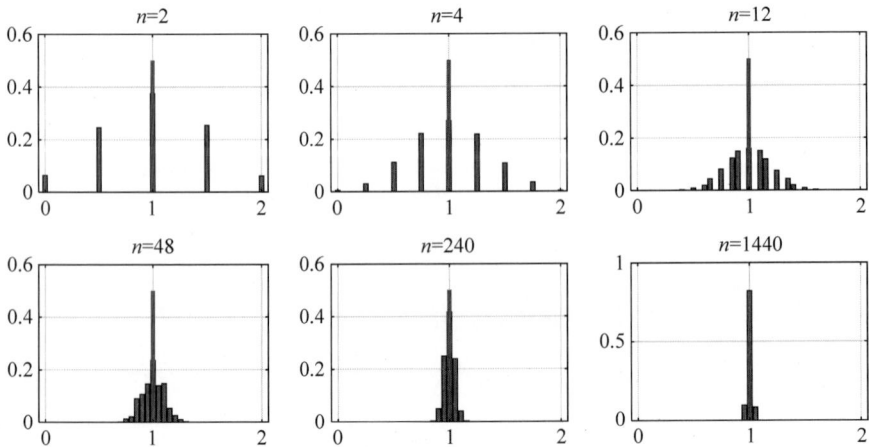

图 5.3 二项分布条件下的大数定律(见文后彩图)

（2）若 $X \sim P(\lambda)$，其中 $\lambda = 1$，则 $E(X) = \lambda = 1$，当 $n$ 取不同值时，样本均值的归一化直方图参考图 5.4，该图说明：对于泊松分布，辛钦大数定律成立。

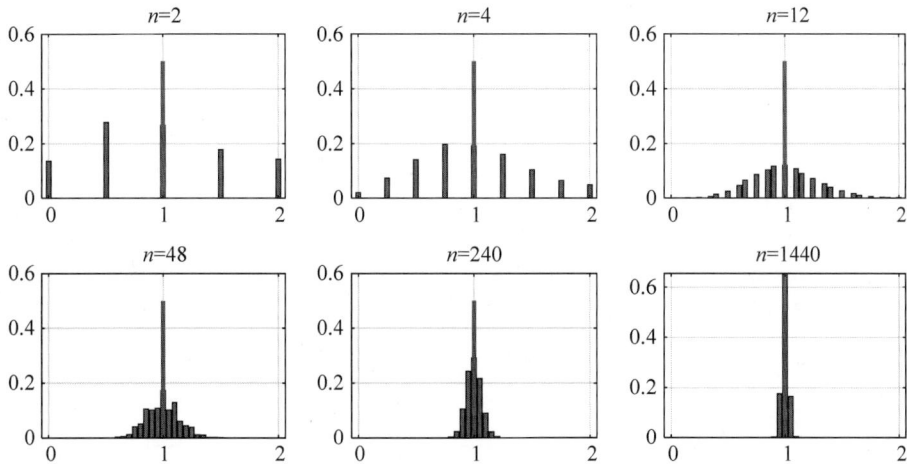

**图 5.4　泊松分布条件下的大数定律（见文后彩图）**

（3）若 $X \sim U(a, b)$，其中 $a = 0$，$b = 1$，则 $E(X) = \dfrac{a+b}{2} = 0.5$，当 $n$ 取不同值时，样本均值的归一化直方图参考图 5.5，该图说明：对于均匀分布，辛钦大数定律成立。

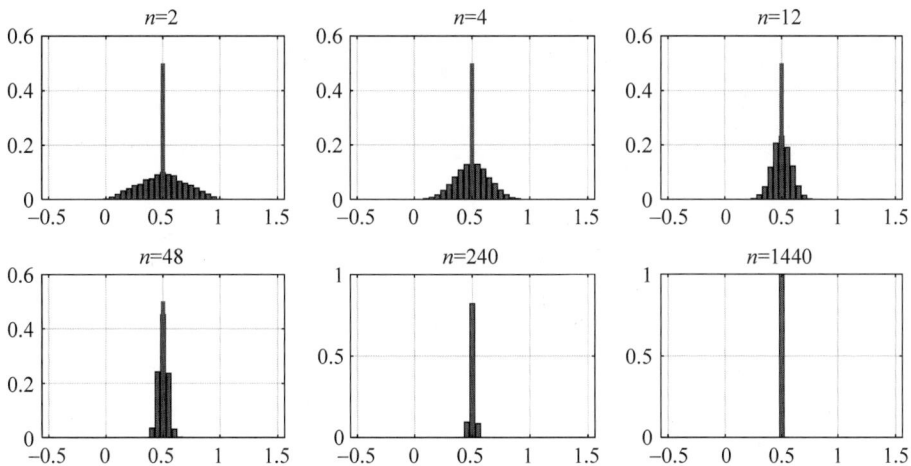

**图 5.5　均匀分布条件下的大数定律（见文后彩图）**

（4）若 $X \sim \mathrm{Exp}(\lambda)$，其中 $\lambda = 1$，则 $E(X) = 1/\lambda = 1$，当 $n$ 取不同值时，样本均值的归一化直方图参考图 5.6，该图说明：对于指数分布，辛钦大数定律成立。

（5）若 $X \sim N(\mu, \sigma^2)$，其中 $\mu = 0$，$\sigma^2 = 1$，则 $E(X) = 0$，当 $n$ 取不同值时，样本均值的归一化直方图参考图 5.7，该图说明：对于正态分布，辛钦大数定律成立。

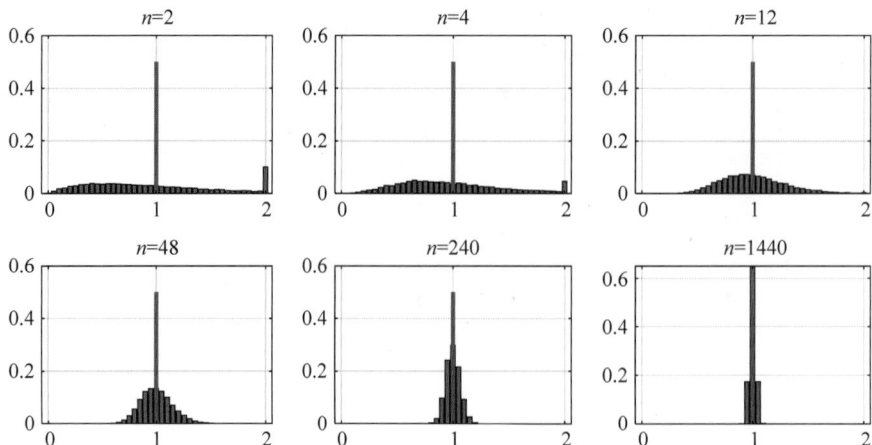

**图 5.6 指数分布条件下的大数定律（见文后彩图）**

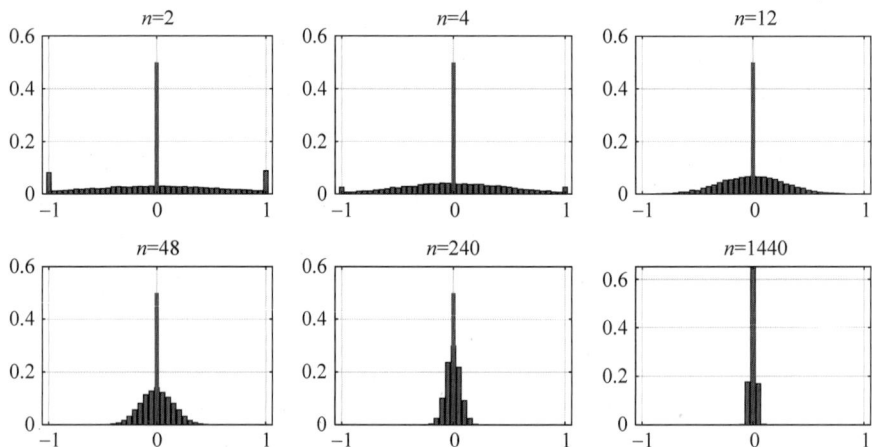

**图 5.7 正态分布条件下的大数定律（见文后彩图）**

**评注 5.7 不同分布条件下的大数定律的收敛速度**

值得注意的是，对称性在一定程度上会影响收敛的速度。比如，由于两点分布和均匀分布的概率函数是对称的，所以收敛的速度相对较快；由于泊松分布和指数分布的概率函数不是对称的，所以收敛的速度相对较慢。

**仿真计算 5.2**

```
close all,clear,clc;type = 5;% 分布的类型
N = 10000;dx = 0.05;% 直方图区间间隔
set(gcf,'position',[100,100,700,300])
for i = 1:6,subplot(2,3,i),n = 2 * factorial(i);
%% 样本均
if type = = 1 % 两点分布————————————————————
p = 1/2;Ex = p;XX = binornd(1,p,n,N);end
if type = = 2 % 二项分布————————————————————
```

```
p = 1/2;kk = 2;Ex = kk * p;XX = binornd(kk,p,n,N);end
if type = = 3 % 泊松分布------------------------------------------
lamb = 1;Ex = lamb;XX = poissrnd(lamb,n,N);end
if type = = 4 % 均匀分布------------------------------------------
a = 0;b = 1;Ex = (a + b)/2;XX = unifrnd(a,b,n,N);end
if type = = 5 % 指数分布------------------------------------------
lamb = 1;Ex = 1/lamb;XX = exprnd(lamb,n,N);end
if type = = 6 % 正态分布------------------------------------------
mu = 0;sigma = 1;Ex = mu;XX = normrnd(mu,sigma,n,N);end
if type = = 7 % 几何分布------------------------------------------
p = 1/2;Ex = 1/p-1;XX = geornd(p,n,N);end
%% 直方图泊---------------------------------------------------
X = mean(XX);xout = [Ex + [-1:dx:0],Ex + [dx:dx:1]];% 直方图区间
[nx,xout] = hist(X,xout);% 直方统计 % 区别 histogram(meanXX,xout)
fx = nx/N;bar(xout,fx);boxon,grid on,hold on % % 归一化、柱状图
%% 期望-------------------------------------------------------
x = [Ex,Ex];y = [0,0.5];plot(x,y,'linewidth',2),hold off,title(['n = ' num2str(n)]),end
```

# 5.2　中心极限定理

## 5.2.1　中心极限定理的里程碑

**问题 5.7**　为什么说"中心极限定理是一场跨越两百年的传奇"?

**分析**　大数定律表明均值收敛到期望,这符合我们的直觉。但是,中心极限定理表明样本均值都会近似服从正态分布,哪怕样本的密度是不对称的(比如指数分布),对于很多人来说,这不符合直觉。

中国战国时期的荀子(约公元前325—前238年)提出"千举万变,其道一也"的观念,在哲学层面提出变化收敛到不变的思想。然而,一般认为中心极限定理萌芽于棣莫弗,沉淀于莱维,基于此我们说"中心极限定理是人类共同的思想结晶,是一场跨越两百年的传奇"。表 5.2

**表 5.2　中心极限定理的关键节点[16]**

| 棣莫弗(De Moivre,法裔英籍,1667—1754) | 拉普拉斯(Laplace,法国,1749—1827) | 林德伯格(Lindeberg,芬兰,1876—1932) | 莱维(Lévy,法国,1865—1953) |
|---|---|---|---|
| 二项分布条件的雏形 | 二项分布的极限定理 | 极限定理充分条件 | 极限定理充要条件 |

概略地给出了部分发展节点：

(1)1733 年,英国籍法国裔棣莫弗给出了二项分布的正态近似,提出了中心极限定理的雏形。

(2)1812 年,法国的拉普拉斯使用特征函数论证了二项分布的标准化收敛到标准正态分布。

(3)1920 年,芬兰的林德伯格提出了林德伯格条件是中心极限定理的充分条件。

(4)1937 年,法国的莱维提出了林德伯格条件是中心极限定理的充要条件[①]。设随机变量 $X_1, X_2, \cdots, X_n, \cdots$ 相互独立,它们具有数学期望 $E(X_k) = \mu_k$ 和方差 $D(X_k) = \sigma_k^2 > 0$, $k = 1, 2, \cdots$。将方差的和记为 $B_n^2 = \sum\limits_{k=1}^{n} \sigma_k^2$。林德伯格条件是指:对于任意的 $\varepsilon > 0$,当 $n \to \infty$ 时,$\dfrac{1}{B_n^2} \sum\limits_{k=1}^{n} E\{ |X_k - \mu_k|^2 1_{|X_k - \mu_k| \geqslant \varepsilon B_n} \} \to 0$。若林德伯格条件成立,则随机变量之和 $\sum\limits_{k=1}^{n} X_k$ 的标准化为

$$Z_n = \frac{\sum\limits_{k=1}^{n} X_k - E(\sum\limits_{k=1}^{n} X_k)}{\sqrt{D(\sum\limits_{k=1}^{n} X_k)}} = \frac{\sum\limits_{k=1}^{n} X_k - \sum\limits_{k=1}^{n} \mu_k}{B_n} \tag{5.22}$$

其分布函数收敛到标准正态分布的分布函数,即

$$\lim_{n \to \infty} P\{Z_n \leqslant x\} = \int_{-\infty}^{x} \frac{1}{\sqrt{2\pi}} e^{-t^2} dt = \Phi(x) \tag{5.23}$$

李雅普诺夫定理表明:无论各个随机变量 $X_k (k = 1, 2, \cdots)$ 服从什么分布,当 $n$ 很大时, $Z_n$ 近似地服从正态分布 $N(0,1)$。也就是说,当 $n$ 很大时,变量 $\sum\limits_{k=1}^{n} X_k = B_n Z_n + \sum\limits_{k=1}^{n} \mu_k$ 近似地服从正态分布 $N\left(\sum\limits_{k=1}^{n} \mu_k, B_n^2\right)$。

---

**评注 5.8　棣莫弗-拉普拉斯中心极限定理的常见应用**

棣莫弗-拉普拉斯中心极限定理常用于伯努利试验决策:先给定决策风险,再利用 $\Phi(x_\alpha) = 1 - \alpha$ 求得标准正态分布的分位点 $x_\alpha$,最后利用 $\dfrac{Y - np}{\sqrt{np(1-p)}} = x_\alpha$ 求得决策值 $Y$ 和试验次数 $n$。

---

## 5.2.2　标准化的过程

**问题 5.8**　为什么要执行标准化?

**分析**　中心极限定理可以概括为:标准化序列的分布函数收敛到标准正态分布的分布

---

① https://zhuanlan.zhihu.com/p/545895865?utm_id=0。

函数。进一步概括为：标准化收敛到标准正态。而标准化序列的表达式比较繁杂，一个自然的问题是：为什么要执行标准化？大概有如下 3 种解释。

(1)标准化以便计算。因为对于一般的正态分布 $N(\mu, \sigma^2)$，分布函数 $F(x)$ 没有解析表达式，可转化为标准正态分布的分布函数，并通过查表获得分布函数：$F(x) = \Phi\left(\dfrac{x-\mu}{\sigma}\right)$。

(2)标准化以便去量纲。对于同一个物理量，不同的国家或地区可能使用不同的量纲，不便于沟通，标准化后统计量 $\dfrac{X-E(X)}{\sqrt{D(X)}}$ 没有量纲，消除了量纲不同带来的误解，提高了沟通交流的效率。

(3)标准化以便消除参数。不同分布的密度有显著差异，但是标准化后的密度与参数无关：

①比如正态分布的密度为 $f_X(x) = \dfrac{1}{\sqrt{2\pi}\,\sigma} e^{-\frac{(x-\mu)^2}{2\sigma^2}}$，依赖参数 $\mu, \sigma^2$，标准化后的密度为 $f_Y(y) = \dfrac{1}{\sqrt{2\pi}} e^{-\frac{y^2}{2}}$，与 $\mu, \sigma^2$ 无关；

②指数分布的密度为 $f_X(x) = \lambda e^{-\lambda x}, x > 0$ 依赖参数 $\lambda$，标准化后的密度 $f_Y(y) = e^{-(y+1)}, y > -1$，与 $\lambda$ 无关；

③又如均匀分布的密度为 $f_X(x) = (b-a)^{-1}$，依赖参数 $a, b$，标准化后的密度 $f_Y(y) = 1/\sqrt{12}, -\sqrt{3} < y < \sqrt{3}$，与 $a, b$ 无关，多个随机变量和的标准化参考后续几个例子。

## 5.2.3　典型分布的标准化

**问题 5.9**　对于均匀分布、指数分布和正态分布，哪种分布的标准化过程最简单？

**分析**　(1)从表达式上看，均匀分布、指数分布、正态分布逐渐变得复杂，因为均匀分布的密度为 $f(x) = \dfrac{1}{b-a}, a < x < b$；指数分布的密度为 $f(x) = \lambda e^{-\lambda x}, x > 0$；正态分布的密度为 $f(x) = \dfrac{1}{\sqrt{2\pi}\,\sigma} e^{-\frac{(x-\mu)^2}{2\sigma^2}}, -\infty < x < +\infty$。实际上，均匀分布、指数分布、正态分布，其标准化过程反而逐渐容易。

(2)对于正态分布，任意 $n$，标准化的密度都是标准正态分布，即 $f(x) = \dfrac{1}{\sqrt{2\pi}} e^{-\frac{x^2}{2}}$，$-\infty < x < +\infty$，所以说正态分布的标准化最简单。

(3)对于指数分布，参考图 5.8，任意 $n$，由于指数分布是特殊的伽马(Gamma)分布，而伽马分布满足可加性，借助该结论可以快速获得样本求和的密度，继而获得标准化密度，所以说指数分布的标准化相对简单。

(4)对于均匀分布，参考图 5.9，当 $n \geq 2$ 时，由于密度需要分段讨论，样本求和的密度比较复杂，而且随 $n$ 变大，分段逐渐变多，所以说均匀分布的标准化相对较难。

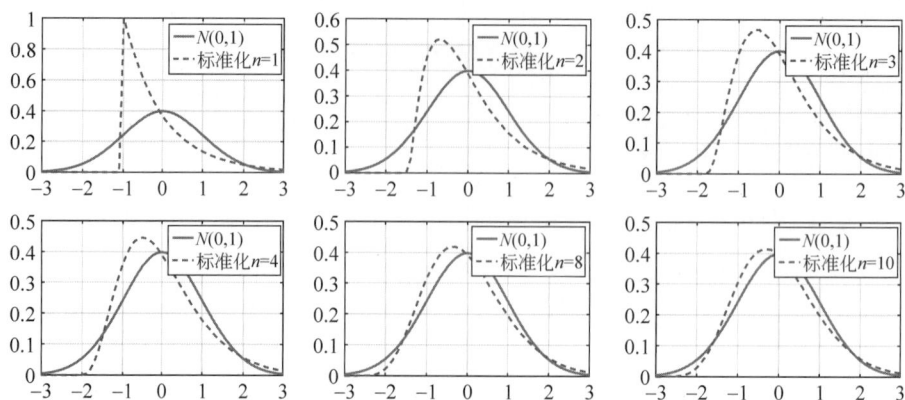

图 5.8　指数分布的标准化密度

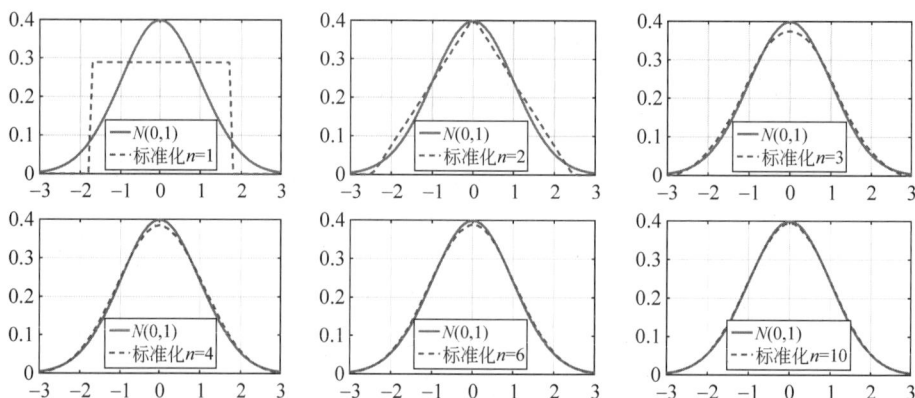

图 5.9　均匀分布的标准化密度

## 5.2.4　指数分布的标准化

**仿真计算 5.3**

```
close all,clear,clc,N = 1000000,dx = 0.1;time_delay = 0.5;type = 2;Nmax = 10;
delta_n = 1;x = -3:dx:3;indexes = [];width = 2;
for n = [1,2,3,4,8,10],figure %% 标准正态分布的密度
y = normpdf(x,0,1);plot(x,y,'linewidth',width),box on,hold on,grid on,rng = 1;% 随机种子
if type = = 1,a = 0;b = 1;XX = unifrnd(a,b,n,N);Ex = (a + b)/2;Dx = (b-a)^2/12;end % 均匀
if type = = 2 thetha = 1/2;XX = exprnd(thetha,n,N);Ex = thetha;Dx = thetha^2;end %% 指数
if n = = 1,XX = XX;else,XX = mean(XX);end,XX = XX-Ex;XX = XX/sqrt(Dx/n); % 标准化
fx = ksdensity(XX,x);if type = = 1&& n = = 1,fx = unifpdf(x,-sqrt(3),sqrt(3)),end % 均匀
if type = = 2&& n = = 1,fx = exppdf(x,1)/exp(1),end % 指数
plot(x,fx,'r--','linewidth',width), %% 用高斯核函数拟合获得经验密度
set(gca,'fontsize',15),set(gcf,'position',[100,100,600,350])
h = legend('N(0,1)',['标准化 n = ' num2str(n)],'fontsize',20,'Location','south');end
```

**1. $n=1$ 的标准化**

问题实质：设 $X \sim \mathrm{Exp}(\lambda)$，求 $H = \dfrac{X-E(X)}{\sqrt{D(X)}}$ 的密度。

（1）$X$ 的密度为

$$f_X(x) = \lambda \mathrm{e}^{-\lambda x}, x > 0 \tag{5.24}$$

（2）因为

$$\begin{cases} E(X) = 1/\lambda \\ D(X) = 1/\lambda^2 \end{cases} \tag{5.25}$$

所以标准化序列为

$$H = \frac{X-E(X)}{\sqrt{D(X)}} \tag{5.26}$$

得

$$X = \sqrt{D(X)} \cdot H + E(X) \tag{5.27}$$

依据函数的密度公式，标准化序列的密度为

$$f_H(y) = f_X(\sqrt{D(X)} \cdot y + E(X)) \cdot \sqrt{D(X)}$$

$$= f_X\left(\frac{1}{\lambda} \cdot y + \frac{1}{\lambda}\right) \cdot \frac{1}{\lambda} = \lambda \mathrm{e}^{-\lambda\left(\frac{1}{\lambda}\cdot y + \frac{1}{\lambda}\right)} \cdot \frac{1}{\lambda} = \mathrm{e}^{-(y+1)}, y > -1 \tag{5.28}$$

**评注 5.9　标准化的作用**

标准化后，密度函数与 $\lambda$ 无关，所以后续常假定 $\lambda = 1$。

**2. $n=2$ 的标准化**

**问题 5.10**　设 $X, Y$ 独立，且 $X, Y \sim \mathrm{Exp}(\lambda)$，求 $Z = X + Y$ 的标准化密度。

（1）因为 $X, Y$ 独立，依据卷积公式，得

$$f_Z(z) = \int_{-\infty}^{+\infty} f_X(z-y) f_Y(y) \mathrm{d}y$$

$$= \int_0^z \lambda^2 \mathrm{e}^{-\lambda(z-y)} \mathrm{e}^{-\lambda y} \mathrm{d}y = \lambda^2 \mathrm{e}^{-\lambda z} \int_0^z \mathrm{d}y = \lambda^2 z \mathrm{e}^{-\lambda z}, z > 0 \tag{5.29}$$

故 $X + Y$ 的密度函数为

$$f_Z(z) = \lambda^2 z \mathrm{e}^{-\lambda z}, z > 0 \tag{5.30}$$

（2）因为

$$\begin{cases} E(Z) = E(X+Y) = 2/\lambda \\ D(Z) = D(X+Y) = 2/\lambda^2 \end{cases} \tag{5.31}$$

所以标准化序列为

$$H = \frac{Z-E(Z)}{\sqrt{D(Z)}} \tag{5.32}$$

得

$$Z = \sqrt{D(Z)} \cdot H + E(Z) \tag{5.33}$$

依据函数的密度公式，标准化序列的密度为

$$f_H(y) = f_Z(\sqrt{D(X)} \cdot y + E(X)) \cdot \sqrt{D(X)}$$

$$= f_Z\left(\frac{\sqrt{2}}{\lambda} \cdot y + \frac{2}{\lambda}\right) \cdot \frac{\sqrt{2}}{\lambda}$$

$$= \lambda^2\left(\frac{\sqrt{2}}{\lambda} \cdot y + \frac{2}{\lambda}\right) e^{-\lambda\left(\frac{\sqrt{2}}{\lambda} \cdot y + \frac{2}{\lambda}\right)} \cdot \frac{\sqrt{2}}{\lambda}$$

$$= \sqrt{2}(\sqrt{2} \cdot y + 2) e^{-(\sqrt{2} \cdot y + 2)}, y > -\sqrt{2} \tag{5.34}$$

**3. $n \geqslant 3$ 的标准化**

若 $X_i \sim \mathrm{Exp}(\lambda)$，$i = 1, 2, \cdots, n$，前面已经算得，当 $n = 2$ 时，样本求和的密度为

$$f_{X_1 + X_2}(z) = \lambda^2 z e^{-\lambda z}, z > 0 \tag{5.35}$$

---

**仿真计算 5.4**

```
syms z y lamda,simplify(int(lamda^3 * (z-y) * exp(-lamda * z),y,0,z)) %
```

---

当 $n = 3$ 时，样本求和的密度为

$$f_{X_1 + X_2 + X_3}(z) = \int_{-\infty}^{+\infty} f_{X_1 + X_2}(z - y) f_{X_3}(y) \,dy$$

$$= \int_0^z \lambda^2(z - y) e^{-\lambda(z-y)} \cdot \lambda e^{-\lambda y} \,dy = \lambda^3 e^{-\lambda z} \int_0^z (z - y) \,dy = \lambda^3 \frac{z^2}{2} e^{-\lambda z} \tag{5.36}$$

设 $\lambda = 1$，当 $n$ 为任意自然数时，可以借助伽马分布的可加性获得样本求和 $\sum\limits_{i=1}^n X_i$ 的密度：若随机变量 $X_1, X_2$ 是独立的，且 $X_i \sim \mathrm{Ga}(\alpha_i, 1)$，$i = 1, 2$，则 $X_1 + X_2 \sim \mathrm{Ga}(\alpha_1 + \alpha_2, 1)$，如 $\exp(\lambda) \sim \mathrm{Ga}(1, 1)$，所以 $\sum\limits_{i=1}^n X_i \sim \mathrm{Ga}(n, 1)$，所以其密度为

$$f_{\sum\limits_{i=1}^n X_i}(x) = \frac{1}{\Gamma(n)} x^{n-1} e^{-x} \tag{5.37}$$

因 $E\left(\sum\limits_{i=1}^n X_i\right) = n$，$D\left(\sum\limits_{i=1}^n X_i\right) = n$，最后标准化序列 $Y_n$ 满足：

$$\sum_{i=1}^n X_i = Y_n \cdot \sqrt{n} + n \tag{5.38}$$

依据函数的密度公式，标准化序列的密度为

$$f_{Y_n}(y) = \frac{1}{\Gamma(n)} (y \cdot \sqrt{n} + n)^{n-1} e^{-(y \cdot \sqrt{n} + n)} \cdot \sqrt{n}, y > -\sqrt{n} \tag{5.39}$$

## 5.2.5　均匀分布的标准化

---

**评注 5.10　不同分布条件下的极限定律的收敛速度**

对比图 5.8 与图 5.9，可以发现：对称性会加快收敛的速度。

（1）由于均匀分布的密度是对称的，所以收敛的速度相对较快；

（2）由于指数分布的密度不是对称的，所以收敛的速度相对较慢。

### 1. $n=1$ 的标准化

**问题 5.11**　设 $X \sim U(a,b)$，求 $H = \dfrac{X-E(X)}{\sqrt{D(X)}}$ 的密度。

（1）$X$ 的密度为

$$f_X(x) = \frac{1}{b-a}, \quad a < x < b \tag{5.40}$$

（2）因为

$$\begin{cases} E(X) = 1/(b-a) \\ D(X) = (b-a)^2/12 \end{cases} \tag{5.41}$$

依据函数的密度公式，标准化序列的密度为

$$\begin{aligned} f_H(y) &= f_X\left(\sqrt{D(X)} \cdot y + E(X)\right) \cdot \sqrt{D(X)}, \\ &= \frac{1}{b-a}\sqrt{(b-a)^2/12} = \sqrt{1/12}, \quad -\sqrt{3} < y < \sqrt{3} \end{aligned} \tag{5.42}$$

---

**评注 5.11　标准化的作用**

标准化后，密度函数与 $a,b$ 无关，所以后续常假定 $[a,b] = [0,1]$。

---

### 2. $n=2$ 的标准化

**问题 5.12**　设 $X,Y$ 独立，且 $X,Y \sim U(a,b)$，求 $Z=X+Y$ 的标准化密度。

（1）因为 $X,Y$ 独立，依据卷积公式得

$$f_Z(z) = \int_{-\infty}^{+\infty} f_X(x) f_Y(z-x) \, \mathrm{d}x \tag{5.43}$$

不妨设 $b=1, a=0$，则 $z$-$x$ 图如图 5.10 所示。

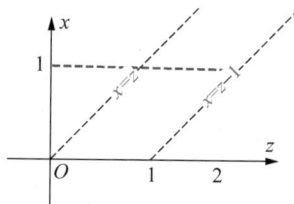

**图 5.10　卷积的 $z$-$x$ 图**

因为确定积分上下界的实质是判断 $f_X(x)f_Y(z-x)$ 何时取非零值，所以

$$f_X(x)f_Y(z-x) \text{ 取非零} \Leftrightarrow \{0 < x < 1, 0 < z-x < 1\}$$
$$\Leftrightarrow \{0 < x < 1, z-1 < x < z\}$$

因此密度可分段获得：

①若 $z \leqslant 0$ 或者 $z \geqslant 2$，则 $f_{X+Y}(z) = 0$；

②若 $0 < z < 1$，则 $\{0 < x < 1, z-1 < x < z\} \Leftrightarrow \{0 < x < z\}$，得

$$f_{X+Y}(z) = \int_0^z f_X(x) f_Y(z-x) \, dx = z \tag{5.44}$$

③若 $1 < z < 2$，则 $\{0 < x < 1, z-1 < x < z\} \Leftrightarrow \{z-1 < x < 1\}$，得

$$f_{X+Y}(z) = \int_{z-1}^1 f_X(x) f_Y(z-x) \, dx = 2-z \tag{5.45}$$

综上得

$$f_{X+Y}(z) = \begin{cases} z, & 0 \leqslant z < 1 \\ 2-z, & 1 \leqslant z < 2 \\ 0, & 其他 \end{cases} \tag{5.46}$$

（2）因为

$$\begin{cases} E(Z) = E(X+Y) = 2 \cdot \dfrac{b-a}{2} = 1 \\ D(Z) = D(X+Y) = 2 \cdot \dfrac{(b-a)^2}{12} = \dfrac{1}{6} \end{cases} \tag{5.47}$$

依据函数的密度公式，标准化序列的密度为

$$\begin{aligned} f_H(y) &= f_Z(\sqrt{D(Z)} \cdot y + E(Z)) \cdot \sqrt{D(Z)} = f_Z(\sqrt{1/6} \cdot y + 1) \cdot \sqrt{1/6} \\ &= \begin{cases} (\sqrt{1/6} \cdot y + 1) \cdot \sqrt{1/6}, & -\sqrt{6} \leqslant y < 0 \\ (2 - \sqrt{1/6} \cdot y - 1) \cdot \sqrt{1/6}, & 0 \leqslant y < \sqrt{6} \end{cases} \end{aligned} \tag{5.48}$$

### 3. $n \geqslant 3$ 的标准化

随着 $n$ 的变大，利用卷积公式推导独立随机变量之和的密度的过程往往也会变得越来越困难。设 $b=1, a=0$，以 $n=3$ 为例，$X_1, X_2, X_3 \sim U[0,1]$，计算 $Z = X_1 + X_2 + X_3$ 的密度。

（1）设 $X = X_1 + X_2, Y = X_3$，可得

$$f_X(x) = \begin{cases} x, & 0 \leqslant x < 1 \\ 2-x, & 1 \leqslant x < 2 \\ 0, & 其他 \end{cases} \tag{5.49}$$

因为 $X, Y$ 独立，依据卷积公式 $Z = X+Y = X_1 + X_2 + X_3$ 的密度为

$$f_{X+Y}(z) = \int_{-\infty}^{+\infty} f_X(z-y) f_Y(y) \, dy \tag{5.50}$$

因为确定积分上下界的实质是判断 $f_X(x) f_Y(z-x)$ 何时取非零值，所以

密度非零 $\Leftrightarrow \{0 < z-y < 2, 0 < y < 1\} \Leftrightarrow \{z-2 < y < z, 0 < y < 1\}$

因此，密度可分段获得：

①若 $z \leqslant 0$ 或者 $z \geqslant 3$，则 $f_{X+Y}(z) = 0$；

②若 $0 < z < 1$，则 $\{z-2 < y < z, 0 < y < 1\} \Leftrightarrow \{0 < y < z\}$，得

$$f_{X+Y}(z) = \int_0^z f_X(z-y) f_Y(y) \, dy = \int_0^z z-y \, dy = \frac{z^2}{2} \tag{5.51}$$

③若 $1 < z < 2$，则 $\{z-2 < y < z, 0 < y < 1\} \Leftrightarrow \{0 < y < 1\}$

表面上,上式中 $y$ 从 0 积分到 1,积分与 $z$ 无关,实际上 $f_X$ 需要先分段讨论:

$$
\begin{aligned}
f_{X+Y}(z) &= \int_0^1 f_X(z-y) f_Y(y)\ \mathrm{d}y = \int_0^1 f_X(z-y)\ \mathrm{d}y \\
&= \int_0^{z-1} f_X(z-y)\ \mathrm{d}y + \int_{z-1}^1 f_X(z-y)\ \mathrm{d}y \\
&= \int_0^{z-1} 2-(z-y)\ \mathrm{d}y + \int_{z-1}^1 z-y\ \mathrm{d}y = -z^2 + 3z - \frac{3}{2}
\end{aligned}
\tag{5.52}
$$

**仿真计算 5.5**

```
syms z y,simplify(int(2-(z-y),y,0,z-1) + int((z-y),y,z-1,1)) % (1.3)
simplify(int(2-(z-y),y,z-2,1)) % (1.4)
```

④若 $2 < z < 3$,则 $\{z-2 < y < z, 0 < y < 1\} \Leftrightarrow \{z-2 < y < 1\}$,得

$$
f_{X+Y}(z) = \int_{z-2}^1 f_X(z-y) f_Y(y)\ \mathrm{d}y = \int_{z-2}^1 2-(z-y)\ \mathrm{d}y = \frac{(z-3)^2}{2}
$$

综上得

$$
f_{X+Y}(z) = \begin{cases}
\dfrac{z^2}{2}, & 0 \leqslant z < 1 \\[2mm]
-z^2 + 3z - \dfrac{3}{2}, & 1 \leqslant z < 2 \\[2mm]
\dfrac{(z-3)^2}{2}, & 2 \leqslant z < 3 \\[2mm]
0, & \text{其他}
\end{cases}
\tag{5.53}
$$

(2)因为

$$
\begin{cases}
E(Z) = E(X+Y) = 3 \cdot \dfrac{b-a}{2} = \dfrac{3}{2} \\[2mm]
D(Z) = D(X+Y) = 3 \cdot \dfrac{(b-a)^2}{12} = \dfrac{1}{4}
\end{cases}
\tag{5.54}
$$

记 $g(y) = \dfrac{1}{2} \cdot y + \dfrac{3}{2}$,依据函数的密度公式,标准化序列的密度为

$$
f_H(y) = f_Z\left(\sqrt{D(Z)} \cdot y + E(Z)\right) \cdot \sqrt{D(Z)} = f_Z\left(\frac{1}{2} \cdot y + \frac{3}{2}\right) \cdot \frac{1}{2}
$$

$$
= \begin{cases}
\dfrac{g(y)^2}{4}, 0 \leqslant g(y) < 1 \\[2mm]
-\dfrac{1}{2} g(y)^2 + 3g(y) - \dfrac{3}{4}, 1 \leqslant g(y) < 2 \\[2mm]
\dfrac{(g(y)-3)^2}{4}, 2 \leqslant g(y) < 3
\end{cases}
= \begin{cases}
\dfrac{(y+3)^2}{16}, -3 \leqslant y < -1 \\[2mm]
-\dfrac{y^2}{4} + \dfrac{3}{4}, -1 \leqslant y < 1 \\[2mm]
\dfrac{(y-3)^2}{16}, 1 \leqslant y < 3
\end{cases}
$$

**仿真计算 5.6**

```
syms z y,fz = -z^2 + 3 * z-3/2,fy = simplify(subs(fz,z,y/2 + 3/2))
```

（3）若 $X_i \sim U(a,b)$，$i=1,2,\cdots,n$，由于均匀分布是分段函数，导致当 $n>3$ 时的样本求和密度需要分更多段讨论，标准化序列也更难给出，此时可借助软件给出标准化序列的密度形态。例如，$n=4$ 时标准化序列的密度形态如图 5.11 所示。

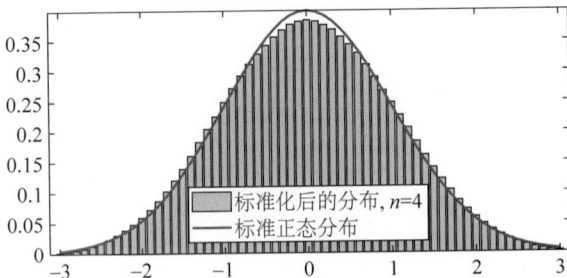

图 5.11 均匀分布标准化序列的密度形态

## 5.2.6 图书馆配套座位数

**评注 5.12 教学能手比赛案例——图书馆配套座位数**

计算机从罢工到复工的解决方案，利用了中心极限定理：高效地人机结合解决"计算机无法计算大数"的问题。

**问题 5.13** 假设某大学有 10000 名学生，是否去图书馆完全由学生自己决定，且每个人去的概率均为 10%。问：若要以 95% 的概率保证座位够用，则需要多少座位？（  ）

(A)1000          (B)1050          (C)950

**分析** 面对这个问题，我们可能会产生错误直觉。有很多人选择 A，认为 1000 个座位就够了，因为 $10000 \times 10\% = 1000$；也有很多人选择 C，因为 $10000 \times 10\% \times 95\% = 950$。那么如何获得正确答案呢？有 3 个思路：二项分布的分布律公式、泊松定理、中心极限定理。

（1）利用二项分布的分布律公式。该方法会导致计算机罢工，因为 $k$ 个人去图书馆的概率为

$$P\{Y=k\} = C_{10000}^k \cdot 0.1^k \cdot 0.9^{10000-k}, \quad k=0,1,\cdots,10000 \tag{5.55}$$

一般来说很多程序的有效数字仅能精确至第 15 位，当 $k=5$ 时，$C_{10000}^k$ 就会超过 $10^{16}$，导致出现警告："结果可能不精确。系数大于 9.007199e+15 且仅精确至第 15 位"，而且求不多于 1000 人去图书馆的概率为 NaN（即错误解 Not A Number）。

（2）利用泊松定理。该方法也会导致计算机罢工，因为有 $k$ 个人去图书馆的概率为

$$P\{Y=k\} = \frac{e^{-\lambda}\lambda^k}{k!}, k=0,1,2,\cdots, \lambda=np=10000 \times 0.1=1000 \tag{5.56}$$

当 $k=5$ 时，$\lambda^k$ 也会超过 $10^{16}$，当 $k$ 达到一定程度也会出现警告。

（3）利用中心极限定理。该方法可以获得一个不错的近似解。记 $Y$ 表示 $n=10000$ 名学员中去阅览室的总人数，则 $Y \sim b(n,p)$，$p=0.1$，依据棣莫弗-拉普拉斯中心极限定理，有

$$P\{Y \leqslant 1000\} = P\left\{\frac{Y-np}{\sqrt{npq}} \leqslant \frac{1000-np}{\sqrt{npq}}\right\} = P\left\{\frac{Y-np}{\sqrt{npq}} \leqslant 0\right\} \approx \Phi(0) = 0.5 \quad (5.57)$$

故座位够用的概率仅为 $0.5$，不能以 $95\%$ 的概率保证座位够用，所以 A 错误。需增加 $a$ 个座位，实质为求满足下列不等式的最小整数 $a$，为

$$P\{Y \leqslant 1000+a\} \geqslant 0.95 \quad (5.58)$$

依据棣莫弗-拉普拉斯中心极限定理，得

$$P\{Y \leqslant 1000+a\} = P\left\{\frac{Y-np}{\sqrt{npq}} \leqslant \frac{1000+a-np}{\sqrt{npq}}\right\}$$

$$\approx P\left\{\frac{Y-np}{\sqrt{npq}} \leqslant \frac{a}{30}\right\} = \Phi\left(\frac{a}{30}\right) \geqslant 95\% \quad (5.59)$$

查表得 $\Phi(1.6449) = 95\%$，求得最小整数为 $[1.6449 \times 30] = 50$，故至少还要增加 $50$ 个座位。

---

### 评注 5.13　为什么中心极限定理不可以是单边的

有同学问：为什么是 $P\{Y \leqslant 1000+a\}$，而不是 $P\{0 \leqslant Y \leqslant 1000+a\}$？

（1）实际上，记 $A = \{0 \leqslant Y\}$，$B = \{Y \leqslant 1000+a\}$，可发现 $A = \{0 \leqslant Y\}$ 是必然事件，故 $P\{0 \leqslant Y \leqslant 1000+a\} = P(AB) = P(B) = P\{Y \leqslant 1000+a\}$；

（2）依据 $P\{0 \leqslant Y \leqslant 1000+a\}$ 推理，也是可行的，实际上，若要以 $95\%$ 的概率保证座位够用，就要增加 $a$ 个座位，实质为求满足下列不等式的最小整数 $a$，为

$$P\{0 \leqslant Y \leqslant 1000+a\} \geqslant 0.95$$

考虑到 $\Phi(-33.3) = 4 \times 10^{-239} \approx 0$，依据棣莫弗-拉普拉斯中心极限定理：

$$P\{0 \leqslant Y \leqslant 1000+a\} = P\left\{\frac{0-np}{\sqrt{npq}} \leqslant \frac{Y-np}{\sqrt{npq}} \leqslant \frac{1000+a-np}{\sqrt{npq}}\right\} \approx \Phi\left(\frac{a}{30}\right) - \Phi(-33.3) \approx \Phi\left(\frac{a}{30}\right)$$

$$(5.60)$$

可知，不改变计算结果。

---

### 评注 5.14　解析解和近似解的对比

解析解和近似解各有优势：①解析解是完全正确的，但是未必可以通过人工或计算机计算完成；②近似解不完全正确，但是满足实践要求，够用即可；③在日常应用中，需要不断挖掘计算规律，用小小的近似误差换来大大的计算效率；④概率统计的魅力就在于不确定性和非线性，表面上 $1000$ 个座位就够了，实际上要冒 $50\%$ 的风险，这体现了不确定性，原以为要增加很多座位，实际上只要增加 $50$ 个座位，风险就从 $50\%$ 变为 $5\%$，增加 $50$ 个座位使得风险降低 $45\%$，但是想要继续降低风险，增加的座位数将会显著增加，如继续增加 $50$ 个座位，风险从 $5\%$ 降低为 $0.05\%$，这体现了非线性，第 2 次增加的 $50$ 个座位只能使得风险降低 $4.95\%$。

---

（4）扩展问题：馆长愿意承受不同风险，对应的增加座位数就不同。当愿意承担的风险为 $20\%$，$10\%$，$5\%$，$0.05\%$ 时，够用概率分别为 $80\%$，$90\%$，$95\%$，$99.95\%$，所增加的座位数

如图 5.12 所示,可以发现够用概率与增加的座位数存在非线性关系,而且随着愿意承担的风险变小,增加的座位数将会急剧增多。比如,在极端情况下,增加 9000 个座位,风险才能降为 0。

---

**仿真计算 5.7**

```
clear,clc,close all,p = 0.1,q = 1-p;n = 10000;n0 = 1000;P = 0;
for k = 0:1000,pk = nchoosek(n,k) * p^k * q^(n-k),P = P + pk,end %% 利用二项分布
lamb = n * p;for k = 0:1000,pk = exp(-lamb) * lamb^k/factorial(k),P = P + pk,end %% 利用泊松分布
u_alpha = norminv(0.95,0,1),a = ceil(u_alpha * sqrt(n * p * q)) %% 利用中心极限定理
%% 扩展问题:愿意承受不同风险,对应的增加座位数据不同
alpha = [0.8 0.9,0.95,0.9995],u_alpha = norminv(alpha,0,1)
a_all = ceil(u_alpha * sqrt(n * p * q)),semilogx(alpha,a_all,'-o','linewidth',2)
xlabel('够用概率'),ylabel('座位数'),grid on,set(gcf,'position',[100,100,400,200])
set(gca,'fontsize',15),set(gca,'ytick',[26,39,50,100]),set(gca,'xtick',alpha)
```

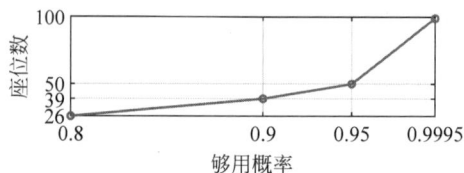

**图 5.12 不同座位数量对应的够用概率**

---

## 5.2.7 发射井的数量

**问题 5.14** 导弹发射井问题和图书馆问题有何异同?战略导弹的数量关系到国家安全,数量太少则可能无法应付未来战争的需要,数量太多又会引起军费投入的增多,以致显著影响经济发展。假定某国战略导弹发射井共有 10 个,全球有 100 个战略打击点,每个战略打击点需要独立打击,且被打击的概率为 10%,问:若导弹发射井要保证 95% 的概率够用,需要增加多少导弹发射井?

**分析** 设需要增加的发射井数量为 $a$,使得 $P\{Y \leqslant 10 + a\} \geqslant 95\%$,等价于 $P\left\{\dfrac{Y-10}{3} \leqslant \dfrac{a}{3}\right\} \geqslant 95\%$,进而 $\dfrac{a}{3} \geqslant u_{0.95} = 1.6449$,取 $a = [1.6449 \times 3] = 5$,结论是至少还要增加 5 座战略发射井。

---

**评注 5.15 图书馆问题与导弹发射井问题对比**

导弹发射井问题和图书馆问题的相同点:利用棣莫弗-拉普拉斯中心极限定理,"给定概率求边界"。

导弹发射井问题和图书馆问题的不同点:如表 5.3 所示,图书馆问题中的数量 $n$ 较大,导弹发射井问题中的数量 $n$ 较小,数量 $n$ 越小,需要的后备比例越大,如图书馆问题只需 5%,而导弹发射井问题需 50%。在保证同等够用率的情况下,规模越大,追加的相对成本越小,这也是实施集约化建设的原因之一。

表 5.3  图书馆问题与导弹发射井问题对比

| 参数 | 图书馆问题 | 导弹发射井问题 |
|---|---|---|
| $n$ | 10000 | 100 |
| $p$ | 0.1 | 0.1 |
| 增量 | 50/1000＝5% | 5/10＝50% |

## 5.2.8  再论发射井的数量

**评注 5.16  军队院校数学中青年教员教学比赛案例**

中心极限定理可用于辟谣。例如,通过大数条件下的中心极限定理,将任意分布转化为标准正态分布,辟谣所谓的"中国威胁论"。经推理,230 个导弹发射井可应对 2000 多个战略打击点,与"少而精"的战略属性矛盾。另外,井式核导弹都属于第一代核武器,因为导弹发射井的建设周期时间很长,而且很容易暴露坐标位置,相较而言生存能力受限,再斥巨资大规模建设第一代核导弹阵地设施的可能性极小。

**问题 5.15**  如何利用中心极限定理检验报道的真实性? 2021 年 11 月 2 日,美国有限新闻网(CNN)报道称,"3 口用于发射洲际弹道导弹的发射井正在中国西部地区加速建设"。这也是美媒声称"中国在甘肃玉门地区新建约 120 口导弹发射井",以及"在新疆哈密地区新建约 110 口导弹发射井"后,再度炒作类似议题。

**分析**  假设对某国而言,全球有 $n$ 个战略打击点,每个战略点是否需要打击是相互独立的,且需要打击的概率为 10%,问如果有 230 口导弹发射井,可以保证以 95% 的概率,打击多少个战略打击点? 记 $Y$ 表示需要打击的战略打击点数量。对每个战略打击点而言,只有两个结果,一个是需要打击,另一个是不需要打击,而且是否需要打击是独立的,因此它也是服从二项分布的,而且是参数为 $p=0.1$ 的二项分布,$Y\sim B(n,0.1)$,由 $P\{Y\leqslant230\}\geqslant0.95$,等价于

$$P\left\{\frac{y-np}{\sqrt{np(1-p)}}\leqslant\frac{230-0.1n}{\sqrt{n\times0.1\times0.9}}\right\}\geqslant95\%$$

概率 0.95 对应的分位点是 1.6449,计算一个不等式 $\dfrac{230-0.1n}{\sqrt{n\times0.1\times0.9}}\geqslant u_{0.95}=1.6449$,解一个一元二次方程,得 $n\leqslant2076$,即 230 口导弹发射井可应对 2000 多个战略打击点,这与"少而精"的战略属性矛盾。

**仿真计算 5.8**

```
syms n,p = 0.1,q = 1-p;n0 = 230;u_alpha = norminv(0.95),n = ceil(solve((n0-n * p)/sqrt(n * p * q)-
u_alpha))
```

## 5.2.9 生日问题再讨论

**问题 5.16** 在 1.4.6 节讨论了生日同天问题,这里讨论其对立面——死亡和保险问题。为什么保险的赔率这么高? 中国 2023 年的自然死亡率约为 8/1000,现有 1 万人参加这类寿险,试求在未来一年中在这些保险者里面,死亡人数不超过 80 个的概率。

**分析** 给定事件边界 $y=80$,求事件概率 $\Phi\left(\dfrac{y-np}{\sqrt{npq}}\right)$。已知 $n=10000$,$p=0.01$,$q=1-p$,$np=80$,$\sqrt{npq}=8.9$,记死亡人数为 $Y$,则 $P\{Y\leqslant np\}=\Phi\left(\dfrac{0}{\sqrt{npq}}\right)=0.5$。

---

**评注 5.17  保险高赔率的根源**

为何保险在高赔率下其盈利能力仍然很强?

假定自然死亡率为 8/1000,现有 1 万人参加寿险,如果保险费用为 200 元,若死亡理赔 1 万,否则不退不赔,记死亡人数为 $Y$,则 1 年盈利 100 万的概率为

$$P\{200-Y>100\}=P\{Y<100\}=\Phi((100-80)/8.9)\approx98.76\%$$

在保险赔率为 10000:200=50 的条件下,也能以 98.76% 的概率盈利 100 万,保险的赔率高的根源在于死亡的概率极小 $p=0.008$。另外,大多数高龄者无法购买寿险,还可能出现已购保险但无人索赔的情况,这些因素可进一步提高其盈利能力。

---

**仿真计算 5.9**

p = 0.008,q = 1-p;n = 10000;y = 80,normcdf((y-n * p)/sqrt(n * p * q)),y = 100,normcdf((y-n * p)/sqrt(n * p * q))

---

## 5.2.10 不服从中心极限定理的反例

**反例 5.3** 随机变量不同分布。假设随机变量 $X\sim U(-\sqrt{3},\sqrt{3})$,$X_1=X$,$X_2=0$,$X_3=0,\cdots$,则 $\{X_k\}$ 不相关,且数学期望与方差都存在,因 $E(X)=0$,$D(X)=1$,故标准化序列为

$$Y_n=\frac{X-E(X)}{\sqrt{D(X)}}=X,\quad n=1,2,\cdots \tag{5.61}$$

由于 $Y_n$ 是均匀分布,故 $P\{Y_n\leqslant x\}$ 不可能收敛到 $\Phi(x)$。

**反例 5.4** 随机变量同分布但相关。假设随机变量 $X\sim U(-\sqrt{3},\sqrt{3})$,$X_k=X$,但是因 $E(X)=0$,$D(X)=1$,$\{X_k\}$ 不满足独立条件,且

$$Y_n=\frac{\sum\limits_{k=1}^{n}X_k-E\left(\sum\limits_{k=1}^{n}X_k\right)}{\sqrt{D\left(\sum\limits_{k=1}^{n}X_k\right)}}=X \tag{5.62}$$

由于 $Y_n$ 是均匀分布,故 $P\{Y_n\leqslant x\}$ 不可能收敛到 $\Phi(x)$。

## 5.2.11　切比雪夫不等式与中心极限定理

**问题 5.17**　分别用切比雪夫不等式、中心极限定理分析如下问题：当抛掷一枚均匀硬币时，需至少抛掷多少次才能保证出现正面朝上的频率在 0.4～0.6 之间的概率不小于 90%？

**分析**　(1)利用切比雪夫不等式。假设随机变量取 1、0 的概率都为 0.5，故 $X \sim B(1,0.5)$，则 $\overline{X} \sim (0.5, 0.25/n)$，即

$$P\left\{\left|\frac{\overline{X}-0.5}{\sqrt{0.25/n}}\right| > 0.1\right\} \leqslant \frac{0.25/n}{0.01} \leqslant 10\% \tag{5.63}$$

解得临界值 $n_1 = 250$。

(2)利用中心极限定理。假设随机变量取 1、0 的概率都为 0.5，则大致满足 $\overline{X} \sim N(0.5, 0.25/n)$，即

$$P\left\{\left|\frac{\overline{X}-0.5}{\sqrt{0.25/n}}\right| > u_{0.95}\right\} \leqslant 10\% \tag{5.64}$$

解得临界值 $n_2 = 68 \ll 250 = n_1$。

**评注 5.18　切比雪夫不等式和中心极限定理的对比**

可以发现，切比雪夫不等式只能算出一个宽泛的不精确的概数 $n_1$，而中心极限定理的计算结果 $n_2$，其精度相对高得多。

## 5.2.12　三论凯利公式——大数据特性

**问题 5.18**　满仓投注（all in）策略，相当于最大化 $E(X_n)$，而最优投注（best fraction betting），相当于最大化 $E(\ln(X_n))$。为什么要舍弃 $E(X_n)$ 而取 $E(\ln(X_n))$？

**1. 稳定性**
我们在第 4 章已经证明了，最优投注的稳定性比满仓投注的稳定性强得多。

**2. 心理曲线**

**仿真计算 5.10**

```
close all,clc,syms x y,grid on,hold on,box on
h = ezplot(log(x),[0,8]),title([]),xlabel([])
set(h,'linewidth',2,'color','r','linestyle','--')
text(4,1,'y = ln(x)','fontsize',20),
set(gca,'xtick',[0:8]),xlim([0,8]),ylim([-2,2])
set(gca,'fontsize',20),set(gcf,'position',[100,100,400,200])
```

$\ln(X_n)$ 方便刻画资产对心情的影响，$\ln(X)$ 随 $X$ 的变化，如图 5.13 所示，十分符合人在投资时的主观感受：

(1)$X > 1$ 表示赚钱了，资金越多，感受到的边际愉悦越低，如从 10 变为 11，增长 10%；
(2)$X < 1$ 表示亏钱了，资金越少，感受到的边际苦恼越高，如从 1 变为 0.5，减少 50%，

财产清零异常苦恼,减少 100%。

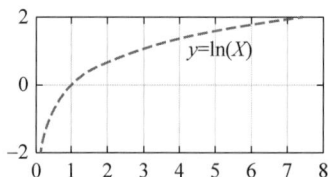

**图 5.13 对数收益曲线**

### 3. 标准化密度

用 $\ln\left(\dfrac{X_n}{X_0}\right)$ 可以方便地利用大数定律和中心极限定理刻画收益率曲线。因为

$$\ln\left(\frac{X_n}{X_0}\right)=\ln\left(\frac{X_1}{X_0}\times\frac{X_2}{X_1}\times\cdots\times\frac{X_n}{X_{n-1}}\right)=\ln\left(\frac{X_1}{X_0}\right)+\ln\left(\frac{X_2}{X_1}\right)+\cdots+\ln\left(\frac{X_n}{X_{n-1}}\right) \quad (5.65)$$

用 $S$ 和 $F$ 分别表示在 $n$ 局中成功和失败的次数,$S+F=n$,且

$$X_n=X_0(1+f)^S(1-f)^F$$

$$\frac{1}{n}\ln\left(\frac{X_n}{X_0}\right)=\frac{S}{n}\ln(1+f)+\frac{F}{n}\ln(1-f) \quad (5.66)$$

依大数定律,均值依概率收敛到期望,得

$$\frac{1}{n}\ln\left(\frac{X_n}{X_0}\right)\xrightarrow{P} p\ln(1+f)+q\ln(1-f) \quad (5.67)$$

表面上看,相邻期 $\ln\left(\dfrac{X_i}{X_{i-1}}\right)$ 间是相互依赖的,但是不同期金额的增长率完全由运气决定,与金额的绝对值没有关系,所以在语义上可认为 $\ln\left(\dfrac{X_i}{X_{i-1}}\right)$ 是独立的。实际上,$\dfrac{1}{n}\ln\left(\dfrac{X_n}{X_0}\right)$ 可表示独立同分布随机变量之和,记 $H_i=\begin{cases}1,\text{赢}\\0,\text{输}\end{cases}$,则有 $S=\sum\limits_{i=1}^{n}H_i$,且

$$\ln(X_n)=\ln(X_0(1+f)^S(1+f)^F)=\ln(X_0(1+f)^S(1-f)^{n-S})$$

$$=\ln\left(X_0\left(\frac{1+f}{1-f}\right)^S(1-f)^n\right)=S\ln\left(\frac{1+f}{1-f}\right)+\ln(X_0(1-f)^n)$$

$$\ln(X_n)=\left(\sum_{i=1}^{n}H_i\right)\ln\left(\frac{1+f}{1-f}\right)+\ln(X_0(1-f)^n) \quad (5.68)$$

若 $X_0=1$,则

$$\frac{1}{n}\ln\left(\frac{X_n}{X_0}\right)=\frac{\sum\limits_{i=1}^{n}H_i}{n}\ln\left(\frac{1+f}{1-f}\right)+\ln(1-f) \quad (5.69)$$

而 $H_i\sim B(1,p)$,所以凯利公式实质上刻画了两点分布在大数定律下的标准化形态。图 5.14 给出了在 $b=1,X_0=1,f=\dfrac{(b+1)p-1}{b}$ 时,$\ln\left(\dfrac{X_n}{X_0}\right)$ 的标准化与 $n$ 之间的关系,可以发现随着期数 $n$ 变大,标准化收敛到标准正态分布。

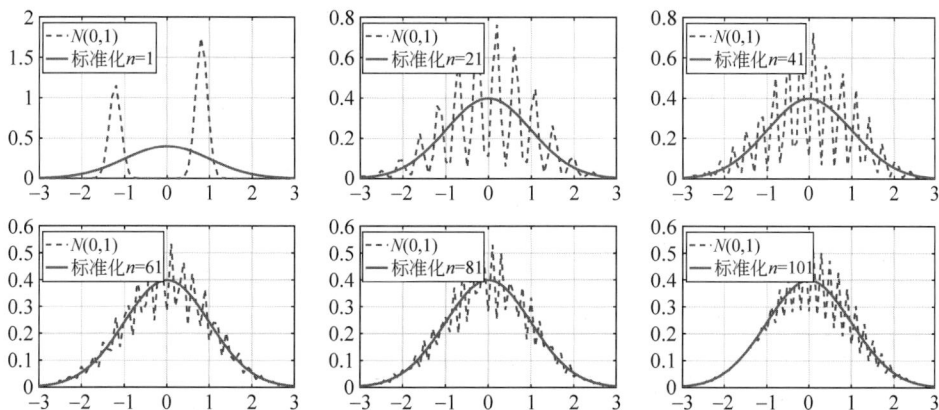

图 5.14　$\dfrac{1}{n}\ln\left(\dfrac{X_n}{X_0}\right)$ 的标准化密度

**仿真计算 5.11**

```
close all,clear,clc,N = 1e6,dx = 0.1;time_delay = 0.5;rng = 1;%随机种子
Nmax = 6;delta_n = 20;x = -3:dx:3;indexes = [];width = 2;
for n = 1:delta_n:Nmax * delta_n,p = 0.6,q = 1-p,b = 1,f = ((b + 1) * p-1)/b%最佳下注比例
a = 1-f;c = (1 + f)/(1-f);XX = binornd(1,p,n,N);XX = XX * log(c)  + log(a);%两点分布
Ex = p * log(c) + log(a);Dx = p * q * log(c)^2;if n = = 1,XX = XX;else,XX = mean(XX);end % %均值
XX = XX-Ex;XX = XX/sqrt(Dx/n);% 中心化  % 单位化
fx = ksdensity(XX,x);figure,box on,hold on,grid on, % %  用高斯核函数拟合
plot(x,fx,'b--','linewidth',width),y = normpdf(x,0,1);plot(x,y,'linewidth',width)
set(gca,'fontsize',15),set(gcf,'position',[100,100,600,350])
h = legend('N(0,1)',['标准化 n = ' num2str(n)],'fontsize',20,'Location','Northeast');end
```

# 第6章

# 数理统计的基本概念

**章节内容 6**

1. 统计推断概述。
2. 抽样分布。

## 6.1 统计推断概述

### 6.1.1 幸存者偏差——逝者不说话

**评注 6.1 统计的意义**

(1) 对于机构而言,统计不能停留在幸存者数据上,发现被遗忘的不幸者数据更能体现统计的意义,惰怠的无用统计只会浪费公共资源,降低公信力,甚至演变成虚伪和诈骗。

(2) 对于个体来说,突破局部经验,睁眼看世界,可以回避大量纷争。争执双方总是试图用自己看到的频率说服对方,却忽略了对方也有自己不同的遭遇和频率。随着样本的增多,看到的频率可能越接近真实的概率,但是被人为筛选的频率却会偏离真实的概率。

(3) "重复计数"和"计数不全"是统计的两大天敌,会导致统计结论失实,其中"计数不全"也称为幸存者偏差,如图 6.1 所示。

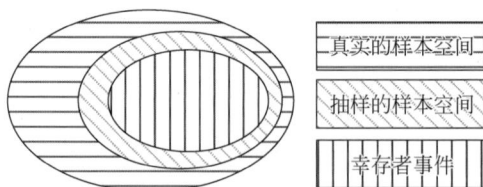

图 6.1 幸存者偏差示意图

案例 6.1 "二战"期间,哥伦比亚大学沃德教授提出加强对战机的防护,防护的重点是那些弹孔少的部位,如发动机和驾驶舱,弹孔多的地方反而不是防护的重点。因为驾驶舱和发动机一旦被打中,战机大概率会坠毁,从而无法成为统计样本。

**分析** 该案例是幸存者偏差的反向利用,提示我们不要掉入统计误区,幸存者偏差是导致统计不可信的关键原因。理论的频率为

$$f = \frac{n_{幸存者}}{n_{幸存者} + n_{不幸者}} \tag{6.1}$$

其中,频率的分子为幸存者数量 $n_{幸存者}$,分母包括幸存者数量和不幸者数量,即 $n = n_{幸存者} + n_{不幸者}$,虚假的统计如下:

$$p = \frac{n_{幸存者}}{n_{幸存者} + o(n_{不幸者})} \tag{6.2}$$

其中,$o(n_{不幸者}) \approx 0$,表示不幸者无法发声,要么是被忽略了,要么是被压制了。例如,保健品促销员说他的患白血病的亲戚利用某集团的细胞疗法完美康复,而相信细胞疗法错失治疗机会的病人无法发声;又如,班长组织评选十佳学生,让不同意选他的同学举手,反对者有所顾虑而未举手反对,于是班长高票当选为十佳学生;再如,记者在春运的候车厅里,采访买票情况,得出结论:虽然春运票不好买,但大家都买到了票。

这些虚假广告、虚假报道和诈骗,都在利用幸存者偏差,故意设置统计陷阱,进行虚假宣传。

## 6.1.2　朋友悖论——我的朋友真的少吗

**问题 6.1**　每个人通过统计自己朋友的朋友数来评估自己的朋友数和朋友的朋友数的大小关系。大概率会出现"自己的朋友数,小于朋友的平均朋友数"的情况,然后得出自己的朋友数少的错觉,这一错觉的机理是什么呢?

**分析**　产生这一错觉的机理是"重复计数",图 6.2 是一张朋友圈有向图,有连线表明两人是朋友。如表 6.1 所示,朋友圈共有 7 人(小红、小橙、小黄、小绿、小青、小蓝、小紫),其中有 2 人(小红、小橙),都有 4 个朋友,她俩的朋友数比朋友的平均数多,朋友的朋友平均数都是 2.75 个朋友;其他 5 人(小黄、小绿、小青、小蓝、小紫)的朋友数比朋友的朋友平均数少,平均朋友数分别为 4 个、3.3 个、3.3 个、4 个、3 个朋友。在大多数情况下:我朋友的

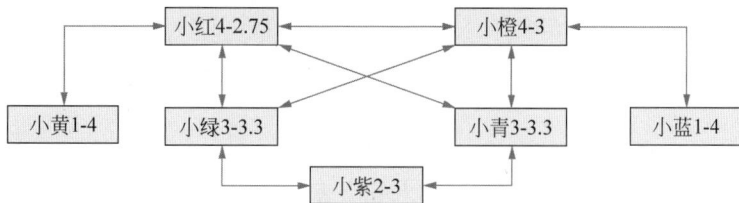

图 6.2　朋友圈关系示意图

表 6.1　朋友圈关系统计表

| | 红 | 橙 | 黄 | 绿 | 青 | 蓝 | 紫 | 平均 |
|---|---|---|---|---|---|---|---|---|
| $a$,我的朋友数 | 4 | 4 | 1 | 3 | 3 | 1 | 2 | 2.57 |
| $b_i$,朋友的朋友数 | 黄-绿-青-橙<br>1+3+3+4 | 蓝-绿-青-红<br>1+3+3+4 | 红<br>4 | 红-橙-青<br>4+4+2 | 红-橙-绿<br>4+4+2 | 橙<br>4 | 绿<br>3+3 | |
| $\bar{b}$,朋友的朋友数均值 | 2.75 | 2.75 | 4 | 3.3 | 3.3 | 4 | 3 | 3.3 |
| $\bar{b} > a$,我朋友的朋友比我的朋友要多 | 否 | 否 | 是 | 是 | 是 | 是 | 是 | 71.43% |

朋友比我的朋友多,在本例中大多数是指 $5/7=71.43\%$。下面解释这种现象背后的统计方法差别。

(1)从"上帝"视角看,可以获得所有人的朋友数,"全局朋友均数"体现在"我的朋友均数"。
$$\mu_1 = (4+4+1+3+3+1+2)/7 = 2.57(\text{个})$$

(2)从个人视角看,只能获得个人朋友的朋友均数,体现了"朋友的朋友均数"。
$$\mu_2 = (2.75+2.75+4+3.3+3.3+4+3)/7 = 3.3(\text{个})$$

为什么"全局朋友均数"和"朋友的朋友均数"会出现这么大的差别呢?归根结底在于"个人信息不全"和"重复统计"。在统计"朋友的朋友均数"时,朋友越多的人被重复统计的次数越多,如朋友(小红和小橙)都被计算了 4 次。

(3)更一般地,假设社交网络由无向图 $G=(N,M)$ 表示,其中社交网络共有 $n$ 个点,$m$ 条边。若点 $i$ 有 $m_i$ 条边和它相连,代表 $i$ 拥有个 $m_i$ 朋友,则一个点 $i$ 被随机抽查的概率为 $\dfrac{1}{n}$,"全局朋友均数"为

$$\mu_1 = \sum_{i=1}^{n} \frac{1}{n} m_i = \frac{2m}{n} \tag{6.3}$$

其中,2 表示每条边连结 2 个点。

点 $i$ 的边被随机抽查的概率为 $\dfrac{m_i}{2m}$,故"朋友的朋友均数"为

$$\mu_2 = \sum_{i=1}^{n} \frac{m_i}{2m} m_i \tag{6.4}$$

设 $\sigma^2$ 为朋友数的方差,根据"平方的期望=方差+期望的平方",有

$$\mu_2 = \sum_{i=1}^{n} \frac{m_i}{2m} m_i = \frac{n}{2m} \sum_{i=1}^{n} \frac{1}{n} m_i^2$$
$$= \frac{n}{2m}(\sigma^2 + \mu_1^2) = \frac{1}{\mu_1}(\sigma^2 + \mu_1^2) = \mu_1 + \frac{\sigma^2}{\mu_1} > \mu_1 \tag{6.5}$$

上述表达式的语义为

朋友的朋友均数=全局朋友均数+朋友数方差/全局朋友均数>全局朋友均数

---

**评注 6.2  错误的统计会导致错误的认知**

数据充分,不偏不倚,是统计数据的基本要求。统计科普任重道远,"计数不全"会导致"保健诈骗下的幸存者偏差",而"重复计数"会导致"我朋友的朋友比我的朋友多的错觉"。在统计意义下,"我的朋友比别人的朋友少"大概率是重复计数导致的错觉。因为多数人既没有"上帝"视角,又缺乏统计的基本训练,导致多数人无法纠正这种错觉。

---

## 6.1.3  二论飞行器差分求速——降曲技术

**问题 6.2**  如何通过目标的位置坐标 $x(t)$ 获得目标的速度坐标 $v_x(t)$?

**分析**  简单起见,记时刻 $t_k=0$ 对应的位置和速度分别为 $x_k=x(0)$,$v_k=v_x(0)$,$x_{k+1}=x(h)$,$h$ 表示采样间隔。速度函数是位置函数的导数,即

$$v_0 = \frac{\mathrm{d}}{\mathrm{d}t} x(t) \bigg|_{t=0} = \lim_{\Delta t \to 0} \frac{x(\Delta t) - x(0)}{\Delta t} \approx \frac{1}{h}(x_{k+1} - x_k) \tag{6.6}$$

从表面上看, $h$ 越小,时间 $[0,h]$ 内真实的速度的变化越小,越能精确表示时刻 $t_k$ 的速度。但是由于存在随机噪声,而且定位随机噪声的标准差一般是稳定的,导致 $h$ 越小,计算的速度反而越不稳定,文献[1]给出了大致表达式如下,表达式有待进一步细化:

$$\sigma_v \propto \frac{\sigma_x}{h \cdot \rho} \tag{6.7}$$

**1. 标准差——随机误差**

对于真实的位置函数 $x_{\text{true}}$,带皮亚诺(Peano)余项的泰勒展开式为

$$x_{\text{true},k+1} = x_{\text{true},k} + v_{\text{true},k} \cdot h + o(h) \tag{6.8}$$

因为不同时刻的测量都有相互独立的误差 $\xi_k$,所以

$$\begin{cases} x_{k+1} = x_{\text{true},k+1} + \xi_{k+1}, \xi_{k+1} \sim (0,\sigma^2) \\ x_k = x_{\text{true},k} + \xi_k, \xi_k \sim (0,\sigma^2) \end{cases} \tag{6.9}$$

代入 $x_{\text{true},k+1} = x_{\text{true},k} + v_{\text{true},k} \cdot h + o(h)$ 得

$$\begin{aligned} v_{\text{true},k} &= \frac{1}{h}(x_{\text{true},k+1} - x_{\text{true},k}) + \frac{o(h)}{h} \\ &= \frac{1}{h}(x_{k+1} - x_k) - \frac{1}{h}(\xi_{k+1} - \xi_k) + \frac{o(h)}{h} \\ &= v_k - \frac{1}{h}(\xi_{k+1} - \xi_k) + \frac{o(h)}{h} \end{aligned} \tag{6.10}$$

从而

$$v_k = v_{\text{true},k} + \frac{1}{h}(\xi_{k+1} - \xi_k) - \frac{o(h)}{h} \tag{6.11}$$

由 $\frac{1}{h}(\xi_{k+1} - \xi_k)$ 得

$$D(v_k) = \frac{1}{h^2}[D(x_{k+1}) + D(x_k)] = \frac{2\sigma^2}{h^2} \tag{6.12}$$

该式表明,采样间隔 $h$ 越小,差分求速的方差越大。

**2. 偏差——系统误差**

简单起见,忽略随机误差 $(\xi_{k+1} - \xi_k)/h$,只考虑圆周运动。设曲率半径为 $\rho$,角速率为 $\omega$,则真实的位置和速度为

$$\begin{cases} x_{\text{true}} = \rho\sin(\omega h) \\ y_{\text{true}} = \rho\cos(\omega h) \end{cases}, \begin{cases} v_{\text{true},x} = \dot{x} = \rho\omega\cos(\omega h) \\ v_{\text{true},y} = \dot{y} = -\rho\omega\sin(\omega h) \end{cases} \tag{6.13}$$

1) $y$ 方向

考虑 $y$ 方向,假定 $t_k = 0$,计算的速度为

$$v_k = \frac{1}{h}(y_{k+1} - y_k) = \frac{1}{h}(\rho\cos(\omega h) - \rho\cos(0)) = \frac{1}{h}\rho(\cos(\omega h) - 1) \tag{6.14}$$

真实的速度为

$$v_{\text{true},k} = 0 \tag{6.15}$$

依据二阶泰勒展开式，得速度误差为

$$\Delta v_k = v_k - v_{\text{true},k} \approx \frac{1}{h}\rho\left(1 - \frac{1}{2!}\omega^2 h^2 - 1\right) \approx -\frac{1}{2}\rho\omega^2 h \tag{6.16}$$

若给定速率 $v$、时间间隔 $h$、曲率半径 $\rho$、角速率 $\omega = v/\rho$，则速度误差为

$$\Delta v_k \approx -\frac{1}{2}\rho\frac{v^2}{\rho^2}h = -\frac{1}{2}\frac{v^2}{\rho}h = O\left(\frac{1}{\rho}\right) \tag{6.17}$$

2) $x$ 方向

考虑 $x$ 方向，假定 $t_k = 0$，计算的速度为

$$v_k = \frac{1}{h}(x_{k+1} - x_k) = \frac{1}{h}(\rho\sin(\omega t_k + \omega h) - \rho\sin(\omega t_k)) = \frac{1}{h}\rho\sin(\omega h) \tag{6.18}$$

真实的速度为

$$v_{\text{true},k} = \rho\omega \tag{6.19}$$

依据三阶泰勒展开式，得速度误差为

$$\Delta v_k = v_k - v_{\text{true},k} \approx \frac{1}{h}\rho\left(\omega h - \frac{1}{3!}\omega^3 h^3\right) - \rho\omega \approx -\frac{1}{6}\rho\omega^3 h^2 \tag{6.20}$$

若给定速率 $v$、时间间隔 $h$、曲率半径 $\rho$、角速率 $\omega = v/\rho$，则速度误差为

$$\Delta v_k \approx -\frac{1}{6}\rho\omega^3 h^2 = -\frac{1}{6}\rho\frac{v^3}{\rho^3}h^2 = O\left(\frac{1}{\rho^2}\right) \tag{6.21}$$

3) 均方根差

相对于 $y$ 方向的速度误差，$x$ 方向的速度误差是高阶无穷小量，所以忽略 $x$ 方向的速度误差。综合系统误差和随机误差得

$$\Delta v_k \approx -\frac{1}{2}\frac{v^2}{\rho}h + \frac{1}{h}(\xi_{k+1} - \xi_k) \tag{6.22}$$

第一，系统性偏差由 $-\dfrac{1}{2}\dfrac{v^2}{\rho}h$ 决定。

(1) 速度 $v$ 越大，周期 $h$ 越大，差分求速的误差就越大。

(2) 曲率半径 $\rho$ 越小，差分求速误差越大，我们把这个现象称为特征点效应，如图 6.3 所示，$k+1$ 时刻的计算速度方向为由右向左的虚线，但是实际速度方向为由下向上的实线，两者相差 $90°$。为了减小特征点效应，应该令周期 $h$ 尽可能地小。难点在于，周期 $h$ 过小又会引起采样周期效应。

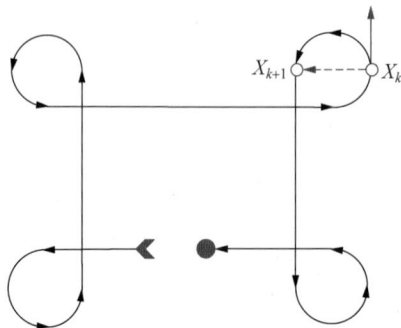

图 6.3　曲率半径决定的特征点效应

第二,随机性误差由 $\frac{1}{h}(\xi_{k+1}-\xi_k)$ 决定,标准差为 $\mathrm{std}(v_k)=\frac{\sqrt{2}\sigma}{h}$,概括如下。

(1)定位误差的标准差 $\sigma$ 越大,差分求速误差越大;

(2)周期 $h$ 越小,不确定性差分求速误差越大。

第三,均方根差为偏差与方差的共同作用,即

$$f(h)=\sqrt{\left(\frac{1}{2}\frac{v^2}{\rho}h\right)^2+\left(\frac{\sqrt{2}\sigma}{h}\right)^2} \tag{6.23}$$

利用"积为定值,和有最小值",令

$$\frac{\mathrm{d}}{\mathrm{d}h}\left(\frac{1}{2}\frac{v^2}{\rho}h+\frac{\sqrt{2}\sigma}{h}\right)=\frac{1}{2}\frac{v^2}{\rho}-\frac{\sqrt{2}\sigma}{h^2}=0\Rightarrow h=\frac{1}{v}\sqrt{2\sqrt{2}\sigma\rho} \tag{6.24}$$

得误差最小值为

$$f(h)=2^{1/4}v\sqrt{\sigma/\rho} \tag{6.25}$$

## 仿真计算 6.1

```
close all,clc,clear,t=0;P=[];kk=5:1:10+20
s=0.1,v=1,r=10,h=0.5,rng('default'),type=0 %% 是否使用最优周期
syms s1 r1 h1 v1,fh=v1^2/r1*h1/2+sqrt(2)*s1/h1,dfh=diff(fh,h1)
if type,h=solve(dfh,h1),simplify(subs(fh,h1,h(1))),h=double(subs(h(1),[s1,r1,v1],[s,r,v])),
end
fh1=double(subs(v1^2/r1*h1/2,[s1,r1,v1,h1],[s,r,v,h]))
fh2=double(subs(sqrt(2)*s1/h1,[s1,r1,v1,h1],[s,r,v,h]))
fh=sqrt(fh1^2+fh2^2)
%% 直线飞行
ii=1:20/h;for i=ii,x1(i)=(i*h)*v+randn(1)*s;y1(i)=0+randn(1)*s;vx1(i)=v;vy1(i)=0;
end
plot(x1,y1,'>','linewidth',1),grid on,hold on,xlabel('x'),ylabel('y')
%% 绕圆周飞行
jj=1:30/h;omi=v/r;for j=jj,x2(j)=x1(end)+r*sin(omi*j*h)+randn(1)*s;y2(j)=y1(end)
+r*cos(omi*j*h)-r+randn(1)*s;vx2(j)=omi*r*cos(omi*j*h);vy2(j)=-omi*r*sin(omi*j
*h);end
plot(x2,y2,'--','linewidth',2), % axis([0,30,-20,1])
x=[x1 x2];y=[y1 y2];vx=diff(x)/h,vy=diff(y)/h
figure,t=[1:length(vx)]*h,subplot(311),vx12=[vx1,vx2];
plot(t+h/2,vx,'-+'),grid on,hold on,plot(t,vx12(1:end-1),'--')
legend('差分速度-x','真实速度-x'),set(gca,'FontSize',15)
subplot(312),vy12=[vy1,vy2];plot(t+h/2,vy,'-+'),grid on,hold on,plot(t,vy12(1:end-1),'--')
legend('差分速度-y','真实速度-y'),set(gca,'FontSize',15)
subplot(313),vx12=vx12(1:end-1);vy12=vy12(1:end-1); %预报半周期
vx12=interp1_hzm(t',vx12',t'+h/2,'linear')';vy12=interp1_hzm(t',vy12',t'+h/2,'linear')';
ex=vx12-vx(1:end-1);ey=vy12-vy(1:end-1);exy=sqrt(ex.^2+ey.^2);
t=t(1:end-1),plot(t+h/2,exy,'-+'),grid on,hold on,plot(t+h/2,ones(length(t))*mean(exy),'r-')
legend('速度误差-xy','平均误差-xy'),set(gca,'FontSize',15)
```

**案例 6.2** 飞行器的飞行轨迹参考图 6.4,仿真条件为 $\sigma=0.1, v=1, \rho=1$。

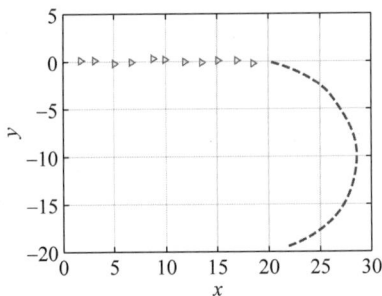

图 6.4 飞行轨迹示意图

**分析** (1)如果采用常规周期 $h=0.5$,参考图 6.5,则差分求速的系统误差约为 $\frac{1}{2}\frac{v^2}{\rho}h\approx$ $0.025$,随机误差约为 $\frac{\sqrt{2}\sigma}{h}\approx 0.2828$,且随机误差占主导,故均方根差为

$$f(h)\approx 0.2839 \tag{6.26}$$

(2)如果采用最优周期为 $h_{best}=2^{3/4}\approx 1.68$,参考图 6.6,则差分求速的系统误差约为 $\frac{1}{2}\frac{v^2}{\rho}h\approx 0.084$,随机误差约为 $\frac{\sqrt{2}\sigma}{h}\approx 0.084$,且两种误差相等,故均方根差为

$$f(h_{best})\approx 0.1189 \tag{6.27}$$

(3)综上,差分求速的影响因素有:噪声特性、曲率特性和加速度特性,对于更一般的平滑窗宽、变速度问题和自适应周期问题,可参考文献[1],第 1 章和第 13 章。

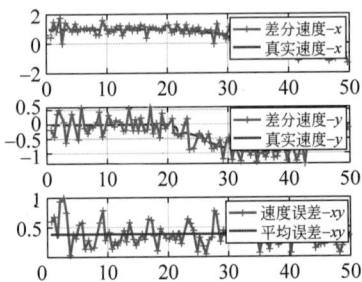

图 6.5 常规周期下的误差

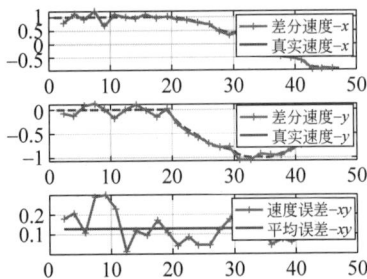

图 6.6 最优周期下的误差

# 6.2 抽样分布

## 6.2.1 测速雷达消噪方法

**评注 6.3 教学能手比赛案例——测速雷达消噪方法**

从噪声中恢复战斗机的速度,其数学实质是抽样分布定理:平滑公式和抽样分布可以抑制噪声,并恢复微弱速度。

**案例 6.3**　在静态试验中,有 $A$、$B$、$C$ 三台测速雷达,测速方程为

$$\begin{bmatrix} \dot{R}_1 \\ \dot{R}_2 \\ \dot{R}_3 \end{bmatrix} = \begin{bmatrix} l_1 & m_1 & n_1 \\ l_2 & m_2 & n_2 \\ l_3 & m_3 & n_3 \end{bmatrix} \begin{bmatrix} V_x \\ V_y \\ V_z \end{bmatrix} \qquad (6.28)$$

其中,$V_x,V_y,V_z$ 是飞机速度(未知),$[l_i,m_i,n_i]$ 是方向向量(已知),$\dot{R}_i$ 是测量到的径向速率(已知),如图 6.7 所示,基于线性方程可以计算出飞机的速度。

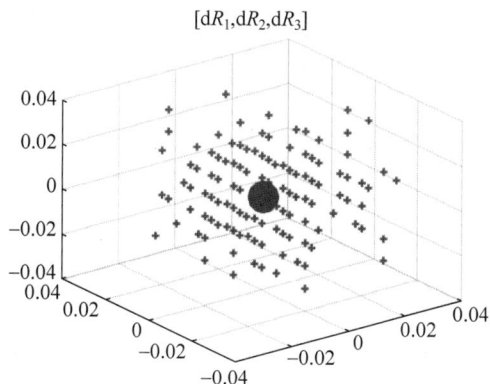

图 6.7　测量的径向速率

试验外场的静态试验设计如图 6.8 所示,飞机模型在塔顶。测速雷达测量到的 $\dot{R}_i$ 的标准差为 0.01m/s;模型飞机前半程静止不动,后半程以 0.01m/s 的速度滑移。如图 6.9 和图 6.10 所示,滑移速度被测量误差淹没,无法有效检测飞机速度,如何有效检测到飞机的速度?

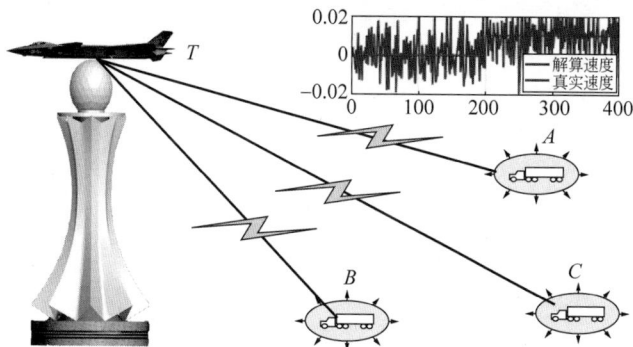

图 6.8　静态试验示意图(见文后彩图)

**分析**　在试验外场的技术交流中,有人提议:噪声是零均值的,其幅值有时候是正值,有时候是负值,可以用观测值的叠加来抑制噪声,即

$$X_{i-n} + X_{i-n-1} + \cdots + X_{i-1} + X_i + X_{i+1} + X_{i-n+1} + \cdots + X_{i+n}$$

但也有人认为:噪声叠加会让噪声幅值变得更大。那么,叠加后的噪声幅值到底会如何变化?(　)

(A)变小　　　　　(B)不变　　　　　(C)变大

---

**评注 6.4　抑制噪声的秘密**

---

　　依据抽样分布定理,叠加后的噪声幅值会变大。从表面看,随机误差有时是正值,有时是负值,叠加后正负值似乎可能相互抵消。实际上,这是错觉,按照和的方差公式,叠加并不能抑制噪声,反而使得噪声方差翻倍,达到原来的 $2n+1$ 倍。学好概率论,掌握概率公式,学会利用基本统计量的性质进行平滑、滤波、预测等数据处理工作,是攻坚克难的关键。

　　抑制噪声的秘密不在于叠加,而在于取均值,平滑才是抑制噪声的关键。

---

　　假定飞机只有东向速度,后半程真实的速度为 $\mu=0.01$,测速雷达的测量方差为 $\sigma^2=0.01^2$,则第 $i$ 时刻测量的速度 $X_i$ 满足:

$$E(X_i)=\mu;D(X_i)=\sigma^2 \tag{6.29}$$

令 $\overline{X}_i$ 为平滑值,定义如下:

$$\overline{X}_i=\frac{1}{2n+1}(X_{i-n}+\cdots+X_{i-1}+X_i+X_{i+1}+\cdots+X_{i+n}) \tag{6.30}$$

依据抽样分布定理得

$$E(\overline{X}_i)=\mu,D(\overline{X}_i)=\frac{\sigma^2}{2n+1} \tag{6.31}$$

也就是说:用 $\overline{X}_i$ 代替 $X_i$ 不改变 $X_i$ 的期望,而标准差压缩到原来的 $1/\sqrt{2n+1}$。例如,令 $n=12$,标准差压缩到原来的 $1/\sqrt{2n+1}=1/5$。经过平滑前后的速度对比如图 6.10 所示,可以发现,平滑之后,雷达可以有效检测到微弱的移动速度。

---

**仿真计算 6.2**

---

```
%%\第 0 次挂飞-静态试验\CAC2020.m
figure,plot3(dR_data(:,1),dR_data(:,2),dR_data(:,3),
'+','linewidth',2),
hold on,mean_ = mean(dR_data);
plot3(mean_(1),mean_(2),mean_(3),'o','linewidth',20)
title('[dR_1,dR_2,dR_3]'),grid on,figure
plot3(X_solve(:,1+3),X_solve(:,2+3),X_solve(:,
3+3),'+','linewidth',2)
title('[V_x,V_y,V_z]'),grid on,hold on
mean_ = mean(X_solve);std_ALL = std(X_solve)
plot3(mean_(1+3),mean_(2+3),mean_(3+3),'o',
'linewidth',20)
%%\赛课\3 决赛材料\ch6.m
X_bar = smooth(X,2*n+1);%平滑
figure_hzm%东向速度
set(gcf,'position',[100,200,800,600])
subplot(2,1,1),plot(X,'b','linewidth',2);
set(gca,'fontsize',15),grid on,
max_y = 0.04;ylim([-max_y max_y])
set(gca,'ytick',[-max_y 0 max_y]);
```

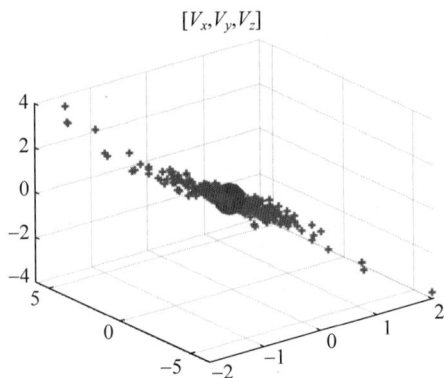

$[V_x,V_y,V_z]$

**图 6.9　计算的速度**

```
hold on,plot([200 200],[-0.04 0.04],'r--',
'linewidth',2)
hold on,plot(X_real,'r','linewidth',2);
legend('解算速度','启动时刻','真实速度',
'location','southeast')
xlabel('i,序号'),ylabel('速度(m/s^{-1})')
subplot(2,1,2),plot(X_bar,'b','linewidth',2);
set(gca,'fontsize',15),grid on,
max_y = 0.04;ylim([-max_y max_y])
set(gca,'ytick',[-max_y 0 max_y]);
hold on,plot([200 200],[-0.04 0.04],'r--',
'linewidth',2)
hold on,plot(X_real,'r','linewidth',2);
legend('平滑速度','启动时刻','真实速度',
'location','southeast')
xlabel('i,序号'),ylabel('速度(m/s^{-1})')
```

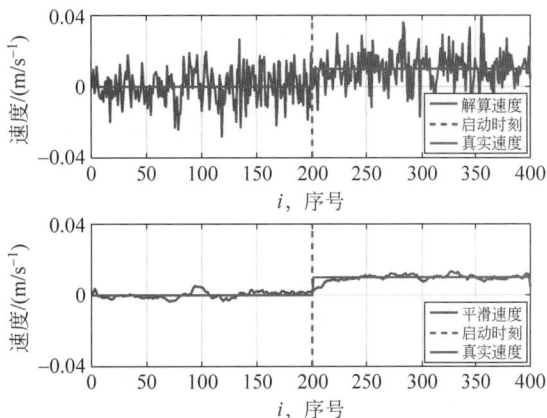

图 6.10　平滑前后的速度对比(见文后彩图)

## 6.2.2　从正态分布走来

表 6.2 刻画了 4 位数学家对 $\chi^2$ 分布、$t$ 分布和 $F$ 分布的主要贡献。

**表 6.2　正态分布的衍生分布的主要贡献者[16]**

| 麦克斯韦<br>(Maxwell,英国,<br>1831—1879) | 卡尔·皮尔逊<br>(Karl Pearson,英国,<br>1857—1936) | 戈塞特<br>(Gosset,英国,<br>1876—1937) | 费希尔<br>(Fisher,英国,<br>1890—1962) |
|---|---|---|---|
|  |  |  |  |
| 发现卡方分布,描述<br>分子运动速度 | 推广卡方分布,拟合<br>优度检验 | 发现 $t$ 分布及其抽样<br>分布定理 | 发现 $F$ 分布,小样本<br>理论,极大似然估计法 |

### 1. 正态分布的密度

正态分布的密度为 $f(x)=\dfrac{1}{\sigma\sqrt{2\pi}}\mathrm{e}^{-\frac{1}{2\sigma^2}(x-u)^2}$,可以验证:

$$\int_{-\infty}^{+\infty}f(x)\,\mathrm{d}x=1,\int_0^{+\infty}f(x)\,\mathrm{d}x=1/2 \tag{6.32}$$

$$E(X)=u,D(X)=\sigma^2,E(X^2)=D(X)+E^2(X)=\sigma^2+u^2 \tag{6.33}$$

实际上,结论 $\int_{-\infty}^{+\infty} f(x)\,\mathrm{d}x = 1$ 不是显而易见的,需进行积分变换。令 $x = r\cos\theta, y = r\sin\theta$,则得

$$I^2 = \int_{-\infty}^{+\infty} f(x)\,\mathrm{d}x \cdot \int_{-\infty}^{+\infty} f(y)\,\mathrm{d}y = \int_{-\infty}^{+\infty}\int_{-\infty}^{+\infty} f(x)f(y)\,\mathrm{d}x\,\mathrm{d}y = \int_{-\infty}^{+\infty}\int_{-\infty}^{+\infty} \frac{\mathrm{e}^{-\frac{x^2+y^2}{2}}}{2\pi}\,\mathrm{d}x\,\mathrm{d}y$$

$$\xrightarrow{x = r\cos\theta, y = r\sin\theta} \int_{0}^{2\pi}\int_{0}^{+\infty} \frac{\mathrm{e}^{-\frac{r^2}{2}}}{2\pi}\det\left(\frac{\partial(x,y)}{\partial(r,\theta)}\right)\mathrm{d}r\,\mathrm{d}\theta = \int_{0}^{2\pi}\int_{0}^{\infty} \frac{\mathrm{e}^{-\frac{r^2}{2}}}{2\pi} r\,\mathrm{d}r\,\mathrm{d}\theta$$

$$= \int_{0}^{\infty} \mathrm{e}^{-\frac{r^2}{2}} r\,\mathrm{d}r = \int_{0}^{\infty} -\mathrm{e}^{-\frac{r^2}{2}}\,\mathrm{d}\left(-\frac{r^2}{2}\right) = \int_{-\infty}^{0} \mathrm{e}^{t}\,\mathrm{d}t = 1$$

**2. 标准正态分布的衍生分布**

标准正态分布的密度为 $f(x) = \dfrac{1}{\sqrt{2\pi}}\mathrm{e}^{-\frac{x^2}{2}}$,它所具有的性质如下。

(1)因为 $\int_{-\infty}^{+\infty} f(x)\,\mathrm{d}x = 1$,所以有

$$\int_{-\infty}^{+\infty} \mathrm{e}^{-\frac{x^2}{2}}\,\mathrm{d}x = \sqrt{2\pi}, \int_{-\infty}^{+\infty} \mathrm{e}^{-x^2}\,\mathrm{d}x = \sqrt{\pi}, \int_{0}^{+\infty} \mathrm{e}^{-x^2}\,\mathrm{d}x = \sqrt{\pi}/2 \tag{6.34}$$

(2)因为 $\int_{-\infty}^{+\infty} xf(x)\,\mathrm{d}x = 0, \int_{-\infty}^{+\infty} x^2 f(x)\,\mathrm{d}x = 1$,所以有

$$\int_{-\infty}^{+\infty} x^2 \frac{1}{\sqrt{2\pi}}\mathrm{e}^{-\frac{x^2}{2}}\,\mathrm{d}x = 1, \int_{-\infty}^{+\infty} x^2 \mathrm{e}^{-\frac{x^2}{2}}\,\mathrm{d}x = \sqrt{2\pi}, \int_{-\infty}^{+\infty} x^2 \mathrm{e}^{-x^2}\,\mathrm{d}x = \frac{1}{2}\sqrt{\pi} \tag{6.35}$$

---

**仿真计算 6.3**

```
syms x k,assume(k,'integer');assume(k,'positive'); % 正整数
int(exp(-x * x),-inf,inf),int(x * x * exp(-x * x),-inf,inf),int(x^(2 * k) * exp(-x * x/2),-inf,inf)
```

---

(3)标准正态分布的奇数 $2k+1$ 次矩等于 0;偶数 $2(k+1)$ 次矩为 $(2k+1)!!$;实际上 $n=0, \int_{-\infty}^{+\infty} f(x)\,\mathrm{d}x = 1$;$n=1, \int_{-\infty}^{+\infty} x f(x)\,\mathrm{d}x = 0$;$n=2, \int_{-\infty}^{+\infty} x^2 f(x)\,\mathrm{d}x = (2\times 1 - 1)!!$ 假设当 $n=2k$ 时有

$$\int_{-\infty}^{+\infty} x^{2k} f(x)\,\mathrm{d}x = (2k-1)!! \tag{6.36}$$

则利用分部积分公式 $\int_{a}^{b} fg\,\mathrm{d}x = fG\big|_{x=a}^{b} - \int_{a}^{b} \frac{\mathrm{d}}{\mathrm{d}x}(f)G\,\mathrm{d}x$,有

$$\int_{-\infty}^{+\infty} x^{2(k+1)} f(x)\,\mathrm{d}x = (2k+1)\int_{-\infty}^{+\infty} x^{2k} f(x)\,\mathrm{d}x = (2k+1)(2k-1)!! = (2k+1)!! \tag{6.37}$$

**3. 伽马函数**

伽马函数是阶乘的推广,记为

$$\Gamma(\alpha) = \int_{0}^{+\infty} x^{\alpha-1}\mathrm{e}^{-x}\,\mathrm{d}x \tag{6.38}$$

（1）利用 $\int_0^{+\infty} e^{-x^2} dx = \sqrt{\pi}/2$，得

$$\Gamma\left(\frac{1}{2}\right) = \int_0^{+\infty} x^{-\frac{1}{2}} e^{-x} dx = \int_0^{+\infty} t^{-1} e^{-t^2} dt^2 = 2\int_0^{+\infty} e^{-t^2} dt = \sqrt{\pi} \tag{6.39}$$

（2）$\Gamma(1)$ 实际上是指数分布的密度函数的积分，所以

$$\Gamma(1) = \int_0^{\infty} e^{-x} dx = 1 \tag{6.40}$$

（3）$\Gamma(2)$ 实际上是指数分布的期望，所以

$$\Gamma(2) = \int_0^{\infty} x e^{-x} dx = 1 \tag{6.41}$$

（4）利用分部积分公式 $\int_a^b fg\,dx = fG\big|_{x=a}^b - \int_a^b \frac{d}{dx}(f)G\,dx$，得

$$\Gamma(\alpha) = \int_0^{+\infty} x^{\alpha-1} e^{-x} dx = (\alpha-1)\int_0^{+\infty} x^{\alpha-2} e^{-x} dx = (\alpha-1)\Gamma(\alpha-1) \tag{6.42}$$

**4. 贝塔函数**

贝塔（Beta）函数是组合倒数的推广，记为

$$B(\alpha,\beta) = \int_0^1 x^{\alpha-1}(1-x)^{\beta-1} dx \tag{6.43}$$

则由分部积分公式、$\Gamma(\alpha) = (\alpha-1)!$ 得

$$B(\alpha,\beta) = \frac{\Gamma(\alpha)\Gamma(\beta)}{\Gamma(\alpha+\beta)} \tag{6.44}$$

**5. 伽马分布**

伽马分布记为 $X \sim Ga(\alpha,\lambda)$，其密度函数为

$$f(x,\alpha,\lambda) = \frac{\lambda^\alpha}{\Gamma(\alpha)} x^{\alpha-1} e^{-\lambda x}, x > 0 \tag{6.45}$$

（1）$Ga(1,\lambda)$ 是参数为 $\lambda$ 的指数分布 $Exp(\lambda)$；

（2）$Ga(n/2,1/2)$ 是自由度为 $n$ 的卡方分布 $\chi^2(n)$；

（3）当 $n=2$ 时，$Ga(n/2,1/2)$ 变成参数为 $\lambda=1/2$ 的指数分布；

（4）当 $n=1$ 时，$Ga(1/2,1/2)$ 是正态分布的平方分布，期望等于 1，方差等于 2。

实际上

$$\int_0^{+\infty} x f(x,1/2,1/2) dx = \int_0^{+\infty} \frac{\sqrt{1/2}}{\sqrt{\pi}} x x^{-\frac{1}{2}} e^{-\frac{1}{2}x} dx = \int_0^{+\infty} 2\frac{1}{\sqrt{2\pi}} t^2 e^{-\frac{1}{2}t^2} dt = 1$$

$$\int_0^{+\infty} x^2 f(x,1/2,1/2) dx = \int_0^{+\infty} \frac{\sqrt{1/2}}{\sqrt{\pi}} x^2 x^{-\frac{1}{2}} e^{-\frac{1}{2}x} dx = \int_0^{+\infty} 2\frac{1}{\sqrt{2\pi}} t^4 e^{-\frac{1}{2}t^2} dt = 3$$

所以

$$D(X) = E(X^2) - E^2(X) = 3 - 1^2 = 2$$

**6. $\chi^2$ 分布**

若 $n$ 个随机变量，$X_i \sim N(0,1)$，相互独立，则称 $X_1^2 + \cdots + X_n^2$ 是自由度为 $n$ 的卡方分布，记为 $\chi^2(n)$ 或者 $Ga\left(\dfrac{n}{2},\dfrac{1}{2}\right)$，实质是 $n$ 个独立 $Ga\left(\dfrac{1}{2},\dfrac{1}{2}\right)$ 分布的和，利用期望和方差的

性质可知 $\chi^2(n)$ 的期望为 $n$，方差为 $2n$。$\chi^2(n)$ 的密度函数为

$$f_{\chi^2(n)}(x) = \frac{\lambda^{na}}{\Gamma(na)} x^{na-1} e^{-\lambda x}, x > 0, \alpha = 1/2, \lambda = 1/2 \tag{6.46}$$

实际上，利用卷积公式得

$$f_{\chi^2(2)}(z) = \int_0^z f(x) f(z-x) dx = \int_0^z \frac{\lambda^\alpha}{\Gamma(\alpha)} x^{\alpha-1} e^{-\lambda x} \frac{\lambda^\alpha}{\Gamma(\alpha)} (z-x)^{\alpha-1} e^{-\lambda(z-x)} dx$$

$$= \frac{\lambda^{2\alpha}}{\Gamma(\alpha)\Gamma(\alpha)} z^{2\alpha-1} e^{-\lambda z} \int_0^z \left(\frac{x}{z}\right)^{\alpha-1} \left(1 - \frac{x}{z}\right)^{\alpha-1} d\frac{x}{z} = \frac{\lambda^{2\alpha}}{\Gamma(\alpha)\Gamma(\alpha)} z^{2\alpha-1} e^{-\lambda z} B(\alpha, \alpha)$$

$$= \frac{\lambda^{2\alpha}}{\Gamma(\alpha)\Gamma(\alpha)} z^{2\alpha-1} e^{-\lambda z} \frac{\Gamma(\alpha)\Gamma(\alpha)}{\Gamma(\alpha+\alpha)} = \frac{\lambda^{2\alpha}}{\Gamma(2\alpha)} z^{2\alpha-1} e^{-\lambda z}$$

由归纳法、卷积公式和 $B(na, \alpha) = \frac{\Gamma(na)\Gamma(\alpha)}{\Gamma((n+1)\alpha)}$ 可得

$$f_{\chi^2(n+1)}(z) = f_{\chi^2(n)} * f = \int_0^z \frac{\lambda^{na}}{\Gamma(na)} x^{na-1} e^{-\lambda x} \frac{\lambda^\alpha}{\Gamma(\alpha)} (z-x)^{\alpha-1} e^{-\lambda(z-x)} dx$$

$$= \frac{\lambda^{(n+1)a}}{\Gamma(na)\Gamma(\alpha)} z^{(n+1)\alpha-1} e^{-\lambda z} \int_0^z \left(\frac{x}{z}\right)^{na-1} \left(1 - \frac{x}{z}\right)^{\alpha-1} d\frac{x}{z}$$

$$= \frac{\lambda^{(n+1)a}}{\Gamma(na)\Gamma(\alpha)} z^{(n+1)\alpha-1} e^{-\lambda z} \int_0^1 t^{na-1} (1-t)^{\alpha-1} dt = \frac{\lambda^{(n+1)a}}{\Gamma((n+1)\alpha)} z^{(n+1)\alpha-1} e^{-\lambda z}$$

### 7. $t$ 分布

若两个随机变量，$X \sim N(0,1)$，$Y \sim \chi^2(n)$，相互独立，则称 $\dfrac{X}{\sqrt{Y/n}}$ 是自由度为 $n$ 的 $t$ 分布，记为 $t(n)$，由随机变量函数的密度公式、商的密度公式、卡方分布的密度规范性得

$$f_{t(n)}(x) = \frac{\Gamma\left(\dfrac{n+1}{2}\right)}{\sqrt{n\pi}\,\Gamma\left(\dfrac{n}{2}\right)} \left(1 + \frac{x^2}{n}\right)^{-\frac{n+1}{2}} \tag{6.47}$$

实际上，$Y = \chi^2(n)$ 的密度为 $f_{\chi^2(n)}(z) = \dfrac{\lambda^{na}}{\Gamma(na)} x^{na-1} e^{-\lambda x}$，其中 $\alpha = 1/2, \lambda = 1/2$，$Z = \sqrt{Y/n}$ 的反函数为 $y = h(z) = nz^2$，$Z = \sqrt{Y/n}$ 的密度函数为

$$f_Z(z) = f_{\chi^2(n)}(h(z)) |h'(z)| = \frac{\lambda^{na}}{\Gamma(na)} (nz^2)^{na-1} e^{-\lambda nz^2} 2nz$$

$t(n) = X/Z$ 的密度函数为

$$f_{t(n)}(t) = \int_{-\infty}^{+\infty} f_X(ty) \cdot f_Z(y) \cdot |y| dy$$

$$= \int_0^{+\infty} \frac{1}{\sqrt{2\pi}} e^{-\frac{(ty)^2}{2}} \cdot \frac{\lambda^{na}}{\Gamma(na)} (ny^2)^{na-1} e^{-\lambda ny^2} 2ny \cdot |y| dy$$

$$= \frac{1}{\sqrt{2\pi}} \cdot \frac{\lambda^{na}}{\Gamma(na)} \cdot (n)^{na-1} \cdot 2n \int_0^{+\infty} e^{-\frac{(ty)^2}{2}} (y^2)^{na-1} e^{-\lambda ny^2} y \cdot |y| dy$$

$$= \frac{2}{\sqrt{2\pi}} \cdot \frac{\lambda^{na}}{\Gamma(na)} \cdot n^{na} \int_0^{+\infty} y^n e^{-\lambda y^2(t^2+n)} dy$$

令 $u = y^2 (n+t^2)$，则 $u^{\frac{n-1}{2}} = y^{n-1}(n+t^2)^{\frac{n-1}{2}}$，$\mathrm{d}u = 2(n+t^2)y\,\mathrm{d}y$，得

$$f_{t(n)}(t) = \frac{2}{\sqrt{2\pi}} \cdot \frac{\lambda^{na}}{\Gamma(na)} \cdot n^{na} \int_0^{+\infty} y^{n-1} \cdot \mathrm{e}^{-\lambda y^2(t^2+n)} \cdot y\,\mathrm{d}y$$

$$= \frac{2}{\sqrt{2\pi}} y \cdot \frac{\lambda^{na}}{\Gamma(na)} \cdot n^{na} \cdot \frac{1}{(n+t^2)^{\frac{n-1}{2}} 2(n+t^2)} \int_0^{+\infty} u^{\frac{n-1}{2}} \cdot \mathrm{e}^{-\lambda u} \cdot \mathrm{d}u$$

$$= \frac{\lambda^{na} \cdot n^{na} \cdot \Gamma\left(\dfrac{n+1}{2}\right)}{\sqrt{2\pi}\,\Gamma(na)\,(n+t^2)^{\frac{n+1}{2}} \cdot \lambda^{\frac{n+1}{2}}} \int_0^{+\infty} \frac{\lambda^{\frac{n+1}{2}}}{\Gamma\left(\dfrac{n+1}{2}\right)} u^{\frac{n+1}{2}-1} \cdot \mathrm{e}^{-\lambda u} \cdot \mathrm{d}u$$

$$= \frac{\Gamma\left(\dfrac{n+1}{2}\right)}{\Gamma(na)\,\sqrt{n\pi}} \left(1 + \frac{t^2}{n}\right)^{-\frac{n+1}{2}}$$

### 8. F 分布

若两个随机变量，$X_1 \sim \chi^2(n_1)$ 与 $X_2 \sim \chi^2(n_2)$，相互独立，则称 $\dfrac{X_1/n_1}{X_2/n_2}$ 是自由度为 $(n_1, n_2)$ 的 F 分布，记为 $F(n_1, n_2)$，由随机变量函数的密度公式、商的密度公式、卡方分布的密度规范性得

$$f_{F(n_1, n_2)}(x) = \frac{\Gamma\left(\dfrac{n_1+n_2}{2}\right)\left(\dfrac{n_1}{n_2}\right)\left(\dfrac{n_1}{n_2}x\right)^{\frac{n_1}{2}-1}}{\Gamma\left(\dfrac{n_1}{2}\right)\Gamma\left(\dfrac{n_2}{2}\right)\left(1 + \dfrac{n_1}{n_2}x\right)^{\frac{n_1+n_2}{2}}}, \quad x > 0 \tag{6.48}$$

其实，因为 $f_{\chi^2(n)}(z) = \dfrac{\lambda^{na}}{\Gamma(na)} x^{na-1} \mathrm{e}^{-\lambda x}$，$\alpha = 1/2$，$\lambda = 1/2$，所以 $X_i/n_i$ 的密度为

$$f_{X_i/n_i}(x) = f_{\chi^2(n_i)}(n_i x) n_i = \frac{\lambda^{n_i a}}{\Gamma(n_i a)} (n_i x)^{n_i a-1} \mathrm{e}^{-\lambda(n_i x)} n_i, \quad i = 1, 2$$

所以

$$f_{F(n_1, n_2)}(t) = \int_{-\infty}^{+\infty} f_{X_1/n_1}(ty) f_{X_2/n_2}(y) \mid y \mid \mathrm{d}y$$

$$= \int_0^{+\infty} \frac{\lambda^{n_1 a}}{\Gamma(n_1 a)} (n_1 ty)^{n_1 a-1} \mathrm{e}^{-\lambda n_1(ty)} n_1 \cdot \frac{\lambda^{n_2 a}}{\Gamma(n_2 a)} (n_2 y)^{n_2 a-1} \mathrm{e}^{-\lambda n_2 y} n_2 \cdot y\,\mathrm{d}y$$

$$= \frac{\lambda^{n_1 a}}{\Gamma(n_1 a)} \frac{\lambda^{n_2 a}}{\Gamma(n_2 a)} n_1^{n_1 a} n_2^{n_2 a} \cdot (t)^{n_1 a-1} \int_0^{+\infty} y^{n_1 a+n_2 a-1} \mathrm{e}^{-\lambda y(tn_1+n_2)} \mathrm{d}y$$

$$= \frac{n_1^{\frac{n_1}{2}} n_2^{\frac{n_2}{2}} t^{\frac{n_1}{2}-1}}{\Gamma\left(\dfrac{n_1}{2}\right)\Gamma\left(\dfrac{n_2}{2}\right) 2^{\frac{n_1+n_2}{2}}} \int_0^{+\infty} y^{\frac{n_1+n_2}{2}-1} \mathrm{e}^{-\lambda y(n_2+n_1 t)} \mathrm{d}y$$

令 $u=y(n_2+n_1t)$，则 $du=(n_2+n_1t)dy$，$u^{\frac{n_1+n_2}{2}-1}=y^{\frac{n_1+n_2}{2}-1}(n_2+n_1t)^{\frac{n_1+n_2}{2}-1}$，得

$$f_{F(n_1,n_2)}(t)=\frac{n_1^{\frac{n_1}{2}}n_2^{\frac{n_2}{2}}t^{\frac{n_1}{2}-1}\cdot\Gamma\left(\frac{n_1+n_1}{2}\right)}{\Gamma\left(\frac{n_1}{2}\right)\Gamma\left(\frac{n_2}{2}\right)\cdot(n_2+n_1t)^{\frac{n_1+n_2}{2}}}\int_0^{+\infty}\lambda^{\frac{n_1+n_2}{2}}u^{\frac{n_1+n_2}{2}-1}e^{-\lambda u}/\Gamma\left(\frac{n_1+n_1}{2}\right)du$$

$$=\frac{n_1^{\frac{n_1}{2}}n_2^{-\frac{n_1}{2}}n_2^{\frac{n_1+n_2}{2}}t^{\frac{n_1}{2}-1}\Gamma\left(\frac{n_1+n_1}{2}\right)}{\Gamma\left(\frac{n_1}{2}\right)\Gamma\left(\frac{n_2}{2}\right)(n_2+n_1t)^{\frac{n_1+n_2}{2}}}=\frac{\Gamma\left(\frac{n_1+n_1}{2}\right)\left(\frac{n_1}{n_2}\right)\left(\frac{n_1}{n_2}t\right)^{\frac{n_1}{2}-1}}{\Gamma\left(\frac{n_1}{2}\right)\Gamma\left(\frac{n_2}{2}\right)\left(1+\frac{n_1}{n_2}t\right)^{\frac{n_1+n_2}{2}}}$$

## 6.2.3 样本均值与方差的独立性

**评注 6.5　相关与相互表示**

从表面上看，似乎可相互表示意味着必然相关，实则可相互表示不能当作相关或者不独立的判据。相关的判据为协方差等于 0，而独立的判据为联合分布函数可拆分。

多数教材都从语义上和表达式上解释 $\overline{X},S^2$ 的相关性，鲜有从判据上来论证两者之间的独立性，本节将补充基于判据的论证过程。

首先，$\overline{X},S^2$ 可以相互表示，看似有关联。

(1) $\overline{X},S^2$ 可以相互表示 $\overline{X}=\frac{1}{n}\sum_{i=1}^{n}X_i$，$S^2=\frac{1}{n-1}\sum_{i=1}^{n}(X_i-\overline{X})^2$，进一步有

$$(n-1)S^2=\sum_{i=1}^{n}X_i^2-n\overline{X}^2 \tag{6.49}$$

(2) $\overline{X},S^2$ 依赖了共同的数据 $X_1,X_2,\cdots,X_n$，且 $X_i\sim N(\mu,\sigma^2)$。

其次，如何理解 $\overline{X},S^2$ 的独立性呢？

(1) 语义上：$\overline{X},S^2$ 分别代表总体的水平和稳定性，水平高低和稳定性强弱没有直接关系。

(2) 表达式上：$\sum_{i=1}^{n}X_i^2=(n-1)S^2+n\overline{X}^2$，自由度为 $n$ 的卡方分布可以分解为两个独立部分，第一部分 $(n-1)S^2$ 的自由度为 $n-1$，第二部分 $n\overline{X}^2$ 的自由度为 1。

(3) 判据上：需利用联合密度 $f(x,y)$ 或者联合分布 $F(x,y)$ 的可分离性判断连续随机变量的独立性：

$$\begin{cases}f(x,y)=g(x)h(x)\\F(x,y)=G(x)H(y)\end{cases} \tag{6.50}$$

简单起见，不妨假设 $\{X_i\}_{i=1}^{n}$ 独立同分布且 $X_i\sim N(0,1)$，下面验证 $\overline{X}$ 与 $S^2$ 独立。

作如下正交变换：

$$
\overbrace{\begin{bmatrix} Y_1 \\ Y_2 \\ \vdots \\ Y_n \end{bmatrix}}^{Y} = \overbrace{\begin{bmatrix} 1/\sqrt{n} & 1/\sqrt{n} & \cdots & 1/\sqrt{n} \\ \vdots & \vdots & & \vdots \\ * & * & \cdots & * \\ * & * & \cdots & * \end{bmatrix}}^{A} \overbrace{\begin{bmatrix} X_1 \\ X_2 \\ \vdots \\ X_n \end{bmatrix}}^{X}
\tag{6.51}
$$

其中 $A$ 是正交的,且 $\sum\limits_{i=1}^{n} Y_i^2 = \sum\limits_{i=1}^{n} X_i^2$,同时 $Y_1, Y_2, \cdots, Y_n$ 为独立的正态分布,且

$$
\overline{X} = Y_1 / \sqrt{n}
\tag{6.52}
$$

故

$$
(n-1) S^2 = \sum_{i=1}^{n} (X_i - \overline{X})^2 = \sum_{i=1}^{n} (X_i^2 + \overline{X}^2 - 2 X_i \overline{X})
$$

$$
= \sum_{i=1}^{n} X_i^2 - n \overline{X}^2 = \sum_{i=1}^{n} Y_i^2 - Y_1^2 = \sum_{i=2}^{n} Y_i^2 \sim \chi^2 (n-1)
\tag{6.53}
$$

上述两式可抽象为

$$
\begin{cases} \overline{X} = g_1 (Y_1) \\ S^2 = g_2 (Y_2, \cdots, Y_n) \end{cases}
\tag{6.54}
$$

下面证明:

$$
f_{\overline{X} S^2} (u_1, u_2) = f_{\overline{X}} (u_1) f_{S^2} (u_2)
\tag{6.55}
$$

当 $n > 2$ 时,只需构建变换:

$$
[Y_1, Y_2, Y_3, \cdots, Y_n] \to [\overline{X}, S^2, Y_3 \cdots, Y_n]
\tag{6.56}
$$

当 $n = 2$ 时,映射为

$$
[Y_1, Y_2] \to [\overline{X}, S^2] \triangleq [g_1 (Y_1), g_2 (Y_2)]
\tag{6.57}
$$

逆映射为

$$
[Y_1, Y_2] = [h_1 (\overline{X}), h_2 (S^2)]
\tag{6.58}
$$

联合密度为

$$
f_{\overline{X} S^2} (u_1, u_2) = f_{Y_1} (h_1 (u_1)) f_{Y_2} (h_2 (u_2)) \left| \det \frac{\partial [h_1, h_2]}{\partial [u_1, u_2]} \right|
$$

$$
= f_{Y_1} (h_1 (u_1)) f_{Y_2} (h_2 (u_2)) \begin{vmatrix} \partial h_1 / \partial u_1 & 0 \\ 0 & \partial h_2 / \partial u_2 \end{vmatrix}
$$

$$
= \left[ f_{Y_1} (h_1 (u_1)) \cdot \frac{\partial h_1}{\partial u_1} \right] \left[ f_{Y_2} (h_2 (u_2)) \cdot \frac{\partial h_2}{\partial u_2} \right]
\tag{6.59}
$$

显然 $f_{\overline{X} S^2} (u_1, u_2)$ 可分离,所以 $\overline{X}$ 和 $S^2$ 独立。

接下来给出一个简单的验证。设 $X_1, X_2 \sim N(0, 1)$,则

$$
\overline{X} = \frac{1}{2} (X_1 + X_2), \quad S^2 = (X_1 - \overline{X})^2 + (X_2 - \overline{X})^2 = (X_1 - X_2)^2
\tag{6.60}
$$

设 $\begin{bmatrix} Y_1 \\ Y_2 \end{bmatrix} = \frac{1}{\sqrt{2}} \begin{bmatrix} 1 & 1 \\ 1 & -1 \end{bmatrix} \begin{bmatrix} X_1 \\ X_2 \end{bmatrix}$,显然 $E(Y_1) = 0$,$D(Y_1) = D\left( \frac{1}{\sqrt{2}} X_1 + \frac{1}{\sqrt{2}} X_2 \right) = 1$,所以 $Y_1 \sim$

$N(0,1)$，同理 $Y_2 \sim N(0,1)$，另外 $\mathrm{Cov}(Y_1, Y_2) = \mathrm{Cov}\left(\dfrac{1}{\sqrt{2}}X_1 + \dfrac{1}{\sqrt{2}}X_2, \dfrac{1}{\sqrt{2}}X_1 - \dfrac{1}{\sqrt{2}}X_2\right) = 0$，所以 $Y_1, Y_2$ 独立。综上，利用 $\dfrac{1}{\sqrt{2}}\begin{bmatrix} 1 & 1 \\ 1 & -1 \end{bmatrix}$ 是正交矩阵，可知

$$\overline{X} = \frac{1}{\sqrt{2}}Y_1, \quad S^2 = (X_1 - X_2)^2 = Y_1^2 + Y_2^2 - Y_1^2 = Y_2^2 \tag{6.61}$$

总之，$\overline{X}$ 依赖 $Y_1$，$S^2$ 依赖 $Y_2$，且 $Y_1, Y_2$ 独立，所以 $\overline{X}, S^2$ 独立。

## 6.2.4　多维正态分布的若干结论

（1）$n$ 维正态分布的随机向量记为 $\boldsymbol{x} \sim N_n(\boldsymbol{\mu}_x, \boldsymbol{\Sigma}_x)$，密度为

$$f(\boldsymbol{x}) = (2\pi)^{-\frac{n}{2}} \det(\boldsymbol{\Sigma}_x)^{-\frac{1}{2}} \exp\left(-\frac{1}{2}(\boldsymbol{x} - \boldsymbol{\mu}_x)^{\mathrm{T}} \boldsymbol{\Sigma}_x^{-1}(\boldsymbol{x} - \boldsymbol{\mu}_x)\right) \tag{6.62}$$

（2）若 $\boldsymbol{x} \sim N_n(\boldsymbol{\mu}_x, \boldsymbol{\Sigma}_x)$，则 $\boldsymbol{\mu}_x$ 和 $\boldsymbol{\Sigma}_x$ 分别是随机变量 $x$ 的均值向量和方差阵。

（3）如果 $\boldsymbol{x} \sim N(\boldsymbol{\mu}_x, \boldsymbol{\Sigma}_x)$，那么

$$\boldsymbol{y} = \boldsymbol{Cx} \sim N(\boldsymbol{C\mu}_x, \boldsymbol{C\Sigma}_x \boldsymbol{C}^{\mathrm{T}}) \tag{6.63}$$

## 6.2.5　极限定理与抽样分布定理的关系

**评注 6.6　极限定理与抽样分布定理的关系**

如表 6.3 所示，抽样分布定理可视为林德伯格-莱维极限定理的特例。

（1）依据林德伯格-莱维中心极限定理可知：当独立同分布的随机变量个数 $n$ 趋近于无穷大时，序列标准化会依分布收敛到标准正态分布。

（2）依据抽样分布定理可知：正态分布的样本标准化就是标准正态分布。

**表 6.3　极限定理与抽样分布定理的关联**

| 收敛定理 | 分支 | 独立性 | 同分布 | 同期望 | 同方差 |
|---|---|---|---|---|---|
| 抽样分布定理 | — | √ | √（正态分布） | √ | √ |
| 中心极限定理 | 林德伯格-莱维 | √ | √ | √ | √ |
| | 棣莫弗-拉普拉斯 | √ | √（两点分布） | √ | √ |
| 大数定律 | 伯努利 | √ | √（两点分布） | √ | √ |
| | 辛钦 | √ | √ | √ | × |
| | 切比雪夫 | √（不相关） | × | √（存在） | √（同上界） |

（1）林德伯格-莱维中心极限定理：设样本 $X_1, X_2, \cdots, X_n, \cdots$ 独立同分布，它们具有数学期望 $E(X_k) = \mu$ 和方差 $D(X_k) = \sigma^2 > 0, k = 1, 2, \cdots$，则序列满足中心极限定理，即"标准化依分布收敛到标准正态分布"，表达式为

$$\lim_{n \to \infty} P\left\{ \frac{\sum\limits_{k=1}^{n} X_k - n\mu}{\sqrt{n}\,\sigma} \leqslant x \right\} = \int_{-\infty}^{x} \frac{1}{\sqrt{2\pi}} \mathrm{e}^{-t^2} \, \mathrm{d}t = \Phi(x) \tag{6.64}$$

（2）抽样分布定理的推论：设样本 $X_1, X_2, \cdots, X_n, \cdots$ 是来自正态总体 $X$ 的样本，即 $X_k \sim N(\mu, \sigma^2), k=1, 2, \cdots$，则满足中心极限定理，且收敛符号 $\lim\limits_{n \to \infty}$ 可删除：

$$P\left\{ \frac{\sqrt{n}\,(\overline{X} - \mu)}{\sigma} \leqslant x \right\} = \int_{-\infty}^{x} \frac{1}{\sqrt{2\pi}} e^{-t^2} \mathrm{d}t = \Phi(x) \tag{6.65}$$

实际上，抽样分布定理表明 $\overline{X} \sim N(\mu, \sigma^2/n)$，所以 $\dfrac{\sqrt{n}\,(\overline{X} - \mu)}{\sigma} \sim N(0, 1)$。

## 6.2.6　常用分布关联图谱

如图 6.11 所示，常用随机变量的分布类型有离散型和连续型。

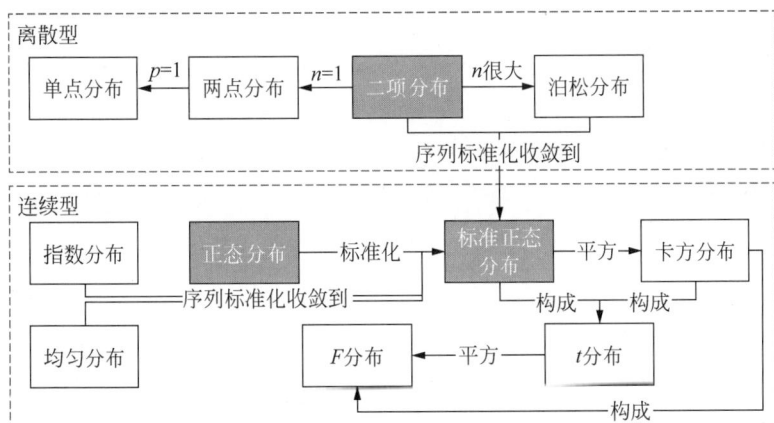

**图 6.11　常用分布关联图谱**

（1）最常用的离散型分布为二项分布 $B(n, p)$，当 $n=1$ 时，二项分布退化为两点分布 $B(1, p)$；进一步，当 $n=1, p=1$ 时，退化为单点分布；当 $n$ 趋于无穷时，二项分布收敛到泊松分布 $P(\lambda), \lambda \triangleq np$。

（2）最常用的连续型分布为正态分布 $N(\mu, \sigma^2)$，当 $\mu=0, \sigma^2=1$ 时，得到标准正态分布 $N(0, 1)$；标准正态分布的平方为卡方分布 $\chi(1)$，$n$ 个独立标准正态分布的平方和是自由度为 $n$ 的卡方分布 $\chi(n)$；标准正态分布和卡方分布共同构成了 $t$ 分布，$t$ 分布的平方为 $F$ 分布 $F(1, n)$；两个自由度为 $m, n$ 的卡方分布构成了 $F$ 分布 $F(m, n)$。

（3）依据中心极限定理，对于任意分布，其序列标准化收敛到标准正态分布，该结论可用于计算概率及其分位点。

## 6.2.7　样本方差的系数

为什么样本方差的系数不是除以样本容量 $n$？抽样分布定理表明，若样本 $X_1, X_2, \cdots, X_n$ 源于总体 $X$，且 $E(X) = \mu, D(X) = \sigma^2$，则 $E(\overline{X}) = \mu, D(\overline{X}) = \sigma^2/n$，更重要的是 $E(S^2) = \sigma^2$。如果样本方差定义为 $S^2 \triangleq \dfrac{1}{n} \sum_{i=1}^{n} (X_i - \overline{X})^2$，则导致

$$E(S^2) = \frac{n-1}{n} \sigma^2 < \sigma^2 \tag{6.66}$$

### 6.2.8 变异系数不能消除偏置系数的影响

变异系数真的可以消除量纲的影响吗？严格地说：变异系数可以消除比例系数的影响，但是不能消除偏置系数的影响。

**反例 6.1** 北京和纽约的月平均气温如表 6.4 所示，摄氏度和华氏度的转化关系为 $F = 1.8C + 32$，变异系数的公式为

$$CV = \frac{std}{\bar{x}} = \sqrt{\frac{1}{n-1} \sum_{i=1}^{n} (x_i - \bar{x})^2} \bigg/ \frac{1}{n} \sum_{i=1}^{n} x_i \tag{6.67}$$

如果变异系数真的可以消除量纲的影响，那么不管用摄氏度还是华氏度，变异系数都相同，但是结果表明变异系数的值不同。因此可以发现：变异系数可以消除比例系数 1.8 的影响，但是不能消除偏置系数 32 的影响。

**仿真计算 6.4**

```
BeiJ_d = [-3,0,6,14,20,24,26,25,20,13,5,-1];std(BeiJ_d),std(BeiJ_d)/mean(BeiJ_d)
BeiJ_f = BeiJ_d * 1.8 + 32;mean(BeiJ_d),std(BeiJ_f),BeiJ_cv_f = std(BeiJ_f)/mean(BeiJ_f)
NewY_f = [31,32,41,50,59,69,75,75,68,75,47,36];std(NewY_f),std(NewY_f)/mean(NewY_f)
NewY_d = (NewY_f-32)/1.8;mean(NewY_d),std(NewY_d),std(NewY_d)/mean(NewY_d)
```

表 6.4 北京和纽约的月平均气温

| 城市 | 量纲 | 1月 | 2月 | 3月 | 4月 | 5月 | 6月 | 7月 | 8月 | 9月 | 10月 | 11月 | 12月 | 标准差 | 变异系数 |
|---|---|---|---|---|---|---|---|---|---|---|---|---|---|---|---|
| 北京 | ℃ | −3 | 0 | 6 | 14 | 20 | 24 | 26 | 25 | 20 | 13 | 5 | −1 | 10.71 | 0.86 |
| | ℉ | 27 | 32 | 43 | 57 | 68 | 75 | 79 | 77 | 68 | 55 | 41 | 30 | 19.28 | 0.35 |
| 纽约 | ℉ | 31 | 32 | 41 | 50 | 59 | 69 | 75 | 75 | 68 | 75 | 47 | 36 | 17.40 | 0.32 |
| | ℃ | −1 | 0 | 5 | 10 | 15 | 21 | 24 | 24 | 20 | 24 | 8 | 2 | 9.67 | 0.76 |

### 6.2.9 若干分布的可加性

(1)两个独立的泊松分布之和还是泊松分布；
(2)两个独立(且 $p$ 相同)的二项分布之和还是二项分布；
(3)两个独立的正态分布之和还是正态分布；
(4)两个独立的卡方分布之和还是卡方分布。

### 6.2.10 统计量的计算复杂度

样本标准差与极差的复杂度对比如下：
(1)对于水平统计量：冒泡排序的计算复杂度为 $O(n^2)$，所以中位数的计算复杂度比样本均值的计算复杂度更高；
(2)对于稳定性统计量：极差的计算需要用到极大值和极小值，若调用 sort 排序获得极大值和极小值，那么极差的计算复杂度为 $O(n^2)$，其计算量比 std 更大，若调用 max 和 min 获得极大值和极小值，则只需要记录一个最大值和最小值，扫描一次序列即可，从而计算复杂度为 $O(n)$，此时计算量与 std 相当。

## 6.2.11　卡方分布期望与自由度

对于卡方分布 $\chi^2(n)$，有

$$E(\chi^2(n))=n, D(\chi^2(n))=2n \tag{6.68}$$

随自由度变大，卡方分布的密度曲线变化规律如图 6.12 所示。

**仿真计算 6.5**

```
close all,clear,clc,nn = [3,5,10,15,20];
n = length(nn),dx = 0.1;x = 0:dx:30;
legends = cell(n,1);
for i = 1:n,y = chi2pdf(x,nn(i));plot(x,y,'linewidth',2)
box on,hold on,grid on ;
legends{i} = ['n = ' num2str(nn(i))];
end,legends = legend(legends),set(gca,'fontsize',12)
set(gcf,'position',[100,100,300,200])
```

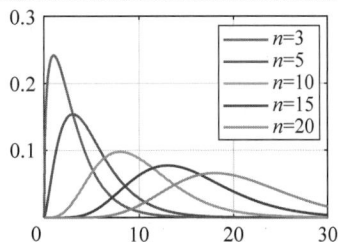

图 6.12　卡方分布的自由度与密度
（见文后彩图）

## 6.2.12　$t$ 分布与标准正态分布

对于 $t$ 分布 $t(n)$，随自由度 $n$ 变大，其密度曲线收敛到标准正态分布的密度曲线，如图 6.13 所示。

**仿真计算 6.6**

```
nn = [1:4];n = length(nn),dx = 0.1;x = -4:dx:4;
legends = cell(n + 1,1);legends{n + 1} = 'N(0,1)'
for i = 1:n,y = tpdf(x,nn(i));plot(x,y,'linewidth',2)
legends{i} = ['n = ' num2str(nn(i))];hold on,grid on;
end,y = normpdf(x);plot(x,y,'linewidth',2);
legends = legend(legends),set(gca,'fontsize',12)
set(gcf,'position',[100,100,300,200]),xlim([-3,4])
```

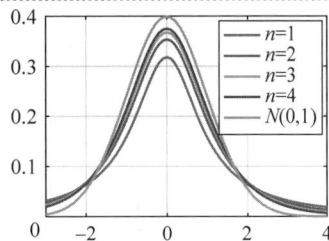

图 6.13　$t$ 分布的自由度与密度
（见文后彩图）

## 6.2.13　分位点的性质

**仿真计算 6.7**

```
close all,clear,clc,
dx = 0.1;x = -4:dx:4;i = 51,y = normpdf(x);
plot(x(i),0,'bo','linewidth',2),box on,hold on,grid on
plot(x,y,'--','linewidth',2);set(gca,'fontsize',12)
h1 = patch([x(1:i),x(i)],[y(1:i),0],'k','FaceAlpha',0.5);
legend('点-分位数','线-密度','面-分布')
set(gcf,'position',[100,100,400,300]),xlim([-3,4])
```

分位数的实质为分布函数的反函数：设随机变量 $X$ 的密度为 $f(x)$，对于概率值 $\alpha$，下式中的实数 $x_\alpha$ 为分布 $f(x)$ 对应于 $\alpha$ 的分位点（分位数）：

$$F(x_\alpha) = \int_{-\infty}^{x_\alpha} f(x)\,\mathrm{d}x = \alpha \tag{6.69}$$

密度函数、分布函数、分位数的关系如图 6.14 所示，从图中可知：

（1）"实心点"是分位数，$x = F^{-1}(y)$，即分位数是分布函数的反函数，其性质参考表 6.5；

（2）"虚线"是密度函数，$f(x) = \mathrm{d}F(x)/\mathrm{d}x$，即密度函数是分布函数的导数；

（3）"阴影面"的面积是分布函数，$F(x) = \int_{-\infty}^{x} f(t)\,\mathrm{d}t$，即分布函数是密度函数的定积分。

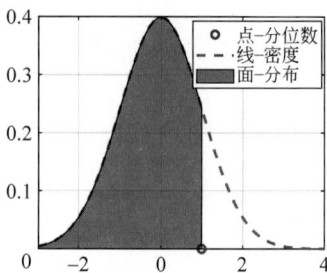

图 6.14　分位点与分布

表 6.5　分位点的性质

| 分布 | $N(0,1)$ | $\chi^2(n)$ | $t(n)$ | $F(n_1,n_2)$ |
|------|----------|-------------|--------|--------------|
| 性质 | $u_\alpha = -u_{1-\alpha}$ | $\chi_\alpha^2(n) \approx (u_\alpha + \sqrt{2n-1})^2/2$ | $t_\alpha(n) = -t_{1-\alpha}(n)$ <br> $t_\alpha(n) \approx u_\alpha$ | $F_\alpha(n_1,n_2) = \dfrac{1}{F_{1-\alpha}(n_2,n_1)}$ |

# 第7章

# 参数估计

## 7.1 点估计

### 7.1.1 矩估计的局限性

点估计方法主要包括矩估计和极大似然估计等,其中矩估计的基本原理为大数定律,即样本矩收敛到总体矩,这里的收敛是指依概率收敛。令总体矩等于样本矩,得

$$\begin{cases} E(X) = \overline{X} = \dfrac{1}{n} \sum_{i=1}^{n} X_i \\ D(X) = \widetilde{S}^2 = \dfrac{1}{n} \sum_{i=1}^{n} (X_i - \overline{X})^2 \end{cases} \tag{7.1}$$

两个方程至多可以估计两个未知参数,注意区别 $\widetilde{S}^2 = \dfrac{1}{n} \sum_{i=1}^{n} (X_i - \overline{X})^2$, $S^2 = \dfrac{1}{n-1} \sum_{i=1}^{n} (X_i - \overline{X})^2$,当 $n$ 很大时,两者无显著差别。矩估计的原理简单,其局限性如下。

(1)不唯一,一个参数有多个估计表达式。例如,对于泊松分布 $P(\lambda)$,可以令 $\hat{\lambda} = \overline{X}$,也可以令 $\hat{\lambda} = \widetilde{S}^2$。

(2)不存在,若随机变量的期望不存在,则无法应用矩估计。例如,对于某个柯西分布,其密度函数为

$$f(x) = \frac{1}{\pi} \cdot \frac{1}{1 + (x - \theta)^2} \tag{7.2}$$

因为总体的数学期望不存在,所以 $\theta$ 的矩估计不存在。

(3)不稳定,当样本容量 $n$ 很小时,估计值与真值差异较大;因为矩估计等式成立的基本条件为样本容量 $n$ 很大。例如,对于集合 $\{0,1,2,\cdots,N\}$ 上的离散均匀分布,也称为等可能概型,矩估计 $\hat{N} = 2\overline{X}$ 的方差约为 $N^2/(3n)$,当 $N$ 很大 $n$ 很小时方差很大;又如 $[0,N]$ 上的连续均匀分布,矩估计 $\hat{N} = 2\overline{X}$ 也存在不稳定性。

（4）不合理，矩估计会出现结果与假设相互矛盾的情况。例如，在$[a,b]$上的均匀分布，仿真生成了 10 个服从 $U(0,1)$ 的随机数如下，如图 7.1 所示。

| 0.0001 | 0.0923 | 0.1468 | 0.1863 | 0.3023 |
|--------|--------|--------|--------|--------|
| 0.3456 | 0.3968 | 0.4170 | 0.5388 | 0.7203 |

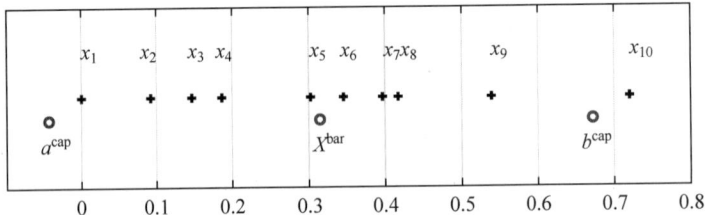

**图 7.1　某次均匀分布采样和参数估计**

计算得 $\overline{X}=0.3146$，$\widetilde{S}=0.2064$，求得矩估计为

$$\hat{a}=\overline{X}-\sqrt{3}\,\widetilde{S}=-0.0429 \tag{7.3}$$

$$\hat{b}=\overline{X}+\sqrt{3}\,\widetilde{S}=0.6722<0.7203=\max\{X_i\} \tag{7.4}$$

这与假设 $X_i\in[a,b]$ 是相互矛盾的。

---

**仿真计算 7.1**

```
close all,clc,rng(1),n = 10,X = rand(1,n),min(X),max(X)
X = sort(X),c = mean(X),std(X) * sqrt((n-1)/n),a_cap = mean(X)-sqrt(3) * std(X) * sqrt((n-1)/n)
b_cap = mean(X) + sqrt(3) * std(X) * sqrt((n-1)/n),
fori = 1:n,hold on,grid on,box on,ylim([-0.2,0.2])
plot(X(i),0,'k + ','linewidth',2);
text(X(i),0.1,['\it{x}_{' num2str(i) '}'],'FontSize',12,'fontname','times new roman')
end,times = 'times new roman';set(gca,'xtick',[0:0.1:1]),xlim([-0.1,1]),
set(gcf,'Position',[1000 1000 800 200]),set(gca,'ytick',[]);set(gca,'FontSize',12)
plot(a_cap,-0.05,'bo','linewidth',2),text(a_cap,-0.1,'\it{a^{cap}}','FontSize',12,'fontname',times)
plot(b_cap,-0.05,'bo','linewidth',2),text(b_cap,-0.1,'\it{b^{cap}}','FontSize',12,'fontname',times)
plot(c,-0.05,'ro','linewidth',2),text(c,-0.1,'\it{X^{bar}}','FontSize',12,'fontname',times)
```

---

## 7.1.2　常用分布的参数估计

常用分布的矩估计和极大似然估计如表 7.1 和表 7.2 所示，从中可发现除了均匀分布外，其他分布类型的参数的矩估计和极大似然估计是一样的。

**表 7.1　离散型随机变量的估计**

| 分布类型 | 二项分布 $B(N,p)$ | 泊松分布 $P(\lambda)$ | 几何分布 $G(p)$ |
|---------|------------------|---------------------|----------------|
| 分布律 | $C_N^k p^k q^{N-k}$, $k=0,1,2,3,\cdots,N$ | $e^{-\lambda}\lambda^k k!$, $k=0,1,2,3,\cdots$ | $pq^{k-1}$, $k=1,2,3,\cdots$ |
| 矩估计 | $\hat{p}=\overline{X}/N$（$N$ 已知） | $\hat{\lambda}=\overline{X}$ | $\hat{p}=1/\overline{X}$ |
| 极大似然估计 | $\hat{p}=\overline{X}/N$（$N$ 已知） | $\hat{\lambda}=\overline{X}$ | $\hat{p}=1/\overline{X}$ |

**表 7.2 连续型随机变量的估计**

| 分布类型 | 均匀分布 $U(a,b)$ | 指数分布 $\mathrm{Exp}(\lambda)$ | 正态分布 $N(\mu,\sigma^2)$ |
|---|---|---|---|
| 密度 | $(b-a)^{-1},x\in[a,b]$ | $\lambda\mathrm{e}^{-\lambda x},x\geqslant0$ | $(\sigma\sqrt{2\pi})^{-1}\mathrm{e}^{-\frac{(x-\mu)^2}{2\sigma^2}}$ |
| 分布 | $\dfrac{x-a}{b-a},x\in[a,b]$ | $1-\mathrm{e}^{\lambda x},x\geqslant0$ | $\Phi(x)$ |
| 矩估计 | $\hat{a}=\overline{X}-\sqrt{3}\,\widetilde{S},$ $\hat{b}=\overline{X}+\sqrt{3}\,\widetilde{S}$ | $\hat{\lambda}=1/\overline{X}$ | $\hat{\mu}=\overline{X},\hat{\sigma}^2=\widetilde{S}^2$ |
| 极大似然估计 | $\hat{a}=\min\limits_{1\leqslant i\leqslant n}\{X_i\}=X_{\min},$ $\hat{b}=\max\limits_{1\leqslant i\leqslant n}\{X_i\}=X_{\max}$ | $\hat{\lambda}=1/\overline{X}$ | $\hat{\mu}=\overline{X},\hat{\sigma}^2=\widetilde{S}^2$ |

(1)$B(N,p)$ 的联合分布律为

$$L(p)=\prod_{i=1}^{n}\mathrm{C}_N^{X_i}p^{X_i}(1-p)^{N-X_i}$$

$$=\prod_{i=1}^{n}\mathrm{C}_N^{X_i}\cdot p^{\sum_{i=1}^{n}X_i}\cdot(1-p)^{nN-\sum_{i=1}^{n}X_i}=\prod_{i=1}^{n}\mathrm{C}_N^{X_i}\cdot p^{n\overline{X}}\cdot(1-p)^{nN-n\overline{X}}$$

令

$$\frac{\mathrm{d}\ln L(p)}{\mathrm{d}p}=\frac{n\overline{X}}{p}-\frac{n(N-\overline{X})}{1-p}=0$$

得

$$\hat{p}=\frac{\overline{X}}{N} \tag{7.5}$$

(2)$P(\lambda)$ 的联合分布律为

$$L(\lambda)=\prod_{i=1}^{n}\frac{\mathrm{e}^{-\lambda}\lambda^{X_i}}{X_i!}=\mathrm{e}^{-n\overline{X}}\lambda^{n\overline{X}}\prod_{i=1}^{n}\frac{1}{X_i!}$$

令

$$\frac{\mathrm{d}\ln L(\lambda)}{\mathrm{d}\lambda}=-n+n\overline{X}\frac{1}{\lambda}=0$$

得

$$\hat{\lambda}=\overline{X} \tag{7.6}$$

(3)$G(p)$ 的联合分布律为

$$L(p)=\prod_{i=1}^{n}p(1-p)^{X_i-1}=p^n(1-p)^{n\overline{X}-n}$$

令

$$\frac{\mathrm{d}\ln L(p)}{\mathrm{d}p}=\frac{n}{p}-\frac{n\overline{X}-n}{1-p}=0$$

得

$$\hat{p}=1/\overline{X} \tag{7.7}$$

(4)$\mathrm{Exp}(\lambda)$ 的非零联合密度为

$$L(\lambda)=\prod_{i=1}^{n}\lambda\mathrm{e}^{-\lambda X_i}=\lambda^n\mathrm{e}^{-n\lambda\overline{X}}$$

令

$$\frac{\mathrm{d}\ln L(\lambda)}{\mathrm{d}\lambda} = \frac{n}{\lambda} - n\overline{X} = 0$$

得

$$\hat{\lambda} = 1/\overline{X} \tag{7.8}$$

(5)$U(a,b)$的非零联合密度为

$$L(a,b) = (b-a)^{-n}, \quad a \leqslant X_{(1)} \leqslant X_{(n)} \leqslant b$$

$L(a,b)$连续可微但无稳定点,推理可知 $L(a,b)$ 在其边界上取最值,得

$$\hat{a} = \min_{1 \leqslant i \leqslant n}\{X_i\} \triangleq X_{\min}, \quad \hat{b} = \max_{1 \leqslant i \leqslant n}\{X_i\} \triangleq X_{\max} \tag{7.9}$$

(6)$N(\mu,\sigma^2)$的非零联合密度为

$$L(\theta) = \prod_{i=1}^{n} \frac{1}{\sqrt{2\pi}\sigma} \exp\left\{-\frac{(X_i-\mu)^2}{2\sigma^2}\right\} = (2\pi)^{-\frac{n}{2}}(\sigma^2)^{-\frac{n}{2}} \exp\left\{-\frac{\sum_{i=1}^{n}(X_i-\mu)^2}{2\sigma^2}\right\}$$

令

$$\begin{cases} \dfrac{\partial \ln L(\theta)}{\partial \mu} = \dfrac{1}{\sigma^2}\sum_{i=1}^{n}(X_i-\mu) = 0 \\[3mm] \dfrac{\partial \ln L(\theta)}{\partial(\sigma^2)} = -\dfrac{n}{2\sigma^2} + \dfrac{1}{2(\sigma^2)^2}\sum_{i=1}^{n}(X_i-\mu)^2 = 0 \end{cases}$$

得

$$\hat{\mu} = \overline{X}, \hat{\sigma}^2 = \widetilde{S}^2 = \frac{1}{n}\sum_{i=1}^{n}(X_i-\overline{X})^2 \tag{7.10}$$

## 7.1.3  泊松分布参数的估计

泊松分布 $P(\lambda)$ 的参数为 $\lambda$,其矩估计有两个:

$$\hat{\lambda}_1 = \overline{X}, \quad \hat{\lambda}_2 = \widetilde{S}^2$$

从无偏性上看,哪种估计更好?

(1)$E(\overline{X}) = \lambda$。

(2)$E(\widetilde{S}^2) = \dfrac{(n-1)}{n}\lambda$,实际上

$$E(n\widetilde{S}^2) = E\left(\sum_{i=1}^{n}X_i^2\right) - nE(\overline{X}^2) = n(\lambda+\lambda^2) - n[D(\overline{X}) + E^2(\overline{X})]$$

$$= n(\lambda+\lambda^2) - n\left[\frac{\lambda}{n} + \lambda^2\right] = (n-1)\lambda \tag{7.11}$$

从无偏性看,前者是无偏估计,后者是有偏估计,前者更好。

## 7.1.4  渐进无偏估计未必是相合估计

(1)渐近无偏估计:若 $\lim\limits_{n\to\infty} E(\hat{\theta}(X_1,X_2,\cdots,X_n)) = \theta$,则称 $\hat{\theta}$ 是参数 $\theta$ 的渐近无偏估计。

(2)相合估计:若 $\hat{\theta}_n = \hat{\theta}(X_1,X_2,\cdots,X_n) \xrightarrow{P} \theta$,即对于任意 $\varepsilon > 0$,有 $\lim\limits_{n\to\infty} P\{|\hat{\theta}_n - \theta| < \varepsilon\} = 1$,则称 $\hat{\theta}$ 是参数 $\theta$ 的相合估计。

**反例 7.1** 样本满足 $X_n \sim b(1,p)$,$n=1,2,\cdots$;$p<1/2$,则 $\hat{p} = X_1$ 是 $p$ 的渐进无偏估计,但不是 $p$ 的相合估计。实际上,取 $\varepsilon = \dfrac{p}{2}$,因为 $\dfrac{3p}{2} < 3/4 < 1$,则

$$P\{|X_1-p|<\varepsilon\}=P\left\{\frac{p}{2}<X_1<\frac{3p}{2}\right\}\leqslant P\{0<X_1<1\}=0 \tag{7.12}$$

更一般地,设 $X_1,X_2,\cdots,X_n$ 是期望为 $\mu$ 且独立同分布的样本,令 $\hat{\mu}_n=X_1$,则 $\hat{\mu}_n$ 是 $\mu$ 的无偏估计,但不是 $\mu$ 的相合估计。因为 $P\{|X_1-\mu|>\varepsilon\}$ 是定值,与 $n$ 无关,不满足相合性要求。

---
**评注 7.1　兼听则明,偏听则暗**

---

本例中,$\hat{p}=X_1$,相当于无论样本有多少,只用其中一个,换言之"信息很多,我却偏听一个",偏听不可能相合。王符在《潜夫论·明暗》中说:"君之所以明者,兼听也;所以暗者,偏信也。是故人君通心兼听。"意思是:作为君主,之所以能够耳聪目明,明辨是非得失,是因为能多方面听取意见;有的君主,之所以昏聩糊涂,做出错误的判断,是因为只听单方面的意见,就信以为真。因此,人君只有广泛听取各方面的意见,才能通晓事理,变得越来越聪明、睿智;假如只听取单方面平庸、浅薄的意见,最终就会越来越愚昧。[17]

---

(3)如果方差渐进为零,那么渐进无偏估计一定是相合估计。实际上,依据切比雪夫不等式有

$$P\{|\hat{\theta}_n-\mu|\geqslant\varepsilon\}\leqslant P\{|\hat{\theta}_n-E(\hat{\theta}_n)|+|E(\hat{\theta}_n)-\mu|\geqslant\varepsilon\}$$
$$\leqslant P\left\{|\hat{\theta}_n-E(\hat{\theta}_n)|\geqslant\frac{\varepsilon}{2}\right\}+P\left\{|E(\hat{\theta}_n)-\mu|\geqslant\frac{\varepsilon}{2}\right\} \tag{7.13}$$

(4)相合估计未必是渐进无偏估计。

**反例 7.2**　$P\{\hat{\theta}_n=\theta\}=1-\frac{1}{n}$,$P\{\hat{\theta}_n=\theta+n\}=\frac{1}{n}$,则 $\hat{\theta}_n$ 是 $\theta$ 的相合估计,但不是 $\theta$ 的渐进无偏估计,因为偏差始终等于 1,具体如下:

$$E(\hat{\theta}_n)=\theta\left(1-\frac{1}{n}\right)+(\theta+n)\frac{1}{n}=\theta+1 \tag{7.14}$$

## 7.1.5　无偏估计的函数未必是无偏的

设 $\hat{\theta}$ 是参数 $\theta$ 的无偏估计量,且 $D(\hat{\theta})>0$,则 $\hat{\theta}^2$ 不是 $\theta^2$ 的无偏估计量。实际上,因为

$$E(\hat{\theta}^2)=D(\hat{\theta})+[E(\hat{\theta})]^2=D(\hat{\theta})+\theta^2>\theta^2$$

## 7.1.6　魔盒游戏引发的思考

**问题 7.1**　从一个魔盒中取数字,取 10 次,每次取值都是 $[0,1]$ 中的等可能小数,你认为 10 个数字中最大者,最接近下面哪个数字?(　)

(A)0.6　　　　(B)0.7　　　　(C)0.8　　　　(D)0.9

**分析**　已知 $[0,1]$ 上均匀分布的密度 $f(x)=1$ 和分布 $F(x)=x$,则极大值的密度为

$$f_{\max}(x)=n\cdot f(x)\cdot F^{n-1}(x)=nx^{n-1},0\leqslant x\leqslant1 \tag{7.15}$$

所以

$$E(X_{\max})=\int_0^1 x\cdot nx^{n-1}\mathrm{d}\frac{n}{n+1}x=\frac{n}{n+1}x^n\Big|_0^1=\frac{n}{n+1}=\frac{10}{11} \tag{7.16}$$

故选 D,依据是"在期望附近的取值可能性最大",但是这种推理方式真的正确吗?对于二项分布、正态分布来说命题正确,但是对于一般的随机变量,其未必成立,下面分类讨论。

（1）对于连续型随机变量，期望处的取值可能性未必最大。比如，随机变量 $X$ 的密度为 $f(x) = |x|, x \in [-1,1]$，则有 $E(X) = \int_{-1}^{1} x \cdot |x| \, dx = 0$，但是 $X$ 在 0 处的密度最小，为 0。又如，指数分布随机变量 $X$ 的密度为 $f(x) = e^{-x}, x \geqslant 0$，则有 $E(X) = 1$，但是 $X$ 在 1 处的密度为 $1/e$，不是最大的，在 0 处的密度才是最大的，为 1。

这说明在魔盒问题中取期望的思路是不可取的，之所以选 D，是因为 0.9 处的密度比 0.6、0.7、0.8 处的密度大。

（2）对于离散型随机变量，期望处的取值可能性未必最大。比如，当 $p = 0.5$ 时，几何分布随机变量 $X$ 的分布率为 $p_k = p^k, k = 1, 2, \cdots$，则有 $E(X) = 2$，$X$ 在 2 处的概率为 0.25，不是最大的，在 1 处的概率才是最大的，为 0.5。

### 7.1.7 极大似然的思想

**问题 7.2** 如何理解极大似然的思想？极大似然的基本思想是：已经发生的事件就是最有可能发生的事件，其中"可能"的大小用联合密度和联合分布律等概率函数来刻画。

**1. 男生与女生**

**案例 7.1** 你看到一个身影进了教室，但前面的身影走得比较快，当你仅看到"ta"有一把长发时，问"ta"是男生还是女生？

**分析** 无论选择"男生"还是"女生"都有可能犯错，但是一般来说我们会选择"女生"，选择的背后就隐藏着"极大似然思想"。记已经发生的事件为 $A = \{$学生留长发$\}$，可能发生的事件为 $(B_2 | A)$ 或者 $(B_1 | A)$，其中，$B_1 = \{$学生是男生$\}$，$B_2 = \{$学生是女生$\}$，假定

$$P(B_1) = P(B_2) = 50\%, P(A | B_1) = 10\%, P(A | B_2) = 85\% \tag{7.17}$$

由全概率公式有

$$P(A) = P(A | B_1)P(B_1) + P(A | B_1)P(B_1) = 0.4750 \tag{7.18}$$

$$P(B_1 | A) = \frac{P(A | B_1)P(B_1)}{P(A)} = 0.1053 \tag{7.19}$$

由对立公式得

$$P(B_2 | A) = 1 - P(B_1 | A) = 0.8947 \tag{7.20}$$

因为 $P(B_2 | A) > P(B_1 | A)$，所以回答"该学生是女生"是最保险的。

**2. 女孩与屠夫**

**案例 7.2** 一只刚被杀死的鸡旁边站着两个人，一个是小女孩，手捧着花；一个是屠夫，手拿着刀。问：这只鸡是谁杀的？

**分析** 记已经发生的事件为 $A = \{$鸡被杀$\}$，可能发生的事件为 $(B_2 | A)$ 或者 $(B_1 | A)$，其中，$B_1 = \{$女孩$\}$，$B_2 = \{$屠夫$\}$，同理可以论证，因为 $P(B_2 | A) > P(B_1 | A)$，所以回答"鸡是屠夫所杀"是最保险的。

### 7.1.8 未战而庙算胜——估算枪支的数量

**评注 7.2 全国教学能力比赛案例——估算枪支的数量**

战后流落武器的估计，利用了矩估计的思想：合理利用大数定律，将收敛符号变成等号，可以高效估算未知参数。

**案例 7.3**　2021 年 8 月 19 日,塔利班宣布成立阿富汗伊斯兰酋长国,缴获了大量美制枪械,其中 M4 卡宾枪 1 万支(引自《军事高科技在线-国际防务评论》),武器被倒卖、偷盗对社会治安和国家重建带来巨大隐患。执政者亟须了解"阿富汗到底有多少美式武器",具体地,到底有多少支 M4 卡宾枪?

**分析**　M4 卡宾枪在全世界广泛分布,假定在阿富汗的 M4 卡宾枪的编号集中在 $[a,b]$ 区段上,简单起见,把离散型参数估计转化为连续型参数估计问题。设 $(x_1,x_2,\cdots,x_n)$ 为来自均匀分布总体 $X\sim U(a,b)$ 的样本,求未知参数 $a,b$ 的矩估计。

总体 $X$ 的期望和方差分别为

$$E(X)=\frac{a+b}{2},D(X)=\frac{(b-a)^2}{12} \tag{7.21}$$

故令

$$\frac{a+b}{2}=\bar{x},\frac{(b-a)^2}{12}=\widetilde{S}^2 \tag{7.22}$$

解上述方程组,求得 $a,b$ 的矩估计分别为

$$\hat{a}=\bar{x}-\sqrt{3}\widetilde{S},\hat{b}=\bar{x}+\sqrt{3}\widetilde{S} \tag{7.23}$$

其中 $\bar{x}$ 和 $\widetilde{S}$ 分别是被缴获 M4 卡宾枪编号的样本均值和样本二阶中心矩,即

$$\bar{x}=\frac{1}{n}\sum_{i=1}^{n}x_i,\widetilde{S}^2=\frac{1}{n}\sum_{i=1}^{n}(x_i-\bar{x})^2 \tag{7.24}$$

所以推断出阿富汗的 M4 卡宾枪的总数约为

$$\hat{b}-\hat{a}=2\sqrt{3}\widetilde{S} \tag{7.25}$$

如图 7.2 所示,用仿真软件验证结论的正确性:由《军事高科技在线》公众号查询到阿富汗的 M 系列的枪械的总数量约为 3 万支,共缴获了其中的 1 万支,用仿真软件仿真 10 次,每次随机地"缴获"其中的 1 万支,查看矩估计与真值的差别。可以发现:估计值在 3 万周围扰动,扰动范围在 $\pm300$,说明矩估计是可行的。

## 仿真计算 7.2

```
clear,clc,close all,rng(6,'twister');
%%假定塔利班军缴获了 n 支枪,[1,N] + 060910
n = 10000;N = 30000;nn = 10;
%%仿真 nn 次,验证无偏性、有效性
N1 = zeros(nn,1);N2 = zeros(nn,1);
for i = 1:nn,X = unidrnd(N,1,n) + 060910;
N1(i) = round(2 * sqrt(3) * std(X));end
plot(N * ones(size(N1)),'r--','linewidth',2),hold on%真值
plot(N1,'bo-','linewidth',2),legend('真值','矩估计'),
grid on,xticks([1:10]),set(gcf,'Position', [100 100 250 250]),
xlabel('{\it{X}}-仿真顺序'),ylabel('{\it{Y}}-枪支数量'),
set(gca,'FontSize',12,'Fontname','Times newman')
```

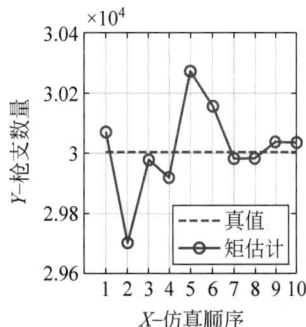

图 7.2　估算枪支的数量

---

**评注 7.3　决胜于理性和科学计算**

（1）估算从不可能变成可能，需要利用推理突破直觉。

之所以从表面上很难通过缴获的卡宾枪数量估算出流落在阿富汗的所有卡宾枪数，是因为我们没有掌握缴获卡宾枪的规律，其中编号就是一个重要的规律，由于卡宾枪的数量比较多，依据矩估计法就能估算出流落在阿富汗大概的所有卡宾枪数。这就是科学计算的力量。在大数据时代，基于数理统计的"人工智能"是重要的生产力。

（2）编号可能泄露军力，需要增强保密意识。

士兵编号、武器编号都是军队的重要信息，敌方可能利用我方泄露的编号信息估算我军的兵力和武器实力。因此，必须杜绝通过手机拍照、视频聊天、文字记录等形式泄露编号信息。

（3）兵不厌诈，适时伪装兵力战胜敌人。

在"空城计"中，诸葛亮故意掩饰自身军力来迷惑敌人。马谡驻守街亭失败后，司马懿率兵乘胜追击，直逼西城。诸葛亮无兵迎敌，故意偃旗息鼓，大开城门，自己则在城楼上焚香操琴，司马懿见状，疑心有伏兵，调头就撤兵。

---

## 7.1.9　以算求胜，深算制胜——新兵老兵问题

---

**评注 7.4　全国教学能力比赛案例——新兵老兵问题**

射击命中率的估计，利用了极大似然的思想：已经发生的事件就是最有可能发生的事件。极大似然的思想可概括为"存在即合理"，其中"合理"是指发生的概率很大，而不是指该事件应该发生。

---

**问题 7.3**　一个老兵与一个新兵的射击命中率分别为 0.8 与 0.4。他们面向各自的靶纸打 1 发子弹，现随机取出其中一张靶纸。问：该靶纸是谁的？

（1）若靶纸上有 0 个弹孔？　　　（2）若靶纸上有 1 个弹孔？

**分析**　直觉就能给出正确的判断。显然，老兵的命中率 0.8 比新兵的命中率 0.4 要大，这意味着"老兵更可能中靶""新兵更可能脱靶"。故有下列结论：

（1）若靶纸上有 0 个弹孔，该靶纸最有可能是新兵的；

（2）若靶纸上有 1 个弹孔，该靶纸最有可能是老兵的。

直觉判断的背后隐藏着极大似然的思想：已经发生的事件应该就是最有可能发生的事件。"弹孔的数量"就是"已经发生的事件"，有弹孔，则"属于老兵"是"最有可能发生的事件"；没有弹孔，则"属于新兵"是"最有可能发生的事件"。

**问题 7.4**　一个老兵与一个新兵的射击命中率分别为 0.8 与 0.4。他们面向各自的靶纸打 3 发子弹，现随机取出其中一张靶纸。问：该靶纸是谁的？

（1）若靶纸上有 0 个弹孔；　　　（2）若靶纸上有 1 个弹孔；

（3）若靶纸上有 2 个弹孔；　　　（4）若靶纸上有 3 个弹孔。

**分析**　显然，老兵命中率 0.8 比新兵命中率 0.4 要大，这意味着"老兵更可能 3 发 3 中""新兵更可能 3 发 0 中"。故有下列结论：

①若靶纸上有 0 个弹孔,该靶纸最有可能是新兵的;

②若靶纸上有 3 个弹孔,该靶纸最有可能是老兵的。

对于 2 个弹孔和 1 个弹孔,只用直觉判断就可能不可靠了,定性分析必须变成定量计算,这里的量化工具就是概率。

注意到"已经发生的事件应该就是最有可能发生的事件。"事件发生的可能性需要仔细计算。打 1 发弹的结果,要么中靶要么脱靶,所以服从 0-1 分布,打 3 发就是 3 次独立重复试验,记靶纸上的弹孔数为 $X$,则 $X$ 服从二项分布,其分布律为

$$f(x;\theta)=C_3^x\theta^x(1-\theta)^{3-x},x=0,1,2,3;\theta=0.8,0.4$$

有了上述公式,就可以回答剩余的两个问题了。

③如图 7.3 所示,若靶纸上有 1 个弹孔,该靶纸最有可能是新兵的,因为对于老兵,$\theta=0.8$,得 $f(1;0.8)=0.096$;对于新兵,$\theta=0.4$,得 $f(1;0.4)=0.432$。

④若靶纸上有 2 个弹孔,该靶纸最有可能是老兵的,因为对于老兵,$\theta=0.8$,得 $f(2;0.8)=0.384$;对于新兵,$\theta=0.4$,得 $f(2;0.4)=0.288$。

---

**仿真计算 7.3**

```
clear,clc,close all,rng(6,'twister');
p1 = 0.8,q1 = 1-p1;p2 = 0.4,q2 = 1-p2;m = 3
for x = 0:m,
fxp1(x + 1) = nchoosek(m,x). * p1^x. * q1^(m-x)
fxp2(x + 1) = nchoosek(m,x). * p2^x. * q2^(m-x),end
plot(0:m,fxp1,'r--o','linewidth',2),
hold on,grid on,box on
plot(0:m,fxp2,'bo-','linewidth',2),
set(gcf,'position',[99,9,400,200])
legend('老兵','新兵','location','northwest'),grid on
xlabel('{\it{X}}-弹孔数'),
ylabel('{\it{Y}}-分布律'),xticks([0,1,2,3])
set(gca,'FontSize',12,'Fontname','Times newman')
```

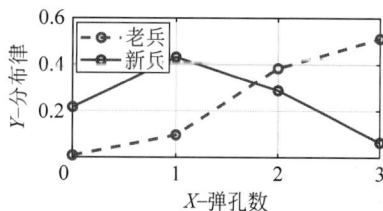

图 7.3　新兵老兵的分布律 $p_2=0.4$

---

**评注 7.5　精算、细算和深算的意义**

如果老兵的命中率停滞不前,新兵不服输,经过努力训练把命中率从 0.4 变成 0.6,问题 7.4 的结果有什么变化? 只要把"$p_2=0.4$"变成"$p_2=0.6$",运行后得到新的分布律曲线,如图 7.4 所示,可以发现:①当靶纸上有 0、1、3 个弹孔时,判断结果不会改变;②当靶纸上有 2 个弹孔时,判别结果会改变。精算、细算和深算的意义在于:只有"精确"的计算,才能确保"正确"的判断。

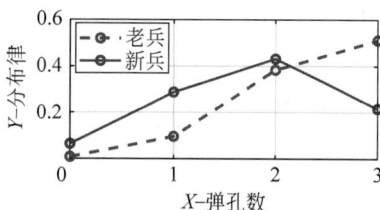

图 7.4　新兵老兵的分布律 $p_2=0.6$

**问题 7.5** 对某士兵的射击水平进行考核。每轮射击 $m$ 发子弹,每轮射击结束后立马更换新靶纸,共进行了 $n$ 轮。若第 $i$ 张靶纸上出现的弹孔数为 $x_i, i=1,2,\cdots,n$,试估算该士兵的射击命中率 $\theta$。

**分析** 实际上,如表 7.3 所示,问题 7.5 是问题 7.4 的推广。

表 7.3 问题 7.4 和问题 7.5 的对比

| | $\theta$ 的范围 | 靶纸数量/张 | 每轮射击子弹数/发 |
|---|---|---|---|
| 问题 7.4 | $\theta \in \{0.8, 0.4\}$ | 1 | 3 |
| 问题 7.5 | $\theta \in (0,1)$ | $n$ | $m$ |

两个问题的实质为:已知 $m, n, x_i$,求未知参数 $\theta$。

**分析** 依据二项分布的分布律,第 $i$ 张靶纸上出现 $x_i$ 个弹孔的概率为

$$f(x_i;\theta) = C_m^{x_i} \cdot \theta^{x_i} \cdot (1-\theta)^{m-x_i}$$

依据相互独立事件概率的乘法公式,$n$ 张靶纸上的弹孔数分别为 $x_1, x_2, \cdots, x_n$ 的概率为 $\prod\limits_{i=1}^{n} f(x_i;\theta)$,称为似然(likelihood)函数,记为

$$L(\theta) = \prod_{i=1}^{n} f(x_i;\theta) \tag{7.26}$$

在此,重申极大似然的思想:已经发生的事件应该就是最有可能发生的事件。

(1)"已经发生的事件"就是靶纸上的弹孔数为 $x_i, i=1,2,\cdots,n$;

(2)"最有可能发生"就是"该事件发生的概率最大",即似然函数 $L(\theta)$ 最大,故

$$\frac{dL(\theta)}{d\theta} = 0 \tag{7.27}$$

由于对数不改变单调性,故上式等价于:

$$\frac{d\ln L(\theta)}{d\theta} = 0 \tag{7.28}$$

可以解得

$$\hat{\theta} = \frac{\sum\limits_{i=1}^{n} x_i}{nm} \tag{7.29}$$

结论与直觉是一致的,因为 $\sum\limits_{i=1}^{n} x_i$ 是总弹孔数,$nm$ 是总子弹数,$\hat{\theta}$ 也称为平均命中率。

## 7.1.10 知彼知己,百战不殆——虎式坦克的数量

**评注 7.6 教学能手比赛案例——虎式坦克的数量**

"二战"虎式坦克数量的估算,利用了极大似然估计;不同方法的准确度和精密度有显著差别,本例中极大似然估计比矩估计更有效。

**案例 7.4** 在"二战"中,盟军在多个战场上缴获德军虎式坦克共计 50 辆。这些坦克都带有数字编号,假定被缴获坦克的编号 $x_1, x_2, \cdots, x_{50}$ 在 $\{1,2,\cdots,N\}$ 上等可能的取值,问如何估计虎式坦克总数 $N$?

**分析**　第一步,坦克编号的分布律为

$$f(x;N) = \frac{1}{N}, x = 1,2,\cdots,N \tag{7.30}$$

第二步,被缴获坦克的似然函数为

$$L(N) = \frac{1}{N^{50}}, x_1,\cdots,x_{50} \leqslant N \tag{7.31}$$

第三步,为了让 $L(N)$ 尽可能大,应当让 $N$ 尽可能小,但是同时还要满足 $x_i \leqslant N, i = 1,2,\cdots,50$,所以得

$$\hat{N} = \max\{x_1,\cdots,x_{50}\} \triangleq x_{\max} \tag{7.32}$$

需注意:$\hat{N} = x_{\max}$ 不符合直观,因为 $x_{\max}$ 数量明显小于坦克总数 $N$,但是其估计效果可以用实践来验证。下面用仿真验证 $\hat{N} = x_{\max}$ 的优越性。资料显示,"二战"期间德国共生产了 1355 辆虎式坦克,每次仿真随机"缴获"其中的 50 辆,仿真 10 次,可发现:

(1)与真值相比,极大似然估计偏小,尤其是第 4 次仿真,偏小量为 70,如图 7.5 所示。

(2)与矩估计相比,极大似然估计非常稳定,矩估计 $\hat{N}_1 = 2\overline{X}$ 波动范围超过 400,如图 7.6 所示,极大似然估计波动范围仅为 70。这意味着极大似然估计更稳定。

## 仿真计算7.4

```
clear,clc,closeall,rng(6,'twister');n = 50;N = 1355;k = 10;yes = 1
N1 = zeros(k,1);N2 = zeros(k,1);for i = 1 : k;X = unidrnd(N,1,n);
N1(i) = round(2 * mean(X)-1);N2(i) = max(X);N3(i) = max(X) * (n + 1)/n;end
plot(N * ones(size(N1)),'r--','linewidth',2),hold on,grid on
ifyes,plot(N1,'ko-','linewidth',2),plot(N2,'bo-','linewidth',2)
legend('真值','矩估计','极大似然估计','location','southeast'),else
plot(N1,'ko-','linewidth',2),plot(N3,'bo-','linewidth',2)
legend('真值','矩估计','修正似然估计','location','southeast'),end
set(gca,'FontSize',15,'Fontname','Times newman'),
ylabel('{\it{Y}}-坦克数量'),xlabel('X-仿真序号'),xlim([1,k])
set(gca,'FontSize',15,'Fontname','Times newman'),set(gcf,'position',[99,9,600,250])
```

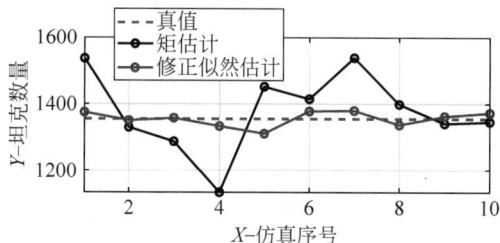

图 7.5　估计的对比(修正前)(见文后彩图)

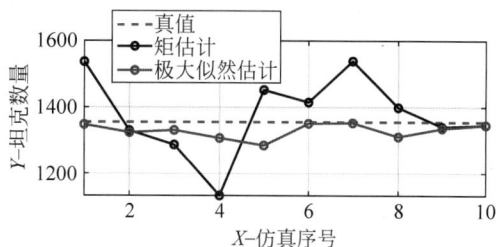

图 7.6　估计的对比(修正后)(见文后彩图)

方便起见,假定 $X \sim U[0,N]$,下面对比 3 种不同的思路,主要结果参考表 7.4。

(1)矩估计法。总体数学期望为

$$E(X) = \frac{N + 0}{2} = \overline{X} \tag{7.33}$$

解上述方程,求得 $N$ 的矩估计为

$$\hat{N}_1 = 2\overline{X} \tag{7.34}$$

（2）极大似然估计法。总体的密度为

$$f(x) = \frac{1}{N}, x \in [0, N] \tag{7.35}$$

故样本的似然函数为 $L(N) = \frac{1}{N^n}, x \in [0, N]$，若 $X_{max}$ 为最大值，解得

$$\hat{N}_2 = X_{max} \tag{7.36}$$

（3）修正的极大似然估计法。由于 $\hat{N}_2 = X_{max}$ 偏小，修正结果如下：

$$\hat{N}_3 = \frac{n+1}{n} X_{max} \tag{7.37}$$

## 7.1.11 知彼知己，百战不殆——估计量的评价准则

**评注 7.7 全国教学能力比赛案例——估计量的评价准则**

在军力的极大似然估计中，平衡无偏性和有效性是关键：均方差是偏差和方差的综合，以均方差为准则有望找到更优估计。三种估计的对比结果参考表 7.4。

**表 7.4 三种估计的性能对比**

| 方法 | 矩估计 | 极大似然估计 | 修正的似然估计 |
|---|---|---|---|
| 无偏性 | √ | × | √ |
| 有效性 | × | √ | √ |
| 相合性 | √ | √ | √ |
| 大小关系 | $0 = b(\hat{N}_1) = b(\hat{N}_3) < b(\hat{N}_2)$；$D(\hat{N}_2) < D(\hat{N}_3) < D(\hat{N}_1)$；$r(\hat{N}_3) < r(\hat{N}_2) < r(\hat{N}_1)$ | | |

**1. 无偏性**

无偏性是很自然的想法：$X_1, X_2, \cdots, X_n$ 是 $n$ 个样本点，由于观测具有误差，所以估计值 $\hat{\theta} = \hat{\theta}(X_1, X_2, \cdots, X_n)$ 具有"波动"性。这意味着估计值 $\hat{\theta}$ 与真值 $\theta$ 几乎不可能相等，但是一个好估计的波动中心应该与真值 $\theta$ 重合，或者说，在平均意义下估计值 $\hat{\theta}$ 与真值 $\theta$ 重合，用数学语言来描述就是希望估计量的数学期望 $E(\hat{\theta})$ 等于待估参数 $\theta$：设参数 $\theta$ 的估计量 $\hat{\theta} = \hat{\theta}(X_1, X_2, \cdots, X_n)$ 的期望存在，若 $E(\hat{\theta}) = \theta$，则称 $\hat{\theta}$ 是参数 $\theta$ 的无偏估计，否则称为有偏估计。再记

$$b(\hat{\theta}) \triangleq E(\hat{\theta}) - \theta \tag{7.38}$$

称 $b(\hat{\theta})$ 为估计量 $\hat{\theta}$ 的偏差。

一般来说"偏差越小，估计越准确"，对于无偏估计有

$$b(\hat{\theta}) = 0 \tag{7.39}$$

**问题 7.6** 从无偏性来看，$\hat{N}_1 = 2\overline{X}$，$\hat{N}_2 = X_{max}$，$\hat{N}_3 = \frac{n+1}{n} X_{max}$，哪个估计更准确？

**分析** 假定坦克编号的密度函数为

$$f(x) = \frac{1}{N}, x \in [0, N] \tag{7.40}$$

且 $[0,N]$ 以外的密度默认为 0。坦克编号的分布函数为

$$F(x) = \frac{x}{N}, x \in [0,N] \tag{7.41}$$

(1)矩估计 $\hat{N}_1$ 的期望为

$$E(\hat{N}_1) = E(2\overline{X}) = 2E(\overline{X}) = 2E(X) = 2 \times \frac{N+0}{2} = N \tag{7.42}$$

(2)极大似然矩估计 $\hat{N}_2$ 的密度为

$$f_{\max}(x) = n \cdot f(x) \cdot F^{n-1}(x) = \frac{nx^{n-1}}{N^n}, 0 \leqslant x \leqslant N \tag{7.43}$$

期望为

$$E(\hat{N}_2) = \int_0^N \frac{nx^n}{N^n}\mathrm{d}x = \frac{n}{(n+1)N^n}N^{n+1} = \frac{n}{n+1} \times N < N \tag{7.44}$$

(3)修正的极大似然估计 $\hat{N}_3$ 的期望为

$$E(\hat{N}_3) = \frac{n+1}{n}E(\hat{N}_2) = N \tag{7.45}$$

综上,从无偏性来看,修正的极大似然估计和矩估计更优,极大似然估计最差,即

$$0 = b(\hat{N}_1) = b(\hat{N}_3) < b(\hat{N}_2) \tag{7.46}$$

**评注 7.8　有偏估计的必要性**

让人们相信有偏估计是好的备选估计具有一定的困难。因为人们在追求"准"的过程中常常忽略"稳"。到底应该"在线性的世界中找最好的无偏估计",还是应该"在非线性的世界中找最好的有偏估计"?这个问题很早就有过讨论,类似的研究也从未停止,其中后者的一个重要分支是人工神经网络。

**2. 有效性**

方差反映了估计的稳定性,方差越小说明估计越稳定。若要比较两个无偏估计的优劣,只需比较两者的方差大小。因此引入有效性的概念,如下:设 $\hat{\theta}_1 = \hat{\theta}_1(X_1, X_2, \cdots, X_n)$ 与 $\hat{\theta}_2 = \hat{\theta}_2(X_1, X_2, \cdots, X_n)$ 是参数 $\theta$ 的两个无偏估计量,若 $\hat{\theta}_1, \hat{\theta}_2$ 的方差存在,且 $D(\hat{\theta}_1) \leqslant D(\hat{\theta}_2)$,则称 $\hat{\theta}_1$ 比 $\hat{\theta}_2$ 更有效。

**问题 7.7**　从方差来看,$\hat{N}_1 = 2\overline{X}$,$\hat{N}_2 = X_{\max}$,$\hat{N}_3 = \frac{n+1}{n}X_{\max}$,哪个估计更优?

**分析**　假定坦克编号的密度函数为

$$f(x) = \frac{1}{N}, x \in [0,N] \tag{7.47}$$

且 $[0,N]$ 以外的密度默认为 0。坦克编号的分布函数为

$$F(x) = \frac{x}{N}, x \in [0,N] \tag{7.48}$$

(1)矩估计 $\hat{N}_1$ 的方差为

$$D(\hat{N}_1) = D(2\overline{X}) = 4D(\overline{X}) = 4\frac{D(X)}{n} = \frac{N^2}{3n} \tag{7.49}$$

（2）极大似然估计 $\hat{N}_2$ 的密度为

$$f_{\max}(x) = n \cdot f(x) \cdot F^{n-1}(x) = \frac{nx^{n-1}}{N^n}, 0 \leqslant x \leqslant N \tag{7.50}$$

且

$$E(\hat{N}_2^2) = \int_0^N \frac{nx^{n+1}}{N^n}\mathrm{d}x = N^2\int_0^1 nt^{n+1}\mathrm{d}t = \frac{n}{n+2}N^2 \tag{7.51}$$

从而方差为

$$D(\hat{N}_2) = E(\hat{N}_2^2) - (E(\hat{N}_2))^2 = \frac{n}{n+2}N^2 - \left(\frac{n}{n+1}N\right)^2 = \frac{n}{(n+2)(n+1)^2}N^2$$

（3）修正的极大似然估计 $\hat{N}_3$ 的方差为

$$D(\hat{N}_3) = \frac{(n+1)^2}{n^2} \times D(\hat{N}_2) = \frac{(n+1)^2}{n^2} \times \frac{n}{(n+2)(n+1)^2}N^2$$

$$= \frac{1}{n(n+2)}N^2 \leqslant \frac{1}{3n}N^2 = D(\hat{N}_1) \tag{7.52}$$

故从方差来看，极大似然估计最优，修正的极大似然估计次之，矩估计最差，即

$$D(\hat{N}_2) < D(\hat{N}_3) < D(\hat{N}_1) \tag{7.53}$$

**仿真计算 7.5**

```
syms n N,DN1 = N^2/(3 * n),DN2 = simplify(n/(n + 2) * N^2-(n/(n + 1) * N)^2)
DN3 = simplify(DN2 * ((n + 1)/n)^2),simplify(DN1-DN3)    % 方差最大 N1>N3>N2
MSEN1 = DN1,MSEN2 = simplify((1/(n + 1) * N)^2 + DN2),MSEN3 = DN3
simplify(MSEN1-MSEN2),simplify(MSEN2-MSEN3)    % 均方误差 N1>N2>N3
```

### 3. 最优性

有没有一个能够综合衡量"准确度"和"稳定度"的指标呢？答案是有，这个指标就是均方误差。均方误差越小，估计就越好：设参数 $\theta$ 的估计量 $\hat{\theta} = \hat{\theta}(X_1, X_2, \cdots, X_n)$ 的偏差为 $b(\hat{\theta})$，方差为 $D(\hat{\theta})$，则 $\hat{\theta}$ 的均方误差记为 $r(\hat{\theta})$ 并定义为 $r(\hat{\theta}) = D(\hat{\theta}) + (b(\hat{\theta}))^2$。

**问题 7.8** 从均方误差来看，$\hat{N}_1 = 2\bar{X}$，$\hat{N}_2 = X_{\max}$，$\hat{N}_3 = \frac{n+1}{n}X_{\max}$，哪个估计更优？

**分析** 假定坦克编号的密度函数为

$$f(x) = \frac{1}{N}, x \in [0, N] \tag{7.54}$$

且 $[0, N]$ 以外的密度默认为 0。坦克编号的分布函数为

$$F(x) = \frac{x}{N}, x \in [0, N] \tag{7.55}$$

（1）矩估计的偏差为 $b(\hat{N}_1) = 0$，方差为

$$D(\hat{N}_1) = \frac{N^2}{3n} \tag{7.56}$$

故均方误差为

$$r(\hat{N}_1) = D(\hat{N}_1) + (b(\hat{N}_1))^2 = \frac{N^2}{3n}$$

（2）只考虑当 $N \gg n \gg 1$ 时的情形，极大似然估计的偏差为

$$b(\hat{N}_2) = \frac{n}{n+1} - N = \frac{-N}{n+1} \approx \frac{N}{n} \qquad (7.57)$$

方差为

$$D(\hat{N}_2) \approx \frac{N^2}{n^2} \qquad (7.58)$$

故均方误差为

$$r(\hat{N}_2) = D(\hat{N}_2) + (b(\hat{N}_2))^2 \approx 2\frac{N^2}{n^2}$$

（3）只考虑当 $N \gg n \gg 1$ 时的情形，修正的极大似然估计的偏差为 $b(\hat{N}_3) = 0$，方差为

$$D(\hat{N}_3) = \frac{(n+1)^2}{n^2} D(\hat{N}_2) \approx \frac{N^2}{n^2}$$

故均方误差为

$$r(\hat{N}_3) = D(\hat{N}_3) + (b(\hat{N}_3))^2 \approx \frac{N^2}{n^2}$$

故从均方误差来看，当 $N \gg n \gg 1$ 时，修正的极大似然估计最优，极大似然估计次之，矩估计最差，即

$$r(\hat{N}_3) < r(\hat{N}_2) < r(\hat{N}_1) \qquad (7.59)$$

---

**评注 7.9　统计科学的威力**

（1）发挥统计科学的威力，使军力评估从不可能变成可能，利用统计科学的严密逻辑突破直觉的障碍。用 $x_{max}$ 估计坦克数，尽管不符合直观，但是效果很好；$2\bar{x}$ 符合直观，但是效果很差。表面上看，通过缴获的坦克数估算出德军的所有坦克数似乎不可能。实际上，编号是一个重要的规律，依据极大似然估计就可以大概估算出敌方的所有坦克数。这就是"人工智能"的科学力量。在大数据时代，基于数理统计的"人工智能"将成为重要的战斗力因素。

（2）兵不厌诈，如何通过伪装"编号"战胜敌人？

"增兵减灶"战术源自《史记·孙子吴起列传》中记载的马陵之战。这是一种假装自己很弱小，以此诱敌深入，围而攻之的经典战术。魏国庞涓引兵攻打齐军，齐国孙膑命令士兵第一天挖 10 万个做饭的灶坑，第二天减为 5 万个，第三天再减为 3 万个。庞涓一见大喜，认为齐军正在撤退且兵士逃亡过半，便亲率精锐之师兼程追赶。3 天后，庞涓率军赶到马陵，此时天色已黑，便命兵士点火把照路。火光下，只见一棵大树被剥去一块树皮，上面赫然写着"庞涓死于此树之下"八个大字。庞涓顿时意识到自己中计，刚要下令撤退，齐军的伏兵已是万箭齐发。魏军进退两难，阵容大乱，自相践踏，死伤无数。庞涓自知厄运难逃，大叫一声："一着不慎，遂使竖子成名！"。

---

## 7.1.12　总群数量的估算

**问题 7.9**　为估计某湖中鱼量总数 $N$，同时从湖中捕出 $n$ 条鱼，做上记号后又将它们放回湖中，一段时间后再从湖中捕出 $R$ 条鱼，结果发现 $r$ 条标有记号，根据此信息估计 $N$ 的值。

**分析　方法一**　矩估计。设 $X_i=1$ 表示第 $i$ 条鱼也是上次捕获的鱼，$X_i=0$ 表示第 $i$ 条鱼不是上次捕获的鱼，则由矩估计，样本均值等于期望，即

$$\frac{r}{R}=E(X_i)=\frac{n}{N} \tag{7.60}$$

得

$$N_1=\frac{R}{r}n \tag{7.61}$$

**方法二**　极大似然估计。设 $X=r$ 表示第二次捕出的 $R$ 条鱼中带有标记的鱼的条数，二项分布 $B\left(R,p=\frac{n}{N}\right)$，记 $q=1-p$，对数联合分布律近似为

$$L(p)=\ln C_R^r(p^rq^{R-r})=\ln(C_R^r)+r\ln(p)+(R-r)\ln q \tag{7.62}$$

求导得

$$L(p)=\frac{r}{p}-\frac{R-r}{q}=0 \tag{7.63}$$

解得

$$N_2=\frac{R}{r}n \tag{7.64}$$

## 7.1.13　再论圆概率误差

**问题 7.10**　设导弹的落点坐标为 $(X,Y)$，其密度函数为

$$f(x,y)=\frac{1}{2\pi\sigma^2}e^{-\frac{x^2+y^2}{2\sigma^2}},\ -\infty<x,y<+\infty \tag{7.65}$$

如何利用 $n$ 次实弹射击的脱靶量数据 $(x_i,y_i),i=1,2,\cdots,n$，估算密度中的未知参数 $\sigma^2$？

**1. 思路 1——取平均**

设 $\rho_i^2=x_i^2+y_i^2$，假定 $\rho_i$ 在 $[0,\sigma^2]$ 上均匀取值，则 $\sigma^2$ 的矩估计为

$$\hat{\sigma}_1^2=\frac{1}{2n}\sum_{i=1}^n\rho_i^2 \tag{7.66}$$

**2. 思路 2——极大似然估计**

因为 $(x_i,y_i),i=1,2,\cdots,n$ 的联合密度为

$$L(\sigma^2)=\prod_{i=1}^n f(x_i,y_i)=\prod_{i=1}^n\frac{1}{2\pi\sigma^2}e^{-\frac{x_i^2+y_i^2}{2\sigma^2}} \tag{7.67}$$

对数似然函数的导数为

$$\frac{\partial}{\partial\sigma^2}\ln L(\sigma^2)=\frac{\partial}{\partial\sigma^2}\left[-n(\ln(2\pi)+\ln(\sigma^2))-\sum_{i=1}^n\frac{x_i^2+y_i^2}{2\sigma^2}\right]=-\frac{n}{\sigma^2}+\sum_{i=1}^n\frac{x_i^2+y_i^2}{2(\sigma^2)^2}=0$$

解得

$$\hat{\sigma}_2^2=\frac{1}{2n}\sum_{i=1}^n(x_i^2+y_i^2)=\frac{1}{2n}\sum_{i=1}^n\rho_i^2=\hat{\sigma}_1^2 \tag{7.68}$$

**3. 思路 3——变换的似然**

将二维问题变为一维问题，把 $(X,Y)$ 变换为极坐标，即令

$$\rho = \sqrt{X^2 + Y^2}, \varphi = \begin{cases} \arctan \dfrac{Y}{X}, & X > 0, Y > 0; \quad 2\pi + \arctan \dfrac{Y}{X}, \quad X > 0, Y < 0 \\ \pi + \arctan \dfrac{Y}{X}, & X < 0, Y < 0; \quad \pi + \arctan \dfrac{Y}{X}, \quad X < 0, Y > 0 \end{cases}$$

$$(7.69)$$

引入映射

$$\begin{cases} x = \rho\cos\varphi, \\ y = \rho\sin\varphi, \end{cases} \quad \rho \geqslant 0, 0 < \varphi \leqslant 2\pi \tag{7.70}$$

其变换的雅可比式为 $J = \rho$，故 $(\rho, \varphi)$ 满足 $\rho \geqslant 0$，当 $0 < \varphi \leqslant 2\pi$ 时密度函数为

$$f_{\rho\varphi}(\rho, \varphi) = f(h_1(\rho, \varphi), h_2(\rho, \varphi)) \cdot |J| = \frac{\rho}{2\pi\sigma^2} e^{-\frac{\rho^2}{2\sigma^2}} \tag{7.71}$$

故 $\rho$ 与 $\varphi$ 相互独立，$\rho$ 的密度函数称为瑞利（Rayleigh）分布，得 $\rho$ 的密度曲线为

$$f(\rho) = \frac{\rho}{\sigma^2} e^{-\frac{\rho^2}{2\sigma^2}}, \rho \geqslant 0 \tag{7.72}$$

非零联合密度为

$$L(\sigma^2) = \prod_{i=1}^{n} f(x_i, y_i) = \prod_{i=1}^{n} \frac{\rho_i}{\sigma^2} e^{-\frac{\rho_i^2}{2\sigma^2}}$$

对数似然函数的导数为

$$\frac{\partial}{\partial\sigma^2} \ln L(\sigma^2) = \frac{\partial}{\partial\sigma^2} \left[ -\left( \sum_{i=1}^{n} \ln(\rho_i) + n\ln(\sigma^2) \right) - \sum_{i=1}^{n} \frac{\rho_i^2}{2\sigma^2} \right] = \frac{n}{\sigma^2} + \sum_{i=1}^{n} \frac{\rho_i^2}{2(\sigma^2)^2} = 0$$

解得

$$\hat{\sigma}_3^2 = \frac{1}{2n} \sum_{i=1}^{n} \rho_i^2 = \hat{\sigma}_2^2 = \hat{\sigma}_1^2 \tag{7.73}$$

---

**评注 7.10   殊途同归**

可以根据均值、矩估计和极大似然估计的思路，估计落点密度的参数。其中，思路 1 快速不严谨，思路 2 快速且严谨，思路 3 烦琐但严谨，结论是：殊途同归！

$$\hat{\sigma}_3^2 = \hat{\sigma}_2^2 = \hat{\sigma}_1^2 = \frac{1}{2n} \sum_{i=1}^{n} \rho_i^2 \tag{7.74}$$

---

## 7.1.14   费希尔信息量、香农信息熵与方差的关系

---

**评注 7.11   区别费希尔信息量、香农信息熵和方差**

（1）费希尔信息量[19]属于统计学概念，以分布律 $p_1, \cdots, p_n$ 为例，其定义为

$$I(\theta) \triangleq p_1 \left( \ln \frac{\partial p_1}{\partial \theta} \right)^2 + \cdots + p_n \left( \ln \frac{\partial p_n}{\partial \theta} \right)^2 \tag{7.75}$$

如图 7.7 和表 7.5 所示，费希尔信息量有时与方差单调性相反，如下例 7.1、例 7.2 和例 7.3，有时与方差单调性相同，如下例 7.4 和例 7.5。

(2)香农信息熵属于信息学概念,以分布律 $p_1,\cdots,p_n$ 为例,其定义为

$$H(\theta) \triangleq -(p_1\ln p_1 + \cdots + p_n\ln p_n) \tag{7.76}$$

如图 7.7 和表 7.5 所示,香农信息熵可看随机变量的离散程度。经常地,信息熵与方差正相关,即 $D(X) \propto H(X)$,见如下例 7.1~例 7.5。正因如此,常说"方差越大,信息越多",这里的"信息"是指"香农信息熵",而不是"费希尔信息量"。

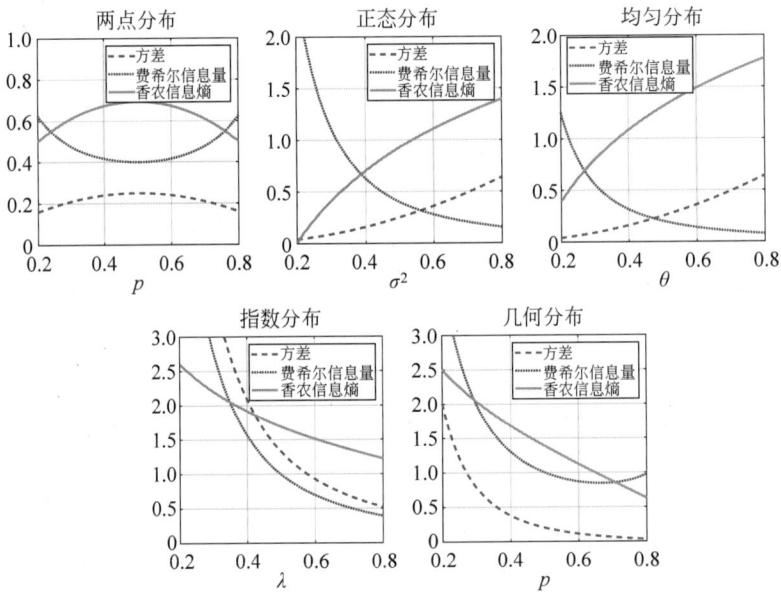

图 7.7　不同分布的方差、费希尔信息量、香农信息熵(见文后彩图)

表 7.5　不同分布的概率函数、方差、费希尔信息量、香农信息熵

| 分布类型 | 概率函数 | 方差 $D(X)$ | 费希尔信息量 $I(X)$ | 香农信息熵 $H(X)$ |
|---|---|---|---|---|
| 两点分布 $B(1,p)$ | $C_1^k p^k q^{1-k}, k=0,1$ | $pq$ | $\dfrac{1}{pq}$ | $-p\ln p - q\ln q$ |
| 正态分布 $N(\mu,\sigma^2)$ | $(\sigma\sqrt{2\pi})^{-1}\mathrm{e}^{-\frac{(x-\mu)^2}{2\sigma^2}}$ | $\sigma^2$ | $\dfrac{1}{\sigma^2}$ | $\dfrac{1}{2}\ln(2\pi\mathrm{e}\sigma^2)$ |
| 均匀分布 $U(0,\theta)$ | $\theta^{-1}, x\in[0,\theta]$ | $\dfrac{\theta^2}{12}$ | $\dfrac{1}{\theta^2}$ | $\ln(\theta)$ |
| 指数分布 $\mathrm{Exp}(\lambda)$ | $\lambda\mathrm{e}^{-\lambda x}, x\geqslant 0$ | $\dfrac{1}{\lambda^2}$ | $\dfrac{1}{\lambda^2}$ | $\ln\dfrac{\mathrm{e}}{\lambda}$ |
| 几何分布 $G(p)$ | $pq^{k-1}, k=1,\cdots,n,\cdots$ | $\dfrac{q}{p^2}$ | $\dfrac{1}{qp^2}$ | $-\ln p - \dfrac{q}{p}\ln q$ |

## 仿真计算 7.6

```
close all,syms x p s,q = 1-p,assume(p,'positive'),assume(s,'positive')
D = p * q;Ip = 1/(p * q),Hp = simplify(log(1/q^q/p^p)) % % 两点分布
figure_in(D,Ip/10,Hp,"两点分布","p"),xlim([0.2,0.8]),ylim([0,1])
D = s * s;Ip = 1/(s * s),Hp = (log(2 * pi * s * s)+1)/2 % % 正态分布
```

```
figure_in(D,Ip/10,Hp+0.2,"正态分布","\sigma^2"),xlim([0.2,0.8]),ylim([0,2])
D = s * s/12;Ip = 1/(s * s);Hp = log(s)% % 均匀分布
figure_in(D * 12,Ip/20,Hp + 2,"均匀分布","\theta"),xlim([0.2,0.8]),ylim([0,2])
D = 1/(s * s);Ip = 1/(s * s);Hp = -log(s)+1 % % 指数分布
figure_in(D/3,Ip/4,Hp,"指数分布","\lambda"),xlim([0.2,0.8]),ylim([0,3])
D = q/(p * p);Ip = 1/(p * p * q);Hp = -log(p)-q * log(q)/p% % 几何分布
figure_in(D/10,Ip/8,Hp,"几何分布","p"),xlim([0.2,0.8]),ylim([0,3])
function figure_in(D,Ip,Hp,titles),figure,h1 = ezplot(D),hold on,grid on,set(h1,'linestyle','--'),
h2 = ezplot(Ip),hold on,grid on,set(h2,'linestyle','-.'),set(gca,'fontsize',12)
ezplot(Hp),set(gcf,'position',[9,9,400,400]),title(titles)
legend('方差','Fisher 信息量','Shannon 信息熵','fontsize',12,'location','northeast'),end
```

**例 7.1** 假定 $X \sim B(1,p)$，现在对 $X$ 进行一次观测，观测值为 $X_1$，用 $X_1$ 对 $p$ 进行估计，无论是矩估计还是极大似然估计都有 $\hat{p} = \bar{X} = X_1$。

如果 $X_1 = 1$，那么 $\hat{p} = X_1 = 1$；如果 $X_1 = 0$，那么 $\hat{p} = X_1 = 0$。我们认为这两种估计差别太大了。问题是当真实的 $p$ 多大时，用 $\hat{p}$ 估计 $p$ 是最保险的？显然，$p$ 越接近 $1/2$，估计精度越低，$p$ 越远离 $1/2$，估计精度越高，比如：

(1) 真实的 $p = 0$，随机性消失了，观测值必然是 $\hat{p} = X_1 = 0$，估计完全准确；

(2) 真实的 $p = 1$，随机性也消失了，观测值必然是 $\hat{p} = X_1 = 1$，估计完全准确；

(3) 真实的 $p = 1/2$，观测值 $\hat{p} = X_1$ 只有一半的概率估计准确。

实际上，$D(\hat{p}) - p(1-p)$，分布律为

$$f(x;p) = p^x (1-p)^{1-x}$$

所以

$$\frac{\partial \ln f(x;p)}{\partial p} = \frac{\partial[x\ln p + (1-x)\ln(1-p)]}{\partial p} = x\frac{1}{p} - (1-x)\frac{1}{1-p} = \frac{x-p}{p(1-p)}$$

依据费希尔信息量的定义有

$$I(p) \triangleq E\left(\frac{\partial \ln f(X;p)}{\partial p}\right)^2 = E\left(\frac{(X-p)}{pq}\right)^2 = \frac{1}{D(X)} = \frac{1}{pq} \tag{7.77}$$

依据香农信息熵的定义有

$$H(p) \triangleq -E(\ln f(X;p)) = -p\ln p - q\ln q \tag{7.78}$$

**例 7.2** 假定 $X \sim N(\mu,\sigma^2)$，方差 $\sigma^2$ 已知，现在对 $X$ 进行一次观测，观测值为 $X_1$，用 $X_1$ 对 $\mu$ 进行估计，无论是矩估计还是极大似然估计都有 $\hat{\mu} = \bar{X} = X_1$。当 $\sigma^2$ 取多大时，用 $\hat{\mu}$ 估计 $\mu$ 是最保险的？显然，方差 $\sigma^2$ 越大，估计精度越低；$\sigma^2$ 越小，估计精度越高。

实际上，$D(\hat{\mu}) = D(X_1) = \sigma^2$，密度为

$$f(x;\mu) = (\sqrt{2\pi}\sigma)^{-1}\exp\left[-\frac{(x-\mu)^2}{2\sigma^2}\right]$$

所以

$$\frac{\partial \ln f(x;\mu)}{\partial \mu} = \frac{\partial}{\partial \mu}\left[-\ln(\sqrt{2\pi}\sigma) - \frac{(x-\mu)^2}{2\sigma^2}\right] = \frac{x-\mu}{\sigma^2} \tag{7.79}$$

依据费希尔信息量的定义有

$$I(\mu) \triangleq E\left(\frac{\partial \ln f(X;\mu)}{\partial \mu}\right)^2 = E\left(\frac{X-\mu}{\sigma^2}\right)^2 = \frac{\sigma^2}{(\sigma^2)^2} = \frac{1}{\sigma^2} = \frac{1}{D(X)} \tag{7.80}$$

依据香农信息熵的定义有

$$H(\mu) \triangleq -\int_{-\infty}^{+\infty} f(x)\left(-\ln(\sqrt{2\pi}\sigma) - \frac{(x-\mu)^2}{2\sigma^2}\right)dx = \frac{1}{2}(\ln(2\pi\sigma^2) + 1) \tag{7.81}$$

**例 7.3** 假定 $X \sim U[0,\theta]$，现在对 $X$ 进行一次观测，观测值为 $X_1$，用 $X_1$ 对 $\theta$ 进行估计，无论是矩估计为还是修正的极大似然估计都有 $\hat{\theta} = 2X_1$。当 $\theta$ 取多大时，用 $\hat{\theta}$ 估计 $\theta$ 是最保险的？显然，方差 $\theta^2/12$ 越大，估计精度越低；$\theta^2/12$ 越小，估计精度越高。

实际上，$D(\hat{\theta}) = D(2X_1) = \theta^2/3$，似然函数为

$$f(x;\theta) = 1/\theta, x \in [0,\theta]$$

所以

$$\frac{\partial \ln f(X;\theta)}{\partial \theta} = \frac{\partial}{\partial \theta}[\ln(1/\theta)] = \frac{-1}{\theta} \tag{7.82}$$

依据费希尔信息量的定义有

$$I(\theta) \triangleq E\left(\frac{\partial \ln f(X;\theta)}{\partial \theta}\right)^2 = E\left(\frac{-1}{\theta}\right)^2 = \frac{1}{\theta^2} = \frac{1}{12D(X)} \tag{7.83}$$

依据香农信息熵的定义有

$$H(\theta) \triangleq -E(\ln f(X;\theta)) = -E(\ln(1/\theta)) = \ln\theta \tag{7.84}$$

**例 7.4** 假定 $X \sim \text{Exp}(\lambda)$，密度为

$$f(x;\lambda) = \lambda e^{-\lambda x}, x \geqslant 0$$

所以

$$\frac{\partial \ln f(x;\lambda)}{\partial \lambda} = \frac{\partial(\ln\lambda - \lambda x)}{\partial \lambda} = \frac{1}{\lambda} - x$$

依据费希尔信息量的定义有

$$I(\lambda) \triangleq E\left(\frac{\partial \ln f(X;\lambda)}{\partial \lambda}\right)^2 = E\left(\frac{1}{\lambda} - X\right)^2 = D(X) = \frac{1}{\lambda^2} \tag{7.85}$$

依据香农信息熵的定义有

$$H(\lambda) \triangleq -E(\ln f(X;\lambda)) = -E(\ln\lambda - \lambda X) = -\ln\lambda + 1 = \ln\frac{e}{\lambda} \tag{7.86}$$

**例 7.5** 假定 $X \sim G(p)$，分布律为

$$f(x;p) = p(1-p)^{x-1}, x = 1,2,\cdots$$

所以

$$\frac{\partial \ln f(x;p)}{\partial p} = \frac{\partial \ln p + (x-1)\ln(1-p)}{\partial p} = \frac{1}{p} + (1-x)\frac{1}{1-p} = \frac{\frac{1}{p} - x}{1-p}$$

依据费希尔信息量的定义有

$$I(p) \triangleq E\left(\frac{\partial \ln f(X;p)}{\partial p}\right)^2 = E\left(\frac{1/p - X}{q}\right)^2 = \frac{D(X)}{q^2} = \frac{1}{qp^2} \tag{7.87}$$

依据香农信息熵的定义有

$$H(p) \triangleq -E(\ln p + (X-1)\ln(1-p)) = -\ln p - \frac{q}{p}\ln q \tag{7.88}$$

### 7.1.15　如何理解克拉默-拉奥下界

克拉默-拉奥下界 $\dfrac{1}{nI(\theta)}$ 刻画了任意无偏估计的方差的下界。设总体 $X$ 的概率函数为 $f(x;\theta),\theta\in\Theta,X_1,X_2,\cdots,X_n$ 是取自这个总体的样本,而 $\hat{g}(X_1,X_2,\cdots,X_n)$ 是 $\theta$ 的任意一个无偏估计,包括以下几种情况。

(1)信息量大于零,即

$$I(\theta)\triangleq E\left[\left(\frac{\partial}{\partial\theta}\ln f(X;\theta)\right)^2\right]=-E\left(\frac{\partial^2\ln f(X;\theta)}{\partial\theta^2}\right)>0 \tag{7.89}$$

(2)偏导数与积分可换序,即

$$\frac{\partial}{\partial\theta}\int_{-\infty}^{+\infty}f(x;\theta)\,\mathrm{d}x=\int_{-\infty}^{+\infty}\frac{\partial}{\partial\theta}f(x;\theta)\,\mathrm{d}x \tag{7.90}$$

(3)偏导数与多重积分可换序,即

$$\frac{\partial}{\partial\theta}\int_{-\infty}^{+\infty}\cdots\int_{-\infty}^{+\infty}\hat{g}(x_1,x_2,\cdots,x_n)\prod_{i=1}^{n}f(x_i;\theta)\,\mathrm{d}x_1\cdots\mathrm{d}x_n$$

$$=\int_{-\infty}^{+\infty}\cdots\int_{-\infty}^{+\infty}\hat{g}(x_1,x_2,\cdots,x_n)\frac{\partial}{\partial\theta}\left(\prod_{i=1}^{n}f(x_i;\theta)\right)\mathrm{d}x_1\cdots\mathrm{d}x_n \tag{7.91}$$

则有

$$D\big(\hat{g}(X_1,X_2,\cdots,X_n)\big)\geqslant\frac{1}{nI(\theta)} \tag{7.92}$$

从上式可以看出:

(1)样本数量 $n$ 越多,估计精度就越高;

(2)总体的费希尔信息 $I(\theta)$ 越大,估计精度就越高;

(3)是否可高精度估计 $\theta$,算法的作用是有限的,主要由样本容量 $n$ 和 $X$ 本身的信息属性 $I(\theta)$ 决定。

## 7.2　区间估计

### 7.2.1　球场找针的故事

**案例 7.5**　裁判在足球场上扔了一根针,A、B、C 和 D 共 4 人参加找针试验。A 不怕困难往复穿插着找;B 投机取巧糊弄着绕行找;C 严谨认真用手杖分块找;D 边想边问设定范围找。D 先问能不能给一块磁铁?如果不能,又问能不能告诉我裁判是往哪个方向扔的针?如果忘了,又问能不能给一根类似的针,能不能告知大概在哪里扔的针。拿到针以后,D 也尝试扔一次,于是限定了 5 米范围,最后以最快的速度找到了裁判所扔的针。

---

**评注 7.12　球场找针的启示**

或许,这个故事是杜撰的,但是这个故事却蕴含了信息搜索和区间估计的思想。在找针试验中,找针相当于点估计,A 采用了随机遍历的方法,B 的方法相当于非相合估计,C 采用了区间遍历的方法,而 D 的方法相当于圆球估计。

不同的方法对应了不同的概念,D 的方法最具创新性,能够极大地提高效率。

## 7.2.2 良种粒数的范围

**问题 7.11** 现有一批种子,良种比例为 1/6,现任取 6000 粒,求良种粒数的范围(假定显著性水平为 $\alpha = 0.01$)。

**分析** 设良种数为 $X$,则 $X \sim B(n,p)$,其中 $n = 6000$,$p = 1/6$,则由棣莫弗-拉普拉斯定理有

$$P\left\{\left|\frac{X-np}{\sqrt{npq}}\right| \leqslant u_{0.995}\right\} = 0.99 \tag{7.93}$$

得

$$926 \approx -u_{0.995} \times \sqrt{npq} + np \leqslant X \leqslant u_{0.995} \times \sqrt{npq} + np \approx 1074$$

---

**仿真计算 7.7**

```
n = 6000;a = 0.01;p = 1/6;q = 1-p;x_bar = n * p;s = sqrt(n * p * q);t_a = norminv(1-a/2), % % 求精度
delta = t_a * s,[x_bar-delta,x_bar + delta] % % 求置信区间
```

---

## 7.2.3 测控雷达的可靠度鉴定

模型 $x_i = u + \varepsilon_i$,$i = 1, \cdots, n$ 的精度分析,其实质是区间估计,可形象地称为管道分析。由于观测有误差 $\{\varepsilon_i, i = 1, 2, \cdots, n\}$,因此估计的参数值 $[\hat{\mu}, \hat{\sigma}^2]$ 有不确定度,$\hat{\mu}$ 的不确定范围 $[\hat{\mu} - \Delta u, \hat{\mu} + \Delta u]$ 尤为关键。实际上,$\hat{\mu}$ 体现了待估参数的水平,而 $\Delta u$ 体现评价者的水平。不确定的范围依赖于显著性水平 $\alpha$(也称为Ⅰ类决策风险、Ⅰ类犯错概率),显著性水平越大,不确定范围就越大。精度分析就是在给定显著性水平 $\alpha$ 的条件下,计算不确定度 $\Delta u$,从而得到区间 $[\hat{\mu} - \Delta u, \hat{\mu} + \Delta u]$。

抽样分布定理表明:样本均值 $\bar{x}$ 满足 $\bar{x} \sim N\left(\mu, \dfrac{\sigma^2}{n}\right)$,样本方差 $S^2$ 满足 $\dfrac{(n-1)S^2}{\sigma^2} \sim \chi^2(n-1)$,又因为 $\bar{x}$,$S^2$ 独立,从而 $\dfrac{\sqrt{n}(\bar{x} - \mu)}{S} \sim t(n-1)$。给定显著性水平 $\alpha$,$t_a$ 为自由度是 $n-1$ 的 $t$ 分布对应于 $1 - \dfrac{\alpha}{2}$ 的分位数,即

$$P\left\{\left|\sqrt{n}\,\frac{\bar{x} - \mu}{S}\right| < t_a\right\} = 1 - \alpha \tag{7.94}$$

整理得

$$P\left\{\bar{x} - \frac{t_a S}{\sqrt{n}} < \mu < \bar{x} + \frac{t_a S}{\sqrt{n}}\right\} = 1 - \alpha \tag{7.95}$$

一般来说,显著性水平 $\alpha$ 非常小(0.01~0.05),也就是说决策者可以很有信心地认为真值 $\mu$ 就在区间 $[\bar{x} - t_a S/\sqrt{n}, \bar{x} + t_a S/\sqrt{n}]$ 上。正因如此,该区间被称为置信区间或置信管道,$P_\alpha = 1 - \alpha$ 被称为置信概率或置信度,$\dfrac{1}{\sqrt{n}} t_a S$ 被称为测量值 $u$ 的精度指标或管道半径。

---

**评注 7.13　鉴定精度的影响因素**

精度指标 $\dfrac{1}{\sqrt{n}}t_\alpha S$ 主要依赖样本容量 $n$ 和决策风险 $\alpha$。

(1)决策风险 $\alpha$ 体现了决策者是否愿意承担风险,命令与禁令是否确切清晰。因为决策风险 $\alpha$ 越大,管道半径 $t_\alpha S/\sqrt{n}$ 就越小,鉴定精度就越高。反之,若要提高决策精度,即让管道变窄,就要允许放宽决策风险。

(2)样本容量 $n$ 体现了决策者是否愿意不辞辛劳执行高标准进行充分调研。因为样本容量 $n$ 越大,管道半径 $t_\alpha S/\sqrt{n}$ 就越小,鉴定精度就越高;反之,若要提高决策精度,即让管道变窄,就要增加样本容量。在靶场试验中,就是要增加设备。当 $n$ 较大时,分位点满足 $t_\alpha \approx u_\alpha$。$n$ 越大,管道半径越接近正态分布的管道半径。例如,当 $n=10,\alpha=0.05$ 时,$t_\alpha=2.2621>1.9599=u_\alpha$;当 $n=20,\alpha=0.05$ 时,$t_\alpha=2.0930>1.9599=u_\alpha$。

---

**案例 7.6**　某试验训练基地需要鉴定基地测控雷达的可靠度,常采用 4 次或者 5 次挂飞试验。假定挂飞数据的样本均值为 $\bar{x}=40.021\text{km}$,样本标准差为 $S=100\text{m}$,给定显著性水平 $\alpha=0.05$,回答下列问题:

(1)求 5 次挂飞试验下该测控雷达的精度半径、精度管道。

(2)若用该测控雷达观测某备试品的飞行状态,置信半径 $R$ 不得大于 50m,求 5 次挂飞试验下的可靠度,该基地挂飞次数满足可靠度要求吗?

(3)该结论说明什么问题?

**分析**　(1)本小题实质是已知置信概率求置信半径。若 $n$ 表示挂飞次数,$t_\alpha$ 为自由度为 $n-1$ 的 $t$ 分布对应于 $1-\dfrac{\alpha}{2}$ 的分位数,则精度半径为 $\dfrac{t_\alpha}{\sqrt{n}}S=124.1664$,从而精度管道为

$$\bar{x}\pm\frac{t_\alpha}{\sqrt{n}}S=[39897,40145]\quad(\text{单位:m})\tag{7.96}$$

(2)本小题实质是已知置信半径求置信概率 $P\{|\bar{x}-\mu|<R\}$,该基地挂飞次数不满足可靠度要求,因为

$$P\{|\bar{x}-\mu|<R\}=P\left\{\frac{\sqrt{n}\,|\bar{x}-\mu|}{S}<\frac{\sqrt{n}R}{S}\right\}$$
$$=2P\left\{\frac{\sqrt{n}\,(\bar{x}-\mu)}{S}<\frac{\sqrt{n}R}{S}\right\}-1=0.6738<0.95=1-\alpha\tag{7.97}$$

(3)说明挂飞次数过少,如图 7.8 所示,至少进行 18 次挂飞试验才能保证该置信半径是可靠的,因为

$$P\{|\bar{x}-\mu|<R\}=2P\left\{\frac{\sqrt{n}\,(\bar{x}-\mu)}{S}<\frac{\sqrt{n}R}{S}\right\}-1$$
$$=\begin{cases}0.9441<0.95=1-\alpha,n=17\\0.9511>0.95=1-\alpha,n=18\end{cases}\tag{7.98}$$

---

**评注 7.14　决策需同时权衡经济与风险**

本案例中至少进行 18 次挂飞试验才能保证该置信半径是可靠的,但是实际挂飞试验却不多于 5 次,决策者鉴定风险较大。为了降低决策风险,就要增加试验次数,但这又势必导致试验成本上升,这是"经济换风险"的无奈之举。

---

**仿真计算 7.8**

```
clear,clc,close all,rng(6,'twister');
n = 5;a = 0.05;s = 100;x_bar = 40021;R = 50;% % 精度半径
t_a = tinv(1-a/2,n-1)
delta = t_a * s/sqrt(n),[x_bar-delta,x_bar + delta]% % 置信
区间
nn = 5:25;cdf_left = tcdf(sqrt(nn) * R/s,nn-1)% % 置信概率
cdf_left = (1-cdf_left) * 2,plot(nn,a * ones(size(nn)),'b--','
linewidth',2),hold on,grid on,box on
plot(nn,cdf_left,'r-o','linewidth',2),
set(gca,'xtick',[5,10,17,18,25],...
'ytick',[.05,.1,.2,.3]),xlim([5,25]),ylim([0,.35])
set(gcf,'position',[1,1,300,200])
```

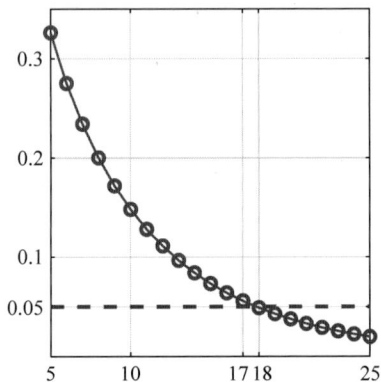

图 7.8　决策的风险曲线

## 7.2.4　军工器件的测量精度

**案例 7.7**　军工器件的测量精度和置信区间:设测量某军工器件 25 次,得 $\bar{x}=40.021$,$\sigma_s=0.002$,若用正态分布代替 $t$ 分布,问:

(1)在显著性水平 $\alpha=5\%$ 的条件下,精度为多少? 置信区间是多少?

(2)测量结果在 $(40.021-0.0006,40.021+0.0008)$ 区间时的置信概率是多少?

**分析**　(1)设 $t_a$ 为自由度为 $n-1=24$ 的 $t$ 分布对应于 $1-\dfrac{\alpha}{2}$ 的分位数,查分布表得 $t_a=1.96$,所以精度为 $\pm\dfrac{t_a}{\sqrt{n}}S=\pm\dfrac{1.96}{\sqrt{25}}\times0.002=\pm0.0008$;测量的置信区间为 $[40.0202,40.0218]$。

(2)记测量的精度为 $\dfrac{t_1}{\sqrt{n}}S=0.0006$,$\dfrac{t_2}{\sqrt{n}}S=0.0008$,故

$$t_1=\sqrt{n}\,0.0006/S=1.5,t_2=0.0008\sqrt{n}/S=2 \tag{7.99}$$

设 $x$ 为服从正态分布的随机变量,得置信概率为

$$P_a=P\{x<2\}-P\{x<-1.5\}=0.9772-0.0668=0.9104 \tag{7.100}$$

---

**仿真计算 7.9**

```
n = 25;a = 0.05;x_bar = 40.021;s = 0.002;t_a = norminv(1-a/2),delta = t_a * s/sqrt(n),% % 求精度
[x_bar-delta,x_bar + delta]% % 求置信区间
normcdf( sqrt(n) * 8e-4/s)-normcdf(-sqrt(n) * 6e-4/s)% % 求置信概率
```

---

### 7.2.5　飞行器速度的置信区间

**案例 7.8**　对某型号飞机的最大飞行速度进行了 16 次试验,测得其最大飞行速度的样本均值为 425m/s,样本方差为 $72\text{m}^2/\text{s}^2$,根据长期经验可认为最大飞行速度服从正态分布。给定显著性水平 $\alpha = 5\%$,试求其平均最大飞行速度的区间估计。

**分析**　设 $t_a$ 为自由度为 $n-1=15$ 的 $t$ 分布对应于 $1-\dfrac{\alpha}{2}$ 的分位数,已知其最大飞行速度 $x \sim N(\mu,\sigma^2)$,则平均最大飞行速度 $\mu$ 的置信度为 $1-\alpha$ 的置信区间为

$$\left[ \bar{x} - \frac{t_a S}{\sqrt{n}}, \ \bar{x} + \frac{t_a S}{\sqrt{n}} \right] \tag{7.101}$$

已知 $n=16, 1-\alpha = 0.95, \bar{x} = 425, S^2 = 72$,查分布表得 $t_a = t_{0.975}(15) = 2.1315$。故所求平均最大飞行速度的区间估计为

$$\left[ 425 - \frac{\sqrt{72}}{\sqrt{16}} \times 2.1315, \ 425 + \frac{\sqrt{72}}{\sqrt{16}} \times 2.1315 \right] \approx [420.4785, 429.5215] \tag{7.102}$$

---

**仿真计算 7.10**

```
n = 16;a = 0.05;x_bar = 425;s = sqrt(72);t_a = tinv(1-a/2,n-1),delta = t_a * s/sqrt(n),% % 求精度
[x_bar-delta,x_bar + delta]% % 求置信区间
```

---

### 7.2.6　炮弹方差的置信区间

**案例 7.9**　随机抽取 9 发某种炮弹,得炮口速度的样本标准差为 $S = 11\text{m/s}$。设炮口速度服从正态分布。求在显著性水平 $\alpha = 5\%$ 的条件下,这种炮弹的炮口速度的标准差 $\sigma$ 的置信区间。

**分析**　已知总体为正态分布 $N(\mu,\sigma^2)$,由

$$\frac{(n-1) \cdot S^2}{\sigma^2} \sim \chi^2(n-1) \tag{7.103}$$

可得 $\sigma$ 的置信度为 $1-\alpha$ 的置信区间为

$$I \triangleq \left[ \frac{\sqrt{n-1} \cdot S}{\sqrt{\chi^2_{1-\frac{\alpha}{2}}(n-1)}}, \frac{\sqrt{n-1} \cdot S}{\sqrt{\chi^2_{\frac{\alpha}{2}}(n-1)}} \right]$$

已知 $1-\alpha = 0.95, n = 9, S = 11$,查分布表得 $\chi^2_{1-\frac{\alpha}{2}}(n-1) = \chi^2_{0.975}(8) = 17.535, \chi^2_{\frac{\alpha}{2}}(n-1) = \chi^2_{0.025}(8) = 2.180$,所以在显著性水平 $\alpha = 5\%$ 的条件下,$\sigma$ 的置信区间为

$$I = \left[ \frac{\sqrt{9-1} \times 11}{\sqrt{17.535}}, \frac{\sqrt{9-1} \times 11}{\sqrt{2.180}} \right] \approx [7.4300, 21.0735] \tag{7.104}$$

---

**仿真计算 7.11**

```
n = 9;a = 0.05;x_bar = 0;s = 11;t_a = [chi2inv(a/2,n-1),chi2inv(1-a/2,n-1)],% % 求精度
sqrt([(n-1) * s^2/t_a(2),(n-1) * s^2/t_a(1)])% % 求置信区间
```

---

### 7.2.7 火箭燃烧率的置信区间

**案例 7.10** 研究两种固体燃料火箭推进器的燃烧率。设两者都服从正态分布,并且已知燃烧率的标准差均为 $0.05\,\text{cm/s}$,取样本容量为 $n_1=n_2=20$ 的独立样本,得燃烧率的样本均值分别为 $\overline{X}=18\,\text{cm/s}$,$\overline{Y}=24\,\text{cm/s}$。求在显著性水平 $\alpha=5\%$ 的条件下,两燃烧率的总体均值差 $\mu_1-\mu_2$ 的置信区间。

**分析** 记两种燃烧率指标分别为 $X,Y$,由题意知,$X\sim N(\mu_1,\sigma^2)$,$Y\sim N(\mu_2,\sigma^2)$

由独立样本得

$$\frac{\overline{X}-\overline{Y}-(\mu_1-\mu_2)}{\sigma\sqrt{1/n_1+1/n_2}}\sim N(0,1) \tag{7.105}$$

设 $u_a$ 为标准正态分布对应于 $1-\dfrac{\alpha}{2}$ 的分位数,令

$$P\left\{\left|(\overline{X}-\overline{Y}-(\mu_1-\mu_2))/(\sigma\cdot\sqrt{1/n_1+1/n_2})\right|\leqslant u_a\right\}=1-\alpha \tag{7.106}$$

则得 $\mu_1-\mu_2$ 置信区间为

$$\left[\overline{X}-\overline{Y}-\sigma\cdot\sqrt{1/n_1+1/n_2}\cdot u_a,\ \overline{X}-\overline{Y}+\sigma\cdot\sqrt{1/n_1+1/n_2}\cdot u_a\right] \tag{7.107}$$

已知 $\sigma\approx0.05$,$1-\alpha=0.99$,$\overline{X}=18$,$\overline{Y}=24$,$n_1=20$,$n_2=20$,查分布表得 $u_a=u_{0.995}\approx2.57$。并将数据代入式(7.107),得 $\mu_1-\mu_2$ 的置信度为 $0.99$ 的置信区间为 $[-6.0310,-5.9690]$。

---

**仿真计算 7.12**

```
n = 20;a = 0.05;x_bar = 18-24;s = 0.05;t_a = norminv(1-a/2),delta = t_a * s * sqrt(1/n + 1/n), % % 求精度
[x_bar-delta,x_bar + delta] % % 求置信区间
```

---

## 7.3 贝叶斯估计

**评注 7.15 贝叶斯估计的优势**

贝叶斯估计综合利用了总体的分布信息、样本的采样信息与先验分布信息,相对于矩估计和极大似然估计而言,它是一种更稳健的估计。

### 7.3.1 再论新兵老兵问题

**案例 7.11** 一个老兵与一个新兵的射击命中率分别为 $0.8$ 与 $0.4$。他们面向各自的靶纸打 $3$ 发子弹,现随机取出其中一张靶纸。问:该靶纸是谁的?

(1)若靶纸上有 $0$ 个弹孔。

(2)若靶纸上有 $1$ 个弹孔。

(3)若靶纸上有 $2$ 个弹孔。

(4)若靶纸上有 $3$ 个弹孔。

**分析** 显然,老兵命中率 $0.8$ 比新兵命中率 $0.4$ 要大,这意味着"老兵更可能 $3$ 发 $3$ 中"

"新兵更可能 3 发 0 中"。故有下列结论：

(1)若靶纸上有 0 个弹孔,该靶纸最有可能是新兵的。

(2)若靶纸上有 3 个弹孔,该靶纸最有可能是老兵的。

而对于 2 个弹孔和 1 个弹孔来说,只用直觉判断就可能不可靠了,定性分析必须变成定量计算,这里的量化工具就是后验概率。记靶纸上的弹孔数为 $X$,则 $X$ 服从二项分布,其分布律为

$$g(r \mid \theta) = C_3^r \theta^r (1-\theta)^{3-r}, \ r = 0,1,2,3; \ \theta = 0.8, 0.4$$

已知先验分布律 $q(\theta) = 0.5, \theta = 0.8, 0.4$,则由贝叶斯公式可求出 $\theta$ 对 $r$ 的条件概率,即后验概率 $f(\theta \mid r)$ 为

$$f(\theta \mid r) = \frac{q(\theta) g(r \mid \theta)}{q(0.8) g(r \mid 0.8) + q(0.4) g(r \mid 0.4)} \tag{7.108}$$

用后验分布的条件期望 $E(\theta \mid r) = 0.8 \times f(0.8 \mid r) + 0.4 \times f(0.4 \mid r)$ 作为 $\theta$ 的估计,得

$$\hat{\theta} = E(\theta \mid r) = \frac{0.8 \times q(0.8) g(r \mid 0.8) + 0.4 \times q(0.4) g(r \mid 0.4)}{q(0.8) g(r \mid 0.8) + q(0.4) g(r \mid 0.4)} \tag{7.109}$$

如图 7.9 和图 7.10 所示,若靶纸上有 1 个弹孔,该靶纸最有可能是新兵的,因为贝叶斯估计离新兵真值 0.4 更近,即

$$\hat{\theta} = E(\theta \mid 1) = 0.4727 \tag{7.110}$$

(3)若靶纸上有 2 个弹孔,该靶纸最有可能是老兵的,因为贝叶斯估计离老兵真值 0.8 更近,即

$$\hat{\theta} = E(\theta \mid 2) = 0.6285 \tag{7.111}$$

(4)若新兵的射击命中率为 $0.6, \hat{\theta} = E(\theta \mid 1) = 0.6500, \hat{\theta} = E(\theta \mid 2) = 0.6941$,所以当靶纸上有 1、2 个弹孔时,该靶纸都应该是新兵的。

**仿真计算 7.13**

```
clear,clc,close all,rng(6,'twister');q1 = 0.5;q2 = 0.5;
p1 = 0.8,p2 = 0.6;m = 3
for x = 0:m,fxp1(x + 1) = binopdf(x,m,p1),
fxp2(x + 1) = binopdf(x,m,p2),end,
for x = 0:m,theta(x + 1) = (p1 * q1 * fxp1(x + 1) + p2 * q2 *
fxp2(x + 1))/...
(q1 * fxp1(x + 1) + q2 * fxp2(x + 1)),end
holdon,grid on,box on,plot(0:m,theta,'bo-','linewidth',2),
set(gcf,'position',[99,9,400,250])
plot(0:m,p1 * ones(size(0:m)),'r--','linewidth',2),
plot(0:m,p2 * ones(size(0:m)),'r--','linewidth',2),
ylim([0.35,0.82])
plot(0:m,(p2 + p1)/2 * ones(size(0:m)),'k--','linewidth',2),
xlabel('{\it{X}}-弹孔数'),ylabel('{\it{\theta}}-贝叶斯估计')
legend('估计值','老兵值','新兵值','中间值'),grid on
set(gca,'FontSize',15,'Fontname','Times newman')
```

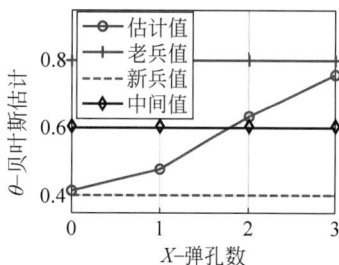

图 7.9 命中率的估计 $p_2 = 0.4$

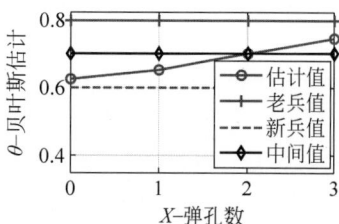

图 7.10 命中率的估计 $p_2 = 0.6$

### 7.3.2 再论百发百中与一发一中

**案例 7.12** 在某次射击试验中,甲一发一中,乙百发百中,问谁的水平更高[18]?

**分析** 依据二项分布的分布律,设单发命中概率是 $\theta$,$n$ 发命中 $r$ 发的概率为

$$g(r \mid \theta) = C_n^r \theta^r (1-\theta)^{n-r}$$

如果对打靶者有一定了解,设命中率 $\theta$ 的先验分布为 $[a,b]$ 上的均匀分布

$$q(\theta) = 1/(b-a), 0 \leqslant a < b \leqslant 1 \tag{7.112}$$

由贝叶斯公式得 $\theta$ 对 $r$ 的后验密度 $f(\theta|r)$ 为

$$f(\theta \mid r) = \frac{q(\theta) g(r \mid \theta)}{\int_b^a q(\theta) g(r \mid \theta) \, d\theta} \tag{7.113}$$

代入得

$$f(\theta \mid r) = \frac{C_n^r \theta^r (1-\theta)^{n-r}}{\int_b^a C_n^r \theta^r (1-\theta)^{n-r} \, d\theta} = \frac{\theta^r (1-\theta)^{n-r}}{\int_b^a \theta^r (1-\theta)^{n-r} \, d\theta}, a \leqslant \theta \leqslant b \tag{7.114}$$

若 $n$ 发 $n$ 中,则 $r=n$,得

$$f(\theta \mid r) = \frac{\theta^n}{\int_b^a \theta^n \, d\theta}, a \leqslant \theta \leqslant b \tag{7.115}$$

把条件期望 $E(\theta|r)$ 当作 $\theta$ 的估计,得

$$\hat{\theta} = E\{\theta \mid r\} = \frac{\int_b^a \theta \cdot \theta^n \, d\theta}{\int_b^a \theta^n \, d\theta} = \frac{n+1}{n+2} \cdot \frac{b^{n+2} - a^{n+2}}{b^{n+1} - a^{n+1}} \tag{7.116}$$

(1)如图 7.11 所示,假定 $a=0,b=1$,则

$$\hat{\theta} = \frac{n+1}{n+2} \tag{7.117}$$

随着 $n$ 变大,命中率变高。当 $n=1$ 时,$\hat{\theta}=2/3=0.67$;当 $n=100$ 时,$\hat{\theta}=101/102=0.99$,所以认为百发百中比一发一中的水平高。

(2)如图 7.11 所示,假定 $a=0.7,b=1$,则

$$\hat{\theta} = \frac{n+1}{n+2} \cdot \frac{1-a^{n+2}}{1-a^{n+1}} \tag{7.118}$$

随着 $n$ 变大,命中率变高。当 $n=1$ 时,$\hat{\theta}=\frac{1+1}{1+2} \times \frac{1-0.7^{1+2}}{1-0.7^{1+1}} \approx 0.8588$;当 $n=100$ 时,

$\hat{\theta} = \frac{100+1}{100+2} \times \frac{1-0.7^{100+1}}{1-0.7^{100+2}} \approx 0.9902$,所以还是认为百发百中比一发一中的水平高。

**仿真计算 7.14**

```
clear,clc,close all,syms p n r b a,r = n;
assume(n,'integer');assume(n,'positive'); % 正整数
a = 0.0,b = 1,r = 1:100, % % 无了解
```

```
p1 = (r+1)./(r+2). * (b.^(r+2)-a.^(r+2))./(b.^(r+1)-a.^(r+1))
semilogx(p1,'o-'),hold on,grid on,box on
a = 0.7,b = 1,r = 1:100, % % 有了解
p2 = (r+1)./(r+2). * (b.^(r+2)-a.^(r+2))./(b.^(r+1)-a.^(r+1))
semilogx(p2,'+-'),hold on,grid on,box on,
legend('无了解','有了解','Location','southeast')
set(gca,'FontSize',12,'ytick',[2/3,p2([1,10,100])])
set(gcf,'Position',[99,99,400,400])
```

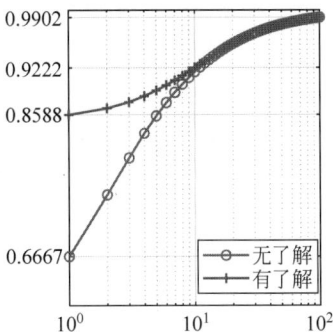

图 7.11　$n$ 发 $n$ 中的命中率

## 7.3.3　再论命中率问题

**问题 7.12**　对某士兵的射击水平进行考核。每轮射击 $m$ 发子弹,每轮结束后立马换新靶纸,共进行了 $n$ 轮。若第 $i$ 张靶纸上出现的弹孔数为 $x_i,i=1,2,\cdots,n$,试估算该士兵的射击命中率 $\theta$。

**1. 思路 1——极大似然估计**

**分析**　依据二项分布的分布律,第 $i$ 张靶纸上出现 $x_i$ 个弹孔的概率为

$$f(x_i;\theta)=C_m^{x_i}\cdot\theta^{x_i}\cdot(1-\theta)^{m-x_i} \tag{7.119}$$

似然函数为

$$L(\theta)=\prod_{i=1}^{n}f(x_i;\theta) \tag{7.120}$$

对数不改变单调性,故令 $\dfrac{\mathrm{d}\ln L(\theta)}{\mathrm{d}\theta}=0$,解得

$$\hat{\theta}=\frac{\sum\limits_{i=1}^{n}x_i}{nm} \tag{7.121}$$

**2. 思路 2——贝叶斯估计**

**分析**　为了符号复用,记 $n\triangleq mn$,因为独立重复试验之和还是独立重复试验,依据二项分布的分布律,设单发命中概率是 $\theta$,$n$ 发命中 $r\triangleq\sum\limits_{i=1}^{n}x_i$ 发的概率为

$$g(r\mid\theta)=C_n^r\theta^r(1-\theta)^{n-r}$$

(1)如果对打靶者有一定了解,设命中率 $\theta$ 的先验分布为 $[a,b]$ 上的均匀分布,即

$$q(\theta)=1/(b-a),0\leqslant a<b\leqslant1 \tag{7.122}$$

由贝叶斯公式得 $\theta$ 对 $r$ 的后验密度 $f(\theta|r)$ 为

$$f(\theta\mid r)=\frac{q(\theta)g(r\mid\theta)}{\int_b^a q(\theta)g(r\mid\theta)\mathrm{d}\theta} \tag{7.123}$$

代入得

$$f(\theta\mid r)=\frac{C_n^r\theta^r(1-\theta)^{n-r}}{\int_b^a C_n^r\theta^r(1-\theta)^{n-r}\mathrm{d}\theta}=\frac{\theta^r(1-\theta)^{n-r}}{\int_b^a\theta^r(1-\theta)^{n-r}\mathrm{d}\theta},0\leqslant\theta\leqslant1 \tag{7.124}$$

把条件期望 $E(\theta|r)$ 当作 $\theta$ 的估计,得

$$\hat{\theta} = E\{\theta \mid r\} = \frac{\int_b^a \theta^{r+1}(1-\theta)^{n-r} \mathrm{d}\theta}{\int_b^a \theta^r(1-\theta)^{n-r} \mathrm{d}\theta} \tag{7.125}$$

(2)若对打靶者没有任何了解,则 $a=0,b=1$,得

$$\hat{\theta} = \frac{\int_0^1 \theta^{r+1}(1-\theta)^{n-r} \mathrm{d}\theta}{\int_0^1 \theta^r(1-\theta)^{n-r} \mathrm{d}\theta} = \frac{B(r+2,n-r+1)}{B(r+1,n-r+1)} \tag{7.126}$$

当 $n=10,r=[1,2,3,4,5,6,7,8,9,10]$,对应的命中率估计如图 7.12 所示。

**仿真计算 7.15**

```
clear,clc,close all,syms p;n = 10;rr = 1:n;
forr = rr
f1 = p^(r + 1) * (1-p)^(n-r),f2 = f1/p,
a = 0,b = 1,p1(r) = int(f1,p,a,b)/int(f2,p,a,b); % 无了解
a = .5,b = 1,p2(r) = int(f1,p,a,b)/int(f2,p,a,b); % 有了解
end
plot(rr,p1,'o-'),hold on,grid on,box on
plot(rr,p2,'+ -'),hold on,grid on,box on
legend('无了解','有了解','Location','southeast')
set(gca,'FontSize',12),set(gcf,'Position',[99,99,300,300])
```

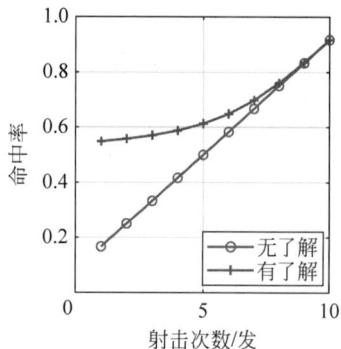

图 7.12　10 发 $r$ 中的命中率

# 第**8**章

# 假 设 检 验

## 8.1 引言

### 8.1.1 导弹脱靶量鉴定中的假设检验问题

**评注 8.1 教学能手比赛案例——导弹脱靶量鉴定**

鉴定导弹脱靶量的数学实质是假设检验,其中立场正确是假设检验的起点,而抽样分布定理是合理决策的依据。

**案例 8.1** 军队规定某型号导弹的脱靶量不得超过 $100\,\mathrm{m}$,对该型号的导弹进行 10 次试验,脱靶量平均值为 $95\,\mathrm{m}$,样本标准差为 $10\,\mathrm{m}$,于是存在两种不同的观点。

(1) 脱靶量不超标:因为导弹部门经理认为样本均值 $95\,\mathrm{m}$ 小于规定上限 $100\,\mathrm{m}$!

(2) 脱靶量超标:靶场检验员认为尽管样本均值低于脱靶量红线,但是试验标准差为 $10\,\mathrm{m}$,具有不确定性,平均值可能是假象!

假如你是靶场决策者,应该相信谁?

决策的实质是假设检验,是个单选题。它的大致过程为:先依据表象作原假设,再确定自身愿意承担的风险,最后依据数据关联检验假设是否正确,并完成单选决策。这里涉及 3 个重要的概念:原假设、决策风险和拒绝域。

(1) 原假设。假设检验的第一个关键点是保护原假设,即保护决策者所代表的利益:在导弹脱靶量鉴定过程中,有两个相互对抗的博弈角色——甲方(军方用户)和乙方(生产部门)。检验员代表甲方利益,部门经理代表乙方利益。检验员应该站在军方的立场,以提高部队战斗力为天职。正因如此,对生产部门做"有罪推定"是理所当然的,也就是说"原假设必须为导弹的脱靶量超标"。

"有罪推定"是否会加重导弹生产部门负担?答案是会,但是必须做有罪推定。因为导弹的脱靶量超标是致命的,低精度导弹会严重削弱军队的战斗力。"有罪推定"并不是要陷害导弹生产部门，而是保证军队战斗力的职责要求。否则，若检验员采取"无罪辩护"，那就违背了设立靶场试验区鉴定武器精度的初衷。

（2）决策风险。假设检验第二个关键点是控制风险，不能无限制保护原假设，在原假设成立的条件下，拒绝原假设的概率称为第一类风险，也称为显著性水平。在导弹脱靶量鉴定中，原假设为"超标"，第一类风险就是导弹脱靶量确实超标，但是样本获取有误差，样本容量过小，都可能导致得出脱靶量不超标的决策，"实际有罪，被判无罪"的概率就是决策者可能遇到的第一类风险。还有一种风险是"实际无罪，被判有罪"的概率，两种风险是相互制约的，所以一般只考虑控制一类风险，一般误报率为5%。

（3）拒绝域。假设检验第三个关键点是确定拒绝域，拒绝域的实质为集合，完成决策，就要给出确切的可以拒绝原假设的拒绝域。比如，如果观测到的脱靶量远低于脱靶量红线，就只能拒绝原假设，红线如何计算？这就是假设检验的重点，其计算依赖原假设、一类风险、样本容量等。

## 8.1.2  药品杂质检验中的原假设与风险

**案例 8.2**  国家规定某药品的致命杂质含量不得超过 1 mg/g，对某药厂进行 10 次检测，杂质平均值为 0.95 mg/g，样本标准差为 0.1 mg/g，于是有两种不同的观点。

（A）杂质不超标：药厂经理认为样本均值 0.95 mg/g 小于规定上限 1 mg/g！

（B）杂质超标：检验员认为尽管样本均值低于红线，但是检查标准差为 0.1 mg/g，具有不确定性，平均值可能是假象！

我们应该相信谁？为了进一步讨论这个问题，我们对两个教学班共计 184 人开展问卷调查，问卷有两个要求：第一，必须选择，而且只能单选；第二，依据直觉进行决策，无须过多思考。问卷结果见表 8.1。

**表 8.1  问卷调查：药品杂质是否超标**

| 选项 | （A）杂质不超标 | （B）杂质超标 |
|---|---|---|
| 选择人数/人 | 164 | 20 |
| 选择比例/% | 89 | 11 |

问卷结果表明：89% 的学员认为药品杂质不超标。经过简单地提问发现，多数学员认为药品杂质水平可以用样本均值 $\overline{X}$ 来代替，而 0.95 mg/g 小于 1 mg/g，即样本均值小于规定的上限，故药品杂质不超标。另外，杂质标准差为 0.1 mg/g，标准差很小，意味着可以进一步确认药品杂质不超标，所以排除（B）选择（A）。少量学员选择（B），认为杂质不超标可能是随机误差引起的偶然现象，谨慎起见认为杂质超标。无论选择（A）还是（B），都没有学员对检测次数 10 提出异议。

---

**评注 8.2  答案引起的担忧**

看似杂质不超标，如果最终决策为杂质超标，可能引发对教育理念和价值观的冲击。

**1. 对"直觉驱动"教育理念的冲击**

直觉，可以帮助学员快速理解新知识。许多定律和定理都源于直觉。例如，"地面越光滑,滑动距离越远"的直觉催生了运动学第一定律(即惯性定律),该定律感觉正确却无法得到严格的证明。又如,大数定律源于"频率收敛到概率,均值收敛到期望"的直觉,中心极限定理源于"标准化收敛到标准正态分布"的直觉,极大似然估计源于"存在即合理"的直觉,贝叶斯估计源于"任何先验都蕴含正确信息"的直觉,等等。如果学员感觉某个命题显然是正确的,而最终该命题却被证伪了,则容易导致思维混乱,也是对"直觉驱动"教育理念的严重冲击,这是作者的第一个担忧。

**2. 对学员的正确价值观的冲击**

看似杂质不超标的药品却被判为杂质超标,那问题反过来"只要做无罪推定,是不是看似杂质超标的药品也可能被判为杂质不超标呢?"食品药品安全形势让人担忧,从当年的三鹿奶粉事件、地沟油事件、染色馒头事件、苏丹红事件、西瓜膨大剂事件,再到近几年爆发的毒疫苗事件等,食品和药品安全事件屡屡发生。这些食品厂、保健品公司、医药公司是否就是利用了假设检验的漏洞?错乱的判断是否可能造成学员掉入"说黑就是黑,说白就是白""欲加之罪何患无辞"的误区,这也是作者的担忧。

---

类似于导弹脱靶量鉴定,下面分析 3 个药品在杂质检验中对应的概念:原假设、决策风险和拒绝域。

(1)原假设。在药品检验过程中,有两个相互对抗的博弈角色——监管者(即药检局)和被监管者(即药厂)。药检局的代表为检验员,药厂的代表为药厂经理。检验员的职责源于药品质量安全需求。正因如此,对药厂做"有罪推定"是理所当然的,也就是说"原假设必须为杂质超标"。经理的薪水报酬源于企业,应该站在药厂的立场提高企业利润,希望做"无罪自辩"。由于检验员为主动方,要求代表用户利益,因此假设检验的原假设必须是"药厂有罪",即药品杂质超标。

一个自然的问题:"有罪推定"是否会加重企业负担?答案是会,但是必须做有罪推定。如果药品杂质超标致命,哪怕是致命概率为 1%,任何一个药品消费者都不愿意做那不幸的1%。在上述案例中,药检局做"有罪推定"并不是要陷害药厂,而是保证群众生命安全的职责要求,是坚守道德底线的表现。否则,若药检局采取"无罪推定",那么药检局就有串通药厂的嫌疑,甚至会导致药检局的公信力下降。

(2)决策风险。在药品检验中,原假设为"杂质超标",第一类风险就是杂质确实超标但是决策认为不超标的概率,"实际有罪,被判无罪"的概率一般控制在 5% 左右,在更严格的风控条件下,一类风险可设置为 1%,甚至更小。

(3)拒绝域。如果观测到的杂质水平远低于杂质红线,就只能拒绝原假设,远低于杂质红线对应的事件就是拒绝域。

# 8.2 正态总体参数的假设检验

## 8.2.1 小概率原则悖论

假设检验是数理统计的一个重要应用,基本准则为:小概率原则,即不轻易否定原假设,误判风险常控制在 5% 以内。常把发生概率小于 5% 的事件定义为小概率事件。在该原则的指导下,决策者愿意冒 5% 的风险进行决策,假定原假设成立,但是小概率事件居然发生了,就会否定原假设,认为当前结果与原假设是背离的、非自然的,甚至是人为的。

从逻辑上来看,依据小概率原则推理,容易陷入有神论和阴谋论的陷阱,我们把这个现象称为"小概率原则悖论"。比如,杨振宁先生说:"如果你问有没有造物者,我想是有的……这个世界的结果不是偶然的……妙不可言不可能是偶然的……。"又如,"12·2"南昌2.2亿彩票事件,10万元投注中5万注大奖,奖金2.2亿却完美回避了纳税问题,该事件的理论概率约为一千万分之一。很多人认为中奖是人为设计的,推测背后存在不可告人的内幕。尽管假设检验无法避免"小概率原则悖论",但是我们决策时仍然愿意冒5%的风险,小小冒险也是决策担当的一种表现。

## 8.2.2    再论导弹脱靶量鉴定

**案例 8.3**    军队规定某型号导弹的脱靶量不得超过 100 m,第一批次 10 枚导弹的脱靶量平均值为 95 m,样本标准差为 10 m;第二批次 10 枚导弹的脱靶量平均值为 93 m,样本标准差为 10 m,给定显著性水平为 $\alpha = 5\%$,问:

(1)第一、二批次导弹的脱靶量是否超标?

(2)两个批次导弹的脱靶量是否有显著差异?

**1. 假设、错误与风险**

两种假设:因为导弹的生产过程、制导过程和测量过程都存在误差,所以导弹的脱靶量 $X$ 是一个随机变量,不妨假定 $X \sim N(\mu, \sigma^2)$,其中期望 $\mu$ 和方差 $\sigma^2$ 都是未知的,规定的脱靶量红线记为 $\mu_0 = 100$,如果 $\mu < \mu_0$,则导弹的脱靶量不超标,否则判定导弹的脱靶量超标。故提出如下假设:

$$H_0: \mu \geqslant \mu_0, H_1: \mu < \mu_0 \tag{8.1}$$

把 $H_0$ 称为原假设,把 $H_1$ 称为备选假设。换言之,把"脱靶量超标"称为原假设,把"脱靶量未超标"称为备选假设。

两种错误:决策过程可能发生如下两种错误。

(1)即使"脱靶量超标"为真,因为导弹的生产过程、制导过程和测量过程都存在误差,决策者也可能认为"脱靶量不超标"。这种决策错误称为 I 类错误,它将导致武器精度不合格,军队的战斗力将面临威胁。

(2)反之,即使"脱靶量不超标"为真,因为导弹的生产过程、制导过程和测量过程都存在误差,决策者也可能认为"脱靶量超标"。这种决策错误称为 II 类错误,它将导致导弹生产部门被冤枉,造成经济和名誉的损失。

---

**评注 8.3    "宁可错杀一千,不可放过一人"的决策原理**

"宁可错杀一千,不可放过一人",实际上是一种风险控制决策思维模式。错杀就是误报,发生概率为第 II 类风险;放过就是漏报,发生概率为 I 类风险。

决策者的立场决定他的言行,如果严控 I 类风险,忽略 II 类风险就会导致严重的杀伐现象。

---

如表 8.2 所示,决策表可以综合体现两种假设(原假设 $H_0$ 和备选假设 $H_1$)、两种判断(接受和拒绝)、四种状态(①④正确状态、②③错误状态)和两种风险(I 类风险 $\alpha$ 和 II 类风险 $\beta$)。

在异常检测领域中,把正常数据判断为正常的概率称为召回率,对应①;把异常数据判断为异常的概率称为检测率,对应④;把正常数据判断为异常的概率称为误报率,对应②;把异常数据判断为正常的概率称为漏报率,对应③。它们满足:

$$召回率+误报率=检测率+漏报率=1$$

表 8.2　决策表的要素

| 判断 | 假设 | |
|---|---|---|
| | $H_0$ 真 | $H_0$ 假,即 $H_1$ 真 |
| 接受 | 状态①:$H_0$ 为真,接受 $H_0$(无风险) | 状态②:$H_0$ 为假,接受 $H_0$(Ⅱ类风险) |
| 拒绝 | 状态③:$H_0$ 为真,拒绝 $H_0$(Ⅰ类风险) | 状态④:$H_0$ 为假,拒绝 $H_0$(无风险) |

大家心中可能也会产生疑惑:

(1)原假设和备选假设的位置能否交换?为什么不能把"脱靶量不超标"设置为原假设 $H_0$,并把"脱靶量超标"设置为原假设 $H_1$?

(2)决策不可能同时使得误判风险和漏判风险变小,这该怎么办?

奈曼和皮尔逊提出了检验原则:保护原假设 $H_0$。其可以概括为以下两个方面。

(1)立场正确原则——保护检验者所代表的正当利益。原假设 $H_0$ 的内容符合决策者正确的价值取向,也就是"为谁代言"的取向。在导弹检验中,检验员的权利源于军队,检验员应该站在军队的立场负责导弹质量安全。正因如此,对导弹生产部门做"有罪推定"是理所当然的,也就是说原假设必须为"脱靶量超标"。

(2)小概率原则——把Ⅰ类风险控制在有限范围内,这个范围用小量 $\alpha$ 来表示,称 $\alpha$ 为显著性水平。保护原假设,也得有个限度。小概率原则,可通俗地称为"万不得已"原则。"万不得已"就是指Ⅰ类风险要尽可能小,小到万分之一、千分之一、百分之一等。通常 $\alpha$ 取 $0.01\%$、$0.1\%$、$1\%$、$5\%$、$10\%$等,其中 $\alpha=5\%$ 是最常见的情况。$\alpha$ 越小,表示越不愿意承受Ⅰ类风险,越愿意保护原假设 $H_0$ 所代表的利益,总之,Ⅰ类风险对应的条件概率满足:

$$P\{拒绝H_0 \mid H_0 为真\} \leqslant \alpha \tag{8.2}$$

在小概率原则下,如果试验结果确实在拒绝域{拒绝 $H_0$|$H_0$ 为真}中,则不得不拒绝 $H_0$。换言之,如果被检验的导弹的脱靶量水平确实"远低于"军队规定的脱靶量红线,则不得不拒绝"脱靶量超标"的假设,进而判定"脱靶量不超标"。

**2. 假设检验的步骤**

可将假设检验的基本步骤总结归纳如下。

(1)提出原假设:依据立场正确原则确定原假设 $H_0$ 及备选假设 $H_1$;

(2)计算样本均值和方差:计算样本均值 $\overline{X}$ 和样本方差 $S^2$;

(3)构造统计量:利用样本均值 $\overline{X}$ 和样本方差 $S^2$ 构造检验统计量 $W$;

(4)确定拒绝域:给定显著性水平,依据小概率原则确定拒绝域的结构;

(5)实施检验:判断统计量 $W$ 是否落入拒绝域,若是,则否定 $H_0$;若否,则接受 $H_0$。

1)工艺改善前的单总体检验

(1)提出原假设:试验区的权利源于军队,应对军队导弹的质量负责。因此,原假设和备选假设分别为

$$H_0:\mu \geqslant \mu_0(超标),\ H_1:\mu < \mu_0(不超标) \tag{8.3}$$

(2)计算样本均值和方差：样本均值和样本方差已经给定，分别为

$$\overline{X} = \frac{1}{n}\sum_{i=1}^{n} x_i = 95, \quad S^2 = \frac{1}{n-1}\sum_{i=1}^{n}(x_i - \overline{X})^2 = 10^2 \tag{8.4}$$

(3)构建统计量：检验统计量（注意统计量分子不是 $\overline{X} - \mu$，因为 $\mu$ 是未知的），即

$$T = \frac{\overline{X} - \mu_0}{S\sqrt{1/n}} \tag{8.5}$$

(4)确定拒绝域：如果 $H_0$ 为真，即 $\mu \geqslant \mu_0$ 为真，则由概率的单调性可知

$$P\left\{\frac{\overline{X} - \mu_0}{S\sqrt{1/n}} < t_a(n-1)\right\} \leqslant P\left\{\frac{\overline{X} - \mu}{S\sqrt{1/n}} < t_a(n-1)\right\} = \alpha \tag{8.6}$$

总之，Ⅰ类风险（漏报率）可以控制在 $\alpha$ 内。当导弹的脱靶量水平确实远低于军队规定的脱靶量红线时，对"有罪推定"不利，所以拒绝域的结构为

$$T = \frac{\overline{X} - \mu_0}{S\sqrt{1/n}} < t_a(n-1) \tag{8.7}$$

(5)实施检验：由于样本容量 $n = 10$，给定的显著性水平 $\alpha = 0.05$，故得 $t_a(n-1) = -t_{1-a}(n-1) = -t_{0.95}(9) = -1.8331$。计算检验统计量 $T$，得

对于第一批导弹：

$$T = \frac{95 - 100}{10\sqrt{1/10}} = -1.5811 > -1.8331 = t_a(n-1) \tag{8.8}$$

由于 $T = -1.5811$（标记为 ○）没有落入图 8.1 的拒绝域中（阴影），所以不能拒绝 $H_0$，只能接受 $H_0 : \mu \geqslant \mu_0$（超标）。

对于第二批导弹：

$$T = \frac{93 - 100}{10\sqrt{1/10}} = -2.2136 < -1.8331 = t_a(n-1) \tag{8.9}$$

由于 $T = -2.2136$（标记为 +）落入图 8.1 的拒绝域中（阴影），所以拒绝 $H_0$，只能接受 $H_1 : \mu < \mu_0$（不超标）。

**仿真计算 8.1**

```
clc,close all,n = 10;mean_X = 95;mu = 100;S = 10;a = 0.05;
T = sqrt(n) * (mean_X-mu)/( S);t_a = tinv(a,n-1)
dx = 0.1;x = -5:dx:5;y = tpdf(x,n);
plot(x,y,'b-','linewidth',2),
set(gca,'fontsize',12),hold on,grid on,box on
x = -5:dx:t_a;y = tpdf(x,n);
h1 = patch([x,x(end)],[y,0],'k','FaceAlpha',0.5);
plot(T,0.01,'ro','linewidth',2)
mean_X = 93,T = sqrt(n) * (mean_X-mu)/(S)
plot(T,0.01,'k + ','linewidth',2),
legend(['t-密度'],'拒绝域','统计量 1','统计量 2')
set(gcf,'position',[100,100,400,200]) % xlim([-5,4])
```

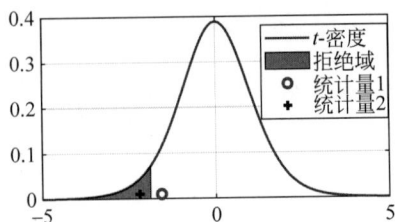

图 8.1　问题(1)的拒绝域示意图

> **评注 8.4　从"检验员与经理的博弈"看,如何做到摆正立场、坚守职责?**
>
> 不同角色代表不同的职责和利益。
>
> 靶场检验员的立场——保证军队安全、维护靶场的公信力:
>
> (1)必须对军队负责,对导弹生产部门做"有罪推定";
>
> (2)适当减小误判概率 $\alpha$,防止公信力受质疑;
>
> (3)在条件允许的条件下增加样本容量,降低冤枉导弹生产部门的概率。
>
> 导弹部门经理的立场——保证通过检验、提高公司盈利:
>
> (1)在导弹生产之前,应该提高技术工艺降低误差平均水平;
>
> (2)在生产之时,应该严格管理提高生产精度,即使标准差 $S$ 尽量小;
>
> (3)在检测时,应该尽量增加样本容量 $n$,防止个别导弹脱靶量过大从而改变决策结果。

2)两批次导弹的脱靶量是否有显著差异?

设 $X$ 为第一批导弹的脱靶量,$Y$ 为第二批导弹的脱靶量,则有

$$X \sim N(\mu_1,\sigma^2),Y \sim N(\mu_2,\sigma^2) \tag{8.10}$$

(1)提出原假设:认为改善不明显,尽管 93 确实比 95 小,因此,原假设和备选假设分别为

$$H_0:\mu_2=\mu_1(无显著变化),H_1:\mu_2 \neq \mu_1(有显著变化) \tag{8.11}$$

(2)计算样本均值和方差:样本均值和样本方差已经给定,分别为

$$\overline{X}=95,S_1^2=10^2;\overline{Y}=93,S_2^2=8^2 \tag{8.12}$$

$S_\omega^2$ 是加权样本方差,$S_\omega^2=\dfrac{(n_1-1)S_1^2+(n_2-1)S_2^2}{n_1+n_2-2}=0.0906^2,n_1=n_2=10$。

(3)构建统计量:检验统计量为

$$T=\frac{(\overline{X}-\overline{Y})}{S_\omega \sqrt{1/n_1+1/n_2}} \sim t(n_1+n_2-2) \tag{8.13}$$

(4)确定拒绝域:如果 $H_0$ 为真,即 $\mu_2=\mu_1$ 为真,则

$$P\{|T|>t_{1-\alpha/2}(n_1+n_2-2)\}=\alpha \tag{8.14}$$

其中,$t_{1-\alpha/2}(n_1+n_2-2)$ 是自由度为 $n_1+n_2-2$ 的 $t$ 分布对应 $1-\alpha/2$ 的分位点。当导弹的两次脱靶量水平确实相差较大时,对"无显著变化"不利,所以拒绝域的结构为

$$|T|>t_{1-\alpha/2}(2n-2) \tag{8.15}$$

(5)实施检验:样本容量 $n_1=n_2=10$,给定的显著性水平 $\alpha=0.05$,得 $t_{1-\alpha/2}(n_1+n_2-2)=t_{0.975}(18)=1.7341$。计算检验统计量 $T$,得

$$|T|=0.2343<1.7341=t_\alpha(n-1) \tag{8.16}$$

$T=0.4685$(标记为◦) 没有落入图 8.2 的拒绝域中(阴影),所以不能拒绝 $H_0$,只能接受 $H_0$:$\mu_2=\mu_1$(无显著变化)。

## 仿真计算 8.2

```
clear,clc,close all,rng(0);
n1 = 10;mean_X = 95;mu = 100;S1 = 10;a = 0.05;
n2 = 10;mean_Y = 93;mu = 100;S2 = 8;a = 0.05;
```

```
Sw = sqrt((n1 * S1^2 + n1 * S2^2)/(n1 + n2-2))
T = (mean_X-mean_Y)/Sw/sqrt(1/n1 + 1/n2)%统计量
n = n1 + n2-2;t_a = tinv(a/2,2 * n-2);
dx = 0.1;x = -5:dx:5;y = tpdf(x,n);plot(x,y,'b-','linewidth',2),
set(gca,'fontsize',12),hold on,grid on,box on
x = -5:dx:t_a;y = tpdf(x,n);x2 = -t_a:dx:5;y2 = tpdf(x2,n);
h2 = patch([x,x(end),x2(1),x2],[y,0,0,y2],'k','FaceAlpha',0.9);
plot(T,0,'ro','linewidth',2),legend(['t-密度'],'拒绝域','统计量')
set(gcf,'position',[100,100,350,200]) % xlim([-5,4])
```

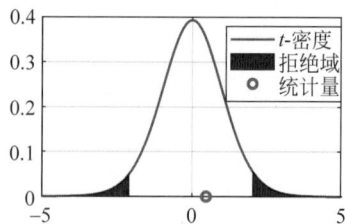

图 8.2 问题(2)的拒绝域示意图

---

**评注 8.5 连续的世界遇上离散的判断**

**现象 1** 第一批导弹超标,第二次不超标! 两组差异不明显的脱靶量得出了完全相反的结论。

**现象 2** 59 分和 60 分有显著差异吗? 没有! 但是前者不及格,后者及格。

当连续的世界遇上离散的判断,"失之毫厘则谬以千里",本来两个指标相差不大,但是两个指标在安全线周围,一个超过阈值,一个没有超过阈值,定性判断的结果却完全不同。

---

## 8.2.3 药品杂质检验对应的假设检验过程

**案例 8.4** 国家规定某药品的致命杂质含量不得超过 1 mg/g,对某药厂进行 10 次检测,杂质平均值为 0.95 mg/g,样本标准差为 0.01 mg/g,问:该药品杂质是否超标?

**仿真** 显著性水平不同,决策风险就不同,决策结果也会随着改变,一个自然的问题是:两者关联规律是怎么样的? 显然,愿意承受的决策风险越小,就越趋向于判断药品杂质超标(保护原假设),下面用仿真来验证,仿真过程如下:

首先,取 5 个不同的决策风险 $\alpha = [20\%、10\%、5\%、2.5\%、1\%]$;

其次,决策阈值为 $t_a(n-1)$,检验统计量为 $T = \sqrt{n}\,(\overline{X} - \mu)/S$;

最后,对比阈值和统计量从而获得决策结果,如图 8.3 所示,"—⊙—"表示阈值曲线,"- - -"表示检验统计量,从仿真结果图中可以归纳出下列结论。

①如果决策者愿意承受较大风险,如 20% 和 10%,那么检验统计量不会超过阈值,即统计量掉入拒绝域,决策者认为"杂质不超标"。

②如果决策者愿意承受的风险适中或者偏小,如 5%、2.5% 和 1%,那么检验统计量会超过阈值,即统计量不会掉入拒绝域,决策者认为"杂质超标"。

③因为药品中的杂质是致命的,所以决策者应该谨慎决策,要求风险小于 5%,所以最终判断为"杂质超标"。

---

**仿真计算 8.3**

```
clear,clc,close all,rng(0);
mu0 = 1,n = 10,X_bar = 0.95,S = 0.1;
T = sqrt(n) * (X_bar-mu0)/ S%检验统计量
```

```
a = [0.20,0.10,0.05,0.025,0.01],t_a = tinv(a,n-1)
plot(t_a,'bo-','linewidth',2),hold on,grid on
plot(T * ones(size(t_a)),'r--','linewidth',2)
legend('检验阈值,{{t_{\alpha}(n-1)}}','检验统计量,{{T}}'),
set(gca,'fontsize',12),set(gca,'xtick',[1:5])
set(gca,'xticklabel',{'20 %','10 %','5 %','2.5 %','1 %'})
set(gcf,'position',[100,100,300,200])
```

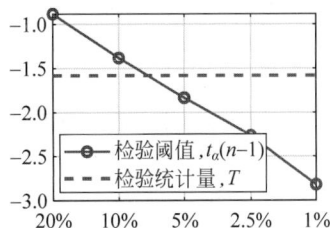

图 8.3　检验阈值和检验统计量

## 8.2.4　罗曼诺夫斯基硬币试验的再审视

**案例 8.5**　表 8.3 给出了 5 次著名的硬币试验的试验者、试验次数、正面次数、正面频率和事件概率,问:罗曼诺夫斯基硬币试验有瑕疵吗?

表 8.3　硬币试验的检验表

| 试验者 | $n$ | $n_A$ | $n_A/n$ | $P\{Y=X_1+X_2+\cdots+X_n\leqslant n_A\}$ |
|---|---|---|---|---|
| 蒲丰(18 世纪) | 4048 | 2048 | 50.69% | 22.52% |
| 德·摩根(19 世纪) | 2048 | 1061 | 51.81% | 5.10% |
| 皮尔逊(19 世纪) | 12000 | 6019 | 50.16% | 36.43% |
| 皮尔逊(19 世纪) | 24000 | 12012 | 50.05% | 43.84% |
| 罗曼诺夫斯基(20 世纪) | 80640 | 39699 | 49.23% | 0.0006% |

**分析**　记事件 $A$ 为正面朝上,求 $A$ 发生的概率 $P(A)$。罗曼诺夫斯基连续 $n=80640$ 次抛硬币,有 $n_A=39699$ 次正面朝上。推理逻辑为:若小概率事件发生了,则说明原假设成立是不显著的,否则显著成立。

> **评注 8.6　检验假设是否成立的基本准则**
>
> 一般来说,小概率(5%)事件发生了,说明原假设成立是不显著的。如果极小概率事件发生了,我们就有极大的信心(95%)拒绝原假设,否则拒绝原假设的信心不足。

记第 $k$ 次抛硬币,正面朝上记为 $X_k=1$,反面朝上记为 $X_k=0$,则正面朝上的总次数记为 $Y=\sum_{k=1}^{n}X_k$ ,$n=80640$,$p=0.5$,$q=1-p$,$np=40320$,$\sqrt{npq}=141.9859$,给定事件边界,求事件发生的概率:

$$P(Y\leqslant 39699)=\Phi\left(\frac{39699-np}{\sqrt{npq}}\right)=\Phi(-4.3737)=6\times 10^{-6} \tag{8.17}$$

这意味着,我们有 99.9994% 的信心认为:要么罗曼诺夫硬币试验的计数有误,要么它使用的硬币是不均匀的。但是对于表格中前 4 次抛硬币试验,$P\{Y=\sum_{k=1}^{n}X_k\leqslant n\}$ 的概率分别为 22.52%、5.10%、36.43%、43.84%,如图 8.4 所示,前 4 次抛硬币试验中小概率事件未发生,所以认为它们所使用的硬币是显著均匀的。

## 仿真计算 8.4

```
close all,clc,clear,p = 1/2,q = 1-p;
N = [4048 2048 12000 24000 80640]%试验次数
n = [2048 1061 6019 12012 39699]%正面次数
Yn = (n-N. * p)./sqrt(N * p * q);%标准化
P = 1-normcdf(abs(Yn),0,1)%已知点求概率
a = 0.01;semilogy([0,6],[a a],'linewidth',5)
holdon,grid on,bar(P)
h = semilogy([0,6],[a a],'linewidth',5)
set(h,'color',[0 0 1]),xlim([0.5,5.5])
set(gca,'fontsize',15),set(gca,'xtick',[1:5]);
set(gca,'xticklabel',{'蒲丰','德·摩根','皮尔逊','皮尔逊',
'罗曼诺夫斯基'}),ylabel('P,概率');
```

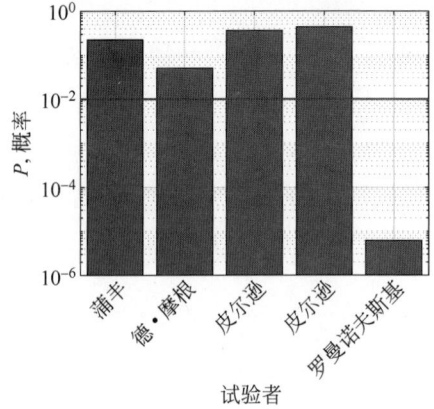

图 8.4　硬币试验的发生概率

# 第9章

# 回 归 分 析

## 9.1 一元线性回归模型

### 9.1.1 父子身高关系的回归问题

**案例 9.1** 回归(regression)一词源于生物学家高尔顿(Galton)。他收集了上千对父子的身高数据,研究发现,儿子的身高($y$)与父亲的身高($x$)存在线性关系:

$$\hat{y} = 33.73 + 0.516x \,(\text{单位:in}) \tag{9.1}$$

或

$$\hat{y} = 85.6742 + 0.516x \,(\text{单位:cm}) \tag{9.2}$$

这个回归方程反映了几个规律。

(1)惯性律:由以上回归方程可知,父亲的身高 $x$ 较高时,儿子的身高 $y$ 也倾向于较高;父亲的身高 $x$ 较矮时,儿子的身高 $y$ 也倾向于较矮,这与我们的直觉是一致的。

(2)回归律:对于身高超过平均值的父亲,儿子的身高倾向于低于父亲的身高;同样,对于身高低于平均值的父亲,儿子的身高倾向于高于父亲的身高,即儿子们的平均身高趋近于父亲们的平均身高,身高的差距在一代代地减少。高尔顿认为,大自然存在一种约束力,使得种群的身高在遗传过程相对稳定,不会产生两极分化现象,即具有回归效应。

(3)区域性:依据不同地区和不同数量计算得到的身高关系可能不一样,如表 9.1 包含了 5 对父子真实身高数据,计算得到它们之间的关系为

$$\hat{y} = 105.2135 + 0.4188x \,(\text{单位:cm}) \tag{9.3}$$

如图 9.1 所示。

表 9.1　父子身高典型数据　　　　　　　　　　　　　　　　　　　　单位:cm

| 家庭编号 | 1 | 2 | 3 | 4 | 5 |
|---|---|---|---|---|---|
| 父 | 198 | 203 | 160 | 157 | 170 |
| 子 | 188 | 191 | 173 | 172 | 174 |

**仿真计算 9.1**

```
close all,clc,clear,
X = [198 203 160 157 170]'% 父
Y = [188 191 173 172 174]'% 子
plot(X,Y,'bo','linewidth',2),hold on
XX = [ones(size(X)),X],B = XX\Y,Y_cap = XX * B;
plot(X,Y_cap,'k-','linewidth',2)
set(gca,'fontsize',12),grid on,box on
xlabel('父辈身高'),ylabel('子辈身高')
set(gcf,'position',[100,100,300,200])
```

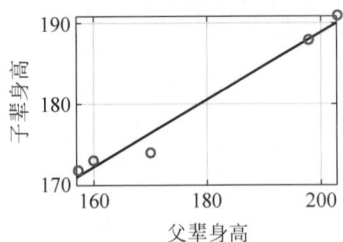

图 9.1　父子身高数据和回归曲线

## 9.1.2　铜棒膨胀系数的回归问题

**案例 9.2**　用高精度测量设备确定铜棒的膨胀系数[12]。假定铜棒长度满足 $y_i = a + bx_i$，$i=1,2,\cdots,m$，其中 $a$ 为 0℃时米尺的精确长度(mm)，$x$ 为温度(℃)。假设在不同的温度下，测得一组 $y$ 值，如表 9.2 所示。利用 $\{x_i, y_i\}_{i=1}^{m}$，求方程 $y = a + bx$ 中的未知参数 $a,b$。

表 9.2　铜棒的膨胀试验数据——一元线性回归模型　　　　　　　　　　单位:mm

| 序号 | 1 | 2 | 3 | 4 | 5 | 6 | 7 | 8 | 9 |
|---|---|---|---|---|---|---|---|---|---|
| $x_i$ | 10 | 20 | 30 | 40 | 50 | 60 | 70 | 80 | 90 |
| $y_i$ | 0.00 | 3.8 | 7.1 | 11.0 | 15.0 | 18.6 | 22.4 | 26.0 | 30.0 |

**分析**　如图 9.2 所示，记 $Y = [y_1, y_2, \cdots, y_m]^{\mathrm{T}}$，$B = [a \quad b]^{\mathrm{T}}$，$X = \begin{bmatrix} 1 & 1 & \cdots & 1 \\ x_1 & x_2 & \cdots & x_m \end{bmatrix}^{\mathrm{T}}$，则有

$$XB = Y \tag{9.4}$$

$B$ 的最小二乘估计为

$$B = (X^{\mathrm{T}}X)^{-1}X^{\mathrm{T}}Y = [-3.8556, 0.3747] \tag{9.5}$$

**仿真计算 9.2**

```
clear,clc,close all,rng(0);
X = [0.00,3.8,7.1,11.0,15.0,18.6,22.4,26.0,30.0]'
Y = [10,20,30,40,50,60,70,80,90]'
semilogy(X,Y,'bo','linewidth',2),hold on
XX = [ones(size(X)),X],B = XX\Y,Y_cap = XX * B;
semilogy(X,Y_cap,'k-','linewidth',2)
set(gca,'fontsize',12),grid on,box on
xlabel('温度'),ylabel('铜棒长')
set(gcf,'position',[100,100,300,200])
```

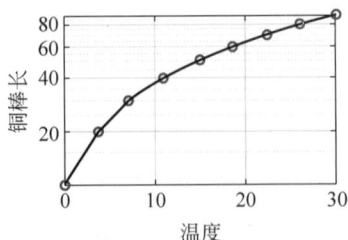

图 9.2　铜棒试验的膨胀数据与回归曲线

# 9.2　多元线性回归模型

## 9.2.1　三论飞行器差分求速——降噪技术

　　光学定位主要任务可分为：上游判读和下游解算。图像获取团队主要负责上游判读，而我单位的信息融合团队主要负责下游解算。两个团队多次讨论了差分求速的问题——一个小众而实用的问题。差分求速的关键点有：尽可能高的采样、尽可能大的试验曲率半径、尽可能宽的窗宽、尽可能接近真实的阶。DPF 差分求速是我实验室的关键弹道处理技术[1]。

　　**问题 9.1**　如何通过目标的位置坐标 $x(t)$ 获得目标的速度坐标 $v_x(t)$？简单起见，$t_k$ 时刻的位置和速度分别记作 $x_k = x(t_k)$，$v_k = v_x(t_k)$。速度函数是位置函数的导数，即

$$v(t) = \frac{\mathrm{d}}{\mathrm{d}t}x(t) = \lim_{\Delta t \to 0} \frac{x(t+\Delta t) - x(t)}{\Delta t} \tag{9.6}$$

但是实际应用中无法获得连续的位置函数 $x(t)$，只能得到一系列离散时刻对应的位置 $\{x_1, x_2, \cdots, x_k\}$，那如何利用位置计算平滑速度 $\{v_1, v_2, \cdots, v_{k-1}, v_k, v_{k+1}, v_{k+2}, \cdots\}$ 呢？方便起见，记 $\{x_{k-s}, x_{k-s+1}, \cdots, x_{k-1}, x_{k+0}, x_{k+1}, x_{k+2}, \cdots, x_{k+s}\}$ 为当前定位数据 $x_k$ 前后的 $2s+1$ 个数据点，下面给出中心平滑求速公式及其精度分析公式。

　　**分析**　假定轨迹的 $x$ 坐标满足二次多项式，包括 3 个未知参数 $[a, b, c]$，每个采样点满足：

$$x_{k+i} = a + b \cdot h \cdot i + c \cdot (h \cdot i)^2 = [1, i, i^2][a, bh, ch^2]^{\mathrm{T}} \tag{9.7}$$

其中，$h$ 为采样间隔，$i = -s, -s+1, \cdots, -1, 0, 1, \cdots, s-1, s$，方程等价于

$$\begin{bmatrix} x_{k-s} \\ \vdots \\ x_{k-1} \\ x_{k+0} \\ x_{k+1} \\ \vdots \\ x_{k+s} \end{bmatrix} = \begin{bmatrix} 1 & -s & (-s)^2 \\ \vdots & \vdots & \vdots \\ 1 & -1 & (-1)^2 \\ 1 & 0 & 0^2 \\ 1 & 1 & 1^2 \\ \vdots & \vdots & \vdots \\ 1 & s & s^2 \end{bmatrix} \begin{bmatrix} a \\ bh \\ ch^2 \end{bmatrix} \tag{9.8}$$

将上式两边同时左乘 $\begin{bmatrix} 1 & \cdots & 1 & 1 & 1 & \cdots & 1 \\ -s & \cdots & -1 & 0 & 1 & \cdots & s \\ (-s)^2 & \cdots & (-1)^2 & 0^2 & 1^2 & \cdots & s^2 \end{bmatrix}$ 得

$$\begin{bmatrix} \sum\limits_{i=-s}^{s} x_{k+i} \\[2ex] \sum\limits_{i=-s}^{s} i x_{k+i} \\[2ex] \sum\limits_{i=-s}^{s} i^2 x_{k+i} \end{bmatrix} = \begin{bmatrix} n & 0 & \sum\limits_{i=-s}^{s} i^2 \\[2ex] 0 & \sum\limits_{i=-s}^{s} i^2 & 0 \\[2ex] \sum\limits_{i=-s}^{s} i^2 & 0 & \sum\limits_{i=-s}^{s} i^4 \end{bmatrix} \begin{bmatrix} a \\ bh \\ ch^2 \end{bmatrix} \tag{9.9}$$

记

$$\begin{cases} q_1 = \sum\limits_{i=-s}^{s} i^2 = 2\sum\limits_{i=1}^{s} i^2 = \dfrac{s(s+1)(2s+1)}{3} \\[3ex] q_2 = \sum\limits_{i=-s}^{s} i^4 = 2\sum\limits_{j=1}^{s} i^4 = \dfrac{s(s+1)(6s^3+9s^2+s-1)}{15} \end{cases} \tag{9.10}$$

得

$$\begin{bmatrix} \sum\limits_{i=-s}^{s} x_{k+i} \\[2ex] \sum\limits_{i=-s}^{s} i x_{k+i} \\[2ex] \sum\limits_{i=-s}^{s} i^2 x_{k+i} \end{bmatrix} = \begin{bmatrix} n & 0 & q_1 \\ 0 & q_1 & 0 \\ q_1 & 0 & q_2 \end{bmatrix} \begin{bmatrix} a \\ bh \\ ch^2 \end{bmatrix} \tag{9.11}$$

所以

$$bh = \frac{\sum\limits_{i=-s}^{s} i x_{k+i}}{q_1} = \sum_{i=-s}^{s} \frac{i}{q_1} x_{k+i} \tag{9.12}$$

对轨迹求导得速度为

$$\hat{v}_k = b = \frac{1}{h} \frac{\sum\limits_{i=-s}^{s} i x_{k+i}}{q_1} = \frac{1}{h} \sum_{i=-s}^{s} \frac{i}{q_1} x_{k+i} \tag{9.13}$$

总之，上述公式表明：平滑求速获得的速度 $\hat{v}_k$，其实质是定位数据 $\{x_{k-s}, x_{k-s+1}, \cdots,$ $x_{k-1}, x_{k+0}, x_{k+1}, x_{k+2}, \cdots, x_{k+s}\}$ 的加权平均，权系数为 $\dot{w}_i$，满足

$$\hat{v}_k = \sum_{i=-s}^{s} \dot{w}_i x_{k+i}, \dot{w}_i = \frac{i}{q_1 h} = \frac{3i}{hs(s+1)(2s+1)} \tag{9.14}$$

且

$$\sum_{i=-s}^{s} \dot{w}_i = \sum_{i=-s}^{s} \frac{i}{q_1 h} = 0 \tag{9.15}$$

例如，若 $s=5, n=11$，则 11 点平滑求速公式的权系数为

$$\dot{w} = \frac{1}{110h}[-5,-4,-3,-2,-1,0,1,2,3,4,5]^{\mathrm{T}}$$

假定定位数据 $\{x_{k-s},x_{k-s+1},\cdots,x_{k-1},x_{k+0},x_{k+1},x_{k+2},\cdots,x_{k+s}\}$ 的不同时刻的误差相互独立,且同分布,方差为 $\sigma^2$,利用"独立随机变量和的方差等于方差之和",求得平滑求速的方差公式为

$$\sigma_{v_k}^2 = \sum_{i=-s}^{s} \frac{i^2}{q_1^2 h^2}\sigma^2 = \frac{\sum\limits_{i=-s}^{s} i^2}{q_1^2 h^2}\sigma^2 = \frac{q_1}{q_1^2 h^2}\sigma^2 = \frac{1}{q_1 h^2}\sigma^2 = \frac{1}{h^2 \frac{s(s+1)(2s+1)}{3}}\sigma^2$$

或者

$$\sigma_{v_k} = \frac{1}{h\sqrt{q_1}}\sigma = \frac{1}{h\sqrt{\frac{s(s+1)(2s+1)}{3}}}\sigma \approx \frac{1.22}{hs\sqrt{s}}\sigma \approx \frac{2.44}{T\sqrt{s}}\sigma \tag{9.16}$$

根据上述公式,我们可以得到两个看似相互矛盾的结论:

(1)直觉上,周期越小,刻画局部时刻的特性越精细,平滑求速的精度就越高;

(2)理论上,周期越小,刻画局部时刻的特征越粗糙,平滑求速的精度就越差。

上述两个结论是冲突的,该如何理解?假定总的采样时间跨度 $T=h(2s+1)$ 为定值,此时方差公式变为

$$\sigma_{v_k} \approx \frac{2.44}{T\sqrt{s}}\sigma \tag{9.17}$$

因为时间跨度为定值,所以频率越高,周期 $h$ 就越小,$s$ 就越大,平滑求速的精度就越高,所以更合理的表述如下:

(1)在时间跨度 $T=h(2s+1)$ 固定的情况下,频率越高,平滑样本数量 $s$ 就越大,平滑求速的精度就越高;

(2)在平滑样本数量 $s$ 固定的情况下,频率越高,周期 $h$ 就越小,时间跨度就越小,平滑求速的精度就越低。

## 9.2.2 再论铜棒膨胀系数

**问题 9.2** 用高精度测量设备确定铜棒的膨胀系数。假定铜棒长度满足 $y_i = a + b x_i + c x_i^2, i=1,2,\cdots,m$,其中 $a$ 为 0℃时米尺的精确长度(mm),$x_i$ 为温度(℃)。假设在不同的温度下,测得一组 $y_i$ 值,如表 9.3 所示。

表 9.3  铜棒的膨胀试验数据——多元线性回归模型                    单位:mm

| 序号 | 1 | 2 | 3 | 4 | 5 | 6 | 7 | 8 | 9 |
|------|-----|------|------|------|------|------|------|------|------|
| $x_i$ | 10 | 20 | 30 | 40 | 50 | 60 | 70 | 80 | 90 |
| $y_i$ | 0.00 | 3.8 | 7.1 | 11.0 | 15.0 | 18.6 | 22.4 | 26.0 | 30.0 |

(1)利用 $\{x_i,y_i\}_{i=1}^{m}$ 给出参数 $[a,b,c]$ 的估计式;

(2)在模型 $y_i = a + b x_i + c x_i^2, i=1,2,\cdots,m$ 中,判断 $c$ 是否显著为 0。

**分析** (1)记 $Y=\begin{bmatrix} y_1 \\ \vdots \\ y_m \end{bmatrix}$，$\boldsymbol{\beta}=\begin{bmatrix} a \\ b \\ c \end{bmatrix}$，$\boldsymbol{A}=\begin{bmatrix} 1 & x_1 & x_1^2 \\ 1 & x_2 & x_2^2 \\ \vdots & \vdots & \vdots \\ 1 & x_m & x_m^2 \end{bmatrix}$，则有

$$\boldsymbol{A}\boldsymbol{\beta}=\boldsymbol{Y} \tag{9.18}$$

$\boldsymbol{\beta}$ 的最小二乘估计为

$$\boldsymbol{\beta}=(\boldsymbol{A}^{\mathrm{T}}\boldsymbol{A})^{-1}\boldsymbol{A}^{\mathrm{T}}\boldsymbol{Y} \tag{9.19}$$

如图 9.3 所示，解得

$$\begin{bmatrix} a \\ b \\ c \end{bmatrix}=\begin{bmatrix} 10.0536 \\ 2.7250 \\ -0.0019 \end{bmatrix} \tag{9.20}$$

(2)由于 $c=-0.0019$，很小，有道理认为原假设和备选假设分别为

$$H_0:c=0,\; H_1:c\neq 0$$

旧模型的残差平方和为 $\mathrm{SSR}=1.0499$，新模型为 $y_i=ax_i^0+abx_i^1$，估计参数和残差平方和分别为

$$[a,b]^{\mathrm{T}}=[10.2993,2.6684]^{\mathrm{T}},\; \mathrm{RSS}_{H_0}=1.1475 \tag{9.21}$$

得检验统计量为

$$F_{H0}=\frac{m-n}{k}\cdot\frac{\mathrm{RSS}_{H0}-\mathrm{RSS}}{\mathrm{RSS}}=\frac{9-3}{1}\times\frac{1.1475-1.0499}{1.0499}=0.6510 \tag{9.22}$$

因 $F_{1-\alpha}(k,m-n)=F_{1-\alpha}(1,9-3)=F_{1-\alpha}(1,6)=5.5914$，从而 $F_{H0}<F_{1-\alpha}(k,m-n)$，说明旧模型和新模型的残差没有显著差别，所以不能拒绝原假设，即 $c$ 显著为 0。

**仿真计算 9.3**

```
clear,clc,close all,rng(0);
X = [0.00,3.8,7.1,11.0,15.0,18.6,22.4,26.0,30.0]'
Y = [10,20,30,40,50,60,70,80,90]',subplot(211)
plot(X,Y,'bo','linewidth',2),hold on
X = [ones(size(X)),X,X.^2],B = X\Y,Y_cap = X * B;
plot(X(:,2),Y_cap,'k-','linewidth',2)
set(gca,'fontsize',12),grid on,box on
xlabel('温度'),ylabel('铜棒长')
legend('观测值 O','计算值 C'),subplot(212)
plot(X(:,2),Y-Y_cap,'ko-','linewidth',2),
legend('OC 残差'),xlabel('温度'),ylabel('残差')
gridon,set(gcf,'position',[100,100,300,400])
St = norm(Y-mean(Y))^2;% 总离差平方和
Qe = norm(Y-X * B)^2;% 残差平方和
U = norm(X * B-mean(Y))^2;% 回归平方和
n = size(X,1);k = size(X,2)-1;
F = [U/k] / [Qe/(n-k-1)]% F 值
a = 0.05;Fa = finv(1-a,k,n-k-1),F<Fa % 检验
```

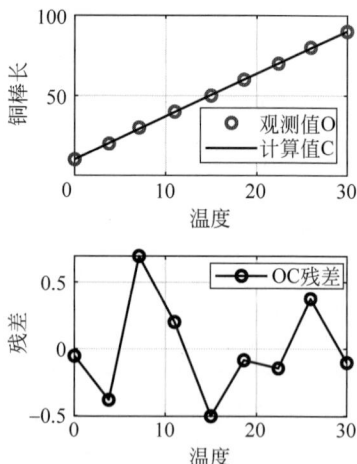

图 9.3 铜棒试验的回归曲线(上)和残差(下)

## 9.2.3　测速雷达求速原理

**问题 9.3**　假定已经由测距方程获得位置向量 $\boldsymbol{X} = [x, y, z]^T$，记速度向量为 $\dot{\boldsymbol{X}} = [\dot{x}, \dot{y}, \dot{z}]^T$，第 $i$ 台测速雷达可以获得速度 $\dot{\boldsymbol{X}}$ 在第 $i$ 个径向 $\mathrm{lmn}_i = [l_i, m_i, n_i]^T$ 上的投影，即 $\dot{\boldsymbol{X}}$ 与 $\mathrm{lmn}_i$ 的内积：

$$\dot{R}_i = l_i \dot{x} + m_i \dot{y} + n_i \dot{z}, i = 1, 2, \cdots, m \tag{9.23}$$

问：如何求解速度向量？

**分析**　设 $\boldsymbol{Y}_{\dot{R}}$ 为径向速率 $[\dot{R}_1, \dot{R}_2, \cdots, \dot{R}_m]^T$ 的观测值，$\boldsymbol{J}_R$ 为测距方程向量对 $\boldsymbol{X}$ 的雅可比矩阵，即

$$\boldsymbol{Y}_{\dot{R}} = \begin{bmatrix} y_{\dot{R}_1} \\ y_{\dot{R}_2} \\ \vdots \\ y_{\dot{R}_m} \end{bmatrix}, \boldsymbol{J}_R = \begin{bmatrix} l_1 & m_1 & n_1 \\ l_2 & m_2 & n_2 \\ \vdots & \vdots & \vdots \\ l_m & m_m & n_m \end{bmatrix}, \dot{\boldsymbol{X}} = \begin{bmatrix} \dot{x} \\ \dot{y} \\ \dot{z} \end{bmatrix} \tag{9.24}$$

在没有误差的条件下有

$$\boldsymbol{Y}_{\dot{R}} = \boldsymbol{J}_R \dot{\boldsymbol{X}} \tag{9.25}$$

无论是否有误差，都可以依据下式解得速度向量：

$$\dot{\boldsymbol{X}} = (\boldsymbol{J}_R^T \boldsymbol{J}_R)^{-1} \boldsymbol{J}_R^T \boldsymbol{Y}_{\dot{R}} \tag{9.26}$$

## 9.2.4　导航中的主元估计

**案例 9.3**　30 年前，我在山区小学读书，当时条件简陋，没有电话更没有手机，通信全部靠吼。上学 10 点吃早餐，下午 3 点放学回家才能吃午饭。我们家住在山谷，妈妈在对面的山上干农活，下午放学后我就跑到村头对着山的方向大声呼喊："妈妈……"，然后等待回复；如果没有回复，就换一个方向呼喊，再等待回复；一般妈妈会在第二次呼喊后回复我："诶……，我在这呢。"现在这种独特的"通信"方式还经常出现在我的睡梦中，我也很想知道村头离妈妈干农活的高地到底有多远。请问：如果我现在手头上只有一个秒表，如何测量这个距离？

**分析**　希望用这个例子说一说我对主元估计的理解。实际上，呼喊通信就是一种非常朴素的声呐系统，即声音导航与测距（sound navigation and ranging，SONAR）。在这个场景中，嗓门相当于声信标，耳朵相当于声听器，呼喊妈妈的时候秒表计时为 $T_1$，听到妈妈给我回复秒表计时为 $T_2$，假定计时误差为 $\varepsilon$，计时误差的幅值约为 $|\varepsilon| = 0.1 \mathrm{s}$，声速为 $c = 340 \mathrm{m/s}$，两地距离为 $R$，则有

$$\frac{1}{2}(T_2 - T_1) = \frac{1}{c} \cdot R + \varepsilon \tag{9.27}$$

显然计时误差 $\varepsilon$ 引起测距误差 $\Delta R$，其幅值满足：

$$|\Delta R| = c|\varepsilon| \approx 34$$

$T_2 - T_1$ 约为 2 s，意味着 $R$ 约为 340 m。上述测量系统是有意义的，但是，这种测距方式有时会失效。

（1）如果先验表明 $R$ 的距离小于 $34\,\mathrm{m}$，如在教室里教员与学员的距离，那么通过上述测量体制测量两者之间的距离是没有意义的，因为误差相对于真实距离来说实在是太大了。

（2）如果先验表明 $R$ 约 $340\,\mathrm{m}$，且不能用声学定位，只能用电磁波定位，那么测量体制仍然是没有意义的，因为 $|\Delta R|=c|\varepsilon|\approx 3\times 10^{7}\,\mathrm{m}\gg R$。

总之，如果误差的影响过大，甚至超过被估计量 $R$ 本身，就不如不估计 $R$，不妨直接令 $R=0$，这就主元估计的思想：若测量误差引起的解算误差大于被估计量本身，则不予估计，而直接令其为 0。

---

**评注 9.2　有作为与无作为**

主元估计的思想是：如果估计误差比待估计量还大，不如不估计。类似地，如果我们明知道"有作为"比"无作为"的伤害更大，不如无作为。如果给出"明确回答"的伤害比"不回答"的伤害更大，不如保持沉默。

---

**案例 9.4**　简单的二维参数估计问题如下：

$$\begin{bmatrix} y_1 \\ y_2 \end{bmatrix}=\begin{bmatrix} 10 & 0 \\ 0 & 0.1 \end{bmatrix}\begin{bmatrix} \beta_1 \\ \beta_2 \end{bmatrix}+\begin{bmatrix} \varepsilon_1 \\ \varepsilon_2 \end{bmatrix} \tag{9.28}$$

若测量误差的幅值满足

$$|\varepsilon_2|=|\varepsilon_1|=1,\ |\beta_2|\leqslant 1$$

则参数估计的误差满足

$$|\Delta\beta_2|=10\cdot\varepsilon=10\gg 1\geqslant |\beta_2|$$

这意味着：若测量误差 $\varepsilon$ 引起的"部分"解算误差的幅值 $|\Delta\beta_2|$ 大于"部分"被估计量本身的幅值 $|\beta_2|$，则不估计 $\beta_2$，而直接令其为 0。

如图 9.4 所示，可以得到以下几点结论。

（1）$|\Delta\beta_1|=0.1|\varepsilon|=0.1\ll|\beta_1|$，估计 $\beta_1$ 是有价值的。

（2）$|\Delta\beta_2|=10|\varepsilon|=10\gg|\beta_2|$，估计 $\beta_2$ 会起反作用。

（3）这也意味着：尽管最小二乘估计是最好的线性无偏估计，却未必优于主元估计为代表的有偏估计。

---

**仿真计算 9.4**

```
close all,beta = [1;1];X = [10 0 ;0 0.1]
fori = 1:10,epsilon = randn(2,1);
Y = X * beta + epsilon;beta_cap(i,:) = X\Y;end
i = 1,subplot(2,1,i)
plot(beta(i) * ones(1,10),'k--','linewidth',2),hold on
plot(beta_cap(:,i),'r-o','linewidth',2),grid on
plot(beta_cap(:,i),'b- + ','linewidth',2)
title(['\beta_' num2str(i)])
% legend('真值','估计值','主元估计','fontsize',12),
set(gca,'fontsize',12),i = 2,subplot(2,1,i),
plot(beta(i) * ones(1,10),'k--','linewidth',2),hold on
```

```
plot(beta_cap(:,i),'r--o','linewidth',2),grid on
plot(zeros(1,10),'b-+','linewidth',2)
title(['\beta_' num2str(i)])
legend('真值','传统估计','主元估计','fontsize',12),
set(gca,'fontsize',12),set(gcf,'position',[0,0,400,500])
```

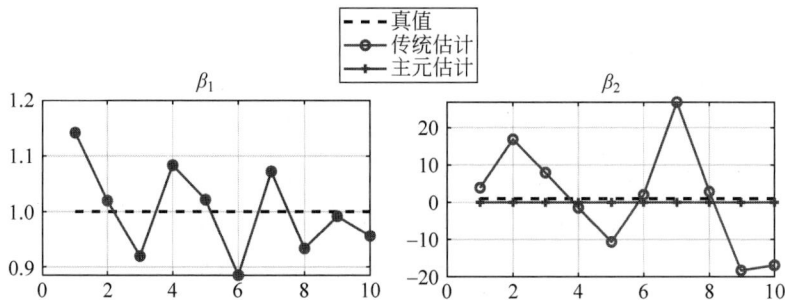

**图 9.4　传统估计和主元估计的对比(二维)**

**案例 9.5**　考虑一般的二维参数估计问题:

$$\begin{bmatrix} y_1 \\ y_2 \end{bmatrix} = \begin{bmatrix} x_{11} & x_{12} \\ x_{21} & x_{22} \end{bmatrix} \cdot \begin{bmatrix} \beta_1 \\ \beta_2 \end{bmatrix} + \begin{bmatrix} \varepsilon_1 \\ \varepsilon_2 \end{bmatrix}$$

若测量误差的幅值和待估参数的幅值分别满足

$$|\boldsymbol{\varepsilon}| = 1, \ |\boldsymbol{\beta}| \leqslant 1$$

且 $\boldsymbol{X}$ 的奇异值分解为

$$\boldsymbol{X} = \begin{bmatrix} x_{11} & x_{12} \\ x_{21} & x_{22} \end{bmatrix} = \begin{bmatrix} 3.5968 & 6.0884 \\ 3.4743 & 6.1591 \end{bmatrix} = \boldsymbol{U\Lambda V}^{\mathrm{T}} = \frac{1}{2}\begin{bmatrix} \sqrt{2} & -\sqrt{2} \\ \sqrt{2} & \sqrt{2} \end{bmatrix} \cdot \begin{bmatrix} 10 & 0 \\ 0 & 0.1 \end{bmatrix} \cdot \frac{1}{2}\begin{bmatrix} \sqrt{1} & -\sqrt{3} \\ \sqrt{3} & \sqrt{1} \end{bmatrix}$$

则最小二乘估计的表达式为

$$\begin{bmatrix} \beta_1 \\ \beta_2 \end{bmatrix} = \boldsymbol{V\Lambda}^{-1}\boldsymbol{U}^{\mathrm{T}}\begin{bmatrix} y_1 \\ y_2 \end{bmatrix} \tag{9.29}$$

主元估计的思想可推广为:若设计矩阵的某个小奇异值引起的解算误差的幅值 $\|\Delta\boldsymbol{\beta}\|$ 过大,则令该奇异值为 0。

主元估计对应的表达式为

$$\begin{bmatrix} \beta_1 \\ \beta_2 \end{bmatrix} = \boldsymbol{V}\begin{bmatrix} 10^{-1} & 0 \\ 0 & 0 \end{bmatrix}\boldsymbol{U}^{\mathrm{T}}\begin{bmatrix} y_1 \\ y_2 \end{bmatrix} \tag{9.30}$$

如图 9.5 所示,可知:

(1)小特征值同时影响了两个变量的估计;

(2)主元估计远优于最小二乘估计。

**仿真计算 9.5**

```
close all,beta=[1;1],U=[sqrt(2),sqrt(2);sqrt(2),-sqrt(2)]/2
V=[1 sqrt(3);sqrt(3)-1]/2;X=U*[10 0 ;0 0.1]*V
fori=1:10,epsilon=randn(2,1);Y=X*beta+epsilon;
beta_cap(i,:)=X\Y;beta_cap2(:,i)=V*diag([1/10,0])*U'*Y;
```

```
end,i = 1,subplot(2,1,i)
plot(beta(i) * ones(1,10),'k--','linewidth',2),hold on
plot(beta_cap(:,i),'r-o','linewidth',2),grid on
plot(beta_cap(:,i),'b-+','linewidth',2)
title(['(a)\beta_' num2str(i)'的估计幅值')]
set(gca,'fontsize',12),i = 2,subplot(2,1,i),
plot(beta(i) * ones(1,10),'k--','linewidth',2),hold on
plot(beta_cap(:,i),'r-o','linewidth',2),grid on
plot(zeros(1,10),'b-+','linewidth',2)
title(['\beta_' num2str(i)'的估计幅值'])
legend('真值','估计值','主元估计','fontsize',12),
set(gca,'fontsize',12),set(gcf,'position',[0,0,400,500])
```

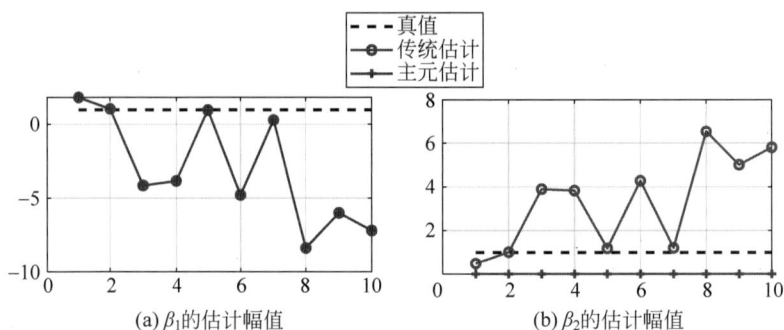

图 9.5  传统估计和主元估计的对比(多维)

**案例 9.6**  多维参数估计:$Y = X\beta + \varepsilon$,其中 $X$ 的奇异值分解为 $X = U\Lambda V^{\mathrm{T}}$,最小二乘估计的表达式为

$$\beta = V\Lambda^{-1}U^{\mathrm{T}}Y = V\mathrm{diag}(\lambda_1^{-1},\cdots,\lambda_p^{-1})U^{\mathrm{T}}Y$$

$k$ 阶主元估计的表达式为

$$\beta = V\Lambda^{-1}U^{\mathrm{T}}Y = V\mathrm{diag}(\lambda_1^{-1},\cdots,\lambda_k^{-1},0,\cdots,0)U^{\mathrm{T}}Y$$

主元估计的思想可进一步推广为:若设计矩阵的一些小奇异值引起解算误差的幅值 $\|\Delta\beta\|$ 过大,则令这些奇异值为 0。

---

**评注 9.3  主元估计的若干提示**

(1)主元估计未必可以减少运算量,因为计算过程必须依赖原始的变量、增加了额外的矩阵分解和训练测试的计算复杂度;

(2)主元估计未必可以减少存储量,因为在有损压缩条件下,原始数据被删除后将永远无法恢复,导致既要保存原始数据,又要保存降维之后的数据;

(3)主元估计很难找到物理可解释性,因为用于组合的变量的量纲经常无法保证一致。

---

## 9.2.5  基于状态转移矩阵求先验概率

**案例 9.7**  设某地区天气有雨、晴、阴、多云 4 种状况,明天的天气状况以一定的概率取决于今天的天气,并具有转移概率,如表 9.4 所示,试计算各类天气状况的占比。

表 9.4　天气状况转移表

| 今天/明天 | 雨 | 晴 | 阴 | 多云 |
| --- | --- | --- | --- | --- |
| 雨 | 0.5 | 0.1 | 0.2 | 0.2 |
| 晴 | 0.2 | 0.4 | 0.2 | 0.2 |
| 阴 | 0.3 | 0.2 | 0.4 | 0.1 |
| 多云 | 0.2 | 0.3 | 0.1 | 0.4 |

**分析**　设各类天气占比分别为 $x_1, x_2, x_3, x_4$，故

$$\begin{cases} x_1 = 0.5x_1 + 0.1x_2 + 0.2x_3 + 0.2x_4 \\ x_2 = 0.2x_1 + 0.4x_2 + 0.2x_3 + 0.2x_4 \\ x_3 = 0.3x_1 + 0.2x_2 + 0.4x_3 + 0.1x_4 \\ x_4 = 0.2x_1 + 0.3x_2 + 0.1x_3 + 0.4x_4 \\ 1 = x_1 + x_2 + x_3 + x_4 \end{cases} \tag{9.31}$$

记为

$$\overbrace{\begin{bmatrix} 0.5-1 & 0.1 & 0.2 & 0.2 \\ 0.2 & 0.4-1 & 0.2 & 0.2 \\ 0.3 & 0.2 & 0.4-1 & 0.1 \\ 0.2 & 0.3 & 0.1 & 0.4-1 \\ 1.0 & 1.0 & 1.0 & 1.0 \end{bmatrix}}^{\textbf{\textit{X}}} \overbrace{\begin{bmatrix} x_1 \\ x_2 \\ x_3 \\ x_4 \end{bmatrix}}^{\textbf{\textit{B}}} - \overbrace{\begin{bmatrix} 0 \\ 0 \\ 0 \\ 0 \\ 1 \end{bmatrix}}^{\textbf{\textit{Y}}} \tag{9.32}$$

注意：由规范性可知，第五个方程的目的是防止零解。利用最小二乘原理解得

$$[x_1, x_2, x_3, x_4] = [0.3175, 0.2381, 0.2222, 0.2222]^{\mathrm{T}}$$

---

**仿真计算 9.6**

```
X=[0.5 0.1 0.2 0.2;0.2 0.4 0.2 0.2;0.3 0.2 0.4 0.1
0.2 0.3 0.1 0.4]';X=[X-eye(4);ones(1,4)];Y=[zeros(4,1);1],B=X\Y
```

## 9.2.6　导航方程的求解

**评注 9.4　教学能手比赛案例——导航方程的求解**

解决雷达从罢工到复工的关键是降低估计的方差，良好的空间布站设计可以显著减小导航定位的方差，这也是保障导航精度的一个突破口。

**案例 9.8**　"靶场测距雷达导航"的故事，既是故事也是事故。为什么要把观测站布设在崇山峻岭、雪域高原、南海岛礁、领空太空呢？高功率移动雷达车能够为 3 万公里高的飞行器提供精准导航，为何对于 5 公里高的飞机却出现失效的情况呢？

挂飞轨迹如图 9.6 和图 9.7 所示,在挂飞第 3、4 圈时,定位出现不稳定现象,带毛刺的曲线(蓝色)是雷达车的定位结果,光滑曲线(红色)是全球导航卫星系统(global navigation satellite system,GNSS)的定位结果(代表真实位置),两者不一致,毛刺范围达 10 公里。定位失败可能意味着部分技术归零,甚至会导致后续军事、经济和名誉的损失。

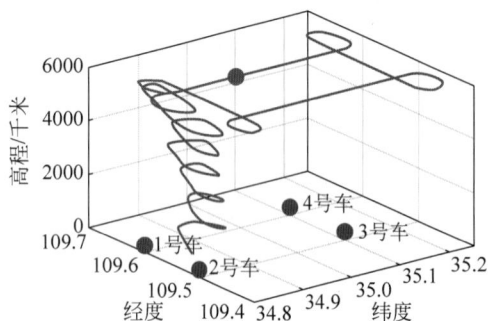

图 9.6　飞行轨迹和雷达车布站
(见文后彩图)

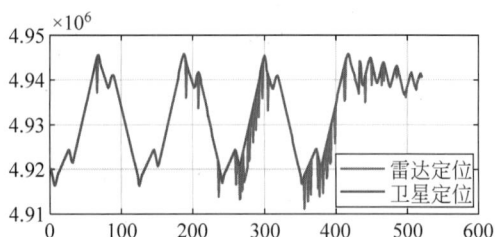

图 9.7　卫星定位轨迹和测距定位轨迹比对
(见文后彩图)

**仿真计算 9.7**

```
close all,clc,clear,format long,data = load('GPS_data.TXT');m = length(data);
time = 24 * 60 * 60 * data(:,1) + 60 * 60 * data(:,2) + 60 * data(:,3) + data(:,4) + second;
XYZ_GPS = [data(:,2:4)/unit data(:,5:7)/unit2];data = [time,data(:,5:end)];
BLH_GPS = zeros(length(XYZ_GPS),3);for i = 1:m,BLH_GPS(i,:) = XYZ2BLH(XYZ_GPS(i,:),1)';end
length0 = 6730;wid = 20;begin = 2200;x = BLH_GPS(begin:wid:length0,1);
y = BLH_GPS(begin:wid:length0,2);z = BLH_GPS(begin:wid:length0,3);plot3(x,y,z,'k-','linewidth',2);
view(-37,30),xlabel('纬度'),ylabel('经度'),zlabel('高程'),grid on,hold on,box on,set(gca,'FontSize',
12);
plot3(34.8,109.6,300,'bo','linewidth',10);text(34.82,109.6,300,'1 号车','FontSize',12);
plot3(34.8,109.5,300,'bo','linewidth',10);text(34.82,109.5,300,'2 号车','FontSize',12);
plot3(35.1,109.5,300,'bo','linewidth',10);text(35.12,109.5,300,'3 号车','FontSize',12);
plot3(35.1,109.6,300,'bo','linewidth',10);text(35.12,109.6,300,'4 号车','FontSize',12);
```

**仿真计算 9.8**

```
figure,set(gcf,'Position',[1,1,500,200])
i = 2,grid on,hold on,box on,set(gca,'FontSize',12);set(get(gca,'title'),'FontSize',12);
plot(XYZ_nudt2(:,i),'LineWidth',2);plot(XYZ_gps(:,i),'LineWidth',2);legend('雷达定位','卫星定位')
```

**仿真计算 9.9**

```
delta = 0.03;alpha = 0.1;A = 0:delta:pi * 2 + delta;E = -pi/2:delta:pi/2 + delta;[A,E] = meshgrid(A,E);
X0 = [4,0,0];plot3(X0(1),X0(2),X0(3),'bo','linewidth',20),text(X0(1),X0(2),5.5,'1 号车','fontsize',20),
R = 5;X = R * cos(E). * cos(A) + X0(1);Y = R * cos(E). * sin(A) + X0(2);Z = R * sin(E) + X0(3);hold on
p = mesh(X,Y,Z);set(p,'FaceAlpha',alpha);view(7,14)
X0 = [-4,0,0];plot3(X0(1),X0(2),X0(3),'bo','linewidth',20),text(X0(1),X0(2),5.5,'2 号车','fontsize',20)
```

R = 5;X = R * cos(E). * cos(A) + X0(1);Y = R * cos(E). * sin(A) + X0(2);Z = R * sin(E) + X0(3);

hold on,p = mesh(X,Y,Z);set(p,'FaceAlpha',alpha);view(7,14)

R = 3.3;A = 0:delta * 3:pi * 2 + delta * 3;Y = R * cos(A);Z = R * sin(A);X = zeros(size(Y));

plot3(X,Y,Z,'k-','linewidth',1),set(gca,'xtick',[],'xticklabel',[],'ytick',[],'yticklabel',[],'ztick',[])

axis off,M = moviein(20);filename = 'three_ball.gif';x = X;y = Y;z = Z;

head = line('color',[0,0,1],'marker','o','xdata',x(1),'ydata',y(1),'zdata',z(1),'tag','head');

h = animatedline('Color','r','LineWidth',10);

begin = round(length(x)/4)-5;endd = round(length(x)/2) + 20;

forj = begin:endd,set(head,'xdata',x(j),'ydata',y(j),'zdata',z(j)),addpoints(h,x(j),y(j),z(j));

M(:,end + 1) = getframe;[A,map] = rgb2ind(frame2im(getframe),256);

ifj = begin,imwrite(A,map,filename,'gif','Loopcount',inf,'DelayTime',0.01);

else,imwrite(A,map,filename,'gif','WriteMode','append','DelayTime',0.01);end,end, % movie(M,2)

figure,hold on,R = 3.3;A = 0:delta * 1:pi * 2 + delta * 1;Y = R * cos(A);Z = R * sin(A);X = zeros(size(Y));

hold on,plot3(X,Y,Z,'ro','linewidth',3)

A = 0:delta:pi * 2 + delta;E = -pi/2:delta:pi/2 + delta;[A,E] = meshgrid(A,E);view(7,14)

X0 = [4,4,0];plot3(X0(1),X0(2),X0(3),'bo','linewidth',20),text(X0(1),X0(2),5.5,'3 号车','fontsize',20)

R = 5;X = R * cos(E). * cos(A) + X0(1);Y = R * cos(E). * sin(A) + X0(2);Z = R * sin(E) + X0(3);hold on

p = mesh(X,Y,Z);set(p,'FaceAlpha',alpha);plot3(0,2.3,-2.3,'go','linewidth',20)

plot3(X0(1),X0(2),X0(3),'bo','linewidth',20),plot3(0,2.3,2.3,'ko','linewidth',20),

set(gca,'xtick',[],'xticklabel',[],'ytick',[],'yticklabel',[],'ztick',[],'zticklabel',[]),axis off,view(50,0)

### 1. 交会原理

如图 9.8 所示,测距定位的关键是交会原理,一个测距方程本质上就是一个球面方程。雷达车的位置 $[x_i,y_i,z_i]$ $(i=1,2,3)$ 以及到飞机的距离 $R_i$ $(i=1,2,3)$ 是已知的,而飞机位置 $[x,y,z]$ 是未知的。1 号车的测距方程为 $R_1^2=(x-x_1)^2+(y-y_1)^2+(z-z_1)^2$;2 号车的测距方程为 $R_2^2=(x-x_2)^2+(y-y_2)^2+(z-z_2)^2$,两个球面相交成一个圆,飞机一定在圆上;3 号车的测距方程为 $R_3^2=(x-x_3)^2+(y-y_3)^2+(z-z_3)^2$,它与圆相交得两个点(上方是真值、下方是假值);飞机只可能在天上,排除假值后,就实现了对飞机的定位。

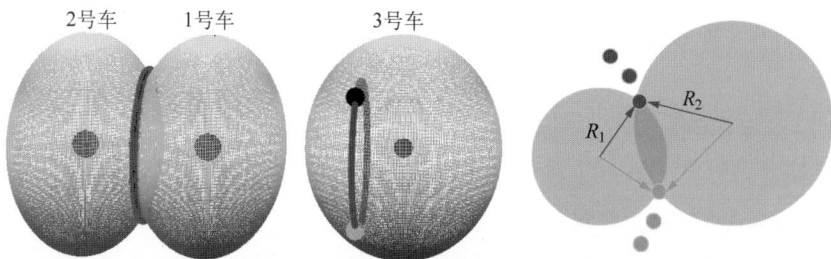

图 9.8  双球交会与三球交会定位示意图

### 2. 二次回归模型

假定有 4 台雷达车,对应 4 个测距方程:

$$\begin{cases} R_1^2 = (x - x_1)^2 + (y - y_1)^2 + (z - z_1)^2 \\ R_2^2 = (x - x_2)^2 + (y - y_2)^2 + (z - z_2)^2 \\ R_3^2 = (x - x_3)^2 + (y - y_3)^2 + (z - z_3)^2 \\ R_4^2 = (x - x_4)^2 + (y - y_4)^2 + (z - z_4)^2 \end{cases} \tag{9.33}$$

**思考** 线性代数中的高斯消元法表明方程越多解越少,方程很多对定位有利还是不利? 针对该模型,思考如下 3 个问题。

(1)如何把二次非线性模型转化为线性模型?

(2)当存在随机误差时,如何求解未知向量?

(3)最小二乘估计是否准确?是否稳定?

### 3. 转化为线性模型

**问题 9.4** 如何把二次非线性模型转化为线性模型?二次方程是非线性的,作差可以消去平方项。用距离方程组的第 1 个方程减去第 4 个方程,得

$$b_1 = a_{11}x + a_{12}y + a_{13}z \tag{9.34}$$

其中,$b_1, a_{11}, a_{12}, a_{13}$ 都是已知量,且 $b_1 = \dfrac{1}{2}(R_1^2 - R_4^2 - x_1^2 - y_1^2 - z_1^2 + x_4^2 + y_4^2 + z_4^2)$,$a_{11} = x_4 - x_1$,$a_{12} = y_4 - y_1$,$a_{13} = z_4 - z_1$。同理,用第 2 个方程、第 3 个方程减去第 4 个方程,得方程组:

$$\begin{cases} b_1 = a_{11}x + a_{12}y + a_{13}z \\ b_2 = a_{21}x + a_{22}y + a_{23}z \\ b_3 = a_{31}x + a_{32}y + a_{33}z \end{cases} \tag{9.35}$$

误差公理表明任何测量必有误差,导致方程组无解,方程组需加上未知的误差向量 $[\varepsilon_1, \varepsilon_2, \varepsilon_3]$,得

$$\begin{cases} b_1 = a_{11}x + a_{12}y + a_{13}z + \varepsilon_1 \\ b_2 = a_{21}x + a_{22}y + a_{23}z + \varepsilon_2 \\ b_3 = a_{31}x + a_{32}y + a_{33}z + \varepsilon_3 \end{cases} \tag{9.36}$$

从而得到具有 3 个方程 3 个未知数的三元线性回归模型,如下:

$$\begin{bmatrix} b_1 \\ b_2 \\ b_3 \end{bmatrix} = \begin{bmatrix} x_4 - x_1 & y_4 - y_1 & z_4 - z_1 \\ x_4 - x_2 & y_4 - y_2 & z_4 - z_2 \\ x_4 - x_3 & y_4 - y_3 & z_4 - z_3 \end{bmatrix} \begin{bmatrix} x \\ y \\ z \end{bmatrix} + \begin{bmatrix} \varepsilon_1 \\ \varepsilon_2 \\ \varepsilon_3 \end{bmatrix} \tag{9.37}$$

方便起见,用矩阵表示方程组,记为

$$\boldsymbol{B} = \begin{bmatrix} b_1 \\ b_2 \\ b_3 \end{bmatrix}, \boldsymbol{A} = \begin{bmatrix} x_4 - x_1 & y_4 - y_1 & z_4 - z_1 \\ x_4 - x_2 & y_4 - y_2 & z_4 - z_2 \\ x_4 - x_3 & y_4 - y_3 & z_4 - z_3 \end{bmatrix}, \boldsymbol{X} = \begin{bmatrix} x \\ y \\ z \end{bmatrix}, \boldsymbol{\varepsilon} = \begin{bmatrix} \varepsilon_1 \\ \varepsilon_2 \\ \varepsilon_3 \end{bmatrix} \tag{9.38}$$

方程组进一步简记为矩阵形式:

$$\boldsymbol{B} = \boldsymbol{A}\boldsymbol{X} + \boldsymbol{\varepsilon} \tag{9.39}$$

其中,$\boldsymbol{B}$ 为测量向量,$\boldsymbol{A}$ 为设计矩阵,$\boldsymbol{X}$ 为未知向量,$\boldsymbol{\varepsilon}$ 为误差向量。三元线性回归模型 $\boldsymbol{B} = \boldsymbol{A}\boldsymbol{X} + \boldsymbol{\varepsilon}$ 可以进一步推广为 $n$ 元线性回归模型,此时有 $\boldsymbol{A} \in R^{m \times n}$。假定回归模型满足高

斯-马尔科夫条件,如下:

(1)系数矩阵列满秩,即

$$\text{rank}(\boldsymbol{A})=3 \tag{9.40}$$

(2)随机误差$(\varepsilon_i, i=1,2,3)$相互独立,期望为0,方差为$\sigma^2$,记为

$$\boldsymbol{\varepsilon} \sim (\boldsymbol{0}, \sigma^2 \boldsymbol{I}_3) \tag{9.41}$$

其中,$\boldsymbol{I}_3$是三维单位矩阵。

**4. 随机方程的求解**

**问题 9.5**　当存在随机误差时,如何求解未知向量? 针对 $\boldsymbol{B}=\boldsymbol{AX}+\boldsymbol{\varepsilon}$,如何利用已知数据 $\boldsymbol{B}$、$\boldsymbol{A}$ 估计未知参数 $\boldsymbol{X}$?

下面用几个简单的例子介绍随机方程的求解方法。

**例 9.1(地摊上的最小二乘)**　在地摊上,某商品的价值 $x$ 客观存在,但是未知。价值唯一,价格不唯一。卖方讨价 $b_1$(比如 20 元),即认为 $x=b_1$,买方还价 $b_2$(比如 10 元),即认为 $x=b_2$,价格不一致怎么办?

**分析**　讨价还价后折中! 让双方的总损失最小,卖方的损失记为 $(b_1-x)^2$,买方的损失记为 $(b_2-x)^2$,总的损失记为

$$Q(x)=(b_1-x)^2+(b_2-x)^2 \tag{9.42}$$

如图 9.9 所示,因为 $Q(x)$ 是未知参数 $x$ 的二次非负函数,一定有最小值,损失越小越好,损失最小时导数为零,即

$$\frac{\partial}{\partial x}Q(x)=-2(b_1-x)-2(b_2-x)=0 \tag{9.43}$$

解得 $\hat{x}=\dfrac{b_1+b_2}{2}=15$,即 15 元成交! 称使损失 $Q(x)$ 最小的估计为最小二乘估计,记为 $\hat{x}$。

**仿真计算 9.10**

```
close all,syms x,x0 = 1.1;y = (x-x0) * x^2 * (x + x0) + 5;y0 = subs(y,x,x0),z = ezplot((x-x0) * x^2 *
(x + x0) + 5)
set(gca,'FontSize',12);set(z,'LineWidth',2,'Color','k'),xlim([-2,2]),ylim([4.5,5.5]),hold on,grid on
plot(-0.8,4.65,'ro','LineWidth',2),plot(0.8,4.65,'go','LineWidth',2),title('')
close all,syms x,b1 = 10;b2 = 20;y = (x-b1)^2 + (x-b2)^2;z = ezplot(y,[10,20])
set(gca,'FontSize',12);set(z,'LineWidth',2,'Color','k'),hold on,grid on,plot(15,50,'ro','LineWidth',2),
close all,n = 1,x = [-n:0.05:n],y = x;[x,y] = meshgrid(x,y);z = x.^2 + y.^2,mesh(x,y,z)
```

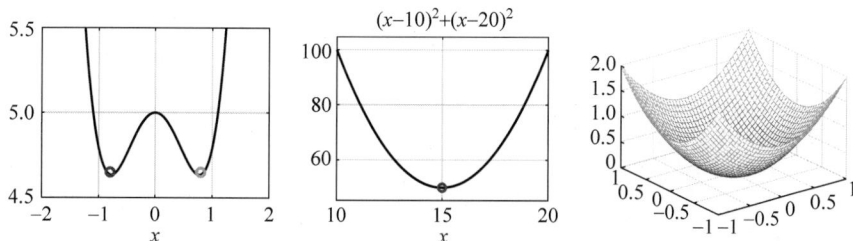

图 9.9　多极值(左)、一元单极值(中)和多元单极值(右)

**思考** 把 $Q(x)=(x-b_1)^2+(x-b_2)^2$ 变成 $Q(x)=|x-b_1|+|x-b_2|$,是否合理?

**提示** 不合理,因为变更后损失函数在区间 $[b_2,b_1]$ 上保持恒定值(相当于保持零和游戏),导致多解。

类似地,对于多元线性回归模型 $B=AX+\varepsilon$,第 $i$ 个测量的损失为 $\varepsilon_i^2(i=1,2,3)$,总的损失函数为

$$Q(x,y,z)=\varepsilon_1^2+\varepsilon_2^2+\varepsilon_3^2 \tag{9.44}$$

令 $Q(X)$ 关于 $X$ 的偏导数等于 $0$,得

$$\begin{cases} \dfrac{\partial}{\partial x}Q(x,y,z)=0 \\[2mm] \dfrac{\partial}{\partial y}Q(x,y,z)=0 \\[2mm] \dfrac{\partial}{\partial z}Q(x,y,z)=0 \end{cases} \tag{9.45}$$

移项整理得到如下正规方程组:

$$A^{\mathrm{T}}AX=A^{\mathrm{T}}B \tag{9.46}$$

因 $\mathrm{rank}(A)=3$,故 $A^{\mathrm{T}}A$ 可逆,等式两边左乘 $(A^{\mathrm{T}}A)^{-1}$ 得

$$\hat{X}=(A^{\mathrm{T}}A)^{-1}A^{\mathrm{T}}B \tag{9.47}$$

**思考** 把 $\hat{X}=(A^{\mathrm{T}}A)^{-1}A^{\mathrm{T}}B$ 变成 $\hat{X}=A^{-1}B$ 是否更合理?

**提示** 不合理,因为 $A$ 可能推广为又高又瘦的矩阵,高瘦矩阵不是方阵,也就没有逆矩阵。正因如此,下文中把三元线性回归模型 $B=AX+\varepsilon$ 推广为 $n$ 元线性回归模型,此时 $A\in R^{m\times n}$。

正规方程中"正"和"规"的含义如下:

(1)正:又高又瘦的矩阵 $A$ 变成了方阵 $A^{\mathrm{T}}A$;

(2)规:该方程可以通过规范的高斯消元法求解。

**例 9.2(舞台上的最小二乘)** 排除最高分和最低分后,某演讲选手的得分如下。

| 评委序号 | 评委1 | 评委2 | 评委3 | 评委4 | 评委5 | 评委6 | 评委7 |
|---|---|---|---|---|---|---|---|
| 得分/分 | 9.8 | 9.7 | 9.5 | 9.9 | 9.8 | 9.2 | 9.5 |

用最小二乘法估计选手水平。

**分析** 选手的演讲水平 $x$ 客观存在,但是未知。第 $i$ 个评委的评分为 $x_i$,得回归模型 $b_i=x+\varepsilon_i,i=1,2,\cdots,7$,表示成矩阵形式为

$$\begin{bmatrix} b_1 \\ b_2 \\ \vdots \\ b_7 \end{bmatrix}=\begin{bmatrix} 1 \\ 1 \\ \vdots \\ 1 \end{bmatrix}x+\begin{bmatrix} \varepsilon_1 \\ \varepsilon_2 \\ \vdots \\ \varepsilon_7 \end{bmatrix}\Rightarrow B=\begin{bmatrix} b_1 \\ b_2 \\ \vdots \\ b_7 \end{bmatrix},A=\begin{bmatrix} 1 \\ 1 \\ \vdots \\ 1 \end{bmatrix},X=x,\varepsilon=\begin{bmatrix} \varepsilon_1 \\ \varepsilon_2 \\ \vdots \\ \varepsilon_7 \end{bmatrix} \tag{9.48}$$

$x$ 的最小二乘估计为

$$\hat{X}=(A^{\mathrm{T}}A)^{-1}A^{\mathrm{T}}B=\left([1,1,\cdots,1]\begin{bmatrix} 1 \\ 1 \\ \vdots \\ 1 \end{bmatrix}\right)^{-1}[1,1,\cdots,1]\begin{bmatrix} b_1 \\ b_2 \\ \vdots \\ b_7 \end{bmatrix}=\frac{1}{7}\sum_{i=1}^{7}b_i=9.6286$$

**仿真计算 9.11**

```
B = [9.8,9.7,9.5,9.9,9.8,9.2,9.5]',A = [1;1;1;1;1;1;1],X = A/B,mean(B)
```

可以发现"去掉最高分去掉最低分,再打平均分"是一种合理的评分机制。

**例 9.3（遗传学中的最小二乘）**[19]　父子身高的典型数据如下。

单位:cm

| 家庭 | 1 | 2 | 3 | 4 | 5 |
|------|-----|-----|-----|-----|-----|
| 父 $x$ | 198 | 203 | 160 | 157 | 170 |
| 子 $y$ | 188 | 191 | 173 | 172 | 174 |

把身高问题转化为线性回归问题,找到测量向量、设计矩阵、未知向量和误差向量,并计算参数的最小二乘估计。

**分析**　设第 $i$ 对父子的依赖方程为 $y_i = a + bx_i + \varepsilon_i$,如图 9.10 所示,得回归模型为

$$
\begin{bmatrix} y_1 \\ y_2 \\ \vdots \\ y_5 \end{bmatrix} = \begin{bmatrix} 1 & x_1 \\ 1 & x_2 \\ \vdots & \vdots \\ 1 & x_5 \end{bmatrix} \begin{bmatrix} a \\ b \end{bmatrix} + \begin{bmatrix} \varepsilon_1 \\ \varepsilon_2 \\ \vdots \\ \varepsilon_5 \end{bmatrix}, \boldsymbol{B} = \begin{bmatrix} y_1 \\ y_2 \\ \vdots \\ y_5 \end{bmatrix}, \boldsymbol{A} = \begin{bmatrix} 1 & x_1 \\ 2 & x_2 \\ \vdots & \vdots \\ 1 & x_5 \end{bmatrix}, \boldsymbol{X} = \begin{bmatrix} a \\ b \end{bmatrix}, \boldsymbol{\varepsilon} = \begin{bmatrix} \varepsilon_1 \\ \varepsilon_2 \\ \vdots \\ \varepsilon_5 \end{bmatrix} \quad (9.49)
$$

$\boldsymbol{X}$ 的最小二乘估计为

$$
\hat{\boldsymbol{X}} = (\boldsymbol{A}^{\mathrm{T}}\boldsymbol{A})^{-1}\boldsymbol{A}^{\mathrm{T}}\boldsymbol{B} = \begin{bmatrix} 5 & \sum\limits_{i=1}^{5} x_i \\ \sum\limits_{i=1}^{5} x_i & \sum\limits_{i=1}^{5} x_i^2 \end{bmatrix}^{-1} \begin{bmatrix} \sum\limits_{i=1}^{5} y_i \\ \sum\limits_{i=1}^{5} x_i y_i \end{bmatrix} \approx \begin{bmatrix} 105.21 \\ 0.42 \end{bmatrix}
$$

**仿真计算 9.12**

```
X = [198 203 160 157 170]'
Y = [188 191 173 172 174]'
%X = X/100 * 3.28
%Y = Y/100 * 3.28
cov(X,Y),corrcoef(X,Y)
plot(X,Y,'bo','linewidth',2),hold on,grid on
plot(X(end),Y(end),'ro','linewidth',2)
XX = [ones(size(X)),X],B = XX\Y,
Y_cap = XX * B;
plot(X,Y_cap,'k - ','linewidth',2),set(gca,'fontsize',16)
xlabel('父辈身高'),ylabel('子辈身高')
```

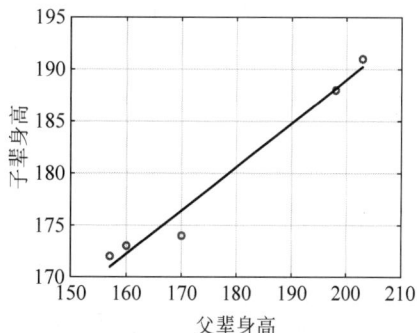

图 9.10　父子身高的拟合曲线

**新问题**　以损失最小为目标函数得到了最小二乘估计 $\hat{\boldsymbol{X}} = (\boldsymbol{A}^{\mathrm{T}}\boldsymbol{A})^{-1}\boldsymbol{A}^{\mathrm{T}}\boldsymbol{B}$,但是 $\hat{\boldsymbol{X}}$ 的准确性、稳定性如何评价呢?

### 5. 估计的稳定性

**问题 9.6** 最小二乘估计是否准确？是否稳定？我们在第 4 章学习了随机向量的两个数值特征：期望向量 $E(\hat{X})$、协方差矩阵 $D(\hat{X})$。对于随机向量 $\xi$、矩阵 $P$、向量 $Q$，有

$$\begin{cases} E(P\xi + Q) = P \cdot E(\xi) + Q \\ D(P\xi + Q) = P \cdot D(\xi) \cdot P^{\mathrm{T}} \end{cases} \quad (9.50)$$

$\hat{X}$ 的准度和稳度可以分别用期望和协方差来刻画。

(1)准度：$E(\hat{X}) = X$ 说明估计 $\hat{X}$ 是准确的，或者说估计是无偏的，表示估计没有系统误差；

(2)稳度：$D(\hat{X})$ 越小说明估计 $\hat{X}$ 越稳定，或者说估计是有效的，表示随机误差对估计的影响是受控的。

先给出 $E(\hat{X})$、$D(\hat{X})$ 的表达式，若 $B = AX + \varepsilon, \varepsilon \sim (0, \sigma^2 I_m)$，$\hat{X}$ 是 $X$ 的最小二乘估计，则 $\hat{X}$ 的期望向量为

$$E(\hat{X}) = X \quad (9.51)$$

$\hat{X}$ 的协方差矩阵为

$$D(\hat{X}) = \sigma^2 \cdot (A^{\mathrm{T}}A)^{-1} \quad (9.52)$$

**分析** 因 $\hat{X} = (A^{\mathrm{T}}A)^{-1}A^{\mathrm{T}}B, B = AX + \varepsilon$，故

$$\hat{X} = (A^{\mathrm{T}}A)^{-1}A^{\mathrm{T}}B = (A^{\mathrm{T}}A)^{-1}A^{\mathrm{T}}(AX + \varepsilon)$$
$$= (A^{\mathrm{T}}A)^{-1}A^{\mathrm{T}}AX + (A^{\mathrm{T}}A)^{-1}A^{\mathrm{T}}\varepsilon = X + (A^{\mathrm{T}}A)^{-1}A^{\mathrm{T}}\varepsilon$$

(1)因 $\varepsilon \sim (0, \sigma^2 I_m)$，所以 $E(\varepsilon) = 0$，由引理得

$$E(\hat{X}) = (A^{\mathrm{T}}A)^{-1}A^{\mathrm{T}}E(\varepsilon) + X = X + (A^{\mathrm{T}}A)^{-1}A^{\mathrm{T}}0 = X \quad (9.53)$$

(2)因 $\varepsilon \sim (0, \sigma^2 I_m)$，所以 $D(\varepsilon) = \sigma^2 I_m$，从而由引理得

$$D(\hat{X}) = (A^{\mathrm{T}}A)^{-1}A^{\mathrm{T}}D(\varepsilon)A(A^{\mathrm{T}}A)^{-1} = (A^{\mathrm{T}}A)^{-1}A^{\mathrm{T}}\sigma^2 I_m A(A^{\mathrm{T}}A)^{-1}$$
$$= \sigma^2 \cdot (A^{\mathrm{T}}A)^{-1}A^{\mathrm{T}}A(A^{\mathrm{T}}A)^{-1} = \sigma^2 \cdot (A^{\mathrm{T}}A)^{-1} \quad (9.54)$$

协方差 $D(\hat{X})$ 的迹称为方差，记为 $\mathrm{var}(\hat{X})$，即 $\mathrm{var}(\hat{X}) = \mathrm{tr}(D(\hat{X})) = \sigma^2 \cdot \mathrm{tr}((A^{\mathrm{T}}A)^{-1})$。若 $B = AX + \varepsilon, \varepsilon \sim (0, \sigma^2 I_m)$，$\hat{X}$ 是 $X$ 的最小二乘估计，$A^{\mathrm{T}}A$ 的 $n$ 个特征值满足 $\lambda_1 \geqslant \lambda_2 \cdots \geqslant \lambda_n$，则 $\hat{X}$ 的方差为

$$\mathrm{var}(\hat{X}) = \sigma^2 \cdot \sum_{i=1}^{n} \lambda_i^{-1} \quad (9.55)$$

实际上，$(A^{\mathrm{T}}A)^{-1}$ 的特征值为 $\lambda_1^{-1} \geqslant \lambda_2^{-1} \cdots \geqslant \lambda_n^{-1}$，可知

$$\mathrm{var}(\hat{X}) = \mathrm{tr}(D(\hat{X})) = \sigma^2 \cdot \mathrm{tr}((A^{\mathrm{T}}A)^{-1}) = \sigma^2 \cdot \sum_{i=1}^{n} \lambda_i^{-1} \quad (9.56)$$

### 6. 应用——布站分析

定位的测量误差 $\varepsilon$ 是无法避免的，云层浮动、电磁干扰、机翼遮挡等都可能导致测量向量 $B$ 带误差，又因 $\hat{X} = (A^{\mathrm{T}}A)^{-1}A^{\mathrm{T}}B$，故 $\hat{X}$ 也会有误差。本次试验任务的布站设计，如图 9.11 所示。

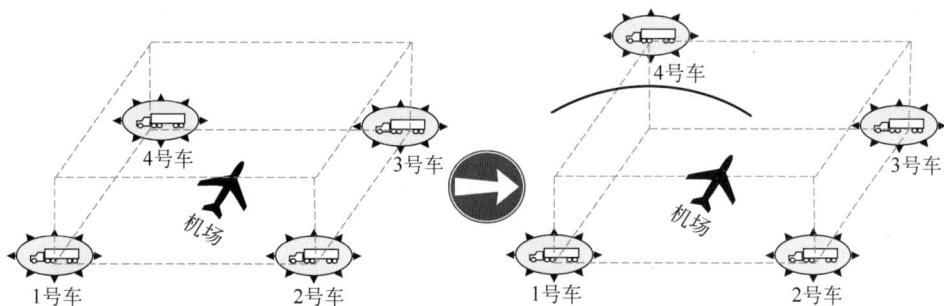

**图 9.11 布站结构前后对比**

可以发现,由于机场附近地势平坦,当 4 台雷达车沿机场跑道布站时,这 4 站几乎与跑道共面。实际上,机场海拔为 $z_0 = 345$ m,4 台雷达车位置的海拔分别为

$$z_1 = 345 \text{ m}, z_2 = 345 \text{ m}, z_3 = 345 \text{ m}, z_4 = 346 \text{ m}$$

其中,4 号车天线拉高了 1 m,设计矩阵在东北天坐标系下表示为

$$A = \begin{bmatrix} x_4 - x_1 & y_4 - y_1 & z_4 - z_1 \\ x_4 - x_2 & y_4 - y_2 & z_4 - z_2 \\ x_4 - x_3 & y_4 - y_3 & z_4 - z_3 \end{bmatrix} = \begin{bmatrix} 1345 & -1258 & 1 \\ 550 & -1321 & 1 \\ -889 & -1841 & 1 \end{bmatrix} \tag{9.57}$$

$A^T A$ 的最小特征值为 $\lambda_3 = 0.0055$,意味着定位误差相对于测量误差的放大倍数为

$$\frac{\text{var}(\hat{X})}{\sigma^2} = \sum_{i=1}^{n} \lambda_i^{-1} \approx \lambda_3^{-1} = 181 \tag{9.58}$$

---

**仿真计算 9.13**

```
A = [1345,-1258,1;550,-1321,1;-889,-1841,1];
Lam = eig(A'* A),Var_X = trace(inv(A'* A)),Var_X2 = 1/min(Lam)
```

---

**布站优化** 如图 9.11 所示,将 4 号车转移至 4 m 高台,4 台雷达车位置的海拔分别为

$$H_1 = 345 \text{ m}, H_2 = 345 \text{ m}, H_3 = 345 \text{ m}, H_4 = 350 \text{ m}$$

此时设计矩阵为

$$A = \begin{bmatrix} x_4 - x_1 & y_4 - y_1 & z_4 - z_1 \\ x_4 - x_2 & y_4 - y_2 & z_4 - z_2 \\ x_4 - x_3 & y_4 - y_3 & z_4 - z_3 \end{bmatrix} = \begin{bmatrix} 1345 & -1258 & 5 \\ 550 & -1321 & 5 \\ -889 & -1841 & 5 \end{bmatrix}$$

$A^T A$ 的最小特征值为 $\lambda_3 = 0.1397$,意味着定位误差相对于测量误差的放大倍数为

$$\frac{\text{var}(\hat{X})}{\sigma^2} = \sum_{i=1}^{n} \lambda_i^{-1} \approx \lambda_3^{-1} = 7 \tag{9.59}$$

---

**仿真计算 9.14**

```
A = [1345,-1258,5;550,-1321,5;-889,-1841,5];Lam = eig(A'* A),Var_X = trace(inv(A'* A)),
Var_X2 = 1/min(Lam),X_temp = [0;5e3;0];% 地上 5000 米,% % 步骤一:在站 1"上方"为初值
```

```
BLH = XYZ2BLH(X0(1,:),1)';M = rotation(BLH(1),BLH(2),0);%% 步骤二：获得站址 1BLH
X_temp = M * X_temp + X0(1,:)';%% 步骤三：地心坐标
```

　　如图 9.12 所示，当重新布站后，误差放大倍数从 181 倍降低到 7 倍，再次用 6 次挂飞数据进行测试，毛刺消失了，定位值与真值重合，这说明雷达复工了！

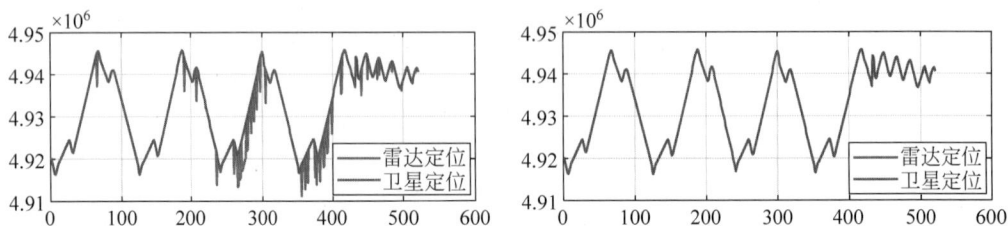

图 9.12　导航结果前(左)后(右)对比(见文后彩图)

---

**评注 9.5　厚德与博学的辩证统一**

　　(1)从科学优化布站角度看，为何坚守雪域高原、南海岛礁、领空太空地区？

　　必要性和科学性的结合："奉献精神"的必要性，"优化布站"的科学性。

　　战略要地，不仅不能抛弃，还要以租赁、合作等模式向外拓展。对于导航来说，要从平面布站过渡到立体布站，从国内布站过渡到国际布站，从路基布站扩展到海基布站和太空布站。布站体积越大，概略的测距定位精度就越高。例如，相对于海南岛 3000 公里的布站基线，永暑礁可以把定位基线拉长到 5000 公里，从而实现导航性能翻倍的提升；不仅如此，在战略试验阶段，还要把"远望号"测量船开到遥远的公海，目的之一就是提高导航的精度。

　　(2)"解越少反而对导航越有利"，如何做到直觉和推理的辩证统一？

　　解决雷达罢工的过程也是从"直觉思维"向"逻辑思维"转变的过程。

　　直觉上：方程越多解越少，似乎方程对定位不利。实际上：测量手段越多，信息就越多，方程就越多，最小二乘估计就越稳定，对解决问题就越有利。例如，导航中，3 台测距雷达就能实现交会定位导航，但是方差定理告诉我们：雷达站越多，定位方差就越小，导航精度就越高，所以要把 3 台雷达增加到多台雷达。

## 9.2.7　食谱方程的求解

**评注 9.6　教学能手比赛案例——食谱方程的求解**

　　在多元线性回归模型当中，如果方程的数量少于未知数的数量，就可能出现多解的问题，高斯消元法尤其适合解决多解问题。

**1. 食谱中的线性方程组**

　　**案例 9.9**　在富营养时代，享受舌尖愉悦和体重超标是一对矛盾体。营养医学认为：体重超标最好的处方是"少吃多动"。对于吃，该吃什么？该吃多少？

　　**分析**　表 9.5 是不同食材的营养含量表，列表头是 6 种食材，分别为鸡蛋、大米、白菜、

萝卜、面粉和猪肉。行表头是 3 种基础营养,分别为蛋白质、脂肪和糖类。比如,每 100 g 鸡蛋,大概是 2 个鸡蛋,含有 13 g 蛋白质、15 g 脂肪和 0.5 g 糖类。

表 9.5　每百克食材的营养含量　　　　　　　　　　　单位:g

| | 鸡蛋 | 大米 | 白菜 | 萝卜 | 面粉 | 猪肉 | 建议每天摄入标准 |
|---|---|---|---|---|---|---|---|
| 蛋白质 | 13 | 7.5 | 1.1 | 2.0 | 12 | 17 | 50 |
| 脂肪 | 15 | 0.5 | 0.1 | 0.4 | 0.8 | 29 | 50 |
| 糖类 | 0.5 | 79 | 2 | 5 | 70 | 1.1 | 200 |

国际营养学会建议,18～55 周岁的男性每天每种基础营养的摄入标准分别是:50 g 蛋白质、50 g 脂肪和 200 g 糖类。假定每一种食材的食用量分别为 $x_1,x_2,x_3,x_4,x_5,x_6$(百克),则蛋白质的摄入量为

$$13x_1 + 7.5x_2 + 1.1x_3 + 2.0x_4 + 12x_5 + 17x_6 = 50 \tag{9.60}$$

以此类推,可以得到一个具有 3 个方程 6 个未知数的营养搭配方程组:

$$\begin{cases} 13x_1 + 7.5x_2 + 1.1x_3 + 2.0x_4 + 12x_5 + 17x_6 = 50 \\ 15x_1 + 0.5x_2 + 0.1x_3 + 0.4x_4 + 0.8x_5 + 29x_6 = 50 \\ 0.5x_1 + 79x_2 + 2x_3 + 5x_4 + 70x_5 + 1.1x_6 = 200 \end{cases} \tag{9.61}$$

自然要问:方程组的解存在吗?解唯一吗?如果存在,该如何求解?为了得到一般性的结论,我们先把具体的营养搭配方程组抽象为具有 $m$ 个方程 $n$ 个未知数的线性方程组,简称为方程组,记为

$$\begin{cases} a_{11}x_1 + a_{12}x_2 + \cdots + a_{1n}x_n = b_1 \\ a_{21}x_1 + a_{22}x_2 + \cdots + a_{2n}x_n = b_2 \\ \vdots \\ a_{m1}x_1 + a_{m2}x_2 + \cdots + a_{mn}x_n = b_m \end{cases} \tag{9.62}$$

把 $a_{11}, a_{12}, \cdots, a_{1n}, \cdots, a_{m1}, a_{m2}, \cdots, a_{mn}$、$b_1, b_2, \cdots, b_m$、$x_1, x_2, \cdots, x_n$ 提取出来,记为

$$\boldsymbol{A} = \begin{bmatrix} a_{11} & a_{12} & \cdots & a_{1n} \\ a_{21} & a_{22} & \cdots & a_{2n} \\ \vdots & \vdots & & \vdots \\ a_{m1} & a_{m2} & \cdots & a_{mn} \end{bmatrix}, \boldsymbol{b} = \begin{bmatrix} b_1 \\ b_2 \\ \vdots \\ b_m \end{bmatrix}, \boldsymbol{x} = \begin{bmatrix} x_1 \\ x_2 \\ \vdots \\ x_n \end{bmatrix} \tag{9.63}$$

其中,$\boldsymbol{A}$ 称为系数矩阵,简称为系数;$\boldsymbol{b}$ 称为常数向量,简称为常数;$\boldsymbol{x}$ 称为未知向量,简称为未知数。最后,分块矩阵 $[\boldsymbol{A}, \boldsymbol{b}]$ 称为增广矩阵。方程组有如下 4 种等价的表现形式:

$$\begin{cases} a_{11}x_1 + a_{12}x_2 + \cdots + a_{1n}x_n = b_1 \\ a_{21}x_1 + a_{22}x_2 + \cdots + a_{2n}x_n = b_2 \\ \vdots \\ a_{m1}x_1 + a_{m2}x_2 + \cdots + a_{mn}x_n = b_m \end{cases} \Leftrightarrow \begin{bmatrix} a_{11} & a_{12} & \cdots & a_{1n} & b_1 \\ a_{21} & a_{22} & \cdots & a_{2n} & b_2 \\ \vdots & \vdots & & \vdots & \vdots \\ a_{m1} & a_{m2} & \cdots & a_{mn} & b_m \end{bmatrix} \tag{9.64}$$

$$\Updownarrow \qquad\qquad\qquad\qquad \Updownarrow$$
$$\boldsymbol{A}\boldsymbol{x} = \boldsymbol{b} \qquad \Leftrightarrow \qquad [\boldsymbol{A}, \boldsymbol{b}]$$

方便起见,在不同场合可能使用不同形式:

(1)对于增广矩阵,元素形式和分块形式可以相互转化;

(2)对于方程组,方程组形式和矩阵乘法形式也可以相互转化;

(3)方程组可以提取出增广矩阵,增广矩阵也可以还原为方程组。

### 2. 初等行变换

给定一个方程组,我们会尝试做一些运算,这些运算往往不改变方程的解,这样的运算称为同解变换,下面给出 3 种最简单的同解变换,它们被称为线性方程组的初等变换。

(1)交换:交换两个方程的位置;

(2)数乘:用非零的数乘某个方程;

(3)倍加:把一个方程的 $k$ 倍加到另一个方程。

**例 9.4** 解方程组 $\begin{cases} 4x_1 + 6x_2 = 4 \\ 1x_1 + 1x_2 = 1 \end{cases}$。

**分析** 经初等行变换得

$$
\begin{cases} 4x_1 + 6x_2 = 4 \\ 1x_1 + 1x_2 = 1 \end{cases}
\qquad
\begin{bmatrix} 4 & 6 & 4 \\ 1 & 1 & 1 \end{bmatrix}
$$

$$
\xrightarrow{\text{交换}}
\begin{cases} 1x_1 + 1x_2 = 1 \\ 4x_1 + 6x_2 = 4 \end{cases}
\xrightarrow{r_1 \leftrightarrow r_2}
\begin{bmatrix} 1 & 1 & 1 \\ 4 & 6 & 4 \end{bmatrix}
$$

$$
\xrightarrow{\text{数乘}}
\begin{cases} 1x_1 + 1x_2 = 1 \\ 2x_1 + 3x_2 = 2 \end{cases}
\xrightarrow{\frac{1}{2}r_2}
\begin{bmatrix} 1 & 1 & 1 \\ 2 & 3 & 2 \end{bmatrix}
\tag{9.65}
$$

$$
\xrightarrow{\text{倍加}}
\begin{cases} 1x_1 + 1x_2 = 1 \\ \phantom{1x_1 +} 1x_2 = 0 \end{cases}
\xrightarrow{r_2 - 2r_1}
\begin{bmatrix} 1 & 1 & 1 \\ 0 & 1 & 0 \end{bmatrix}
$$

$$
\xrightarrow{\text{倍加}}
\begin{cases} 1x_1 \phantom{+ 1x_2} = 1 \\ \phantom{1x_1 +} 1x_2 = 0 \end{cases}
\xrightarrow{r_1 - r_2}
\begin{bmatrix} 1 & 0 & 1 \\ 0 & 1 & 0 \end{bmatrix}
$$

从上面的解题过程中,可以得出如下规律。

第一,方程组的 3 种初等变换都不改变方程组的解。

第二,方程组的 3 种初等变换与增广矩阵的 3 种初等行变换一一对应,且后者更加简洁,没有加号、未知数和等号。由定理可知:初等行变换不改变增广矩阵的秩,初等行变换是 3 种最简单的同秩变换。

例 9.4 中的方程组只有 2 个方程 2 个未知数,方程组有解,而且有唯一解。但是一般的方程组有 $m$ 个方程 $n$ 个未知数,不一定有解,即使有解,解也不一定是唯一的,那么该如何判定方程组解的存在性和唯一性呢?

### 3. 解的判别

方程组的有解判别定理是本节的重点。能否用秩来判断方程组解的存在性和唯一性呢?其实只要把例 9.4 的解答过程推广到一般的方程组中,结论就显而易见了,对于一般的方程组,有

方程组　　$Ax = b$　　　　　　　　　　增广矩阵

$$\begin{cases} a_{11}x_1 + a_{12}x_2 + \cdots + a_{1n}x_n = b_1 \\ a_{12}x_2 + a_{22}x_2 + \cdots + a_{2n}x_n = b_2 \\ \vdots \\ a_{m1}x_1 + a_{m2}x_2 + \cdots + a_{mn}x_n = b_m \end{cases} \Leftrightarrow [A, b] = \begin{bmatrix} a_{11} & a_{12} & \cdots & a_{1n} & b_1 \\ a_{21} & a_{22} & \cdots & a_{2n} & b_2 \\ \vdots & \vdots & & \vdots & \vdots \\ a_{m1} & a_{m2} & \cdots & a_{mn} & b_m \end{bmatrix}$$

$$\Downarrow \qquad\qquad\qquad\qquad\qquad\qquad \Downarrow$$

最简阶梯方程组　　$Cx = d$　　　　　　最 简 行 阶 梯 形

$$\begin{array}{cccccc} & x_1 & \cdots & x_r & x_{r+1} & \cdots & x_n \end{array}$$

$$\begin{cases} x_1 + c_{1,r+1}x_{r+1} + \cdots + c_{1n}x_n = d_1 \\ \vdots \\ x_r + c_{r,r+1}x_{r+1} + \cdots + c_{rn}x_n = d_r \\ \qquad\qquad\qquad\qquad 0 = d_{r+1} \\ \qquad\qquad\qquad\qquad 0 = 0 \end{cases} \Leftrightarrow \begin{bmatrix} 1 & \cdots & 0 & c_{1,r+1} & \cdots & c_{1,n} & d_1 \\ \vdots & & \vdots & \vdots & & \vdots & \vdots \\ 0 & \cdots & 1 & c_{r,r+1} & \cdots & c_{r,n} & d_r \\ 0 & \cdots & 0 & 0 & \cdots & 0 & d_{r+1} \\ 0 & \cdots & 0 & 0 & \cdots & 0 & 0 \end{bmatrix}$$

$$(9.66)$$

　　经过初等变换,方程组 $Ax = b$ 可以化简为最简阶梯方程组 $Cx = d$,注意 $Ax = b$ 与 $Cx = d$ 的解相同。

　　对应地,增广矩阵 $[A, b]$,经过初等行变换,可以化简为最简行阶梯形 $[C, d]$,注意 $A$ 与 $C$ 的秩相同,且 $[A, b]$ 与 $[C, d]$ 的秩相同。

　　$Ax = b$ 有解,等价于 $Cx = d$ 有解,$Cx = d$ 有解,等价于 $d_{r+1} \neq 0$,其中 $r = \mathrm{rank}\ A$; $d_{r+1} = 0$ 等价于 $\mathrm{rank}[C, d] = \mathrm{rank}\ C$;$\mathrm{rank}[C, d] = \mathrm{rank}\ C$ 等价于 $\mathrm{rank}[A, b] = \mathrm{rank}\ A$。所以就得到了解的判别准则。

　　**有解判别定理**　　$Ax = b$ 有解的充要条件是 $\mathrm{rank}[A, b] = \mathrm{rank}\ A$。

　　如果把有解判别定理的分析过程再增加两个环节——移项和补齐,就得到了方程组的解法——高斯消元法。

### 4. 高斯消元法

$$\begin{cases} x_1 = d_1 - c_{1,r+1}x_{r+1} - \cdots - c_{1n}x_n \\ \vdots \\ x_r = d_r - c_{r,r+1}x_{r+1} - \cdots - c_{rn}x_n \\ x_{r+1} = x_{r+1} \\ \vdots \\ x_n = x_n \end{cases} \qquad (9.67)$$

高斯消元法包括 5 个步骤:提取—变换—还原—移项—补齐。下面进行详细说明。

**步骤 1**　从方程组 $Ax = b$ 中提取出增广矩阵 $[A, b]$。

**步骤 2**　利用初等行变换,把增广矩阵 $[A, b]$ 化简为最简行阶梯形 $[C, d]$,如果 $d_{r+1} = 0$,即 $[C, d] = \mathrm{rank}\ C$,则方程组有解。

**步骤 3**　把最简行阶梯形 $[C, d]$ 还原为最简阶梯方程组 $Cx = d$。

　　矩阵 $C$ 的第 1 列对应变量 $x_1$,以此类推,第 $n$ 列对应变量 $x_n$,阶梯元对应的变量为非自由变量,其他变量称为自由变量,至于为何称之为自由变量,在步骤 5 中再讨论。再增加 2 个步骤。

**步骤 4** 移项，把自由变量移到方程组的右边。

**步骤 5** 补齐，自由变量 $x_j = x_j$，$j = r+1, \cdots, n$。

在使用该定理时，有两点需要注意。

第一，可以看出，之所以称 $x_{r+1}, x_{r+2}, \cdots, x_n$ 为自由变量，是因为它们没有任何限制，可以等于任意常数。如果有自由变量，方程组的解是不唯一的。反之，如果没有自由变量，方程组的解是唯一的。自由变量的个数等于 $n-r=0$，意味着 $\text{rank}[A, b] = \text{rank } A = n$。这就得到了方程组有唯一解的推论。

**推论** $A_{m \times n} x = b$ 有唯一解的充要条件是 $\text{rank}[A, b] = \text{rank } A = n$。

第二，非自由变量可能不连续出现，但这并不影响计算，后面用例 9.5 来说明。

**例 9.5** 解方程组 $\begin{cases} x_1 - x_2 + x_3 = 0 \\ 2x_1 - 2x_2 + 2x_3 = 0 \\ x_1 - x_2 + 2x_3 = 1 \end{cases}$

**分析** **步骤 1**：从方程组 $Ax = b$ 中提取出增广矩阵 $[A, b]$。

$$\begin{cases} x_1 - x_2 + x_3 = 0 \\ 2x_1 - 2x_2 + 2x_3 = 0 \\ x_1 - x_2 + 2x_3 = 1 \end{cases} \underset{\text{提取}}{\Rightarrow} \begin{bmatrix} 1 & -1 & 1 & 0 \\ 2 & -2 & 2 & 0 \\ 1 & -1 & 2 & 1 \end{bmatrix} \tag{9.68}$$

**步骤 2**：利用初等行变换，把增广矩阵 $[A, b]$ 化简为最简行阶梯形 $[C, d]$。

$$\underset{\text{变换}}{\Rightarrow} \begin{bmatrix} 1 & -1 & 1 & 0 \\ 2 & -2 & 2 & 0 \\ 1 & -1 & 2 & 1 \end{bmatrix} \xrightarrow[\substack{r_2 - 2r_1 \\ r_3 - r_1}]{} \begin{bmatrix} 1 & -1 & 1 & 0 \\ 0 & 0 & 0 & 0 \\ 0 & 0 & 1 & 1 \end{bmatrix} \xrightarrow{r_2 \leftrightarrow r_3} \begin{matrix} \begin{smallmatrix} x_1 & x_2 & x_3 \end{smallmatrix} \\ \begin{bmatrix} 1 & -1 & 0 & -1 \\ 0 & 0 & 1 & 1 \\ 0 & 0 & 0 & 0 \end{bmatrix} \end{matrix} \tag{9.69}$$

因为 $\text{rank}[A, b] = \text{rank } A = 2$，依据有解判别定理，方程组有解。

**步骤 3**：把最简行阶梯形 $[C, d]$ 还原为最简阶梯方程组 $Cx = d$。阶梯元对应的变量 $x_1, x_3$ 为非自由变量，$x_2$ 为自由变量。

$$\underset{\text{还原}}{\Rightarrow} \begin{cases} 1x_1 - 1x_2 = -1 \\ 1x_3 = 1 \end{cases} \tag{9.70}$$

**步骤 4** 和 **步骤 5**：移项，把自由变量移到方程组的右边。补齐自由变量写成 $x_2 = x_2$，最终得

$$\underset{\text{移项,补齐}}{\Rightarrow} \begin{cases} x_1 = -1 + 1x_2 \\ x_2 = 0 + 1x_2 \\ x_3 = 1 + 0x_2 \end{cases} \tag{9.71}$$

## 5. 应用——食谱分析

回到营养搭配方程组，依据"提取—变换—还原—移项—补齐"步骤，得

$$\begin{cases} 13x_1 + 7.5x_2 + 1.1x_3 + 2.0x_4 + 12x_5 + 17x_6 = 50 \\ 15x_1 + 0.5x_2 + 0.1x_3 + 0.4x_4 + 0.8x_5 + 29x_6 = 50 \\ 0.5x_1 + 79x_2 + 2x_3 + 5x_4 + 70x_5 + 1.1x_6 = 200 \end{cases}$$

$$\underset{\text{提取}}{\Rightarrow} \begin{bmatrix} 13 & 7.5 & 1.1 & 2.0 & 12 & 17 & 50 \\ 15 & 0.5 & 0.1 & 0.4 & 0.8 & 29 & 50 \\ 0.5 & 79 & 2 & 5 & 70 & 1.1 & 200 \end{bmatrix}$$

$$\underset{\text{变换}}{\Rightarrow} \begin{cases} \begin{array}{cccccc} x_1 & x_2 & x_3 & x_4 & x_5 & x_6 \end{array} \\ \begin{bmatrix} 1 & 0 & 0 & 0.01 & -0.01 & 1.99 & 3.32 \\ 0 & 1 & 0 & 0.02 & 0.73 & 0.25 & 2.84 \\ 0 & 0 & 1 & 1.44 & 6.04 & -9.75 & -13.27 \end{bmatrix} \end{cases}$$

$$\underset{\text{还原}}{\Rightarrow} \begin{cases} x_1 + 0.01x_4 - 0.01x_5 + 1.99x_6 = 3.32 \\ x_2 + 0.02x_4 + 0.73x_5 + 0.25x_6 = 2.84 \\ x_3 + 1.44x_4 + 6.04x_5 - 9.75x_6 = -13.27 \end{cases}$$

$$\underset{\substack{\text{移项}\\\text{补齐}}}{\Rightarrow} \begin{cases} x_1 = 3.32 - 0.01x_4 + 0.01x_5 - 1.99x_6 \\ x_2 = 2.84 - 0.02x_4 - 0.73x_5 - 0.25x_6 \\ x_3 = -13.27 - 1.44x_4 - 6.04x_5 + 9.75x_6 \\ x_4 = \qquad\qquad x_4 \\ x_5 = \qquad\qquad\qquad x_5 \\ x_6 = \qquad\qquad\qquad\qquad x_6 \end{cases}$$

**步骤 1**：从方程组 $Ax = b$ 中提取出增广矩阵 $[A, b]$。

**步骤 2**：利用初等行变换，把增广矩阵 $[A, b]$ 化简为最简行阶梯形。其中有大量的小数和素数，仅用心算和手算很难完成，可以调用命令 rref(reduced row echelon form)，复制仿真计算 9.15 中的这段代码，粘贴在命令区，按回车键就得到最简行阶梯形。因为 rank$[A, b]$ = rank $A$ = 3，所以方程组有解。

```
A = [13,7.5,1.1,2.0,12,17;15,0.5,0.1,0.4,0.8,29;0.5,79,2,5,70,1.1];
b = [50,50,200]';Ab = [A,b],Cd = rref([A,b])
```

**步骤 3**：阶梯元对应的变量 $x_1, x_2, x_3$ 为非自由变量，$x_4, x_5, x_6$ 为自由变量。把最简行阶梯形还原为最简阶梯方程组。

**步骤 4**：移项，把自由变量移到方程组的右边。

**步骤 5**：补齐自由变量 $x_4 = x_4, x_5 = x_5, x_6 = x_6$。

由此，可得鸡蛋 $x_1$、大米 $x_2$、白菜 $x_3$、萝卜 $x_4$、面粉 $x_5$、猪肉 $x_6$ 的两个特解为

$$\begin{cases} x_1 = 3.32 \\ x_2 = 2.84 \\ x_3 = -13.2 \\ x_4 = 0 \\ x_5 = 0 \\ x_6 = 0 \end{cases}, \begin{cases} x_1 = 3.32 - 1.99 \times 1.5 = 0.34 \\ x_2 = 2.84 - 0.25 \times 1.5 = 2.48 \\ x_3 = -13.2 - 9.75 \times 1.5 = 1.36 \\ x_4 = \qquad\qquad\qquad 0 \\ x_5 = \qquad\qquad\qquad 0 \\ x_6 = \qquad\qquad\qquad 1.5 \end{cases} \tag{9.72}$$

## 评注 9.7　从计算走进现实

完美的理论面对复杂问题时可能会不堪一击。

(1)如果 3.32(百克)鸡蛋相当于吃进 7 个鸡蛋,那么 $-13.2$(百克)白菜就相当于吐出 3 斤白菜吗? 为什么会有负号? 原因之一是食物具有相互替代性,实质就是向量组的线性相关性,向量可以相互线性表示。

(2)3 个自由变量 $x_4, x_5, x_6$,令自由变量 $x_4, x_5$ 等于 0,令 $x_6 = 1.5$(百克),就得到了一个合理的解: 1 两鸡蛋,5 两大米,3 两白菜,3 两猪肉。

(3)3 种营养显然不满足人体需求,如维生素 A、B、C、D、E 等,样样不能少,当营养需要 100 余种时,约束条件太多,方程太多,方程就可能没有解。但是方程没有解不代表不知道如何进餐。方程太多意味着有矛盾,我们要做的就是协调矛盾,解决矛盾。即使方程无解,也可以找到一个看上去合理的解,我们将其称为最小二乘解,这也是回归分析的意义所在。

# 参 考 文 献

[1] 何章鸣，曾科军，魏超，等. 遥外测数据实时及事后处理方法[M]. 北京:科学出版社，2024.

[2] 吴翊，汪文浩，杨文强. 概率论与数理统计[M]. 北京：高等教育出版社，2016.

[3] 张朝金. 概率论中的反例[M]. 西安：陕西人民出版社，1984.

[4] 何章鸣，唐扬斌，段晓君. 概率统计中的"直觉-逻辑-仿真"闭环教学法[J]. 大学数学. 2023，39(3)：27-33.

[5] 王式安. 概率论与数理统计辅导讲义[M].北京：中国农业出版社，2021.

[6] 张宇. 张宇概率论与数理统计9讲[M]. 北京：北京理工大学出版社，2021.

[7] 岩泽宏和. 改变世界的134个概率统计故事[M]. 戴华晶，译. 湖南科学技术出版社，2016.

[8] 张颖. 概率论[M]. 北京：高等教育出版社，2018.

[9] 盛骤. 概率论与数理统计[M].3 版.北京:高等教育出版社，2001.

[10] 胡庆军. 概率论与数理统计学习指导[M]. 北京：清华大学出版社. 2013.

[11] 郑维行，王声望. 实变函数与泛函分析概要[M]. 北京：高等教育出版社，1986.

[12] 何章鸣，周萱影，王炯琦.数据建模与分析[M]. 北京:科学大学出版社，2021.

[13] 中华人民共和国住房和城乡建设部. 城市居住区规划设计规范(2016 年版)[S]，2016.

[14] 张奠宙，丁传松，柴俊.情真意切话数学[M].北京：科学出版社，2011.

[15] 解明明. 如何正确解读啤酒和尿布的故事[J].中国统计，2016(10):2.

[16] 靳志辉. 正态分布的前世今生(下)[J/OL]. 统计之都. [2013-01-28]. https://cosx. org/2013/01/story-of-normal-distribution-2/.

[17] 仲新朋. 中华典故[M]. 长春:吉林文史出版社，2019.

[18] 周海银，王炯琦，孟庆海，等. 靶场测量数据融合处理理论与方法[M].北京：科学出版社，2019.

[19] 吴孟达，李兵，汪文浩. 高等工程数学[M].北京：科学出版社，2004.

**附表 1　常用离散型随机变量**

| 序号 | 分布名称 | 命令 | 记号 | 分布律 | 期望 | 方差 | 矩估计 |
|---|---|---|---|---|---|---|---|
| 1 | 二项分布<br>$n$ 次独立重复试验有 $k$ 次成功的概率 | bino | $B(n,p)$ | $C_n^k p^k q^{n-k}, k=0,1,\cdots,n$ | $np$ | $npq$ | $\hat{p}=\overline{X}/n$ |
| 2 | 泊松分布<br>二项分布的极限形式,$\lim\limits_{n\to\infty} n \cdot p_n = \lambda$ | poiss | $P(\lambda)$ | $\dfrac{\lambda^k}{k!}\mathrm{e}^{-\lambda}, k=0,1,\cdots,\infty$ | $\lambda$ | $\lambda$ | $\hat{\lambda}=\overline{X}$ |
| 3 | 几何分布<br>首次成功发生在第 $k$ 次的概率 | geo<br>(0 开始) | $G(p)$ | $pq^{k-1}, k=1,2,\cdots,\infty$ | $1/p$ | $q/p^2$ | $\hat{p}=1/\overline{X}$ |
| 4 | 离散均匀分布<br>等可能概型之古典概型 | unid | | $1/N, k=1,2,\cdots,N$ | $(1+N)/2$ | $(N^2-1)/12$ | $\hat{N}=2\overline{X}-1$ |
| 5 | 两点分布<br>单次试验要么成功,要么失败 | bino | $B(1,p)$ | $p^k q, k=0,1$ | $p$ | $pq$ | $\hat{p}=\overline{X}$ |
| 6 | 单点分布<br>退化的两点分布 | bino | $B(1,1)$ | $p_1=1, p_0=0$ | $1$ | $0$ | |
| 7 | 负二项分布<br>第 $r$ 次成功发生在第 $k$ 次的概率 | nbin<br>($r-1$ 开始) | | $C_{k-1}^{r-1} p^r q^{k-r}, k=r,r+1,\cdots,\infty$ | $r/p$ | $rq/p^2$ | $\hat{p}=r/\overline{X}$ |
| 8 | 超几何分布<br>$N$ 产品 $M$ 次品,取 $n$ 产品有 $k$ 次品的概率 | hyge | | $C_M^k C_{N-M}^{n-k}/C_N^n, k=0,1,\cdots,n$ | $\dfrac{nM}{N}$ | $\dfrac{nM}{N}\left(1-\dfrac{M}{N}\right)\dfrac{N-n}{N-1}$ | |

**附表 2　常用连续型随机变量**

| 序号 | 分布名称 | 记号 | 密度 | 期望 | 方差 | 矩估计 |
|---|---|---|---|---|---|---|
| 1 | 均匀分布 | $U(a,b)$ | $\dfrac{1}{b-a}, x\in[a,b]$ | $\dfrac{a+b}{2}$ | $\dfrac{(b-a)^2}{12}$ | $\begin{cases}\hat a=\overline X-\sqrt3\widetilde S\\[4pt]\hat b=\overline X+\sqrt3\widetilde S\end{cases}$ |
| 2 | 指数分布 | $\mathrm{Exp}(\mu)$ | $\dfrac{1}{\mu}\mathrm e^{-\frac{x}{\mu}},(x\geq0)$ | $\mu$ | $\mu^2$ | $\hat\mu=\overline X$ |
| 3 | 正态分布 | $N(\mu,\sigma^2)$ | $\dfrac{1}{\sigma\sqrt{2\pi}}\exp\left[-\dfrac{(x-\mu)^2}{2\sigma^2}\right]$ | $\mu$ | $\sigma^2$ | $\begin{cases}\hat\mu=\overline X\\[4pt]\hat\sigma^2=\widetilde S^2\end{cases}$ |
| 4 | 对数正态分布 | $\ln N(\mu,\sigma^2)$ | $(x\sigma\sqrt{2\pi})^{-1}\exp\left[-\dfrac{(\ln x-\mu)^2}{2\sigma^2}\right]$ | $\mathrm e^{\mu+\frac{\sigma^2}{2}}$ | $\mathrm e^{2\mu+\sigma^2}(\mathrm e^{\sigma^2}-1)$ | |
| 5 | $\chi^2$分布 | $\chi^2(n)$ | $\left(2^{\frac{n}{2}}\Gamma\left(\dfrac{n}{2}\right)\right)^{-1}x^{\frac{n}{2}-1}\mathrm e^{-\frac{1}{2}x},x\geq0$ | $n$ | $2n$ | |
| 6 | $t$分布 | $t(n)$ | $\Gamma\left(\dfrac{n+1}{2}\right)\left(\sqrt{n\pi}\,\Gamma\left(\dfrac{n}{2}\right)\right)^{-1}\left(1+\dfrac{x^2}{n}\right)^{-\frac{n+1}{2}}$ | $0,n\geq2$ | $\dfrac{n}{n-2},n\geq3$ | |
| 7 | $F$分布 | $F(m,n)$ | $\dfrac{\Gamma\left(\frac{m+n}{2}\right)}{\Gamma\left(\frac{m}{2}\right)\Gamma\left(\frac{n}{2}\right)}\left(\dfrac{m}{n}\right)^{\frac{m}{2}}\dfrac{x^{\frac{m}{2}-1}}{\left(1+\frac{mx}{n}\right)^{\frac{m+n}{2}}},x\geq0$ | $\dfrac{n}{n-2},n>2$ | $\dfrac{2n^2(m+n-2)}{m(n-2)^2(n-4)},n>4$ | |
| 8 | $\Gamma$分布 | $\Gamma(a,b)$ | $\dfrac{b^a}{\Gamma(a)}x^{a-1}\mathrm e^{-bx},x>0$ | $ab$ | $ab^2$ | |
| 9 | 贝塔分布 | $B(a,b)$ | $\dfrac{x^{a-1}(1-x)^{b-1}}{B(a,b)}(0<x<1)$ | $\dfrac{a}{a+b}$ | $\dfrac{a\cdot b}{(a+b)^2(a+b+1)}$ | |
| 10 | 韦伯分布 | $W(a,b)$ | $abx^{b-1}\mathrm e^{-ax^b},x>0$ | $\Gamma\left(\dfrac{1}{b}+1\right)a$ | $a^2\left[\Gamma\left(\dfrac{2}{b}+1\right)-\Gamma\left(\dfrac{1}{b}+1\right)^2\right]$ | |
| 11 | 瑞利分布 | $R(\sigma^2)$ | $\dfrac{x}{\sigma^2}\exp\left\{\dfrac{-x^2}{2\sigma^2}\right\},x>0$ | $\sigma\sqrt{\pi/2}$ | $(2-\pi/2)\sigma^2$ | |

**附表 3　常用分布的仿真命令**

| 分布类型 | 连续型 | | | | | | | | | | 离散型 | | | | | |
|---|---|---|---|---|---|---|---|---|---|---|---|---|---|---|---|---|
| | 均匀分布 | 正态分布 | 指数分布 | 对数正态 | 卡方分布 | t 分布 | F 分布 | 伽马分布 | 贝塔分布 | 韦伯分布 | 二项分布 | 泊松分布 | 几何分布 | 离散均匀 | 负指数 | 超几何 |
| 名称 | unif | norm | exp | logn | chi2 | $t$ | $f$ | gam | beta | wbl | bino | poiss | geo | unid | nbin | hyge |
| 随机数 rnd | unif | norm | exp | logn | chi2 | $t$ | $f$ | gam | beta | wblrnd | bino | poiss | geo（0 开始） | unid | nbin（$r-1$ 开始） | hyge |
| 密度 pdf | unif | norm | exp | logn | chi2 | $t$ | $f$ | gam | beta | wblrnd | bino | poiss | geo | unid | nbin | hyge |
| 分布 cdf | unif | norm | exp | logn | chi2 | $t$ | $f$ | gam | beta | weib | bino | poiss | geo | unid | nbin | hyge |
| 分位数 inv | unif | norm | exp | logn | chi2 | $t$ | $f$ | gam | beta | wbl | bino | poiss | geo | unid | nbin | hyge |
| 期望方差 stat | unif | norm | exp | logn | chi2 | $t$ | $f$ | gam | beta | wbl | bino | poiss | geo | unid | nbin | hyge |
| 参数估计 fit | uni | norm | exp | logn | — | — | — | gam | — | wbl | bino | poiss | — | — | nbin | — |

**仿真计算附录 1**

## 附表 4 常用随机变量仿真示例

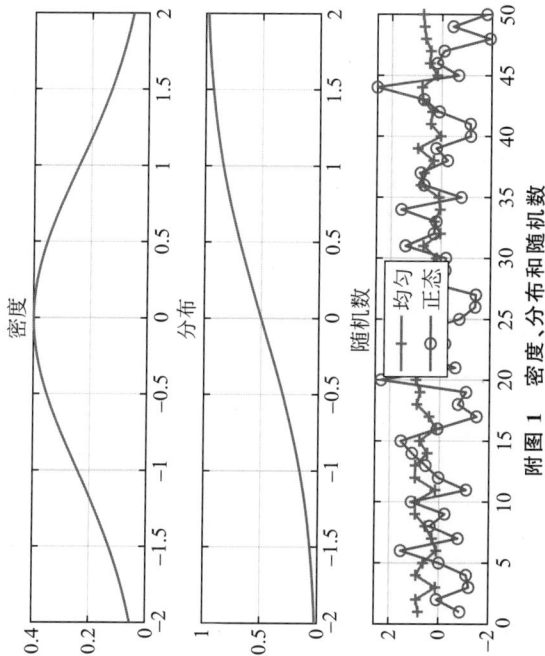

附图 1 密度、分布和随机数

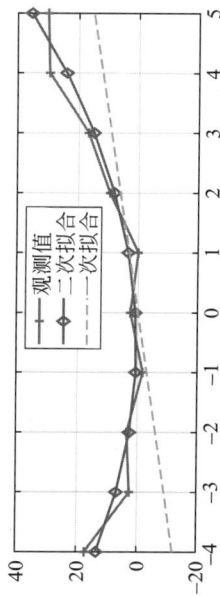

附图 2 观测、二次拟合和一次拟合

```
close all,clc,clear,rng(0)
syms N k,simplify(symsum(k^2/N,k,1,N)-((1+N)/2)^2); % 求期望
a=0,b=1;x=a+[-b*2:0.01:b*2];
fx=normpdf(x),subplot(311),plot(x,fx,'-','linewidth',1),title('密度'),grid on
Fx=normcdf(x),subplot(312),plot(x,Fx,'-','linewidth',1),title('分布'),grid on
X=rand(50,1),subplot(313),plot(X,'-+','linewidth',1),hold on,grid on
Y=randn(50,1),subplot(313),plot(Y,'-o','linewidth',1),title('随机数')
legend('均匀','正态','fontsize',12,'location','north')
meanX=mean(X),varX=var(X),stdX=std(X) % 均值,方差和标准差
xbar=moment(X,1),xsig2=moment(X,2)-xbar^2 % 样本矩,除以 n
[M,V]=normstat(a,b),[M,V]=unifstat(a,b) % 期望和方差
covXY=cov(X,Y),coefXY=corrcoef(X,Y) % 协方差和相关系数
geomean(X),harmmean(X),mean(X),median(X),trimmean(X,5),% 集中
mad(X),range(X) % 离中
[ab_point,ab_interval]=mle('unif',X) % 似然区间估计
[ahat,bhat,aci,bci]=unifit(X) % 参数估计
mu0=0,ztest(X,mu0,1),ttest(X,mu0),ttest2(X,Y) % 检验
X=[1:10]-5,Y=X.^0+X.^1+X.^2+randn(size(X))*5;
figure,plot(X,Y,'-+'),hold on,grid on
p=polyfit(X,Y,2),f=polyval(p,X);plot(X,f,'d-') % 多项式拟合
[b,bint,r,rint,stats]=regress(Y,X'),
f2=X'*b,plot(X,f2,'--','linewidth',1) % 回归
legend('观测值','二次拟合','一次拟合','fontsize',12,'location','north')
set(gcf,'Position',[1,1,600,200])
```

# 索 引

## 1. 表索引

## 2. 图索引

# 后　记

唐扬斌老师曾问我:"缘何要出版此书?"

此问一言难尽。望着案头 600 页的课件、350 页的教材,以及 175 页的习题解答,压力如影随形。林群院士曾言:"假传万卷书,真传一案例。教科书讲得太繁杂,不讲发明,只讲证明;不讲道理,只讲定理。"于我而言,比起压力,压抑之感更甚。那些厚重的课件、教材与习题,恰似冰冷骨架,不见健美的肌肉,亦无细腻柔美的肌肤。或许,反例、案例与仿真能为其赋予鲜活的血肉。

身为数学领域的慢学者,以及概率统计教师,相较于学生,我享有最大的自由便是能从容思考,无需为强行记忆而焦虑。我常思索:"定义为何如此命名?其源头何在?有着怎样的历史背景?看似显然的陈述,果真如此吗?能否以验证取代证明?若无法完全证明,反例又当如何?"

在自问自答、探索求知的旅途中,我有诸多发现。定义背后,往往藏着美妙的故事;一些所谓的显然,于我并不显然,甚至某些直觉上的显然,竟暗藏错误;部分抽象冗长的证明,不如仿真验证来得直接;小巧的反例,有时比庞大的案例更令人印象深刻。概率统计中的故事、案例、反例、动画与代码,重塑了我的逻辑体系。

作为曾教授"线性代数""数据分析",如今讲授"概率论与数理统计""高等工程数学""工程数学应用数学基础""系统建模与辨识"的教员,我对这些课程满怀热爱。随着授课经验的积累,便萌生出对比归纳不同课程特点的想法。

比如,"高等数学"、"线性代数"和"概率论与数理统计"作为三大公共数学基础课,各具符号特征:高等数学充斥着大量证明符号,如 $\forall$、$\exists$、$\delta$、$\varepsilon$;线性代数有 $P(i,j)$、$P(i(k))$、$P(i,j(k))$ 等变换,关联大量计算;概率统计则与决策紧密相关,常涉及 pdf、cdf、icdf 等。有人会问:"哪门课最为重要?"以下是大家的回答。

丘成桐先生说:"归根结底,一切高级的数学都是微积分和线性代数的各种变化。"

G. Strang 讲道:"不熟悉线性代数就去学别的自然科学学科,就和文盲上学差不多。"

C. R. Rao 亦言:"在终极的分析中,一切知识都是历史;在抽象的意义下,一切科学都是数学;在理性的基础上,所有的判断都是统计学。"

哪门课最重要,读者自会判断。

实际上,本书的案例与仿真颇为多元,未局限于某一门课程,也不仅用于教学。它们有的源于教学能手比赛,有的来自读物启迪,有的出自课程组讨论,有的基于科研实践,更多的则是源于生活感悟。

整理能带来内心的舒适,利己且利他;故事可予人愉悦,利他亦利己。在生活、教学与科研中,我习惯记录有趣的反例、案例、仿真与感悟。若能将这些记录成册,为工作画上一个短暂的句点,想必能有效缓解强迫症带来的压力。

在日常工作中,我们致力于将教学与科研有机融合,形成"案例引入—理论演绎—仿真验证"的闭环式教学风格。自导自演,乐在其中,也期待各位读者能在这旧菜谱中,尝出新味道。

图 1.16   摸球试验(1-黑,2-红,3-蓝,4-混合)

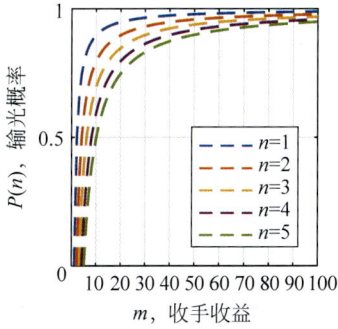

图 1.22   不同本金的输光概率曲线

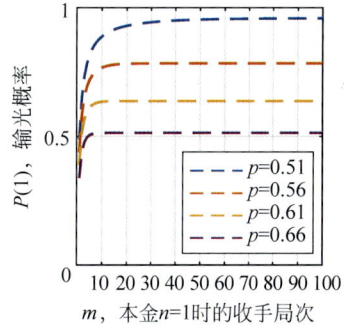

图 1.23   不同水平的输光概率曲线

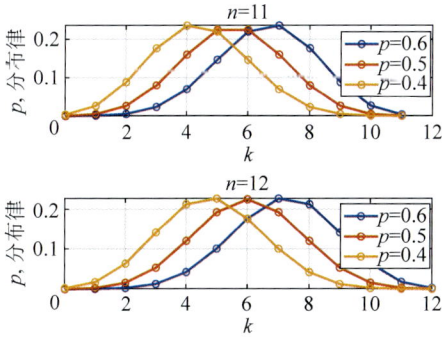

图 2.2   二项分布的分布律

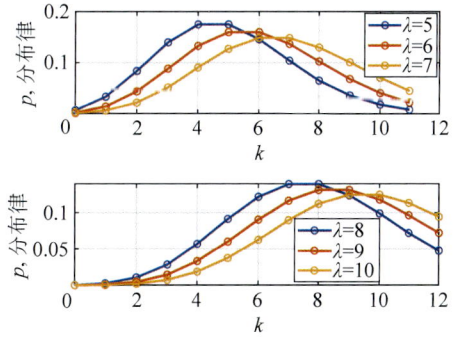

图 2.3   泊松分布的分布律

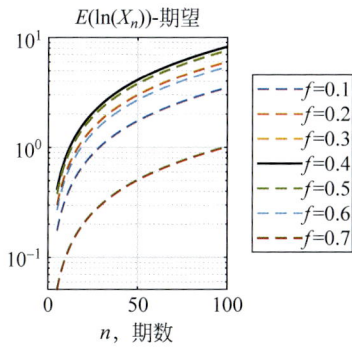

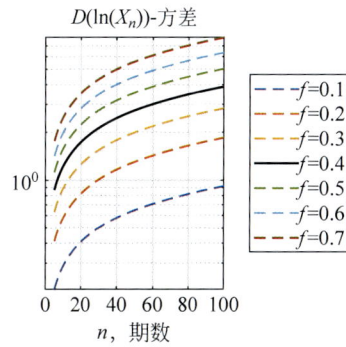

图 4.12   当 $p=0.7$ 时 $\ln(X_n)$ 的期望和方差

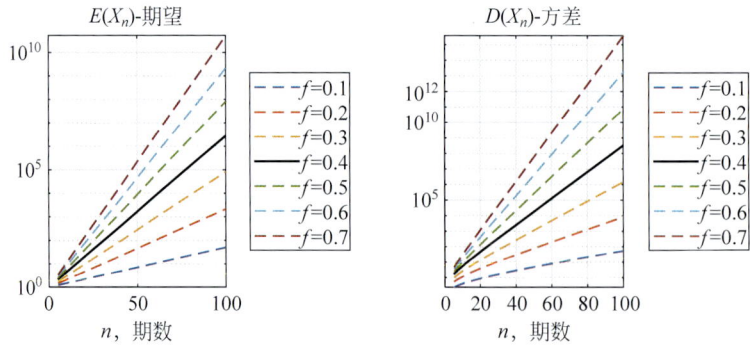

图 4.13 当 $p = 0.7$ 时 $X_n$ 的期望和方差

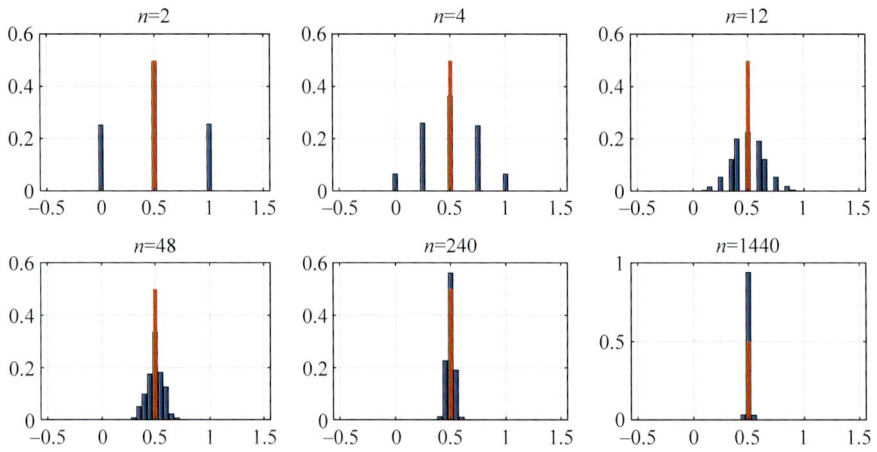

图 5.2 两点分布条件下的大数定律

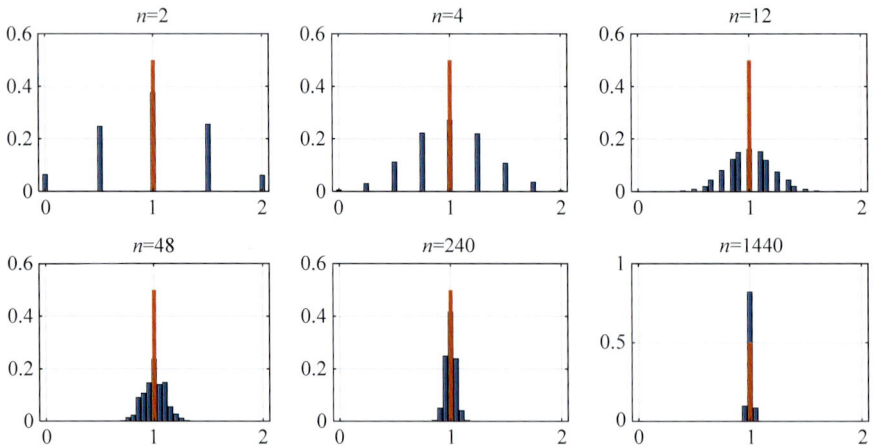

图 5.3 二项分布条件下的大数定律

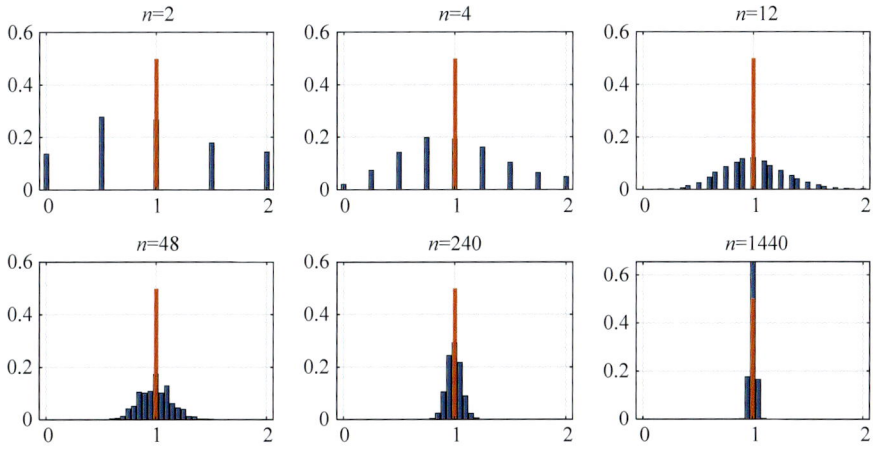

图 5.4  泊松分布条件下的大数定律

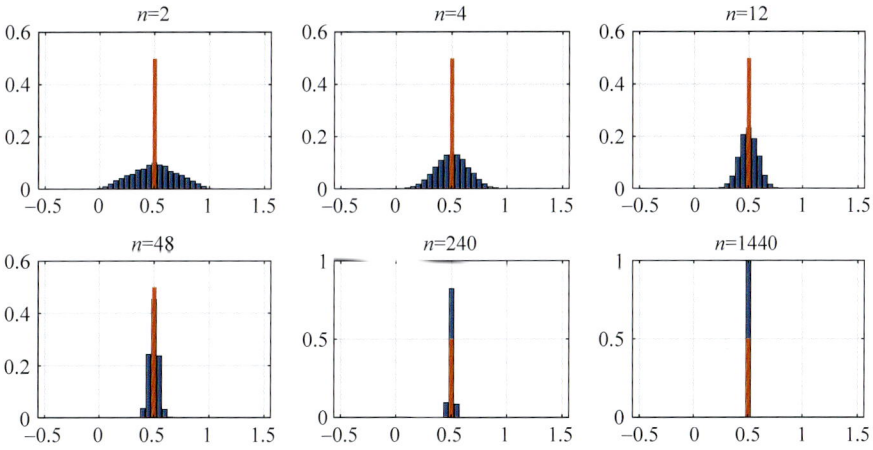

图 5.5  均匀分布条件下的大数定律

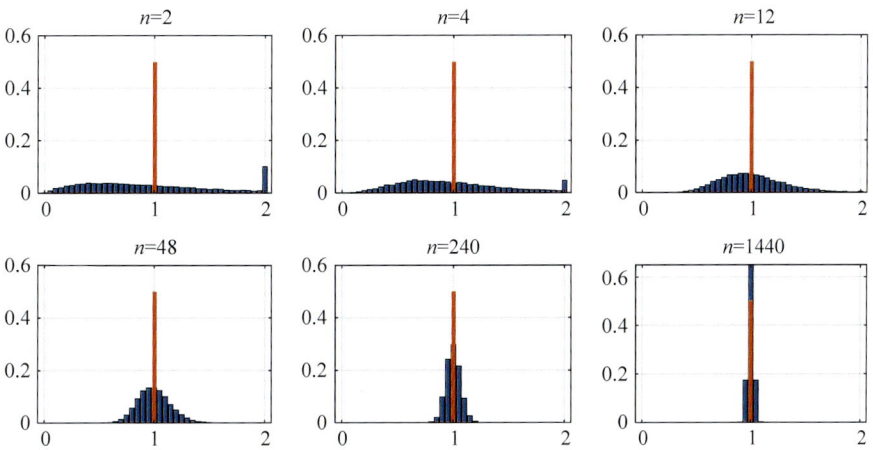

图 5.6  指数分布条件下的大数定律

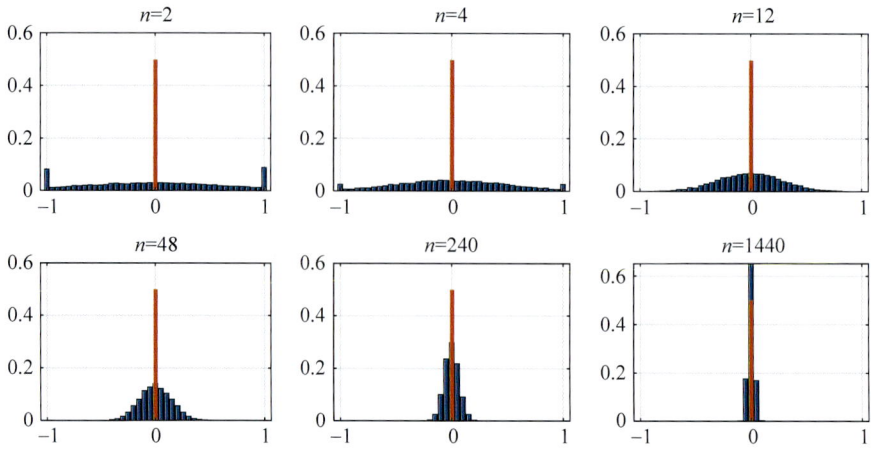

图 5.7    正态分布条件下的大数定律

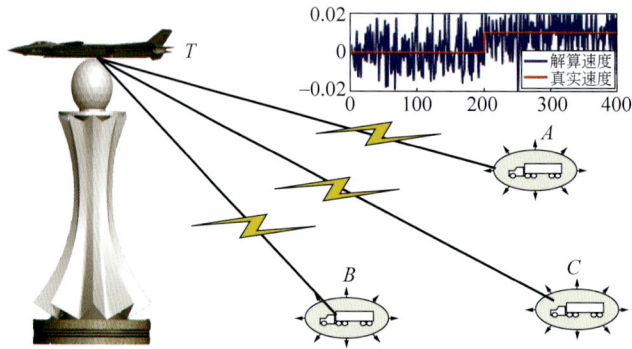

图 6.8    静态试验示意图

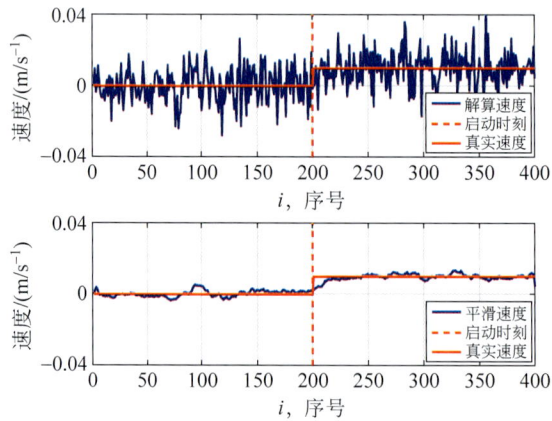

图 6.10    平滑前后的速度对比

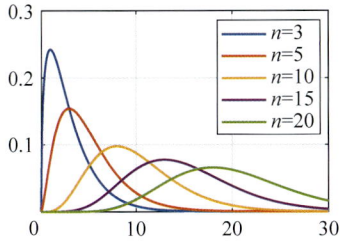

图 6.12　卡方分布的自由度与密度

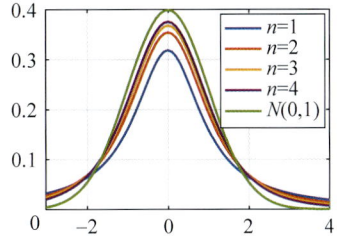

图 6.13　$t$ 分布的自由度与密度

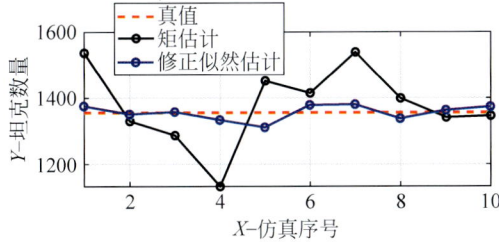

图 7.5　估计的对比(修正前)

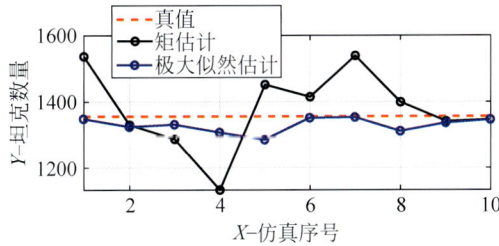

图 7.6　估计的对比(修正后)

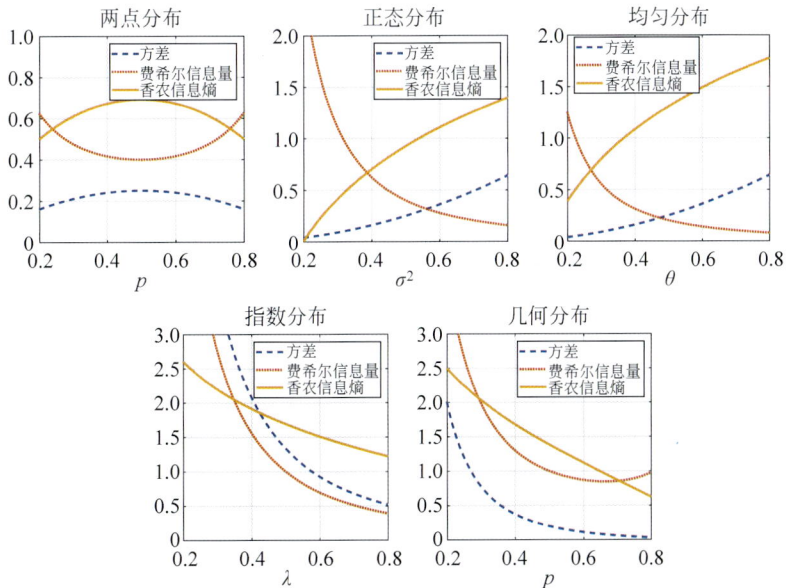

图 7.7　不同分布的方差、费希尔信息量、香农信息熵

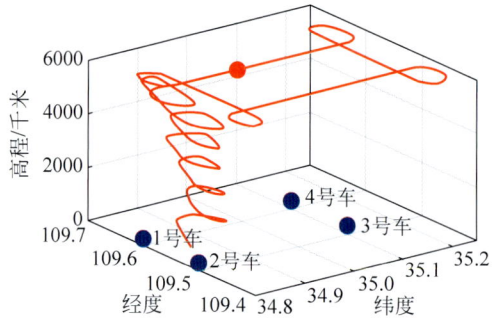

**图 9.6　飞行轨迹和雷达车布站**

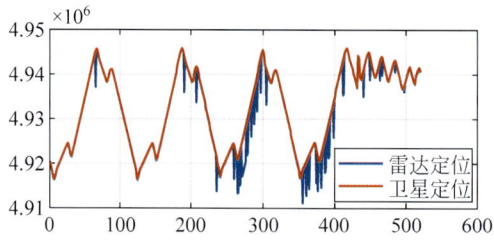

**图 9.7　卫星定位轨迹和测距定位轨迹比对**

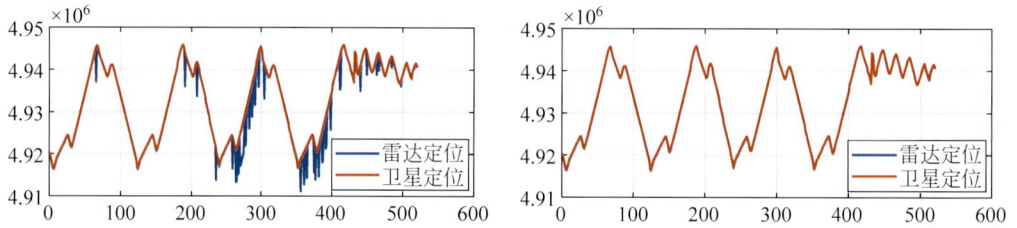

**图 9.12　导航结果前(左)后(右)对比**